中国轻工业"十四五"规划立项教材
高等学校香料香精技术与工程专业教材

U0825640

香料香精品控学

赵铭钦　主编

中国轻工业出版社

图书在版编目（CIP）数据

香料香精品控学 / 赵铭钦主编. --北京：中国轻工业出版社，2024. 11. --（中国轻工业“十四五”规划立项教材）（高等学校香料香精技术与工程专业教材）.

ISBN 978-7-5184-5076-3

Ⅰ. TQ65

中国国家版本馆 CIP 数据核字第 2024FL8163 号

责任编辑：罗晓航

策划编辑：伊双双　罗晓航　　责任终审：劳国强　　封面设计：锋尚设计

版式设计：砚祥志远　　责任校对：朱　慧　朱燕春　　责任监印：张　可

出版发行：中国轻工业出版社（北京鲁谷东街 5 号，邮编：100040）

印　　刷：三河市万龙印装有限公司

经　　销：各地新华书店

版　　次：2024 年 11 月第 1 版第 1 次印刷

开　　本：787×1092　1/16　印张：21.5

字　　数：470 千字

书　　号：ISBN 978-7-5184-5076-3　定价：62.00 元

邮购电话：010-85119873

发行电话：010-85119832　010-85119912

网　　址：http://www.chlip.com.cn

Email：club@chlip.com.cn

版权所有　侵权必究

如发现图书残缺请与我社邮购联系调换

232156J1X101ZBW

本书编写人员

主　编　赵铭钦（河南农业大学）

副主编　许春平（郑州轻工业大学）

　　　　　谢建春（北京工商大学）

　　　　　邵志晖（河南农业大学）

参　编（以姓氏笔画为序）

　　　　　刘　芳（河南农业大学）

　　　　　李　瑞（河南农业大学）

　　　　　来　苗（河南农业大学）

　　　　　肖梦兰（河南农业大学）

　　　　　赵海娟（北京工商大学）

　　　　　崔　冰（河南农业大学）

前言 Preface

半个世纪以来，随着香料香精工业的蓬勃发展，它已成长为一个全球增速较快且与人类日常生活密切相关的朝阳产业。作为国民经济重要的支柱产业之一，香料香精对于日化、食品、烟草等行业的高质量发展起到了不可或缺的推动作用。目前，中国香料香精行业已经建成了一个独立而充满活力的工业体系，而香料香精的品质控制和质量保障则成为产品竞争力提升和可持续发展的重要引擎与关键要素。

《香料香精品控学》是为满足全国高等学校香料香精技术与工程专业教学计划需求与课程建设需要而编写的，可作为高等学校相关专业的教材，也可供从事香料香精科学研究的工作人员参考。香料香精品控学作为新兴交叉学科和研究领域，首部教材的编写工作是个巨大挑战。为此，我们在总结多年科学研究成果和教学实践经验的基础上，参阅了大量的文献资料、专家报告、行业重要会议及相关经验交流材料。本教材以香料香精行业高质量发展现状为基础，着重阐明香料香精行业品质控制工程的基本概念、基本理论与基本技术。在力求反映香料香精品控领域的科技前沿和最新研究成果的基础上，坚持基础性和前瞻性相统一，实用性和全面性相协调，文字通俗易懂，内容精练，具有较强的可读性。

教育是国之大计。本教材在编写过程中，始终坚持立德树人的根本任务，以习近平新时代中国特色社会主义思想和党的二十大精神为指导，以国家战略和行业需求为导向，突出教材的原创性、系统性和引领性。

本教材由河南农业大学、北京工商大学、郑州轻工业大学联合编写。全书共分 9 章。第一章由赵铭钦、肖梦兰编写，第二章由刘芳编写，第三章由谢建春编写，第四章、第五章由来苗编写，第六章由崔冰编写，第七章由许春平、赵海娟编写，第八章由李瑞编写，第九章由邵志晖编写。全书由赵铭钦统稿定稿。

本教材在编写过程中引用了众多专家学者的研究成果，同时也得到了河南农业大学烟草学院以及兄弟院校的大力支持，在此谨向他们表示崇高的敬意和由衷的感谢。

香料香精品控学是一门新兴交叉学科，其知识体系和内容尚在不断更新与完善之中。由于作者水平有限，书中错误和不当之处在所难免，敬请读者批评指正。

编者

2024 年 5 月于郑州

目录 Contents

第一章　绪论

第二章　香料香精与加香制品的感官评价

第三章 香料香精理化检测和微生物检测技术

第四章 香料香精安全性评价

第五章 香料香精仪器分析

第六章 香料香精缓控释技术

第七章 香料香精指纹图谱构建与应用

第八章 香料香精数据库建立

第九章　香料香精及加香产品目录管控

第一章
绪论

课程思政点

【本章简介】

本章主要介绍了香料香精品质控制发展历程、品控学的主要研究内容，以及品控学研究的背景、现状和意义。

香料也被称作香原料，是一种能被嗅出香气或尝出香味的物质。香料可以是单体，也可以是一种混合物，是配制香精的原料。根据香料的来源，可以分为天然香料和合成香料。香精是将数种甚至数十种香料按一定的用量比例及添加顺序，调和成具有某种香气或香型的调和香料。香料香精品质控制是指香原料把控、生产加工、产品制成、成品检测、成品入库以及售后质量的跟踪与解决等全过程，包括完整的质量控制和管理链，它是对产品制成的质量控制。

第一节　香料香精品质控制发展历程

香料香精由多种香原料和溶剂调配而成，是一种复杂的混合体系，该体系受香原料产地、加工及贮藏方式等多种因素影响，品质会发生一定的波动。因此，对香料香精进行品质控制十分关键。香料香精的安全性、稳定性与持久性是决定产品质量的必要条件。在品质控制过程中，依靠人工感官对香料品质进行评价是一种直观途径，通过理化检测指标实现对香料香精产品的内在质量控制是一种更为科学的监控手段。此外，香料香精易挥发、易氧化的缺陷很大程度上影响其在产品中的应用效果，高效的缓控释技术可以控制香料的释放速率，提高香料香精产品的品质。

一、香型香韵风格评价与控制

最初，由于气味词语的匮乏，人们无法表达对香料香精产品闻香、尝味和使用过程中气味的感受。随后根据香料香精从业人员长时间的感官评价经验，结合业内富有影响力的科学家对香气和香味的分类归纳整理，逐步发展出一套描述气味的语言。基于此，香型和香韵被发展出来，用于具体描绘香气和香味，从而将香料香精的风格进行了统一控制。

香韵是用来描述某一香料、香精或加香制品的香气中带有某种香气韵调而不是整体香气的特征，这种特征常引用有代表性的客观具体实物来表达或比拟，如：××带有玫瑰香韵或带有动物香香韵，或带有木香香韵等。香韵这个术语，在英语中相当于“note”。有时也可用感觉上的特征来表达，如甜韵、鲜韵等。

香型是用来描述某种香精或加香制品的整体香气类型或格调。如××的香气属于花香型，或属于果香型，或茉莉型，或东方香型，或古龙型等。香型这个术语在英语中相当于“type”。

不同香料单体虽然香气各不相同，但很多香原料的香气都具有描述某种气息的共性，可以将香料按照香韵或香型归类，每一类香型和香韵代表香气中的某一种特定的韵味和风格，同一种香韵中的各种化合物单体又具体到香韵中香气的微妙变化。

二、感官质量评价与控制

产品的加香是为了让消费者对其气味产生欢愉而激发购买欲，所以对香料香精的品质进行评价时，人的嗅觉和味觉是最主要的依据。香料香精的感官评价，是香料香精及其加香产品品质控制的首要环节。感官评价在香料香精中的应用非常广泛，如化妆品香精的选择、香水的市场定位选择、食品新鲜度的鉴别、食品的香味评价、加香食品的香气香味检验、卷烟加香效果等。感官评价作为一种质量控制功能，成为工业企业典型的质量评价方法。在香气的评价中，至今仍没有任何仪器分析和理化手段能够完全替代感官分析。因此要科学地提高感官分析结果的代表性和准确性，建立和完善香料香精感官评价方法。

较早期的评香组织是由一些具有敏锐嗅觉和经验丰富的专家组成。对于液体样品使用辨香纸分别蘸取等量样品与标准样品进行香气评价；对于固体样品，可以直接将试样与标准样品进行评香，之后采用“40 分”评分检验法对一个香料或者香精进行香气评价。但这种原始评香方法具有种种不足，如评香专家少且分散、每个人对于香气的敏感性和评价标准不同、个人身体状况和外部环境对评香结果影响较大等。为了使感官评价结果可靠和分析快速精准，在嗅香试验中将仪器分析、化学计量学、心理学、生理学和电子计算机技术与感官评价相结合，发展成为现代评香组织。近些年来，基于化学传感器和电子技术的快速进步，模拟动物嗅觉器官的电子鼻成为一种新颖的分析、识别和检测复杂成分的手段，应用于香料香精、化妆品和食品的香气质量评价技术已逐渐趋于成熟。

三、理化成分检测与控制

香料香精的内在质量和稳定性对产品质量有着很大的影响，产品的安全性、稳定性和持久性是鉴定产品质量的重要指标，通过仪器分析对香料香精的理化成分进行检测和控制能够更加科学地对其品质进行监测。香料香精内在质量的常规检测主要包括水分、相对密度、熔点、凝固点（冻点）、沸点、折射率、旋光度、溶解度、闪点、蒸发后残留物、含酚量、微量氯、羰值、酸值、酯值、游离醇与总醇含量、微生物、大肠菌群等理化检测项目，这些传统的检测指标对香料香精产品的内在质量控制起到较好的作用。随着香料香精企业在仪器设备、操作技术水平方面的提高，对香精质量控制更加严格，并着重强调香精的内在成分检测分析。

近年来，面对品种繁多的天然香料和合成香料产品，常规的分析方法很难分离香料香精中的挥发性成分并对其进行全面分析，因此必须结合现代仪器分析检测技术，如气相色谱法、高效液相色谱法、红外吸收光谱法、质谱法等技术及其联合应用。两种或两种以上分析技术的联用，可以形成优势互补。利用光谱、色谱等分析技术构建香料香精指纹图谱，适用于考察复杂成分内在质量的均一性和稳定性；通过模式识别、模糊数学等先进技术建立香料香精的数据库，构建调香模型和模拟加香过程，从而推动香料香精的数字化进程，促进香料香精品控的标准化和规范化。

四、缓控释材料制备与缓控释技术

香料香精具有易挥发、易氧化、留香时间短的缺陷，很大程度上影响了香料香精在相关产品中的应用效果，降低了香料香精的产品质量。设计高效的缓控释系统可以控制高挥发性香料的释放速率，从而提高香料香精的稳定性和持久性，提升产品品质。乳化技术不仅可以完善香精的香味表现力，也可以改善水溶性较差的香味成分在水溶性介质中的分层不稳定现象。乳化香精在高温下，表面水分蒸发，香精内相的油粒被一层胶膜包裹而形成保护层，可以起到减少香精挥发的作用，在加热过程中增加香精的耐热保香效果。

随着技术的发展，微胶囊的概念被提出。随着微胶囊造粒技术的日趋成熟，它在日用品和食品工业中的应用范围逐渐扩大，各种新的用途也被不断开发出来。微胶囊具有封装效率较高、热稳定性良好、保香时间长、储运方便等优点，并且具有逐渐释放香气的功能，而成为香料香精缓控释的重要作用形式。微胶囊香精的生产方法目前有三种，分别是喷雾干燥法、蔗糖共结晶法和凝聚法。随着科技的不断进步，特别是材料科学和纳米技术领域的飞速发展，微胶囊技术为香料香精行业带来了前所未有的机遇和挑战。

第二节　香料香精品控学的研究内容

香料香精品控学是一门研究与表征香料香精品质特征的质量控制科学与技术。它是一个从香料香精原料把控、生产加工、成品检测、成品入库到售后质量跟踪等全过程的科学，包括完整的质量控制和管理链，是对香料香精产品制造的全面质量控制。

评价指标、评价方法和技术标准是香料香精品控管理的核心内容。结合现代仪器分析检测技术，开展模式识别、模糊数学、指纹分析等先进的香料香精品质控制方法的研究，强化香料香精化学组成与香味成分研究，深化表征香料香精品质特性的有效成分检测研究，对于建立完善香料香精品质评价指标体系尤为重要。首先是要建立和完善香料香精分类检测方法，更新香料香精品质检测手段，形成品控系列相关标准；其次是加强香料香精品控管理，建立健全香料香精品质管理体系，形成包括从理化指标到嗅香鉴定、功能验证、安全许可等方面的香料香精品质检测程序，以及涵盖成品配制、检验入库、市场反馈等全过程的香料香精品控程序；最后是加强安全性研究，结合国内外研究进展和行业发展要求，研究香料香精安全性技术评价方法和标准，建立并完善香料香精许可、限制和禁用的分级目录。

一、香料香精感官评价

一种香料香精的好坏，除了理化指标可判断外，其香气和香味只能靠人的感官进行评价。感官评价作为一种质量控制功能，是工业企业常用的经典质量评价手段。

（一）香料香精的感官评价

1. 香气的评价

香料香精香气的评价，主要采用与同种标准质量香料香气相比较的方法。评香仅限于直接比较两个具有类似性质和强度的样品最为可靠。对两种以上样品进行多重比较或对无比较可能的样品加以比较是不可靠的，不易直接辨别其香气质量的产品，如香气很强的液体或固体样品，可先用溶剂稀释至相同浓度，然后蘸在辨香纸上评价。常用的溶剂有水、乙醇、苄醇、苯甲酸苄酯、邻苯二甲酸二乙酯等。香气评价可以参考《香料香气评定法》（GB/T 14454. 2—2008）进行。

2. 香味评价

香味评价的条件较为严苛，外来杂味、光照条件、用具、试验条件等都可影响香味评价的结果。评香时应尽可能在专门的香味评价室内进行。为获得有意义的结果，评香时必须集中注意力。经验表明，如果有其他评香人员存在或者环境不安静或匆匆忙忙的情况下，都将严重影响香味评价的准确性。在香味评价前，应消除其他外界因素对香味评价造成的影响。

3. 色泽鉴定

色泽鉴定是天然香料中较为重要的外观质量指标。色泽鉴定的要求是待检试样是否与标准试样相符，是否达到了质量标准。对液体标准试样色泽，除特殊的选用具有代表当前生产水平的产品做标准外，一般采用无机盐配成标准色样供检验对比。为了求得准确的色泽情况，较先进的方法是使用比色仪与标准样品对比。

4. 味觉复原

在香料香精感官评价中，味觉复原是一个重要的环节，它有助于评香师恢复和保持敏锐的味觉和嗅觉，以便更准确地评估香料香精的香气特性。一般使用清水、新鲜面包、脱脂乳等，针对特定口味的复原，可根据香料香精的特征进行选取。评香人员应掌握有效的味觉复原方法，并注意保持评香环境的清洁和无异味，合理安排评香时间和次数，使用合适的评香工具和方法进行感官评价，以确保评价的准确性和可靠性。

5. 特别措施

对香气强的原料或香味浓的最终产品进行感官评价，可遵守以下三条主要规则：①被评价的香料必须稀释到适当的浓度，避免嗅觉和味觉难以接受；②在评价各种样品和各批次样品之间必须留有一定的时间使嗅觉或味觉得以恢复；③重复评价时应选择另一时间以相反的次序进行，以便消除其他遗留物质的干扰。如在评价辛辣类香料香精时，应使刺激作用降低到最低点，在接近阈值最低浓度时进行评价，要留有足够的时间使感官的知觉恢复。

（二）加香制品的感官评价

1. 烟草加香制品的感官评价

烟用香料香精在卷烟产品中的作用是提供令人满意和乐于接受的嗅感和味感，与其他加香产品的根本区别在于，卷烟产品的加香效果要经过燃烧以后才能最大限度地体现出来。

烟草加香制品感官评价一般采用标度检验法，其评价的指标主要包括嗅香、特征香气、加香与烟香特征、香气的香势和持续性、烟气的甜润度和细腻感、杂气的变化、烟气的刺激性和生理强度、余味的舒适程度等。烟草加香制品感官评价的方法是将卷烟的香味特色与卷烟的感官质量互相结合，使卷烟从风格和品质上得到一个较全面的评价。

烟草加香制品的评吸规则，一是要求评吸员必须进行岗前培训，熟知评吸指标及标度划分的意义，掌握评吸方法，学会如何使用专业术语词汇；二是要求评吸队伍应由 7 个以上专业评吸员组成；三是要为评吸活动准备一系列的参评试样、标准样品以及规定表格，要求评吸员按照表格中的指标要求对参评样品进行逐一评吸打分。评吸结果汇总将各个评吸员的单项评吸结果相加，求其算术平均值，至少保留一位有效数字。

感官评吸的形式主要有单一形式、对比形式、选择形式和暗评形式四种。评吸方法分为烟气局部循环法和烟气整体循环法两种。目前，感官评吸已成为烟草新品种培育、卷烟新产品开发、质量改进、成分替换、市场预测、质量控制的重要手段。

2. 食品加香制品的感官评价

香精在食品中的使用量虽然很少，但对加香产品的香气却起着决定性作用。食品要取得良好的加香效果，除了选择好的香精外，还要在使用时考虑香精均匀性、产品酸甜度、产品加香温度以及香精用量等因素的影响。

加香产品的感官评价结果往往会受到评价环境、样品代表性、评价人员的身体状况等因素的影响与干扰。因此，感官评价人员的身体素质与精神状态对评价结果起着至关重要的作用。为了减少外界因素的干扰，确保评价结果的准确性，就需要加大对食品感官评价人员培训与考核的力度。

食品感官评价方法可以分为三大类：第一类，食品感官差别检验法，主要方式有两点检验法、三点检验法、“A”-“非 A”检验法、五中取二检验法、选择检验法、配偶检验法等。感官分析方式的选择取决于检验目的和所要达到的结果。实际工作中广泛采用的方式为简单的差别检验法。第二类，使用标度和类别检验法，主要方式有排序检验法、分类检验法、评分检验法、成对比较检验法、评估检验法等。第三类，描述性分析检验法，主要方式有简单描述检验法、定量描述分析法和感官剖面描述分析法等。描述性分析检验法已被证明是最全面、信息量最大的感官评价工具，适用于表述各种产品的变化和食品研发问题。

3. 日用品加香制品的感官评价

日用品加香感官评价是确保产品满足消费者期望和市场标准的关键步骤。这一过程不仅关注产品的直接感官属性，如香气的强度、香味的持久性和色泽的吸引力，还涉及产品使用时的整体感官体验，包括触感、质地和使用后的余香等。在进行感官评价时，感官评价人员通常会使用一套标准化的评价方法，如定量描述分析、成对比较测试或消费者偏好测试。这些方法能够量化香气的各个维度，如新鲜度、甜度、强度和复杂性。此外，感官评价人员还会考虑香气与产品类型和预期用途的匹配度，以及是否能够引起消费者的正面情绪反应。

二、香料香精理化分析

由于香料香精的内在质量及其稳定性对加香产品质量的稳定性存在着较大影响，因此，加强香料香精理化检测分析的重要性日益凸显。近年来，随着香料香精企业仪器设备更新、操作技术水平的不断提升，对香料香精的质量控制将更加严格，更加注重香料香精的内在成分检测分析。进一步提高香料香精的质量控制水平，实现对香料香精产品内在质量成分的科学监测，对于香料香精企业产品质量的理性把握和合理使用意义重大。

（一）物理指标的测定

（1）相对密度的测定　在测定有机化合物或精油的相对密度时，根据 ISO 国际标准，应在 20℃下进行测量。即在 20℃时，一定体积试样的质量与 20℃时同体积的蒸馏水的质量之比，其表示符号为 d。在香料工业中用密度瓶来测定各种香料的相对密度，准确度达小数点第四位。多数精油相对密度小于 1，但也有少数精油的相对密度大于 1，相对密度大小与精油的组成成分有关。因此，由于组成不完全相同，每种精油的相对密度也不会是一个固定值，而是有一定变动范围。具体测定方法可参阅《香料 相对密度的测定》（GB/T 11540—2008）、《烟用香精 相对密度的测定》（YC/T 145.2—2012）。

（2）熔点、凝固点的测定 纯粹的固态物质通常都有固定的熔点。如果有其他物质混入，则对其熔点有显著影响，不但使熔化温度范围增大，而且往往使熔点降低。因此，熔点的测定常常可以用来识别物质和定性检验物质的纯度。物质的固、液两相在常压达到平衡态时的温度称为熔点。有机化合物的熔点通常用毛细管法来测定，实际上由此法测定的不是一个温度点，而是熔化温度范围，即试样从开始熔化到完全熔化为液体的温度范围。物质从液态转变为固态的过程称为凝固。晶体在凝固过程中放出热量，冷却到一定温度时，开始凝固，但温度保持不变，这时的温度就是凝固点。对于精油来讲，因为它是一个混合物，当精油从液态转变为固态时，测定的不是一个非常明显的凝固点温度，而是一个凝固点温度范围。此温度范围在香料中称为冻点，也称为凝固点。

（3）沸点的测定 当液体的饱和蒸气压与外界压力相等时，即发生沸腾现象。因此当液体的蒸气压与标准大气压相等时的温度，称为这一液体的沸点。液体与固体不同，极难获得纯态，而且物质的沸点变动不但与组成变化有关，而且与蒸馏条件也有关。所以利用沸点来鉴定化合物，往往不太确切。然而物质的沸点，仍是一个重要的物理常数。

（4）折射率的测定 折射率也称为折射指数。光从一种介质射入另一种介质时，光的方向就会发生改变，这种现象称为光的折射。物质的折射率不仅与其结构有关，而且与光线的波长、温度、压力等条件有关。外界条件确定之后，折射率只取决于物质的结构，所以不同的液态物质都有自己特有的折射率，如果被测定样品是纯品，则所测折射率应与标准文献值相符。在测定有机化合物或精油折射率时，入射的单色光波长为（589.3±0.3）nm，相当于钠光谱中的 D 线，测定时的温度大多为 20℃，其折射率用 n_D^{20} 表示。

（5）旋光度的测定 有一些化合物，尤其是很多天然有机化合物，当平面偏振光通过时，能使偏振光的振动方向偏转，具有这种性质的化合物称为光学活性化合物。由于许多香料出自天然，因而它们大多数是以旋光体的形态存在的。物质的旋光性，常常可用来检查它的纯度。一个光学活性化合物的旋光性可用它的比旋光度来表示。一般说来，一个光学活性化合物，不论是其本身或其溶液，都可使偏振光的平面旋转，如顺时针方向偏转，表示具有右旋性，以 d 或（+）表示；如逆时针方向偏转，表示具有左旋性，以 l 或（-）表示。

（6）溶混度的测定 天然香料在乙醇水溶液中的溶混度，有时也称为溶解度。根据国际标准，精油在已知乙醇含量的水溶液中溶混度的定义为：在 25℃时，当 1 倍体积的

某种精油和 V 体积一定浓度的乙醇水溶液的混合液澄清透明，并且再将此浓度的乙醇溶液逐渐加入至乙醇总体积为 20 倍时仍能保持澄清，则认为此精油能与 V 体积或更多体积的此浓度的乙醇水溶液溶混。

（7）闪点的测定　香料香精等易挥发物质在规定的条件下，加热到它的蒸气与空气所形成的混合气接触火焰发生闪火时的最低温度称为闪点。闪点是一个安全指标，是有火灾危险出现的最低温度。

（8）蒸发后残留物的测定　蒸发残留物就是在 100℃以下不会挥发的精油成分的质量分数，是精油纯度的一个重要标准。精油是复杂的混合物，要准确地测定其不挥发残留物是很困难的，因为精油中的蜡类和其他高沸点不挥发成分会使低沸点成分保留在残留物中，使残留物不能顺利达到恒重。所以，必须规定一种操作方法以便测定操作。

（二）化学指标的测定

香料的化学检验主要是根据香料中各组成化合物的官能团的反应而进行的。例如，醇类的定性和定量测定，就是利用这些化合物中羟基所特有的反应；测定醛类则利用醛基所特有的反应等。这样我们可以根据同一反应方法来测定具有相同官能团的各种化合物，文献中有很多关于有机化合物定性和定量的方法，这里只谈及一些应用在香料方面的分析方法。

（1）含酚量的测定　酚类与强碱作用，生成溶于水的酚盐，这是测定精油中酚含量方法的基础。由于酚的钾盐比钠盐更易溶解，在应用时使用氢氧化钾效果会更好。

（2）羰值的测定　醛或酮类化合物往往是天然香料的主要芳香成分，因此，醛量和酮量是天然香料的重要指标之一。常用的测定方法有很多，其中盐酸羟胺法和亚硫酸氢钠法比较方便易行。

（3）酸值的测定　大多数精油仅含有很少量的游离酸，因此酸的含量一般是用酸值来表示，即中和 1g 油中所含游离酸需要的氢氧化钾的毫克数。在测定酸值时，必须用稀碱液，因为精油中常含有一些酯类，这些酯类遇到强碱时，即使在常温下也能够被皂化，酚类也能与碱起作用。

（4）酯值的测定　精油中的酯类化合物往往是精油的主要香成分，如脂肪族、芳香族酸类的酯、单萜、倍半萜类化合物的酯等。因此酯含量的测定对于很多精油的鉴定是十分重要的。酯含量通常以酯值来表示，即每克精油皂化时所需的 KOH 毫克数。

（5）醇的测定　香料（精油）中含有的醇类化合物，包括伯醇、仲醇、叔醇，因此在测定时，往往要根据其不同的类别而采用不同的方法。一般测定醇的方法是：先将其酯化，然后再计算酯值。伯醇、仲醇和叔醇的羟基反应能力各不相同，伯醇最容易生成酯类，仲醇次之，而叔醇则很难，因此，测定伯醇和仲醇应该用酯化法，测定叔醇用脱水法。

（6）重金属含量的测定　重金属含量的测定包括铅含量的测定和砷含量的测定。

三、香料香精仪器分析

（一）预处理技术

目前现有的香料，既有天然产物，也有人工合成的物质，如非酶褐变反应产物或它们的混合物，因此香料香精品种很多，组成十分复杂。而且，不同的香料香精的性质差异很大。在一些情况下（包括浓的香精、香料、精油及纯化学品），对试样没有必要进行分离或浓缩就可以直接进行分析。而在另外的情况下，要进行分析和鉴定之前必须从试样中分离出感兴趣的组分。通常先做一些小试管量的实验有助于选择合适的分离技术，同时在一些实验中，注意观察香气持久与否，以便对感兴趣物质的稳定性、挥发性和功能性提供线索。香料香精成分分析一般要先进行预处理，然后进行分离和鉴定。进行分析时，要根据香料香精不同的性质、不同的分析要求，选择合适的预处理、分离和鉴定技术与方法。

目前常用的预处理技术包括溶剂萃取、同时蒸馏萃取、溶剂辅助蒸发、顶空取样、直接热脱附、搅拌棒吸附、超临界流体萃取、顶空单液滴微萃取、固相萃取等。

以固相萃取和超临界流体萃取为例。固相萃取（SPE）是利用固体吸附剂将样品中的目标化合物吸附，然后再用洗脱液洗脱或加热解吸附，从而达到分离和富集目标化合物的目的。SPE 法采用高效、高选择性的吸附剂，大幅简化了样品预处理过程，与液-液萃取相比，SPE 法不需要大量的纯溶剂，无需分离操作，且处理过程不会产生乳化现象，但分析物回收率和精密度要低于液-液萃取。作为一种新型样品处理技术，固相微萃取（SPME）技术的显著优点是将萃取和浓缩合二为一，无需有机溶剂、成本消耗低、操作简单，并能较真实地反映样品的风味组成。目前，SPME 技术已成功应用于食品及香料香精中的挥发性、半挥发性组分的提取和分析。采用顶空固相微萃取/气相色谱/质谱联用技术检测鲜花（如桂花、水仙、蜡梅等）、水果（如草莓、水蜜桃、苹果等）、蔬菜（如芹菜、黄瓜等）、香辛料（如生姜、白胡椒粉、芥末膏等）、中药（如野菊花、鱼腥草、苍术等）及香精中的挥发性成分，均取得了良好的效果。

超临界流体萃取法（SFE）特别适合天然植物中脂溶性挥发油、膏状物、树脂和热敏性产品的提取。其近常温的操作温度，可几乎保留全部天然本香成分物质，故产品香气天然感好、香气纯正、得率高，大幅优于传统的常规提取方法。与水蒸气蒸馏法相比，超临界萃取挥发油的得率较水蒸气蒸馏法平均高出 73%，而且超临界萃取制得的挥发油香气品质好，味浓、清雅、无杂气。SFE 技术在烟草行业也有一定的应用前景。由于超临界流体萃取基本不破坏被萃取物的形态，可以利用 SFE 技术对烟丝进行预处理，提取出部分烟碱和其他物质，改善烟丝的燃吸品质，这对降低卷烟有害成分及低次烟叶的处理都有一定的意义，此外，SFE 技术在烟草香味成分分析和有害物质分析方面也具有相当高的应用价值。

（二）仪器分析

各种精油和天然香料大多是由几十种至几百种化合物组成的一个复杂混合物，人们为了进一步客观地认识这些芳香物质，就要对它们所含的组分一一加以分析。香料分析是要以分析结果为基础达到香气再现的目的，最终目的是为合成提供模型化合物。因此，精油的分析研究在香料工业中占有极其重要的地位。30 多年前，精油和其他天然香料成分的分离、鉴定和结构测定大都以经典的有机化学方法进行，需要样品多，时间长，并往往只能鉴定其最主要成分，因此在精油分析方面的进展是非常缓慢的。自 1960 年气相色谱（GC）开始真正应用于精油分析，特别是近十几年来气相色谱-质谱联用仪（GC-MS）、高效液相色谱仪（HPLC）、核磁共振仪、X 射线衍射仪等现代物理仪器的发展及普遍应用，精油和其他天然香料的分析研究有了飞速的发展，大量特征性香气化合物的鉴定，为香料合成工业提供了模型化合物，开辟了新的途径。

目前使用较多的香料香精仪器方法为气相色谱法、高效液相色谱法、填充柱超临界流体色谱法、紫外光谱法、质谱法、红外光谱法、核磁共振波谱法等。

气相色谱分离技术是香味及精油工业中的重要实验手段，几乎所有的香味成分都能用气相色谱的某种应用形式进行分析。气相色谱具有选择性强、分辨能力好、灵敏度高和高效快速等优点。气相色谱已成为许多组成复杂混合物分离分析的高效快速的技术，也是烟用香料香精成分分析最常用的分离分析技术。气相色谱除了应用广泛外，还是快速、灵敏的分离方法，并具有较高的定量准确度和分辨能力。

对于相对分子质量较大的物质、天然提取物中挥发性小的组分及热不稳定的物质，气相色谱法不适用，而高效液相色谱法则特别有效。其优点是：①与许多低效能的经典柱色谱法相比较，它是快速的；②用作定量分析效果理想；③这个技术可以自动化，从而提高工作效率，故在香精的分析研究中被广泛应用。

（三）香气香味的检测

精密仪器检测香料香精或加香产品的方法虽然具有较好的重现性和客观性，但是存在样品预处理复杂，检测时间长，而且检测结果只能呈现一种或者几种物质的含量对品质的影响，不能反映香料香精或加香产品的香气或品质信息等问题。

为了克服人工感官评价法和精密仪器检测方法存在的问题，可以采用电子鼻和电子舌智能感知检测系统代替传统的检测方法，以实现对香料香精或加香产品品质的快速和客观的评价。电子鼻和电子舌主要通过模拟哺乳动物的嗅觉和味觉器官来获取检测对象的挥发物信息、液体呈味物质信息，然后结合相应的模式识别方法对获取的信息进行分析，最终对检测对象做出相应的评价结果。对于电子鼻和电子舌系统，传感器通过对所获取的信号进行分析从而实现对样品的鉴别。通常，采用电子鼻、电子舌检测样品的时间在几秒至几分钟之间，检测效率高，同时能提供较为客观和准确的分析结果。

四、香料香精安全性评价

香料香精的销售量与应用范围日益扩大，人们在日常生活中与之接触的机会日益增多，因此其安全性问题越来越引起人们的关注。

世界卫生组织/联合国粮食及农业组织（WHO/FAO）对食用香料（作为食品添加剂）的安全性管理的品种还不是很多。有些可同时作为药用的香料，在有关国家各自的药典中做了相关规定。《中华人民共和国药典》中也规定了一些品种。而对于食用香料的安全卫生管理，各国都有其自己的法规和管理机构。如美国主管食用香料安全使用的政府组织——美国食品与药物管理局（FDA），编订了美国《食用化学品法规》；欧洲国家共同组织的欧洲委员会（CoE）对食用香料的安全使用也有正式规定；日本的《食品添加剂公定书》中规定了若干种食用香料的使用要求；我国对食用香料安全使用问题，在《食用添加剂卫生管理办法》中做了相应规定，也在食品安全国家标准中对食品添加剂的使用标准做出要求。

香精的安全性是依赖于其中所含的香料与辅料是否合乎安全性，所以调香工作者在为某加香产品设计香精配方时，就要根据该加香产品的使用要求来选用持久性、稳定性与安全性均合适的香料与辅料，三者不可偏废。

（一）烟用香料香精安全性评价

随着经济的发展和生活水平的日益提高，人们越来越关注自身健康，烟草本身会对人体产生危害，烟用香料香精作为烟草制品不可或缺的添加剂，其安全性也被人们越来越重视。烟草市场上，卷烟产品种类繁多，风味不尽相同，其所用香料香精也琳琅满目，而其配方作为卷烟企业的核心技术，透明度很低，这就造成了烟用香料香精的安全性评价工作不易开展，很难形成统一的评价标准。除此之外，烟用香料香精的品质和稳定性在加入卷烟后难以预测。因此，加强烟用香料香精从生产到使用进行全过程的品质控制就显得尤为重要。

烟用香料香精的安全性评价包括香料香精自身的安全性、热裂解产物的测定、烟气主要有害成分变化以及卷烟烟气生物活性和毒理学 4 个方面，卷烟烟气生物活性和毒理学又可以从 Ames 试验（细菌回复突变试验）、微核毒性、中性红细胞毒性和慢性呼吸毒性 4 个方面进行研究。

（二）日用香料香精安全性评价

日用香料香精是一类重要的日用工业产品，它是由日用香料香精以及辅料组成的混合物，代表了一定的香精配方。日用香料香精不仅用于化妆品、个人和家庭卫生护理用品中，也用于纺织品、纸张、塑料和涂料等加香型产品中。由于日用香料香精是一种混合物，应用场合不同，流行趋势不同。日用香料香精的配方千变万化，因此，日用香料香精的安全性取决于所用香料以及辅料的安全性。只要构成日用香料香精的原料经过安全评价，品种和质量符合法规标准要求，则其安全性是有保证的。日用香料香精对人体的健康危害主要包括接触性皮炎、皮肤刺激性皮炎，以及长期大量接触后可能引起的神经系统损伤、呼吸系统受损、慢性中毒和致癌致畸风险。

日用香料香精安全性评价一般是从急性经口和急性经皮毒性、急性吸入毒性、急性眼刺激性/腐蚀性、急性皮肤刺激/腐蚀性、皮肤致敏、皮肤光毒性和光敏感、致突变性、亚慢性经口和经皮毒性、致畸可能性、毒物代谢动力学 10 个方面开展研究。

（三）食用香料香精安全性评价

食品风味对于消费者选择何种消费形式和口感特征起着非常重要的作用。在食品的生产过程中，为了提高食品的香气以及特有的风味，往往会加入天然或人工合成的食用香精来达到目的。食用香料香精作为一类食品添加剂，几乎在所有加工食品中都有重要或特殊的地位。随着生活水平的不断提高，人们对于食品安全的重视程度日益加深。不仅如此，2015 年 10 月 1 日起施行的《中华人民共和国食品安全法》更是将食品安全的重要性上升到一个新的高度。因此，食品中普遍存在的添加剂，包括香料香精的安全性，便成为生产者和消费者密切关注的问题。

食用香料香精安全性评价主要从急性经口毒性、遗传毒性、28d 经口毒性、90d 经口毒性、致畸可能性、生殖发育毒性、毒物代谢动力学、毒性和致癌 8 个方面开展研究。

五、香料香精缓控释技术

缓控释技术是一种物质控制释放的技术。它通过对目标物进行一定的处理或者依赖辅助材料的某一特殊性质，使目标物在释放媒介中缓慢或可控地释放。缓控释技术在医药领域应用比较广泛，发展也较快。近几年随着交叉学科的发展，缓控释技术也被逐渐应用于香料香精、油田开采、农药和化肥领域等。香料香精作为一类挥发性较强的物质可以迅速被人体所感知，但是持续性一般较差。通过对香料香精进行缓控释处理，可以达到延长释香时间的主要目的，同时还可达到其他诸如改善香料香精热稳定性等辅助目的。

香料香精缓控释技术，可分为香料控释技术和香精缓释技术。在香料控释技术中，目前研究较多的是香料前体法、复凝胶法、界面聚合法、包结络合法、微胶囊法、纳米胶囊法、爆珠法等。

以微胶囊化法为例，香水、香料香精和精油作为一类特殊的活性物质，在日常生活中得到广泛应用，可带来愉悦的嗅觉、味觉和功能保健效果，然而，当香料香精曝露于外界或基质环境中时，其中的许多成分在化学性质上是不稳定的，容易变质和损失。微胶囊技术可以有效地保持住这些香味并控制它们的释放，并通过调整芯材和微胶囊的结构，获得一些广受欢迎的效果特性。香水、香料、香精以及精油的微胶囊化可以通过多种壁材和制备方法实现。这种多样性使得微胶囊技术，已经在食品、烟草、护理产品、纺织品、皮革和纸张中得到了广泛的应用。

第三节 香料香精品控技术研究的意义

随着我国经济的起飞，近年来人们对饮料、食品、化妆品、烟草、合成洗涤剂等的需求量迅速增长，进一步推动了我国香料工业的快速发展。自1980年以来，年平均增长率为7%。2018年10月，中国香料香精化妆品工业协会数据显示，经过四十年的发展，香料香精行业的企业数量已经由1980年的83家，增加至目前的1000余家，市场规模也由1980年的5.24亿元扩大至2017年的370.6亿元，市场规模扩大了七十余倍。近年来从我国香料香精产量和销售收入统计情况看，香料香精行业呈现出逐年增长的态势，2021年香料香精的产量就达到2027吨，已基本满足人们生活和工农业生产的需要。目前我国合成香料和天然香料出口优势明显。在大宗合成香料品类中，我国的香兰素、芳樟醇、麦芽酚的出口量均占全球产量的50%左右。在天然香料产量方面，我国天然香料资源丰富，许多香料品种风味独特，如我国特有的山苍子油香料，富含柠檬醛，是制取紫罗兰酮及生产维生素A、维生素E的主要原料。

一、背景

在人类几千年文明史发展过程中，随着人们对香料的作用和功效的不断认知与升华，加之新型特色香料品种的不断涌现，智能化调香与检测技术的飞速发展，香料工业已经成为国民经济中不可缺少的高附加值行业。香料香精与人们日常生活息息相关，每个人几乎天天都在使用着各种各样的加香产品，舒适的香气能使人愉悦心情，松弛神经，消除疲劳。例如，在化妆品与日用品中加入香料，可以使人精神舒畅；把香料加入饮料、食品中可使人们增进食欲、助力消化；香料还可以防止细菌生长，起到杀菌、防腐、除臭的作用，在医药卫生制品中广泛使用；在动物饲料中添加香料能增进动物食欲，以达到快速增重、缩短饲养周期的目的。因此，加强香料香精及其加香产品的质量管控，开展品控技术研究与应用就显得尤为重要。

二、现状

香料香精是依靠所含的多种化学成分发挥致香作用的，因此仅凭某一种化学成分的定性和定量是无法对其质量进行准确评价的，因为任何单一的致香成分或指标成分都难以有效地表征香料香精的香气特征。目前香料香精产品的质量监控还不到位，存在检测手段不新、检测方法不够全面、检测指标的特征性不强等问题。现仅有的一些标准主要停留在对香精产品的折射率、相对密度、酸值、澄清度等少数指标的检测上，而这些指标又受溶剂的影响较大，不能客观地反映香精产品的质量，其品质稳定性更是难以得到体现。

三、意义

香料香精品控技术研究具有重要的理论价值和现实意义。由原有的理化成分检测与嗅香评价向整体性质量控制转变，有利于培养和造就高素质的实用型调香技术人才队伍，提高香料香精行业自主创新能力；有利于构建香料香精品控核心技术体系，增强香料香精产品的质量控制能力；有利于提升中国香料香精总体竞争实力，促进香料香精产业高质量发展，提高我国香料香精的国际地位。

重点与难点

（1）香料香精及加香制品的感官评价方法。

（2）香料香精物理指标的测定。

（3）香料香精在分离与鉴定中用到的仪器分析方法。

（4）香料香精在不同加香产品中的安全性评价标准。

（5）缓控释技术在香料香精中的应用。

思考题

1. 简述香型、香韵的概念。
2. 香料香精的理化指标有哪些？
3. 香料香精品控学的主要研究内容包括哪些？
4. 我国香料香精品控技术的现状是什么？
5. 学习香料香精品控学有什么意义？

第二章 香料香精与加香制品的感官评价

课程思政点

【本章简介】

本章首先探讨了香料香精感官评价的基础，详细介绍了相关的感官原理。特别侧重介绍了香料香精的感官评价方法，为读者提供了深入了解香料香精感官特性的手段。最后，本章对加香制品，包括烟草、食品和日用品等，进行了系统而全面的感官评价，旨在为读者提供对不同领域的感官评价方法和应用的全面认识。

香料是能够通过嗅觉或者味觉感觉出来的香味有机化合物，是制作香精的基本原料，因此又被称为香原料。香精是由多种香料和辅料复配而成的具有一定香型的混合物。一般来说，能够直接用于加香产品中的香料种类极少，大部分都需要配制成香精才能用于产品的加香。随着人们日益增长的物质需求和对美好生活的向往，对香料香精的需求也日趋增加。时至今日，世界上的香料品种逾 6000 种，年销售额达 100 多亿美元。中国生产的香料有 1000 多种，年销售额达到 200 多亿人民币。香料香精的应用涉及食品、医药、饮料、酒类、日用品、洗涤用品、化妆品、纺织、烟草等多个领域。

人们需要通过检验去评价某种香料香精的好坏，虽然香料香精的理化指标能够通过仪器来鉴定，但是鉴于人类对一种物质的感知更加敏感，是多种复杂的感官综合评价的结果，通过人类神经系统的协作对这种多维刺激的感知在现阶段下很难或不可能通过仪器测量出来。基于此，香料香精的香气和香味目前只能靠人的感官来评价。

第一节 香料香精感官质量评价

香料香精的感官评价指标包括香料香精的香气、香味以及外观色泽等，主要是通过人的嗅觉和味觉等感觉器官来进行评价的。

一、香料香精感官评价基础

现代的感官评价是在科学设计的基础上，依靠人体的感觉对某种香料香精做出主观判断，然后再对判断得到的结果进行统计分析，最后得到对这种香料、香精的感官评价结果。因此，人体的感觉是香料香精感官评价的基础和前提。

感觉是指脑对直接作用于感觉器官或感受器的客观事物的个别属性或个别特征的反应，也就是眼、鼻、口和皮肤的反应。人的感觉器官主要有眼、鼻、耳、舌、皮肤五种，相应地，人体的感觉可以分为五种类型，即视觉、嗅觉、听觉、味觉和触觉。嗅觉和味觉是评香工作中的重点，嗅觉和味觉的误差会对评香结果造成极大的影响。因此，我们必须了解嗅觉和味觉的生理特点和基本规律，以尽量减少嗅觉和味觉所引起的误差。

（一）人的嗅觉

嗅觉是气味分子刺激鼻腔上端嗅细胞而激发的感觉。嗅觉是一种比视觉原始，比味觉复杂的基本感觉。在原始人时期，人类主要依靠嗅觉、味觉和触觉感知周围环境。在人类转变为直立姿态后，嗅觉退于次要地位，视觉和听觉成为最重要的感觉。嗅觉敏感性要高于味觉敏感性，以最敏感的气味物质甲基硫醇和最敏感的呈味物质士的宁为例，甲基硫醇在每立方空气中达到 1.41×10^{-10}mol/L 时就能被感觉到气味，而士的宁浓度在达到 1.6×10^{-6}mol/L 时才能感觉到苦味。

1. 人体的嗅觉器官

人体的嗅觉器官是鼻子，其被鼻中隔分为左右两个鼻腔。左右两个鼻腔分别为一个狭长腔隙，其前后开放。鼻腔的外侧壁分布有成梯形排列的三个骨质鼻甲，分别为上鼻甲、中鼻甲和下鼻甲。人体的嗅觉感受器为嗅黏膜，其位于上鼻甲与鼻中隔之间，分布于鼻腔的背侧面、鼻中隔和部分上鼻甲。嗅黏膜大小约为 $2.75cm^2$，呈淡黄色，且为水样分泌物所湿润，嗅觉细胞密集于此，又称为嗅细胞，即嗅觉感受器中具有嗅觉反应的细胞。嗅黏膜面积虽然较小，但是在嗅黏膜中分布有总数1000万个嗅细胞，每个嗅细胞上有超过1000条纤毛，从而将感受器表面面积增加了数百倍，进而增加了嗅觉的敏感性。一般情况下，人类的嗅感能力可分辨出1000~4000种不同的气味，如果对鼻子加以特殊训练，则可以分辨高达10000种不同的气味。

2. 嗅觉产生的条件

嗅觉是辨别各种气味的感觉，产生嗅觉的前提条件是有气味物质的刺激，凡是能够被探测察觉到的有气味物质必然是在空气中呈粒子形式的可挥发物质，所以能够引起嗅觉的物质必须具有挥发性和可溶性，否则无法刺激鼻黏膜而引起嗅觉。引起刺激的气味分子必须具备以下条件：①挥发性、水溶性和脂溶性；②有发香原子或者发香基团，有一定的分子轮廓，相对分子质量 17~340；③红外吸收光谱为 760~1400nm，拉曼吸收光谱为 1400~3500nm；④折射率为 1.5 左右。

具有气味的物质只有到达嗅黏膜才能产生嗅感，通往嗅黏膜途径一共有两条：一是直接通过鼻腔吸气到达嗅黏膜，即鼻腔通路，在此途径下，食品表面空气中芳香物质的浓度以及吸气的强弱决定了嗅觉的强弱；二是鼻咽通路，也就是物质经过口腔后通过鼻咽进入鼻腔到达嗅黏膜。空气中的气味分子进入嗅感区后，吸附和溶解在嗅黏膜表面，进而扩散至腺毛，被嗅细胞感受，最后嗅细胞将所感受到的气味刺激，通过传导神经以脉冲信号的形式传递到大脑，从而产生嗅觉。

挥发性的物质散发出的气体分子，刺激鼻腔嗅觉神经而在中枢神经中形成的一种感觉称为嗅感，它属于一种生理反应，其传导过程为信号产生→信号传递与预处理→大脑识别，从而产生嗅感。具体来讲就是，香气分子经空气扩散到鼻腔之后，被吸附到嗅细胞表面，嗅细胞表面部分负电性的电荷改变而产生电流，刺激神经末梢产生兴奋信号。兴奋信号在嗅球中进行一系列的加工、放大（预处理），然后传递到大脑之后，大脑将信号与经验对比，判断识别出香味。

3. 嗅觉的生理特性

（1）嗅觉的适应性　嗅觉的适应性是指嗅觉器官作用于有气味的物质一定时间后，嗅觉感受性降低的现象，也被称为嗅觉疲劳。当气味长时间刺激嗅球等中枢系统时，嗅细胞产生疲劳进而使刺激转变成负反馈状态，嗅觉受到抑制，气味感减弱或消失，此过程就是嗅觉对气味产生了适应性。嗅觉的适应性有三个特点：①在产生嗅觉疲劳的过程中，嗅味阈值逐渐增加；②从施加刺激到嗅觉疲劳直至嗅感减弱或消失有一定的时间间隔；③嗅觉对某种刺激产生疲劳后，嗅感灵敏度再恢复需要一定的时间。

嗅觉有交叉适应的现象，也就是嗅觉在对一种气味物质产生疲劳或者适应现象时，会影响对其他刺激的感受。如嗅觉对碘的气味适应后，会造成对酒精、向日葵以及芫荽油的嗅觉阈值升高；长期吸烟的人以及在医院工作的医生或者护士，会对许多味道特别敏感，但是对其他气味感觉也会迟钝一些。除此之外，由于相同的气味组分在嗅感黏膜上的适应速度不同，嗅觉疲劳或适应期间，嗅觉器官所感受到的气味也会发生变化。例如，在嗅闻三甲胺时，气味会从鱼味变为氨味；在闻硝基苯时，开始是苦杏仁味，但过一会儿变为沥青味。

（2）嗅味之间的相互影响　当两种或多种气味混合在一起时，气味可能产生四种结果。

①气味压制：气味混合后，某些主要的气味受到压制或消失，导致无法辨认混合前的气味。

②气味中和：混合后的气味特征不可辨认，即混合后无味。

③气味丧失：混合后某种气味被压制而其他气味特征保持不变，即失去某种气味。

④气味改变：一种为气味彻底改变，即混合后原来的气味特征彻底改变形成一种新的气味；另一种为气味部分改变，即混合后部分气味特征保留，其余气味保持不变，同时又产生一种新的气味。

（3）影响嗅觉的因素　影响嗅觉的因素可分为自身因素和外界因素。由于身体状况的原因可能会导致嗅觉的衰减，如上呼吸道感染导致的嗅觉障碍、化学性嗅觉障碍、微量元素缺失、炎症性嗅觉障碍等。其中上呼吸道感染是日常中经常遇到的障碍，感染后，鼻道变窄，嗅区黏膜充血，分泌物增多，从而引起嗅觉衰减。另外嗅觉的发挥有时会受到各种外因的影响，如焦虑的心情能够让典型的中性气味变得刺鼻，高强度的急性有氧运动可以提高个体的嗅觉辨别能力等。

（二）人的味觉

味觉是指可溶性呈味物质溶解在口腔中，刺激味感受器后产生的反应。味觉在感官评价中占据着非常重要的地位，是人类最基本的感觉之一，是人类辨别、挑选和决定食物能否接受的最关键的因素。从严格意义上来讲，味觉应该是堵塞鼻腔后，将接近体温的食物放入口腔后所得到的感觉，但是在通常情况下，味觉不是单独发挥作用，而是和嗅觉、触觉一起在口腔内的综合反应。例如，堵住鼻子的情况下，将水果糖放入口中，只能分辨出糖的甜度和酸度，而松开鼻子后，才能同时感受到水果糖的味道和气味。

1. 人体的味觉器官

（1）舌乳头　口腔内舌头上隆起的部位就是乳头，是最重要的味觉感受器。舌乳头按形状可分为丝状乳头、菌状乳头、叶状乳头和轮廓乳头 4 种。

①丝状乳头：丝状乳头数量最多，形状为细长圆锥形，分布于舌前 2/3 处，起撕裂作用和清洁作用。

②菌状乳头：又称茸状乳头，数量较少，呈霉菌状、蘑菇状，颜色为鲜红色，分布于舌尖和舌侧面，对甜味和咸味比较敏感。

③叶状乳头：长圆形，分布于舌部后两侧，对酸味比较敏感。

④轮廓乳头：形状最大，呈 V 字形分布于舌部后两侧，对苦味比较敏感。

（2）味蕾　味蕾分布于舌乳头之上，大部分分布于舌表面和舌缘的味乳头当中，其余部分分布在软腭、咽的上皮和会厌表面。味蕾是味的受体，味蕾中的味细胞能感应化学刺激，进而将刺激转换成电子脉冲输送到大脑。人的口腔中约有 9000 个味蕾，其高度为 60~80μm，直径约为 40μm，每个味蕾中含有 5~18 个成熟的味细胞及一些尚未成熟的味细胞，同时还含有一些支持细胞及神经纤维。味觉细胞存在着许多长约 2μm 的微丝，被称为味毛（也就是味神经）。味毛经味孔伸入口腔，是味觉感受的关键部位。正是由于有味毛，才使得呈味物质能够被迅速吸附。在味蕾有孔的顶端，当呈味物质——可溶性物质刺激味毛时，味毛便把这种刺激通过神经纤维传到大脑皮层的味觉中枢，使人产生味觉。

2. 味觉产生的条件

可溶性的呈味物质进入口腔之后，与味蕾接触，然后呈味物质刺激味蕾中的味细胞，形成生物电信号，引发神经冲动，经过神经传导，传给大脑，大脑识别分析后产生味觉。在味细胞膜表层，呈味物质与味受体发生一种松弛、可逆的结合反应，刺激物与受体彼此诱导相互适应，通过改变彼此构象实现相互匹配契合，进而产生适当的键合作用，形成高能量的激发态，此激发态是亚稳态，有释放能量的趋势，从而产生特殊的味感信号。

众多的味道是由 4 种基本味觉组合而成，即甜、咸、酸和苦。酸、咸信号的转导主要通过离子通道；甜、苦信号的转导主要通过受体蛋白；呈味物质分别以质子键、离子键、氢键和范德瓦耳斯力（又称范德华力）形成不同化学键结构。以咸味的转导为例，咸味的 Na^+通过 Na^+通道进入人的味觉细胞内，由于细胞内外离子的不平衡产生电位差而产生动作电位，进而导致味觉细胞近底部的 Ca^+通道开放，引起细胞外大量的 Ca^+进入胞内，使胞内游离的 Ca^+急速上升，引发神经冲动，并通过味觉神经传入相应脑区形成感觉。

3. 基本味感

味感是物质在口腔内对味觉器官化学感受系统的刺激而产生的一种感觉，这种刺激有时是单一性的，但多数情况下是复合性的。目前世界各国对味感的分类并不一致。例如我国通常将味感分为酸、甜、苦、辣、咸、鲜、涩七类，日本将味感分成甜、苦、酸、咸、辣五类；此外还有些国家或地区的分类有金属味、凉味、碱味等。

甜味、苦味、酸味、咸味是味觉当中的 4 种基本味感。许多学者认为，味觉与颜色的三原色类似，具有四原味。自然界中的各种味道都可以由四原味组合而成。其他味感如鲜味、辣味、涩味、金属味、凉味、碱味则被认为是其他味觉，可能是触觉、痛觉或者是味觉与触觉、嗅觉融合在一起产生的综合反应。例如，辣味仅是刺激口腔黏膜、鼻腔黏膜、皮肤和三叉神经而引起的一种痛觉；涩味则是口腔蛋白质受到刺激而凝固时所产生的一种收敛的感觉，与触觉神经末梢有关。这两种味感与上述四种刺激味蕾的基本味感有所不同。至于其他几种味感如碱味、金属味和清凉味等，一般认为它们不是通过直接刺激味蕾细胞而产生的。四种基本味被感受的程度和反应时间差别很大。四种基本味用电生理法测得的反应时间为 0.02~0.06s。咸味反应时间最短，甜味和酸味次之，苦味反应时间最长。

鲜味在中国饮食文化中影响深刻，是评价食品口感的一个重要因素。在中国关于鲜味的记录最早可追溯到宋朝的诗词等文献典籍中，到明朝鲜味的认知已在民间普及。现代鲜味的概念最早是由日本学者于 1908 年根据发现的类似谷氨酸钠类物质命名的，之后日本学者又相继在食品中发现了核苷酸类和有机酸类鲜味物质，直到 1985 年在夏威夷首个鲜味国际讨论会中，鲜味一词获官方认可，可用来描述谷氨酸盐及核苷酸的味觉，如今，已广泛接受“鲜味”为第五种基本味觉。

4. 味觉的生理特性

（1）味觉与嗅觉相辅相成　嗅觉和味觉密切相关，就解剖学而言，嗅觉和味觉中枢会聚在皮层同一区域，嗅觉和味觉是相互作用的两种感觉。在失去嗅觉情况下，如感冒的时候，就不能很好地分辨滋味，可见香和味是密不可分的。试验证明，把鼻子堵上后人只能辨别酸、甜、咸、苦，除此之外不能辨别其他的任何味道。堵上鼻子，尝磨碎了的蒜头、苹果、萝卜的味道都是略带甜味的食品。

（2）味觉适应　味觉适应是指短时间内某种味道重复刺激口腔，味觉敏感度降低的现象。从刺激开始到刺激完全消失的时间间隔称适应时间，它可以表征刺激强度，一般情况下，刺激强度大，适应时间长，刺激强度小，适应时间短。

味觉有交叉适应的现象，也就是味觉对一种有味物质适应后，会影响对同类物质的感受，提高同类有味物质的阈值。例如，对一种酸味适应后会提高另外一种酸味的阈值。但是，单是咸味不存在交叉适应。

（3）味觉间的相互影响　自然界中呈味物质大多并非是一种味道，而是由两种或两种以上味道混合而成。这两种或者两种以上的呈味物质进入口腔时，呈味物质间会相互作用，导致味觉发生改变，这种现象称为味觉的相互作用。味觉的相互作用有对比作用、相乘作用、拮抗作用、变调作用、疲劳作用五种。

①对比作用：是指两种或两种以上的呈味物质，通过适当调配，可使某种呈味物质的味觉更加突出的现象。例如，在10%[1]的蔗糖中添加0.15%氯化钠，会使蔗糖的甜味更加突出；在醋酸液体中添加一定量的氯化钠可以使酸味更加突出；在味精中添加一定量的氯化钠会使鲜味更加突出。

②相乘作用：是指两种具有相同味感的物质进入口腔时，其味觉强度高于二者单独使用时的味觉强度之和的现象，又称为味的协同效应。例如，甘草铵本身的甜度是蔗糖的50倍，但与蔗糖共同使用时甜度可达到蔗糖的100倍。

③拮抗作用：是指一种呈味物质能够减弱另外一种呈味物质味觉强度的现象，又称为味的消杀作用。如蔗糖与硫酸奎宁之间的相互作用。

④变调作用：是指两种呈味物质相互影响而导致其味感发生改变的现象。刚吃过苦味的东西，喝一口水就觉得水是甜的。刷过牙后吃酸的东西就有苦味产生。

⑤疲劳作用：当长期受到某种呈味物质的刺激后，就感觉刺激量或刺激强度减小的现象。

（4）影响味觉的因素

①呈味物质：呈味物质自身的性质是影响味觉的重要因素之一，味觉的强度和出现味觉的时间与呈味物质的水溶性密切相关。物质只有溶解在水中才能刺激味觉神经，产生味觉，而水溶性为零的物质实际上是没有味道的。因此，呈味物质与舌表面接触后，先在舌表面溶解，而后才产生味觉。这样，味觉产生的时间和味觉维持的时间因呈味物

[1] 如无特殊说明，本书中%均为质量分数。——编者注

质的水溶性不同而有差异。水溶性好的物质，味觉产生快、消失也快；水溶性较差的物质味觉产生较慢，但维持时间较长。比如蔗糖相比糖精较易溶于水，因而二者相比，蔗糖的甜味产生快，消失也快。

②介质：由于呈味物质只有在溶解状态下才能扩散至味感受体进而产生味觉，因此味觉也会受呈味物质所处介质的影响。这个影响主要是介质的黏度和介质性质的影响，同时呈味物质的浓度也有一定影响。

③温度：味觉的敏感度往往受呈味物质本身温度的影响，即使是相同的呈味物质，相同的浓度，也因温度的不同而感觉不同，如甜味得到最佳感觉温度为 35~50℃，超过 50℃以上时，感觉明显迟钝。另外，最佳感觉温度随味道的不同而有所改变，在 4 种基本味道中，甜味和酸味的最佳感觉温度是 35~50℃，咸味的最适感觉温度为 18~35℃，苦味则是 10℃。除此之外，各种味道的察觉阈值会随温度的变化而呈现有规律的变化，例如，甜味的阈值在 17~37℃范围内逐渐下降，而越过 37℃则又有所回升。咸味和苦味阈值在 17~42℃的范围内都是随温度的升高而提高，酸味在此温度范围内阈值变化不大。

④身体状况

a. 饥饿和睡眠的影响：人处在饥饿状态下味觉敏感性升高，进食后敏感性明显下降，降低的程度与所饮用食物的热量值有关。人在进食前味觉敏感性很高，证明味觉敏感性与体内生理需求密切相关。而进食后味敏感性下降，一方面是所饮用食物满足了生理需求；另一方面则是饮食过程造成味感受体产生疲劳导致味敏感性降低。饥饿对味觉敏感性有一定影响，但是对于喜好性都几乎没有影响。缺乏睡眠对咸味和甜味阈值不会产生影响，但是能明显提高酸味的阈值。

b. 疾病的影响：身体患某些疾病或发生异常时，味觉会发生变化，会导致失味或味觉迟钝。例如，人体的口腔在被烫伤时，会造成味觉感受器障碍，原因是过烫的食物进入口腔，对味蕾的刺激造成味孔损害。人在患口干症、干燥综合征时，味觉感受器同样会发生障碍，唾液分泌不足，导致呈味物质与味觉感受器接触不充分，不能到达味觉感受细胞。患糖尿病时，舌头对甜味刺激的敏感性显著下降。此外，身体的需求状况也会影响味觉的敏感性，身体内缺乏或富余某些营养成分时，会造成味觉的变化。若长期缺乏抗坏血酸，则对柠檬酸的敏感性明显增加。人体血液中糖分升高后，会降低对甜味感觉的敏感性。有些疾病或异常状况引起的味觉变化是暂时性的，待病恢复后味觉可以恢复正常，有些则是永久性的变化。

c. 其他因素的影响：药物的副作用，如药物本身的味道、直接或继发过程侵害味觉受体导致味觉障碍。有研究者指出，抗抑郁药和镇静催眠药等一些药物会影响味觉。抗高血压药物如血管紧张素转换酶抑制剂、抗甲状腺疾病药物、抗癌药等都是已经发现并明确会对味觉功能产生影响的药物。研究结果表明，女性比男性有更多的味蕾和味孔，对味觉的敏感性强于男性。随着年龄的增长，味觉敏感度会下降。45 岁以后，味蕾萎缩，数量减少，苦味感觉随年龄增长而略有下降。不同年龄和不同性别的人对甜度也有不同的偏好。此外，Burdack-Freitag 等的飞行试验报道，利用低压舱模拟不同巡航高度的低气压环境，并与地面条件对应的常压重复对比发现，飞行员的味觉阈值会受到影响，咸味和甜味阈值升高，苦味阈值基本没有变化。可见，低气压也是导致飞行员味觉障碍的因素之一，但其他航空环境因素如微小气候中的化学因素、电磁辐射等，是否会影响味觉未见明确报道。此外，味觉的多样化受味觉受体基因多态性的影响，从根本上决定了对食物的选择和营养摄取的多样性。

二、香料香精试样的制备

天然香料是从含香动植物中或者其分泌物中提取出来的含香物质，因此在天然香料中往往存在有一定的杂质和水分。所以，在进行香料试样的评吸前需要提前制备试样以去除这些杂质和水分。

（一）香料香精的取样

香料香精的取样是指从一批或者一个容器中取出能代表整批香料香精性质和组成的样品，以便后续的分析检测。取样中所用到的工具须为不会被试样腐蚀的材料，并且在使用前必须洗净干燥。取样的步骤如下：

（1）外观检查 首先观看香料香精的外观是否一致。对于液态的香料香精，则需检查当中是否存在离析出的固态物、水分或其他杂质。

（2）均匀化处理 为了保证取出的样品具有代表性，在取样前需要对容器内香料香精进行均匀化处理。对于液态样品，采用摇晃容器、搅拌、通氮气、脱氧空气等方法使其均匀。对于固体或者半固体样品，首先将样品加热成液态，然后摇晃均匀。

（3）取样方法 对于大容量容器（如槽、槽车等），在总深度的 1/10、1/3、1/2、2/3、9/10 处，分别采集 5 份数量大致相等的子样，集中混合均匀后，从中取 3 个代表性样品。对于其他容器（桶、坛、罐、瓶等），按照表 2-1 中规定的容器数间隔采样，集中混合均匀后，从中取 3 个代表性样品。

表 2-1 **取样数量表** 单位：个

容器总数	取样容器的最低数	容器总数	取样容器的最低数
1~3	每个容器	61~80	5
4~20	3	81~120	6
21~60	4	120 以上	每 20 个容器取 1 个

（4）样品的保存 取好的液体样品置于细口玻璃瓶中，黏稠或固体样品置于广口玻璃瓶中，塞紧瓶盖并贴上封条，瓶身贴上标签，放置在阴凉处保存。注意瓶子顶部需留下 5%~10%的空隙，标签上注明样品编号和名称、香料产品的规格和数量、生产单位、取样日期、容器的数量及种类和标记、取样监督人、委托单位等内容，以保证样品的可

靠性。

（二）试样制备

1. 精油试样的制备

（1）采集 对于在室温下呈液体的精油，可直接将样品倒入洁净干燥的玻璃瓶中，装入量小于总容量的2/3。对于在室温下呈固体或半固体的样品，将样品加热至液态之后，再倒入干燥洁净的锥形瓶中，装入量小于总容量的2/3。注意在之后的测试操作时，锥形瓶中的样品须处于呈现液态的最低温度。

（2）脱水 将脱水剂（无水硫酸钠或无水硫酸镁，剂量为精油质量的15%）加入装有待测样品的锥形瓶中，强烈摇晃至少2h之后，过滤除去脱水剂和不溶性杂质，直到样品颜色清澈透明为止。

（3）脱色 对于颜色较深的精油，可在精油样品中加入适量的脱色剂（柠檬酸或酒石酸），搅拌直至精油的颜色去掉，脱色后过滤除去脱色剂和不溶性杂质。制得的滤液应尽快进行分析，否则要将制得的样品置于干燥密闭的容器内，于阴凉处保存。

2. 单离及合成香料样品的制备

对于简单的样品，只需过滤除去不溶性杂质即可；对于复杂的样品，参照精油样品的制备方法，先脱水、脱色，再过滤即可。

三、香料香精的感官评价

1. 香气的评价

在空气清新无杂气的评香室内，先将等量的试样和标准样品分别放在相同而洁净无臭的容器中进行评香，包括瓶口香气的比较，然后再按下列两类香料分别进行评价。

（1）液体试样 对于香气容易辨别的样品，可以用辨香纸分别蘸取等量（1~2cm）样品与标准样品，立即夹在测试架上进行香气的评价，辨别香料在挥发过程中头香、体香、基香是否与标准样品相符，是否具有异味杂气；对于香气不易辨别的样品，可用适量溶剂将样品和标准样品溶解稀释到合适相同的浓度，用辨香纸分别蘸取等量（1~2cm）样品与标准样品，待溶剂挥发后参照香气易辨别样品的评香方法及时评香。

（2）固体试样 对于香气浓度合适的固体香料，可以直接将试样与标准样品进行评香；对于香气浓度较大的固体香料，可以用适量溶剂溶解稀释到合适浓度之后，用辨香纸蘸取适量样品，参照液体香料的评香方法评香。

上述评香过程中使用的标准样品，是由国家主管部门授权审发，经过选择的最能代表当前生产质量水平的各种香料产品，并根据不同产品的特性定期审换，一般为一年。辨香纸为质量好的厚度约为0.5mm的无臭吸水纸，使用时切成长宽分别为10~15cm和0.5~1.0cm大小。所用溶剂可以根据香料的性质从乙醇、苄醇、苯甲酸苄酯、邻苯二甲酸二乙酯、十四酸异丙酯、水等溶剂中选择。

香料香精行业里有一套“40分”评分检验法：对一个香料或者香精进行香气评价，

“满分”为40分，“纯正”为39.1~40分，“较纯正”为36.0~39.0分，“可以”为32.0~35.9分，“尚可”为28.0~31.9分，“及格”为24.0~27.9分，“不及格”为24.0分以下。香气评价结果可用分数表示，或用纯正、较纯正、可以、尚可、及格、不及格描述。

2. 香味的鉴定

香味是指食物在口腔中通过嗅觉和味觉同时感受到香和味的综合感觉。对食用香料，除进行香气质量的鉴定外，还需进行香味的鉴定。一般情况下，需要评价的香料香精样品，要按照试验要求制成食品或者饮料之后，再进行香味评价。香味评价的条件比评香的要求要更高，应尽可能在专门的香味评价室内进行，并且在评价时要集中注意力，以获得准确的评价结果。在香味评价过程中需要注意以下几点要求：

（1）评价环境　评价室的光线不宜太强也不宜太弱，以评价人员感觉舒适为准。利用柔和的光源条件以达到尽可能消除样品间的颜色差异，但又不会对香味评价者的评香结果造成影响。实际工作中，是否需要消除样品间的颜色差异或者外表特征，需要谨慎掌握。

（2）试验用具　在香味评价试验中，所用到的一切用具均需洗涤干净，无香味和异味。同一试验中用于盛放样品的用具最好相同，如试验用具为一次性用具，也需选择无香味和异味的工具。

（3）试验条件　为了减小试验时的误差，待测样品需在同一条件、同一时间内进行评价。样品量充足并处于适宜的温度，以方便评价人员进行多次评价。待测样品是吞进或者嚼后吐弃，则由评价负责人决定。

（4）身体状况　评价者必须在试验时身体无感冒或生病情况发生，且在试验前4h内不能喷洒香水，不能吃有刺激性的食物；试验前0.5h内不能进食、抽烟、喝咖啡，且在试验开始前做到用无香味的肥皂或者洗涤剂把双手洗干净。评价两个样品之间需要间隔至少30s，并且评价人员在试验之间可以喝水但是不允许说话，但可以对评价结果进行讨论。试验期间所喝的水要用饮用水，不能用蒸馏水或软化水。

（5）味觉复原　对于香味强度较高的香精，在每项评价结束之后需要调整味觉，使评价人员的味觉复原。这样的做法也是保证评价人员的技能能够始终如一，从而确保评价结果的准确性。为了使评价人员的味觉尽快复原，通常选用下列物料：①对于评价水果香精、食用香精和温和调味品，可选用水（饮用水或充碳酸汽水）、无盐薄脆饼干、爆米花、新鲜面包（去硬壳白面包）、脱脂乳和白脱乳等；②对于评价苦味、香味强烈或有油性特征的或有后味的香精，可选用稀释白柠檬汁、苹果片和苹果汁（稍加糖的）等；③对于评价强烈而辛辣的辛香料，可选用天然酸牛乳、稀释糖浆（10%蔗糖）和马铃薯泥等。

3. 色泽的鉴定

香料的色泽是香料的一个重要指标。香料色泽的鉴定是通过比较待测试样与标准比色液的色泽是否相符（液体试样）或在指定范围内（固体试样），以确定试样是否达到质量标准。

(1) 试剂配置

①重铬酸钾标准液 1c ($K_2Cr_2O_7$) = 1.0g/L：准确称取经烘干至恒重的重铬酸钾（保证试剂）1.0000g 于 1000mL 容量瓶中，加 2%的硫酸水溶液溶解，并稀释至刻度。

②重铬酸钾标准液 2c ($K_2Cr_2O_7$) = 0.1g/L：用移液管准确吸取上述重铬酸钾标准液 100mL 于 1000mL 容量瓶中，用 2%的硫酸水溶液稀释至刻度。

③硫酸溶液：质量分数为 2%。

(2) 液体标准比色液　按表 2-2 用移液管准确量取重铬酸钾标准液 2 于 100mL 容量瓶，以 2%硫酸水溶液稀释至刻度，即得从水白到橘黄的 17 个色标。

表 2-2　　液体标准比色液的配制

颜色	色标号	重铬酸钾标准液	
		体积/mL	浓度/（mg/mL）
水白	0	0	0.10
无色	1	2.3	0.10
	2	3.3	0.10
	3	5.0	0.10
浅柠檬黄	4	7.4	0.10
	5	11.0	0.10
淡柠檬黄	6	16.0	0.10
	7	23.0	0.10
柠檬黄	8	39.0	0.10
	9	48.0	0.10
深柠檬黄	10	71.0	0.10
	11	11.2	1.00
橘色	12	20.5	1.00
	13	32.2	1.00
黄橙	14	38.4	1.00
	15	51.5	1.00
橘黄	16	78.0	1.00

(3) 测定方法

①固体香料：将试样置于一洁净的白纸上，用目测法观察其色泽是否在指定范围内。

②液体香料：将试样与标准比色液分别置于相同规格的比色管中至同刻度处，沿垂直方向观察，评比色泽。

第二节　加香制品的感官评价

一、烟草加香制品感官评价

烟用香精是专供各种烟草制品加香矫味使用的一种添加剂。它是由两种或两种以上香料、适量溶剂和其他成分调配而成的混合物。根据其施加工艺与作用的不同，可分为加香香精（又称表香）与加料香精（又称料液）。烟用香料香精技术是烟草行业的核心技术之一，对烟草制品风格的增强或修饰以及改善烟草制品的品质有着非常重要的作用。

烟草制品可分为卷烟、雪茄烟、吸用烟丝以及无烟气烟草制品。本节以卷烟加香的感官评价为例来说明烟草加香的感官评价。卷烟的加香是指在卷烟制造过程中，在烟丝中添加“香精”的工艺过程。卷烟加香既可以提高卷烟产品香味特征，衬托香气和掩盖杂气，还可以增加烟草的甜润度，改善吸味，减轻烟气的刺激性，从而改善品质。香料香精在卷烟燃烧前后会发生很大的变化，同时会和烟草中的致香成分混合后发生相长、相消作用，因此，烟用香精的评价通常是施加于卷烟中进行评吸的。

1. 卷烟加香样品准备

（1）平衡水分　平衡水分对正确评价卷烟样品优劣非常重要。若样品水分含量多少不一，尽管其他理化特性相同，但是也很可能会导致烟气的特征效果大不一样。一般来说，含水率高时，抽吸阻力变大，烟味变淡，口感变差；而含水率少时，则烟味变浓，刺激性变大。对待评吸的卷烟样品，评吸前必须置于相对湿度为65%、温度(22±2)℃的环境中平衡水分在48h以上，使烟样含水率保持在12%左右时，方可进行评吸。

（2）注意事项

①注意不同卷烟加香样品不能放在一起平衡水分，以免串香。

②准备评吸的卷烟样品，处理条件争取做到一致，尽量减少外因对样品内在品质的干扰。为此，一要做到使用同一批次、同一规格的卷烟用纸；二要做到样品烟支的粗细、长短、烟丝的宽度、质量、密度、吸阻等力求一致。只有这样才能保证评吸的准确性。

2. 评吸环境要求

评吸人员在工作时，精力要集中，不能受周围环境一丝干扰和影响，否则一不留神，便会对评吸内容做出错误判断。因此，对评吸环境提出了较高的要求：

①评吸室要求安静无声、没有噪声，评吸人员之间不可互相交谈。

②评吸室要通风良好，无异杂气味干扰，尤其要求室内没有煤油、汽油、花草、香料、药物等发出的气味。评吸人员及工作人员不得涂抹香味化妆品，不准携带万金油、

风湿膏、风油精等药品；启动通风装置，及时排除烟气，确保室内空气新鲜；不得借用化学实验室之类场所评吸。

③评吸室气温最好在 18～25℃，空气相对湿度保持在 55%～70%。温度不宜过高（>30℃）或过低（<10℃）；湿度也不宜过大（>75%）或过小（<30%）；否则都会影响感觉器官的灵敏性，导致错误评吸结论的出现。

3. 评吸评价方法

感官质量评价已成为烟草科技创新活动的重要技术，是烟草行业进行新品种培育、新产品开发、质量控制、市场监管的重要手段。

（1）评吸器官的作用

①口腔的作用：口腔是卷烟加香评吸的主要器官。它能够准确感受烟气的饱满程度、浓淡程度、烟气的细腻感和粗糙感，同时还可以感觉到烟味的酸、甜、苦、辣、涩等味道。其中上腭对烟气的刺激性最敏感，舌头外侧中部对酸味敏感，舌尖对甜味敏感，舌根对苦味敏感。而辣味、涩味则是烟气中一些化学物质刺激口腔黏膜、鼻黏膜和三叉神经引起的感觉。

②鼻腔的作用：鼻腔也是评吸的重要器官。鼻腔可以感受香气的特征、香气的优劣、杂气的轻重、刺激性的大小。

③喉部的作用：喉部的作用有两个方面，一是可以感觉到刺激性的种类和大小；二是可以感觉到烟气劲头的大小。

总之，在卷烟加香的评吸过程中，要求评吸人员把口腔、鼻腔的味觉和嗅觉器官充分调动起来，客观地评价卷烟加香的效果，从而对卷烟加香的优劣做出综合评价。

（2）评吸的形式

①单一形式：是指采用一个个的样品按序单独进行评吸的形式。评价其与相关标准的符合性。

②对比形式：是指采用 2 个样品进行互相比较的评吸形式。这种形式是以一个预先选定的样品为标准，与另外一个样品进行评吸比较，看后一个样品是否符合预先选定标准样品的香味特征和香味品质。

③选择形式：是指采用 2 个以上的样品进行评吸的形式，这种形式的目的是在多个样品中选择出最理想的样品。

④暗评形式：是指评吸时不让评吸人员知道样品的相关信息，以排除偏见和心理干扰，客观、公正地对样品做出评价。暗评形式可以同其他评吸形式结合应用。

（3）评吸的方法　不规范的评吸方法会使评吸者对同一卷烟加香样品产生不同的感觉，得出不同甚至相反的结论。只有规范的评吸方法，才能获得符合实际的评价结果。因此，规范评吸方法显得十分必要。一般在评吸时采用局部循环法和整体循环法两种方法。

①局部循环法：又称小循环法，是指在评吸时只用部分感觉器官进行评吸的方

式。具体来讲，就是当烟气吸入口腔后，在口腔内稍作停留，然后直接通过鼻腔徐徐呼出这一小的循环过程。这是一个应用部分器官——鼻腔，令烟气做一个小的局部循环。通过局部循环，使评吸人员对香气、杂气、刺激性及烟气浓淡等项目进行评价。这种方法多用于对香料香精的鉴定、调香鉴定或其他烟质项目的某一单项进行比较。这种方式有一定的局限性。虽然可以感受出烟气的刺激性，但仅仅是对鼻腔的刺激性，而不能感觉出刺喉的作用，对苦涩味也很难感觉出来，对余味的感受也不全面。因此只能对个别项目如香气、烟气的浓度进行判断，不能对样品做出全面的综合判断。

②整体循环法：在评吸时采用全部感觉器官进行评判，具体是指评吸人员在将烟气吸入口腔后，通过喉部将烟气吞咽下去，然后再由鼻腔徐徐呼出，通过反复数次吸、咽、呼过程，对烟气质量做出全面判断的过程。应用这种方法评吸加香卷烟，所得结论是综合性的，能对样品的香气特征、香气质量是否谐调、杂气轻重、浓度大小、劲头强弱、刺激性轻重、余味的干净和舒适程度做出全面的判断。

在掌握上述评吸方法的同时，还要注意以下几个方面的问题：

①烟支前端和尾端并不具有代表性，所以应从第二、三口烟，烟支正常燃烧后才开始评吸。

②在评吸过程中，每次抽吸烟气量尽量保持一致。因为抽吸量不同，对香气、劲头、刺激性等的感觉是截然不同的。

③要控制好评吸过程中的停顿、吸气速度和呼气速度。

④评烟时抽吸不能过快或过慢，要保持正常的抽吸速度。每个吸烟过程之间，要稍做休整，避免感觉器官过度疲劳。每天评吸烟支的数量不宜过多，最好控制在 10 支以下。

4. 卷烟加香效果评价

（1）卷烟加香效果评价指标和方法　烟用香料香精在卷烟产品中的作用是提供令人满意和乐于接受的嗅感和味感，与其他加香产品的根本区别在于，卷烟产品的加香效果要经过燃烧以后才能最大限度地体现出来。卷烟产品香味风格和香味品质的评价经常采用标度检验法进行分析，标度检验广泛用于需要量化感觉、态度或喜好倾向性等场合，标度技术基于感觉强度的心理物理学模型，即增强物理刺激的能量或增加烟气某组分的浓度或含量，会导致其在感觉、嗅觉或味觉方面有多大程度的增强。

目前卷烟企业中对加香后的卷烟的加香效果进行评价的量化表格如表 2-3 所示，主要从嗅香、特征香气、加香与烟香的谐调性、香气的香势和持续性、烟气的甜润度和细腻感、杂气的变化、烟气的刺激性和生理强度、余味的干净舒适程度 8 个方面进行量化。

表 2-3　　卷烟加香效果评价表

样品	评价项目	标度检验		
		3	2	1
加香卷烟	嗅香	愉快	较愉快	尚愉快
	特征香气	明显优美	较明显优美	尚明显优美
	加香与烟香的谐调性	谐调	较谐调	尚谐调
	香气的香势和持续性	强	中等	弱
	烟气的甜润度和细腻感	好	较好	尚好
	杂气的变化	无杂气	微有杂气	略有杂气
	烟气的刺激性和生理强度	好（无刺激性、劲头适中）	较好（略有刺激性、劲头小）	尚好（刺激性较大、劲头大）
	余味的干净舒适程度	纯净舒适	较净较舒适	尚净尚舒适

表 2-3 中各项指标的定义为：

①嗅香：是指燃吸前在烟支表面嗅到的香气。

②特征香气：是指燃吸时具有明显而优美的特征香气。

③加香与烟香的谐调性：是指燃吸时所加香精与烟草本香的谐调性。

④香气的香势和持续性：是指燃吸时香气的强度和稳定性。

⑤烟气的甜润度和细腻感：是指燃吸时烟气的甜润程度和细腻程度。

⑥杂气的变化：是指燃吸时杂气的增减情况。

⑦烟气的刺激性和生理强度：是指燃吸时对感官各部位的刺激程度和烟碱对喉部的冲击强度。

⑧余味的干净舒适程度：是指燃吸时口腔的残留程度和舒适与否。

上述卷烟加香效果的评价方法是将卷烟的香味特色与卷烟的感官质量互相结合，使卷烟从风格和品质上得到一个较全面的评价。

（2）评吸评价要求　采用这种评价方法在评吸前应对评吸指标及标度的意义进行明确的规定。

①需要为评吸人员准备一系列试样和标准样品以及规定的表格，要求评吸员按照表格的要求对试样规定的指标进行评吸。

②参加评价的评吸人员都要经过该种方法的培训。

③对被评价的试样的各种烟气特性应由专家组成的评吸小组预先进行一组试验，以确定出其重要的感官特性。用这些试验加工设计出一张描述性词汇表并确定评价试样的程序。评吸人员经过培训并掌握其方法，特别是学会如何使用这些术语词汇，可采用标准样品来培训学员。

④评吸人员的数量以 7 个以上为宜。

⑤所有评吸员的评吸结果均为有效。将各评吸人员的单项评吸结果加和，求其算术

平均值，评价结果保留至一位有效数字。

二、食品加香制品感官评价

食品工业是从厨房中走出来的。对大多数在厨房用传统方法手工制作的食品而言，由于其配料精细、制作方法考究、加热时间适宜等原因，其香味一般都饱满诱人。但对于在食品企业采用现代化设备大规模、快速生产的食品而言，香味自然不如传统厨房制作的食品可口。为了额外补充其香味，就需要在这些食品中添加适量的食用香料香精。

1. 评价人员的筛选与素质要求

感官评价用到的是人对样品进行测量，不同的人对感官评价的环境、样品及过程的反应方式都是潜在的误差来源。因此，食品感官评价人员对试验起着至关重要的作用。为了减少外界因素的干扰，确保试验结果的准确性，就要进行食品感官评价人员的筛选与培训。在感官实验室内参加感官评价的人员大多数都要经过筛选程序来确定。筛选过程包括挑选候选人员（初选）和在候选人员中通过特定试验手段筛选。初选是通过报名、填表和面试等程序，淘汰掉一些明显不适合感官评价的候选者，然后再经过一定的筛选试验，获知各候选者感官评价与分析判断能力，进而筛选出适合本次感官评价的试验人员。

2. 感官实验室建设要求

人的感觉器官非常灵敏，极易受到外界环境的影响，因此进行食品感官评价时应在专门的感官实验室内进行。感官实验室是进行样品制备、感官检验、结果分析与讨论等重要活动场所，一方面会对评价员的心理和生理造成影响，另一方面会影响被检样品，从而直接影响到感官分析结果的真实性和可靠性。

感官实验室的建设应严格按照《感官分析 建立感官分析实验室的一般导则》（GB/T 13868—2009）的要求，设置于通风良好、无气味、无噪声区域中，为感官试验提供一个安静、舒适的环境。感官实验室通常分为 3 个部分：样品准备室、品评室和讨论室。样品准备室是进行感官分析试验的准备场所，选择相应试验器具，制备样品，为样品与器具编码。品评室是感官实验室的核心部分，品评室内的温度、湿度应保持恒定，以人体舒适为宜。应为每个评价人员提供一个相对独立的空间，以避免相互间的干扰。讨论室是评价人员培训与问题讨论的场所。

3. 样品的制备和呈送

制备需要感官评价的加香食品，首先需要遵循均一性原则，均一性是指所制备的样品在颜色、外观、形态、温度、数量等指标上必须保持完全一致。为了确保样品的均一性，除了在制备过程中减少差异，还可以选择合适的方法来掩盖样品可能出现的差别，如在品评某样品的风味时，就可使用无味的色素物质掩盖样品间的色差，使检验人员在品评样品风味时，不会受到样品颜色差异的干扰。

（1）样品量 样品量是指感官评价人员在一次试验中所能评价的样品个数，以及试验中提供给每个评价人员分析用的样品个数。实际工作中，感官评价人员所能评价的样品数取决于样品的品质与试验目的。例如，当样品具有强烈气味或味道时，会使评价人员感觉疲劳，通常样品特性强度越高，能够正常检验的样品数就越少。另外，对被检样品特性的熟悉程度、兴趣程度也会影响评价人员所能正常检验的样品数。一般来讲，样品个数应选择在 4~8 个为宜，且每个样品的数量应随试验方法和样品种类的不同而有所差别，表 2-4 列出了不同感官试验方法条件下试验样品量。

表 2-4　　不同感官试验方法条件下样品量

样品形态	差别检验	嗜好试验	描述性试验
液体	30mL	60mL	视实际情况而定
固体	30~40g	60~80g	

（2）样品温度　食品样品的温度对感官评价会产生重要的影响，因此在检测时要保持恒定和适当的温度，应以最易感受所检样品的特性为基础来控制样品的温度，样品温度通常保持在该产品日常食用的温度。表 2-5 列出了几种样品呈送时的最佳温度。

表 2-5　　几种样品在感官评价时最佳呈送温度　　单位：℃

品种	最佳温度	品种	最佳温度
啤酒	11~15	食用油	55
白葡萄酒	13~16	肉饼、热蔬菜	60~65
红葡萄酒	18~20	汤	68
乳制品	15	面包、糖果	室温
冷冻橙汁	10~13	鲜水果、鲜肉	室温

（3）样品的呈送　呈送样品的器具需要洁净、无色、无味的玻璃或陶瓷器具，并且同一批次试验所用器具的外形、颜色和大小应该一致。样品呈送时，应采用随机的三组数字对样品进行编码，并随机分配给评价人员，样品的摆放顺序通常采用圆形摆放法，以避免摆放顺序的差异所造成可能的感觉的差异。

4. 食品加香感官评价方法

（1）感官分析方法

①食品感官差别检验：主要有两点检验法、二-三点检验法、三点检验法、“A”-“非 A”检验法、五中取二检验法、选择检验法、配偶检验法等。

②使用标度和类别检验：主要有排序检验法、分类检验法、评分检验法、成对比较检验法、评估检验法等。

③描述性分析检验：主要有简单描述检验法、定量描述分析法和感官剖面描述分析法等。

感官分析方法的选择取决于检验目的和所要达到的结果。简单的差别检验非常实用并被广泛采用。描述分析法已被证明是最全面、信息量最大的感官评价工具，适用于表述各种产品的变化和食品开发中的研究问题。感官分析方法选择的原则是：检验方法应该与检验目的相适应。描述性分析检验方法经常用来评价产品的所有感官特性，其中包括外观色泽、嗅闻的气味特征以及品尝后口中的风味特征（味觉、嗅觉及口腔的冷、热、收敛等知觉和余味）。因此，描述性分析检验方法也经常用来评价加香食品。

描述性分析检验通常可依据是否定量分析而分为简单描述法和定量描述法。在检验过程中，要求评价人员除具备人体感知食品品质特性和次序的能力外，还要具备对描述食品品质特性专有名词的定义及其在食品中的实际含义的理解能力，以及对总体印象或总体风味强度和总体差异分析能力。

描述性分析检验要求使用科学的语言准确地描述样品感官性状，这些科学语言用于描述与所研究的产品有关的所有感官的感觉，如白酒品评时，所使用的表示香气和滋味程度的规范术语如下：

表示香气程度的术语：无香气、似有香气、微有香气、香气不足、清雅、细腻、纯正、浓郁、暴香、放香、喷香、入口香、回香、余香、悠长、绵长、协调、完满、浮香、芳香、陈酒香、异香、焦香、香韵、异气、刺激性气味、臭气等。

表示滋味程度的术语：浓淡、醇和、醇厚、香醇甜净、绵软、清冽、粗糙、燥辣、粗暴、后味、余味、回味、回甜、甜净、甜绵、醇甜、甘冽、干爽、邪味、异味、尾子不净等。

要进行精确的风味描述，必须对感官评价人员进行一定的训练，以使所有评价人员都能使用精确的、特定的、相同的概念，采用仔细筛选过的科学语言，清楚地把这种概念表达出来，并能够与其他人进行准确的交流。

（2）分析实例　下边以简单描述性分析对加香咖啡的感官评价实例来说明。

①样品介绍：样品为某研究室研究的四种添加了不同剂量香精的咖啡。

②样品准备：准备好需要评价的四组添加不同香精的咖啡，分别准备 1L 样品备用（常温条件）。

③评价人员选配：选择公司内研究部相关人员 20 名，男女各 10 人。年龄在 25~30 岁。要求从事相关专业，长期进行香气有关方面的训练，对香气的敏感程度较强，同时对香气的描述准确。

④评价目的：选出最能呈现哥伦比亚香气的咖啡。

⑤评价项目与评价标准：根据已确定的感官评价词汇（表 2-6），以及对词汇的解释，建立感官评价表（表 2-7）。

表 2-6　　感官评价词汇定义

词汇	相关描述
头香	刚入口时感受的香气强度
酸味	咖啡的特征香气之一，舌头两侧感知酸味，低烘焙度咖啡酸味比较明显

续表

词汇	相关描述
醇香	煮好的咖啡入口时给出的厚重度和丰富感的口感变化，从清淡到浓厚的变化
奶油味	具有黄油油脂的香味，也就是通常说的乳香味
坚果味	炒制坚果的香气
平衡感	咖啡整体香气之间比较协调，没有特别突兀的香气存在

表 2-7　加香咖啡感官评价表

用语	强弱表示
头香	0 ——— 10
酸味	0 ——— 10
醇香	0 ——— 10
奶油味	0 ——— 10
坚果味	0 ——— 10
平衡感	0 ——— 10

⑥感官评价与记录：将四组咖啡饮料分别放入 50mL 试饮杯中，倒入量为 40mL。并对四种咖啡进行随机编号，将编号对应咖啡名称进行仔细记录。将感官评价表、词汇解释表、已经标号的四种咖啡试饮品以及一杯清水放在感官评价实验室的各个评价台上。请各位感官评价人员入座，在安静环境下进行相关的感官评价。评价结束后，将各个评价结果进行采集。

⑦结果分析：先对每组进行随机编号，通过直尺对各个强度用长度单位数字标识出来。参照编号数字对应表，将各个咖啡的数据进行分组。分组后将数据输入电脑，进行数据分析。

三、日用品加香制品感官评价

日用品加香的目的是让消费者对其气味产生欢愉从而激发其购买欲。到目前为止，在香气评价的检测中，感官分析要优于仪器分析和理化分析。本部分将从感官分析类型、评香员选择、试验环境条件、感官评价方法等方面探究日用品加香的感官评价。

1. 日用品加香的感官分析类型

感官分析一般可分为两大类型：分析型感官分析和偏爱型感官分析。加香产品的感官评价属于偏爱型感官分析，又称嗜好型感官评价，是测量人群对样品的感官反应，不需要统一的评香标准和条件，而是依赖人的生理和心理上的综合感觉，由评价人员的随机感觉决定的一种感官评价方法，如新产品开发时对香气的市场评价。在日用品偏爱型评香中，人的嗅觉程度和主观判断起决定性作用。分析结果受到生活环境、生活习惯、审美观点等因素影响，其结果往往是因人因时因地而异。

2. 评香员的选择

评香员的选择和培训对日用品加香评价非常重要，偏爱型评香所需的评香员稳定性不要求太严，也不规定统一的评价标准和评价条件，但人员覆盖面应当广泛，选择受试的人群要有一定的人数和代表性，如不同祖籍、文化程度、年龄、性别、职业等，有时要根据评香目的而选择。

（1）候选评香员的条件　一般的用香企业和香料香精企业均是从公司内部职员或者从相关单位召集志愿者作为候选评香员。候选者应具备以下条件：①有良好习惯和广泛兴趣；②候选者必须能保证至少 80%的出席率；③候选者必须有良好的健康状况，不允许有疾病、过敏症，无明显个人气味如狐臭等；身体不适时不能参加评香工作，如感冒、怀孕等；④有一定的沟通与语言表达能力。

（2）评香组成员的选定　并非所有候选评香者都可入选为评香组成员，还可从嗅觉灵敏度和嗅觉分辨率来考核测试，从中淘汰部分不适合的候选员，从而筛选出合适的评香员。

①基础测试：挑选 3~4 个不同香型的香精（如柠檬、苹果、茉莉、玫瑰等），用无色的溶剂配稀成 1%浓度。让每个候选评香员分到 4 个样品，其中有两个相同、一个不同，外加一个稀释用的溶剂，评香员最好有 100%选样正确率。如经过几次重复还不能觉察出差别，此候选员可以直接被淘汰。

②等级测试：挑选 10 个不同香型的香精（其中有 2~3 个较接近且易混淆的香型），分别用棉花蘸取同样多的香精，然后分别放入棕色玻璃中，同时准备两份样品，一份写明香精名称，一份不写名称而写编号，让候选评香员对 20 瓶样品进行分辨评香，将写编号的样品与其对应香气且写明名称的样品“对号入座”。本测试中答对一个香型得 10 分，总分为 100 分，候选员分数在 30 分以下的直接淘汰。30~70 分者为一般评香员，70~100 分者为优选评香员。

3. 试验环境条件

评香试验环境要求的原则是尽量远离一切有杂味的物品。因此，评香试验的场所最好远离香料香精生产车间、加香车间、加香实验室、调香室、香料香精仓库及洗手间等。另外在保证评香室内环境无香无味的基础上，还需要考虑以下三个方面的因素：

（1）评香室本身的建筑材料以及内部的设施必须是无味的且是容易打扫的。

（2）评香室内部环境无异常杂味　如有异味可用气体交换器和活性炭过滤器排除异味。如果实验室内经常进行香料香精的直接评香试验，为了驱逐评香室的香味物质，必须配备相当功率的换气设备。

（3）室外环境无异味　如外界空气污染较严重，必须设置室外空气净化装置。

另外，从评香室的噪声、恒温恒湿、采光照明等方面考虑，其装修时应尽量营造一个舒适、温馨、轻松的环境，让评香员在没有压力的情况下进行评香试验。

如条件允许，还应另设更衣室、洗涤室等附属部分。另外有些特殊的加香物质评香试验，可根据需要附加其他部分。如卫生香、蚊香等香气评价试验，可多准备几间空间大小相当的空房，评香时在每个空房中分别同时点燃加香产品，几分钟后让评香员进入空房进行评香。

4. 日用品加香感官评价方法

日用品加香的感官评价方法种类似于食品加香感官评价方法，下面以最常用的排序检验法来举例说明日用品加香的感官评价，具体的评香方法如下：

首先把准备评香的样品（要求事先做成外观尽量一致、用同样的容器盛装）贴上代号标签，代号可用英文字母、天干地支或随便一个没有任何暗示性的“中性”文字，但是不能使用数字。评价主持人要对每一个参加评香的人员说明如何排序，是按照自己的喜好排序还是按照某一种香气（如天然茉莉花香或者一个外来样品的香气）的“相似度”排序，是从左到右还是从右到左排序，由主持人确定后，由电脑记录下每一个评香者的排序结果。

表 2-8 是 A、B、C、D、E 五个样品请 7 个评香员评出的结果，主持人要求每个评香员把五个样品按自己认为香气最好的排在最左边，次者排在左二，以此类推，自己认为香气最不好的排在最右边，如表 2-8 中的 1 号评香员认为 B 的香气最好，A 次之，C、D 更次，E 的香气最不好。

表 2-8　　评香结果记录

评香员序号	样品编号				
	1	2	3	4	5
1	B	A	C	D	E
2	B	E	C	A	D
3	B	A	D	C	E
4	A	C	B	D	E
5	C	A	B	E	D
6	B	A	D	C	E
7	A	C	B	E	D

如果把排在第一位算 1 分，第二位算 2 分……第五位算 5 分（分数越低香气越好）的话，五个样品的得分如下：

A：2+4+2+1+2+2+1=14

B：1+1+1+3+3+1+3=13

C：3+3+4+2+1+4+2=19

D：4+5+3+4+5+3+5=29

E：5+2+5+5+4+5+4=30

7 个评香员评香总结按香气好到不好的排列次序是 BACDE。再多几个人来参与评香的话，这个次序可能会改变，也许 A 排在 B 前面或者 E 排在 D 前面，一般认为参与评香的人数越多，其“可信度”会越高。

香气评价结果可用分数（满分 40 分）表示，或用等级表示，即纯正（39.1~40.0 分）、较纯正（36.0~39.0 分）、可以（32.0~35.9 分）、尚可（28.0~31.9 分）、及格（24.0~27.9 分）、不及格（24.0 分以下）。

重点与难点

（1）影响味觉的因素以及各种味觉之间相互作用的机制。

（2）嗅觉识别的种类以及出现嗅觉疲劳的原因。

（3）香料香精的取样方式。

（4）香料香精的感官评价方法。

（5）卷烟评吸评价方法。

思考题

1. 影响味觉的因素有哪些？各种味觉之间是如何相互作用的？
2. 食品的嗅觉识别有哪些？为何会产生嗅觉疲劳？
3. 如何进行香料香精取样？
4. 如何进行香料香精的感官评价？
5. 卷烟评吸方法有哪些？

第三章 香料香精理化检测和微生物检测技术

课程思政点

【本章简介】

本章主要介绍了香料香精的理化检测和微生物检测技术，包括香料香精取样与试样的制备技术、香料香精物理指标和化学指标的检测技术、香料香精微生物指标的检测技术。

由于香料香精品质的稳定与持久对加香产品的质量稳定有着重要的影响，因而加强香料香精及其加香产品的分析检测就显得十分必要。香料香精内在质量的常规检测指标主要包括水分、相对密度、熔点、凝固点（冻点）、沸点、折射率、旋光度、溶解度、闪点、蒸发后残留物、含酚量、微量氯、羰值、酸值、酯值、游离醇与总醇含量、微生物、大肠菌群等，而这些检测指标对香料香精的质量控制将会起到良好的科学监督，这有利于香料香精企业以及下游食品、日化、烟草行业对香料香精质量的理性把握和合理使用，促进加香产品质量的稳定提高。

第一节　香料香精取样与试样制备

一、取样

取样是指从一批容器或一个容器中取出在质量上和组成上都具有代表性的样品，以便进行分析检验。常用取样方法如下：

（1）大容量容器的取样　如果产品是由大槽或槽车等大容量容器盛装，在每个大容量容器内，从上层表面算起，取出1/10总深度、1/3总深度、1/2总深度、2/3总深度、9/10总深度5个局部样品，再把每个容器内所取得的5个局部样品集中起来，混合均匀，再从中取出3个有代表性的样品，做质量检验和核对分析使用。

（2）一般容器的取样　如果产品是由桶、坛、罐或瓶子盛装，应按表3-1中所列取样容器最低数要求，分别从每个容器中取出不同浓度的样品，然后集中混合均匀，再从中抽取3个代表性的样品，做质量检验和核对分析用。

表3-1　取样数量表　单位：个

委托分析容器总数	取样容器的最低数	委托分析容器总数	取样容器的最低数
1~3	每个容器	61~80	5
4~20	3	80~120	6
21~60	4	120以上	每20个容器取1个

二、试样的制备

为了获得合格的检验试样，应采取下列操作程序：

（1）样品的灌装　如果精油在常温条件下是液体的，在室温中即可把它注入锥形瓶中，装入量不超过该容器体积的2/3。如果精油在常温下是固体或半固体，则应置于烘箱内，控制在合适的温度内进行液化，然后灌装。在以后操作中，始终使精油保持处于液态的最低温度。

（2）样品的干燥　在天然精油中，样品往往含有微量的水分，为了除去微量的水分，应将新干燥的中性脱水剂硫酸镁或硫酸钠，加到装有待测样品的锥形瓶中，加入量为香精质量的15%左右，至少在2h内不断地猛烈振荡。

（3）样品的脱色　对于因金属或金属氧化物存在而色泽较深的样品，可用柠檬酸或酒石酸进行脱色处理。将适量的柠檬酸或酒石酸与精油一起搅拌，可以除去其中使精油产生颜色的金属离子。

（4）试样过滤　样品经过干燥、脱色等处理后，应进行过滤，装在清洁干燥的容器中，按照要求，立即进行各项检验。

三、检测项目

香精可以是液体、乳浊液或干燥粉末。首先对样品的外观（即颜色、透明度、乳光）进行评价，然后样品用适当的介质稀释，对其香气和香味进行评价。最好同保存在最佳条件下并按照规定时间更换的标准样品进行直接比较。

（1）物理指标　包括水分、相对密度、熔点、凝固点（冻点）、沸点、折射率、旋光度、溶解度、闪点、蒸发后残留物等。

（2）化学指标　包括含酚量、微量氯、羰值和羰基化合物含量、酸值、酯值或含酯量、游离醇与总醇含量、重金属含量等。

(3) 微生物指标 包括菌落总数、大肠菌群等。

第二节 物理指标的测定

物理检测，即用物理的方法进行检测。物理检测常与标准品对照进行，以评价香料香精的质量。标准品一般是生产上留存的最好样品或由相关的技术检验部门认定的样品。不同种类或不同用途的香料香精产品其分析内容不同，实际生产中，应参照相关的国际标准（ISO）、国家标准、行业标准、企业标准进行。

一、水分的测定

有些香料香精产品常需要测量水分的含量。对于微胶囊香精产品，在把样品放在100℃条件下烘烤时，那些挥发性致香成分一般损失很小，因而可采用干燥至恒重的方法测定水分。而对于一般性香料香精样品的水分测定，由于多数组分是挥发性的，需慎用加热法，一般采用蒸馏法和卡尔·费休（Karl Fischer）法进行测定。

1. 蒸馏法

将样品中的水分与甲苯或二甲苯共沸蒸馏出后，根据接收的水的体积计算出试样中水分的含量（图 3-1）。本方法适用于含较多其他挥发性物质的食品，如香辛料等。基本测定程序如下：

准确称取适量试样，放入蒸馏瓶中，加入新蒸馏的甲苯（或二甲苯），连接冷凝管与水分接收管，从冷凝管顶端注入甲苯，直到装满水分接收管。同时以甲苯（或二甲苯）试剂做空白样品。

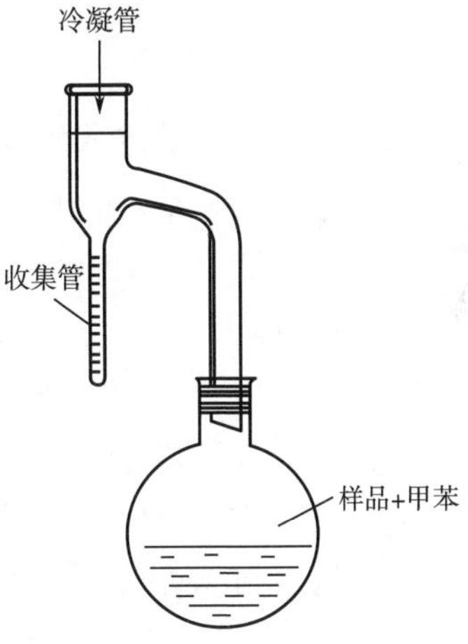

图 3-1 蒸馏法示意图

开始时慢速加热蒸馏，使每秒钟的馏出液为 2 滴；待大部分水分蒸出后，快速蒸馏使每秒钟馏出液约 4 滴。当水分全部蒸出，接收管内的水分体积不再增加时，从冷凝管顶端加入甲苯冲洗。如冷凝管壁附有水滴，可用附有小橡皮头的铜丝擦下，再蒸馏片刻至接收管上部及冷凝管壁无水滴附着，接收管水平面保持 10min 不变为蒸馏终点，读取接收管水层的容积。

按式（3-1）计算试样中水分的含量：

$$X = \frac{V - V_0}{m} \times 100 \tag{3-1}$$

式中 X——试样中水分的含量，mL/100g；或按水在 20℃ 条件下的相对密度计算质量，g/100g；

V——接收管内水的体积，mL；

V_0——做试剂空白样品时，接收管内水的体积，mL；

m——试样的质量，g；

100——单位换算系数。

2. 卡尔·费休法

卡尔·费休水分测定法，已被很多国际标准如 ISO、ASTM、DIN、BS 和 JIS 等公认为准确性最高的水分测定方法，适用于各种物质水分含量的测定。其测定原理为：碘与水和二氧化硫发生化学反应，在有吡啶和甲醇共存时 1mol 碘只与 1mol 水作用。卡尔·费休水分测定法，又分为库伦法和容量法。其中，容量法中碘作为滴定剂加入，滴定剂中的碘的浓度是已知的，根据消耗的滴定剂的体积计算消耗碘的量，从而测定出水的含量。采用容量法测定试样中的含水量大于 100μg 较好。库仑法中碘通过电解含碘离子的电解液产生，利用电解碘所需的电量与碘之间的定量关系计算出样品的含水量。库仑法有着更高的测量精度，它测定的速度与分析过程要比容量法快，准确度更高。

容量法测定的基本程序如下：

（1）卡尔·费休试剂的标定　在反应瓶中加一定体积的甲醇或卡尔·费休测定仪中规定的溶剂浸没铂电极，在搅拌下用卡尔·费休试剂滴定至终点。加入 10mg 水，并记录卡尔·费休试剂的用量。卡尔·费休试剂的滴定度按式（3-2）计算：

$$T = \frac{m}{V} \tag{3-2}$$

式中　T——卡尔·费休试剂的滴定度，mg/mL；

m——水的质量，mg；

V——滴定水消耗的卡尔·费休试剂的用量，mL。

（2）试样水分的测定　于反应瓶中加一定体积的甲醇或卡尔·费休测定仪中规定的溶剂浸没铂电极，在搅拌下用卡尔·费休试剂滴定至终点。迅速将易溶于甲醇或卡尔·费休测定仪中规定的溶剂试样直接加入滴定杯中；对于不易溶解的试样采用稍加热或加入已知水分的其他溶剂辅助水解后，再用卡尔·费休试剂滴定至终点。对于滴定时，平衡时间较长且引起漂移的试样，需要扣除其漂移量。

（3）漂移量的测定　在滴定杯中加入与测定样品一致的溶剂，并滴定至终点，放置不少于 10min 后再滴定至终点，两次滴定之间的单位时间内的体积变化即为漂移量 D。分析结果表述如下：

固体试样中水分的含量按式（3-3），液体试样中水分的含量按式（3-4）进行计算。

$$X = \frac{(V_1 - D \times t) \times T}{m} \times 100 \tag{3-3}$$

$$X = \frac{(V_1 - D \times t) \times T}{V_2 \rho} \times 100 \tag{3-4}$$

式中　X——试样中水分的含量，g/100g；

V_1——滴定样品时卡尔·费休试剂体积，mL；

D——漂移量，mL/min；

t——滴定时所消耗的时间，min；

T——卡尔·费休试剂的滴定度，g/mL；

m——样品质量，g；

100——单位换算系数；

V_2——液体样品体积，mL；

ρ——液体样品的密度，g/mL。

二、相对密度的测定

相对密度与液体的组成有关，是指在一定温度下，一定体积香料的质量与相同温度下同体积蒸馏水的质量之比，没有单位，其表示符号为 $d_{t_2}^{t_1}$。美国一般在25℃测定相对密度，欧洲及其他国家一般规定在15℃或15.5℃。根据我国国标，在测定物质的相对密度时，常在20℃下进行，相对密度用符号 d_{20}^{20} 表示，通常还可表示为 d_{25}^{25}、d_{15}^{15}、d_4^{20} 等。表3-2是行业标准中一些香料的相对密度控制指标。

表3-2　行业标准中一些香料的相对密度控制指标

香料名称	相对密度	香料名称	相对密度
四氢芳樟醇（25℃/25℃）	0.823~0.829	水杨酸己酯（25℃/25℃）	1.033~1.039
玫瑰油（25℃/25℃）	0.856~0.900	乙酸苯乙酯（25℃/25℃）	1.030~1.034
葫芦巴酊（20℃/20℃）	0.916~0.932	十二腈（25℃/25℃）	0.820~0.828
八角茴香油（20℃/20℃）	0.975~0.992	肉豆蔻酸乙酯（25℃/25℃）	0.857~0.862
正己醛（25℃/25℃）	0.816~0.828		

相对密度受温度影响，测量过程要确保温度恒定。当温度变化时，可根据经验常数对测定的相对密度值进行校正。测定相对密度的常用方法有如下三种。

1. 密度（比重）瓶法测定

密度瓶（图3-2）一般为玻璃材质。在一定温度下，使用密度瓶先称量一定体积的样品质量，再称量同体积水的质量，计算得出相对密度。基本测定程序如下：

在某恒定温度下，先称取密度瓶和瓶塞的质量 m_0，再将密度瓶充满蒸馏水称量蒸馏水的质量 m_1，最后用试样替代蒸馏水，称取试样质量 m_2。在20℃时测量相对密度的结果，可用式（3-5）计算：

$$d_{20}^{20}=\frac{m_2-m_0}{m_1-m_0} \tag{3-5}$$

密度瓶测量法，所需样品量较多，一般很少使用。另外，对于一些易挥发液体样品，由于在称量过程中样品会不断挥发，导致称量的结果偏低。

2. 韦氏比重秤测定法

韦氏比重称法（图3-2），依据一定体积的物体在液体中的浮力与该液体的相对密度成正比的原理测量相对密度。液体一般选择蒸馏水，测量时要求恒定温度。

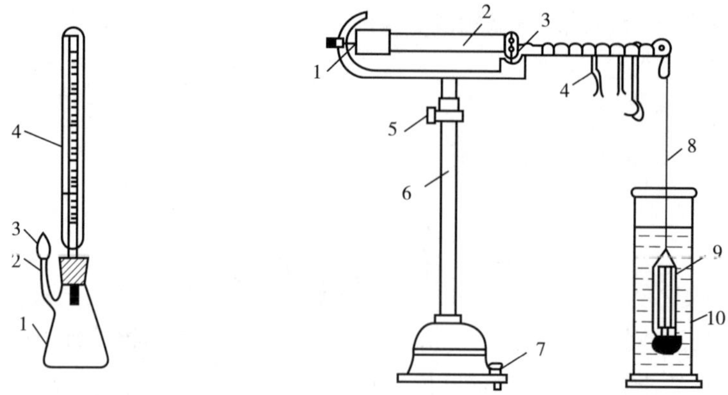

1—密度瓶；2—支管标线；
3—支管上小帽；4—附温度计的瓶盖。

（1）密度瓶

1—指针；2—横梁；3—刀口；4—游码；5—调节器；
6—支架；7—调整螺丝；8—细铂丝；9—玻璃锤；
10—玻璃圆筒。

（2）韦氏比重秤

图 3-2　密度瓶和韦氏比重秤

基本测量程序如下：

将韦氏比重秤所带的玻璃圆筒内注入蒸馏水，然后将圆筒置于规定温度下的水浴中，把悬于秤端的玻璃锤浸入玻璃圆筒内的蒸馏水中，秤壁右端悬挂游码于 0.9971 处，调节秤臂左端螺旋，使之平衡；再用试样替换圆筒内的蒸馏水，重复以上操作，玻璃锤浸入试样中后，应调节秤臂右端的游码数量与位置使之平衡，读取数值。将此数值除以 0.9971，计算得出规定温度的相对密度。

韦氏比重称法的优点是极适用于易挥发液体的相对密度测定，但对于流动性差、阻力大、黏度较大的液体样品，玻璃锤不易自然下坠，在调节游码的数量和位置时，天平不易平衡，往往会因阻力过大使玻璃锤在试液中不易上下移动或是接触到圆筒的内壁而造成平衡的假象，使测定结果产生偏差，重复性差。另外，韦氏比重称法需要的样品量也较多，因此其应用也有局限性。

3. 密度仪测定法

相对密度可使用密度仪测定，该方法方便，样品用量少。测量时一般以蒸馏水的密度值为参比。一般测量程序为：打开仪器开关，在某温度下预热一定时间，待仪器稳定后，将蒸馏水注入测样管，使蒸馏水充满管内，不得有气泡。待显示数字稳定后，记录读数（$\rho_{水}$）。吸出蒸馏水，将测样管清洗和干燥，再注入样品进行测量，记录读数（$\rho_{样品}$）。相对密度=$\rho_{样品}/\rho_{水}$。

采用奥地利 PAAR 公司和梅特勒-托勒多公司的数字型密度仪，样品的用量仅需要 2mg，可自动进样、自动清洗、数字显示，还可同时测量折射率，避免由操作带来的一些误差，国内外科研院所有较多应用。在测量样品时，首先，将空白样品管放在密度仪中，由于电磁场的作用，空白样品管将以一定的频率自然振动。其次，将样品管盛放样品。再次，放在密度仪中，在电磁场的作用下样品管就以另一种频率振动。载样管和空白管的振动频率差异与样品的质量有关，根据质量可进一步计算出相对密度。由于是利用振动的原理测定样品的密度，不需测量样品的体积和质量，测得的密度数据与样品的黏度无关，可精确到五位小数。

三、熔点的测定

熔点是晶体物质熔化时的温度。在一定压力下，固态物质（晶体）加热到近熔点时，固/液两相之间的变化非常灵敏，由开始熔融到全部熔融之间温度变化一般不超过1.0℃。而含杂质物质熔点一般低于纯物质，熔融过程中温度的变化也较大，因此熔点可作为鉴别物质纯度的一种依据。表3-3是一些香料的熔点。

表3-3　一些香料的熔点　单位：℃

香料名称	熔点	香料名称	熔点
水杨酸	159	异丁酸	154~155
茴香酸	183~185	苯乙酸对甲酚酯	74~75
联苯	68~70	樟脑	179~180
二苯醚	26~28	甲硫醇	-123
萘乙酮	52~54	山楂花酮	36~37
对甲基苯乙酮	28	亚苄基丙酮	39~42
二苯甲酮	47~48	薄荷醇	42~43

熔点的测定方法主要有熔点管测定法与熔点仪测定法两种。

1. 熔点管测定法

熔点可以使用熔点管测定，熔点管为一端封闭的毛细管，图3-3为熔点管测量装置。此法适用于结晶或粉末状的香料熔点的测定。

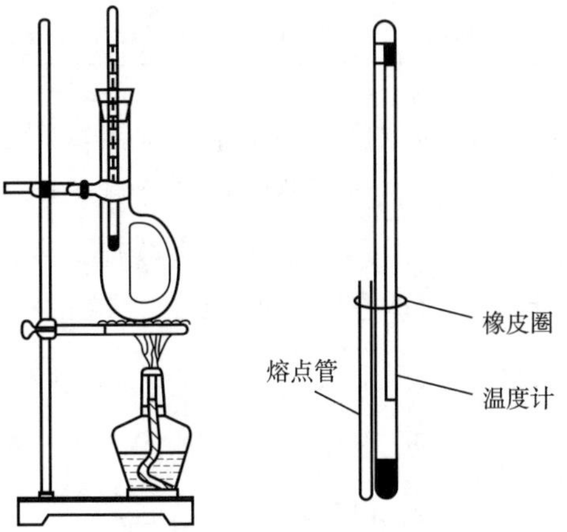

图3-3　熔点管测量装置

熔点管测定的基本程序如下：

取少量试样研成极细的粉末，置于毛细管内，将装好试样的熔点管紧密地附着于温度计上，置于传温的液浴中进行加热，当温度缓慢升至比试样所规定的熔点低大概 10℃时，将附着熔点管的温度计放入液体浴中，温度计水银球应位于液体浴的中部位置，控制缓慢的升温速率，当观察到试样出现明显的局部液化或有明显的崩离管壁现象时，记录温度，此时温度为始熔点，记为熔点；当试样完全熔化时的温度，记为终熔点。始熔点至终熔点的温度范围为熔程。

注：熔点管应洁净干燥，对温度计要进行校准。液体浴所用液体的沸点要高于试样的终熔温度，且性能稳定、清澈透明、黏度小，例如甘油、液体石蜡、硅油等。

2. 熔点仪测定法

熔点仪实现了温度的程序化控制，应用线性校正的铂电阻作为温度检测元件，采用规定的毛细管为样品管，使用高倍率的放大镜观察毛细管内样品的熔化过程，清晰直观，初熔和终熔数字显示，测量结果准确方便。

四、凝固点的测定

液态物质冷却至一定温度时开始凝固，液体在凝固过程中放出热量，凝固过程中温度保持不变，液体与固体物质共存时的温度为凝固点，又称冻点。表 3-4 是常见的一些香料的凝固点。对于许多天然精油、单体香料来讲，测定它们的凝固点具有重要意义，通过测量凝固点，可以判断物质的纯度和质量的优劣。一般纯度高则凝固点高，反之凝固点则低。

表 3-4　常见香料的凝固点　单位：℃

香料名称	凝固点	香料名称	凝固点
玫瑰油	10~15	八角茴香油	15~19
甲基壬基酮	15	肉桂醇	31
丁二酮	-4~-3	二甲基苄基原醇	23
苯乙酮	19~20	二甲基苯乙基原醇	26

凝固点的测定方法为，将装有温度计的试管中加入待测试样，然后在冷冻剂中将待测样品冷却至凝固点以下 5℃左右，用温度计摩擦试管内壁，或加入少许预先冷冻制得的晶体以促其凝固。注意温度计应较快地上下摩擦，以便凝固得较快和完全，最初摩擦时温度会很快上升，但随即在某个温度上会停留一段时间，此温度即为凝固点。

五、沸点的测定

液体受热后其饱和蒸气压与标准大气压相等时的温度，称为沸点。纯的单体香料具有固定沸点。当含有杂质或组分复杂（如精油）时，不会有固定沸点，往往有一个比较固定的沸程（或馏程）。沸程是指能馏出一定比例或大部分油样时的温度范围。对于纯的单体香料，沸程越宽表示其纯度越差。表 3-5 是常见的一些香料的沸点或沸程。

表 3-5　常见香料的沸点或沸程　单位：℃

香料名称	沸点（沸程）	香料名称	沸点/沸程
水芹烯	175~176	α-松油醇	219
松油烯	173~175	异丁酸	154~155
苯丙醇	236	茴香醚	154~155
β-石竹烯	256	菠萝醚	100~102
柠檬腈	222	甲酸乙酯	52~54
吡咯	130	月桂醛	249
薰衣草醇	203	肉豆蔻醛	260
甲硫醇	5.9		

沸点测定常使用蒸馏法。图 3-4 为国标中的沸点测定装置（即蒸馏装置）。测定的基本程序：取一定量样品，若样品沸程温度下限低于 80℃，则应在 5~10℃下取样品及测量馏出液体积（接收器自口以下 25mm 处均应没入 5~10℃水浴中）；若样品沸程温度下限高于 80℃则在常温下进行；若样品沸程温度上限高于 150℃，则采用空气冷凝，在常温量取样品及测量馏出液体积。接收器置于冷凝管下端，冷凝管口进入接收器并置于接收器量筒的刻度线以下，量筒口用棉塞堵住。蒸馏瓶中放入沸石。蒸馏速度一般自加热起至第一滴冷凝液滴入接收器的时间为 5~10min，此后按蒸馏出 3~4mL/min 的速度进行。记录沸点、沸程及馏出物体积。

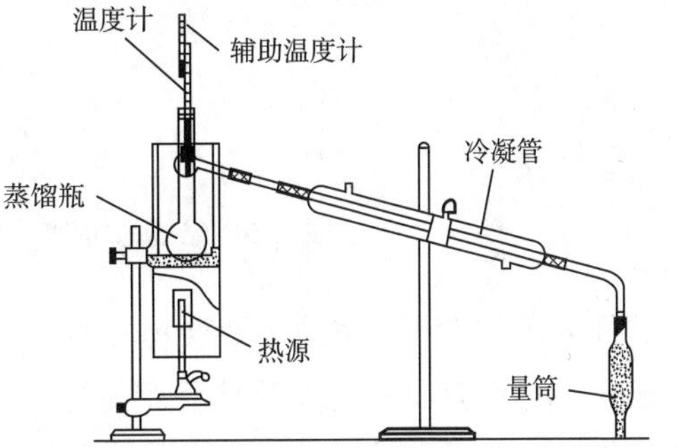

图 3-4　蒸馏装置

六、折射率的测定

折射率是指当一定波长的光线从空气射入恒定温度下的液体时，入射角的正弦值与折射角的正弦值之比。折射率也称为折光指数或折光率（RI），是物质的重要物理常数之一。

1. 折射率的测定原理

折射率与测定温度、浓度、波长有关，测定波长一般为（589.3±0.3）nm，相当钠光谱中的 D_1 和 D_2 线。一种液体的折射率的大小与组成该种液体的所有组分的种类及含量有关。在一定温度下，液态物质的折射率是个常数或一个范围，当物质的浓度改变或品质发生变化时，折射率会发生改变。因此，通过测定液态物质的折射率，可以初步鉴别物质的品质是否正常。

2. 折射率的测定方法

一般利用临界角的原理，使用折光仪测定物质的折射率。当一束可见光经过两种不同物质的界面时，会发生折射现象。光线从一种介质（如空气）射到另一种介质（如水）时，除了一部分光线反射回第一种介质外，另一部分进入第二种介质中并改变它的传播方向，这种现象称为光的折射，如图 3-5（1）所示。当入射角增大到某一角度，如图 3-5（2）的 4 位置时，其折射线 4′恰好与 OM 重合，此时折射线不再进入光疏介质而是沿两介质的接界平行射出，这种现象称为全反射，发生全反射的入射角称为“临界角”。

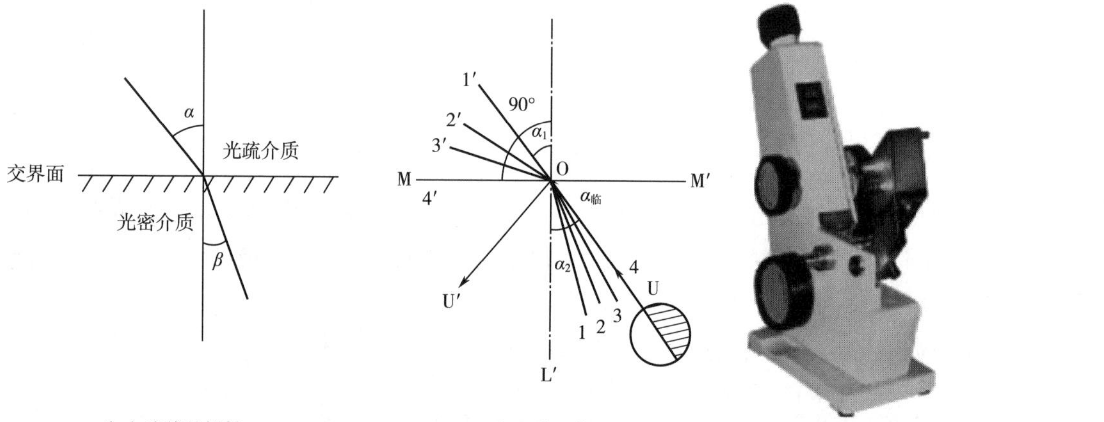

（1）光线的折射　　（2）临界角　　（3）阿贝折光仪

图 3-5　光线的折射、临界角和阿贝折光仪示意图

临界角的大小严格地由两种物质的折射率决定。光在真空中的速度和在介质中的速度之比，称作介质的绝对折射率（简称折射率），以 n 表示。若已知一种物质的折射率和临界角，就可以计算另一种物质的折射率。

物质的折射率随温度的升降而变化，当测量温度不为 20℃时，需要对测得的折射率值加以校正。

（1）阿贝折光仪测定　折光仪常用的为阿贝折光仪，如图 3-5（3）所示，由高折射率棱镜、棱镜反射镜、透镜、标尺和目镜等组成。使用阿贝折光仪测定折射率时，无需计算，直接给出折射率数据。物质的折射率一般在 20℃下测定，当不是 20℃时，需要按下式进行温度的校正。

$$n_D^{20} = n_D^t + 0.0004(t - 20) \tag{3-6}$$

式中　n_D^t——在 t 温度下测得的读数。结果表示至小数点后四位。平行试验结果允许偏差为 0.0002。

阿贝折光仪的测定方法：调节恒温水浴使折光仪的温度为 20℃，分开折光仪的两面棱镜，用擦镜纸或脱脂棉蘸取乙醇、乙醚拭净。待棱镜完全干燥后滴加 1～2 滴试样于下面的棱镜上，迅速闭合棱镜，静置数分钟，使样品达到20℃，调整反射镜对准光源，用目镜观察，转动补偿螺旋，使明暗两部分界限明显清晰，转动标尺指针螺旋，使明暗两部分界限恰恰通过接物镜上“×”的交点，检读标尺上的折射率值，同时核对温度应恰为20℃。

在测定折射率前，折光仪可用新蒸馏水、标准玻璃片或石英片加以校正。用已知折射率的标准玻璃片校正时，先用单溴萘将玻璃片黏附在棱镜上，使读数与标准玻璃片注明的折射率相符。

（2）数字型折射率测定仪　香料香精工业多用阿贝折光仪测量折射率，测定范围在1.3~1.7，可精确到四位小数，基本上可满足所有液体香精样品的检测要求。表3-6是国标中一些香料的折射率控制指标。还可使用数字型折射率测定仪，内置自动恒温控制，外形轻巧，容易操作，具有防挥发盖板，可防止易挥发性的样品造成检测的影响，液晶屏显示或连接电脑，存储结果、检查和校正记录全部自动完成。

表3-6　国标中一些香料的折射率控制指标

香料名称	折射率	香料名称	折射率
玫瑰油	1.460~1.473	水杨酸己酯	1.5020~1.5070
八角茴香油	1.5525~1.560	乙酸苯乙酯	1.4960~1.5010
四氢芳樟醇	1.4310~1.4350	十二腈	1.4330~1.4380
葫芦巴酊	1.3550~1.3710	肉豆蔻酸乙酯	1.434~1.438
正己醛	1.4170~1.4220		

七、旋光度的测定

光是一种电磁波，光波振动的方向与其前进的方向垂直，自然光或单色光的光波可以在空间各个不同的平面上振动。若使自然光或单色光通过一种特制的玻璃片——偏振片或尼科尔棱镜，光线则改变为只在一个平面上振动，这种光称为偏振光，偏振光振动的平面称为偏振面。

有些物质使偏振面向顺时针方向旋转，即右旋，常用“+”表示；有些物质使偏振面向逆时针方向旋转，即左旋，常用“-”表示。旋光度的大小与光学活性物质的结构有关，并与光学活性物质溶液的浓度、液层的厚度成正比。旋光度为具有光活性物质的物理常数，通过对样品旋光度的测量，可以分析确定物质的浓度、含量及纯度等。

旋光度（α_D^t）是指在一定的温度条件下，波长为（589.3±0.3）nm（相当于钠光谱D线）的偏振光穿过厚度为10cm的样品，偏振光振动平面发生旋转的角度，一般用毫弧度或角的度数来表示。当样品厚度不是10cm时，需要进行转换计算。

由于同一旋光性物质，在不同溶剂中，有不同的旋光度和旋光方向。为了比较各物质的旋光能力，常以比旋光度［α］表示。比旋光度是指在一定的波长和温度下，偏振光透过长10cm且浓度为1g/mL的溶液的旋光度。［α］按式（3-7）计算：

$$[\alpha] = \frac{\alpha_D^t}{c} \tag{3-7}$$

式中　α_D^t——旋光度；

　　c——样品浓度，g/mL。

旋光度可使用旋光仪进行测定。旋光仪包括手动旋光仪和自动旋光仪。当样品在室温下为固体、半固体，或黏度大、颜色深时，稀释成一定浓度的溶液测定，旋光度测定的温度一般为20℃。表3-7是一些香料的旋光度控制指标。

表3-7　　一些香料的旋光度控制指标　　单位：(°)

香料名称	旋光度	香料名称	旋光度
崁烯	-85～+104	玫瑰油	-12～-5
β-石竹烯	-22	薄荷酮	-15～+15
香叶醇	-2～+2	胡薄荷酮	+22
薄荷醇	-50～-46	香芹酮	-57～+60

1. 手动旋光仪测定

手动旋光仪测定的基本程序为：接通光源将光源对准旋光仪的中心轴，用蒸馏水或溶剂校正刻度盘上的零点，将试样注入10cm旋光管，将旋光管置于中心轴中的起偏振镜与检偏振镜间，调整目镜具有清晰的视场。转动检偏振镜的螺旋，直至视场中明暗两部分的亮度相同。若此时微向左转或微向右转时即发生明暗度的差别。读取刻度盘上的读数，再慢慢地转动检偏振镜的螺旋，用同法再读取刻度盘上的度数两次，取三次读数的平均值，即得试样的旋光度。

2. 自动旋光仪测定

自动旋光仪测定具有分析时间短、分辨率高、操作简单等特点。自动旋光仪用白炽灯加滤光片代替钠光灯，光源的平均使用寿命延长，仪器开机不需要预热即可使用，可测试样品的旋光度、比旋光度。将样品放入旋光管，确保管中无气泡。旋光管放入旋光仪中，在恒定的温度下，根据仪器数字显示记录读数即可。

八、溶解（溶混）度的测定

精油的溶混度和单体香料的溶解度，一般在一定浓度的乙醇水溶液中测定，随乙醇浓度的降低，溶混度或溶解度降低。

1. 精油溶混度的测定方法

（1）基本程序　在20℃时，将适当浓度的乙醇水溶液逐渐加入精油中，评估溶混度和可能出现的乳色现象。溶混度的分类如下：

①在20℃时，当1倍体积的某种精油和V体积一定浓度的乙醇水溶液混合后，澄清透明；再将该浓度的乙醇水溶液渐渐加入至乙醇体积为20倍体积，仍能保持澄清透明，则认为此精油能与V体积或更多体积的该浓度的乙醇水溶液溶混。

②在 20℃时，当 1 倍体积的某种精油和 V 体积一定浓度的乙醇水溶液混合后，澄清透明；但在继续渐渐加入（$V'-V$）体积的该浓度的乙醇水溶液后，变为浑浊，且当加入的乙醇体积为 20 倍体积时并仍保持浑浊时，则认为是此精油能与 V 体积该浓度的乙醇水溶液混溶，而稀释至 V' 体积时变为浑浊。

③在 20℃时，当 1 倍体积的某种精油和 V 体积一定浓度的乙醇水溶液混合后澄清透明，但在继续渐渐加入（$V'-V$）体积的该浓度的乙醇水溶液后，变为浑浊，而在进一步加入（$V''-V$）体积的该浓度的乙醇水溶液后变为澄清透明，则认为此精油能与 V 体积该浓度的乙醇水溶液混溶，而稀释至 V' 到 V'' 体积时变为浑浊。

④按照上述条件，将一种精油和一定浓度的乙醇水溶液混合后呈乳色，且乳色与标准乳色溶液的乳色相同。

（2）结果表示　上述精油在乙醇水溶液的溶混度的分类结果分别表示为：

①1 倍体积的精油溶于 V 体积该浓度的乙醇水溶液中；

②1 倍体积的精油溶于 V 体积该浓度的乙醇水溶液中，而在 V' 体积时出现浑浊；

③1 倍体积的精油溶于 V 体积该浓度的乙醇水溶液中，而在 V' 至 V'' 体积中出现浑浊；

④若仅发生乳色现象，以乳色标准溶液为参比，记录乳色的程度。

应当注意的是，通常使用的乙醇水溶液中乙醇的含量为 50%～95%（体积分数），V 为获得澄清透明溶液所需的乙醇水溶液的体积（mL）；V' 为澄清透明后产生浑浊时，所需的乙醇水溶液的体积（mL）；V'' 为当浑浊消失时，所需的乙醇水溶液的体积（mL）。用于测定乳色的标准溶液可采用硝酸银溶液与氯化钠溶液混合配制，使用前，溶液要新鲜配制。

2. 单体香料溶解度或溶混度的测定方法

在规定的温度下（一般 20℃），用滴定管将某浓度的乙醇水溶液逐步加入，并剧烈摇动，直至完全溶解，或一次加入，保温并振摇直至溶解，当溶液澄清时，记录加入乙醇水溶液的体积数。

结果表示（表 3-8）：1mL 或 1g 的香料完全溶解于一定浓度的乙醇水溶液中时，所需该乙醇水溶液的体积。

表 3-8　一些香料的溶解度或溶混度（25℃）

香料名称	溶解度/溶混度	香料名称	溶解度/溶混度
四氢芳樟醇	全溶于 2 倍体积 70%乙醇	甲酸香茅酯	全溶于 3～10 倍体积 70%乙醇
水杨酸己酯	全溶于 5 倍体积 60%乙醇	乙酸橙花酯	全溶于 1 倍体积 95%乙醇
十二腈	全溶于 5 倍体积 60%乙醇	薄荷油	全溶于 3.5 倍体积的 70%乙醇
正癸醛	全溶于 1 倍体积 80%乙醇	留兰香油	全溶于 10 倍体积的 80%乙醇
乙酸香叶酯	全溶于 9 倍体积 70%乙醇	檀香油	全溶于 1 倍体积的 70%乙醇
α-紫罗兰酮	全溶于 3 倍体积 70%乙醇	桉树油	全溶于 5 倍体积的 70%乙醇
γ-癸内酯	全溶于 1 倍体积 95%乙醇	香茅油	全溶于 2 倍体积的 80%乙醇
乙酸松油酯	全溶于 5 倍体积 70%乙醇		

九、闪点的测定

闪点是指在规定实验条件下，实验样品的蒸气与空气形成的混合物遇到引火源能够发生闪火的最低温度。根据闪点的高低，可确定物质运送、贮藏和使用的各种防火安全措施。表 3-9 是常见的一些香料的闪点。

表 3-9　常见香料的闪点（表示为均值或范围）　单位:℃

香料名称	闪点	香料名称	闪点
月桂油	64	苦橙叶油	75
丁香花蕾油	120	玫瑰油	37～67
丁香茎油	120	芹菜籽油	58
巴西玫瑰木油	67	香柠檬叶油	75
大茴香油	98	薰衣草油	71

闪点的测定方法主要有闭杯平衡法和闪点仪法两种。

1. 闭杯平衡法

实验样品置于闭口杯中并安放在加热池里，打开加热池使其温度缓慢上升，每间隔 1.5min 进行点火，记录样品发生闪火现象时的最低温度，该温度即为闪点。闭口杯装置如图 3-6 所示。

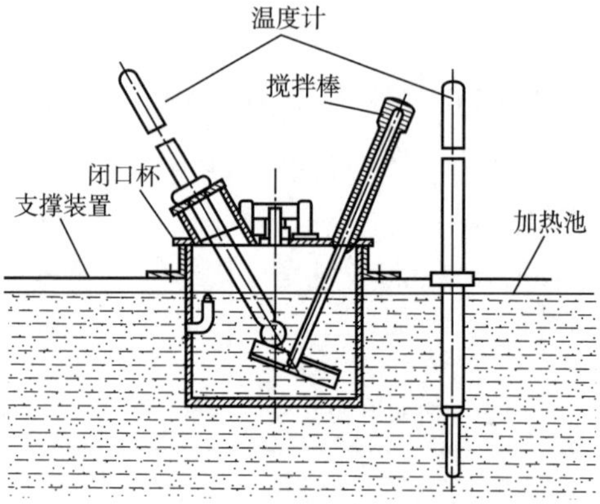

图 3-6　亚伯特闭口杯装置示意图

测定未知闪点的物质时，需要提前利用同类型闪点仪的一种非平衡技术来进行初测，用于测定该样品的近似闪点。将待测样品注入闭口杯中，使样品的水平液面刚刚没过闭口杯的刻度线，避免生成泡沫。快速地将温度计放入样品中，将实验杯支撑装置放入加热池中，使盖子保持水平。实验杯浸入加热池中，使样品的平面与加热池中液体平面水平。点燃引燃装置，打开仪器搅拌棒，当待测样品的温度与加热池液体的温度相同时，适当地停止搅拌器的使用，打开滑动盖，进行点火试验。降低、抬高引燃装置，在

2~3s 内再次关闭滑盖，记录是否有燃烧现象产生：

①若有燃烧现象发生，则换用新的样品在低于初测温度5℃重新操作。

②若引火装置引起光晕增大，则表示待测样品的蒸气混合物与闪点接近。然而，只有当样品产生蓝色火焰，并且自身在液体表面进行蔓延才能认为是达到了闪点。

③若当推开滑动盖，将引火装置放入后，立刻产生明亮的火焰，则认为待测样品的闪点位于测定温度以下，需要将开始温度降低10℃重复试验。

④若没有火焰产生，则提高加热池的加热速率，使加热池温度和待测样品温度的差异不大于2℃。当待测样品的温度提高0.5℃时，重复点火试验，如果仍然没有火焰出现，则继续重复试验，直到某一温度下火焰产生。此时读取实验杯中温度计的读数，记录这一数据作为在检测过程中标准大气压下的闪点。

闪点单位为摄氏度，一般以标准大气压101.3kPa的闪点 T 表示。测量时周围压力若不是标准大气，按照式（3-8）进行转化：

$$T = T_0 + 0.25 \times (101.3 - p) \tag{3-8}$$

式中 T_0——实验过程在周围大气压下观测得到的闪点，℃；

p——实验过程周围的大气压，kPa。

注：本式只有当大气压在980~104.7kPa范围内严格有效。

2. 闪点仪法

闪点分析的全部过程由计算机软件控制完成。闪点仪测试系统的运行程序如图3-7所示，设定程序后自动升温，到达预期的闪点之前自动引进火焰进行试闪，自动确定闪点，并进行相关信息和数据的自动储存。

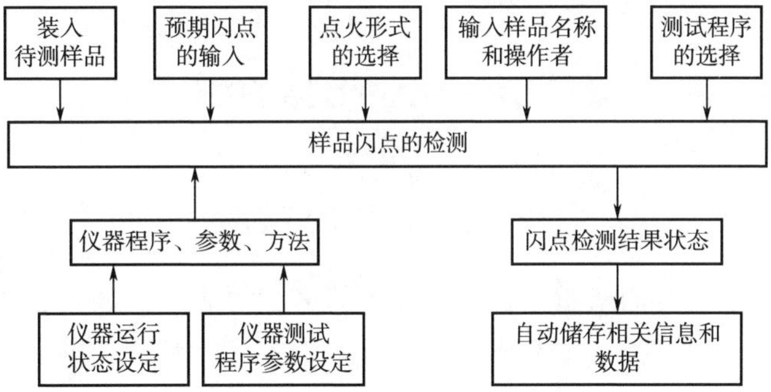

图3-7 闪点仪测试系统运行程序

十、蒸发后残留物

蒸发后残留物是指将待测试样置于沸水浴上，在规定的时间内加热蒸去挥发性部分后所得到的残留物，以质量分数表示。表3-10是国标或行业标准中一些精油的蒸发后残留物含量控制指标。蒸发后残留物的含量能够反映出香料的质量。精油、单体香料中含有蒸发后残留物的原因主要有两个：一是可能含有机械杂质，二是贮藏过久形成了较多的大分子不易挥发的聚合物。

表 3-10 国标或行业标准中一些精油的蒸发后残留物含量控制指标 单位：%

香料名称	蒸发后残留物含量	香料名称	蒸发后残留物含量
天然薄荷脑	≤0.05	圆柚油（压榨法）	≤10
柠檬油	≤4.0	墨西哥白柠檬油 A 型	10.0~14.5
香茅（精）油（爪哇型）	≤8.0	墨西哥白柠檬油 B 型	13.0~19.0
意大利香柠檬油	4.5~6.4		

1. 精油蒸发残留物的测定方法

称取试样于蒸发皿中，置于沸水浴上，加热蒸发一定时间使试样充分挥发，擦干带有残留物的蒸发皿外层，放入干燥器内，冷却至室温，称量，记录。

2. 单体香料蒸发残留物的测定方法

称取试样于蒸发皿中，将蒸发皿置于沸水浴中加热，待试样充分挥发后，把蒸发皿移至烘箱中，烘干后取出放入干燥器内，冷却至室温，恒重后，记录称量的质量。

按式（3-9）计算蒸发后残留物含量 x，以%表示：

$$x = \frac{m_1 - m_0}{m} \times 100\% \tag{3-9}$$

式中 m_1——蒸发皿和残留物的质量，g；

m_0——蒸发皿的质量，g；

m——试样的质量，g。

第三节 化学指标的测定

一、含酚量的测定

酚羟基是化合物发香的基团之一，酚含量的多少对香料的香气品质有着直接影响。含酚量的测定适用于以酚类为主要成分的香料。表 3-11 是国标中一些香料的含酚量控制指标。

表 3-11 国标中一些香料的含酚量控制指标 单位：%（体积分数）

香料名称	含酚量	香料名称	含酚量
月桂油	≥52	丁香花蕾油	85~93
斯里兰卡肉桂叶油	75~85	丁香叶油	≥82
丁香茎油	85~95		

将香料中含有的酚类化合物转化为可以溶于水的碱性酚盐，通过测定未被溶解的香

料体积可得该样品的含酚量。其基本测定程序为：样品事先加入少量酒石酸预处理，避免测定时乳化。将试样置于装有一定量氢氧化钾溶液的醛瓶中，把醛瓶放于沸水浴中加热，同时不断振摇，然后再沿瓶壁缓缓加入氢氧化钾溶液，继续加热，使未转化为水溶性的碱性酚盐的香料上升到醛瓶有刻度的颈部。之后旋转醛瓶并轻敲瓶壁，静置分层，读取油层的体积。

注：如果静置分层时发生乳化，可加入一定量的二甲苯并用玻璃棒搅拌处理。若仍有乳化现象，可在最初振摇前加入二甲苯重复试验。

二、微量氯的测定

部分香料如结晶玫瑰和环玫瑰烷中含有氯，常见测定方法包括铜片测定法和铜网测定法。测定微量氯利用氯和金属铜反应生成氯化铜，氧化铜灼烧时火焰呈绿色。微量氯的具体测定方法有：

（1）铜片测定法　先将铜片放于本生灯（图 3-8）火焰上灼烧，使铜片两面生成褐色的氧化铜薄膜。略微冷却后，将 2 滴试样滴于铜片上，在本生灯上点燃后移至空气中燃烧，如此重复 3 次，共加试样 6 滴。然后将铜片竖起，自左至右或自右至左迅速在氧化火焰上灼烧（氧化火焰高度 50mm），并同时观察火焰是否带有瞬息的绿色。

重复试验三次均无绿色火焰，即表示不含微量氯。若三次中有一次有极微的绿色，则需要重复试验确定。

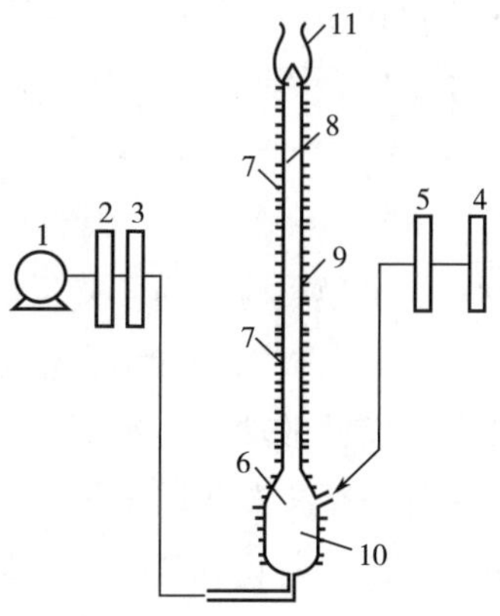

1—空气压缩机；2—贮气缸；3—气体流速计；4—贮燃烧瓶；5—液体流速计；6—温度计套管；7—插热电偶；8—气体混合和稳定管；9—电热丝；10—汽化器；11—本生焰。

图 3-8　本生灯结构图

（2）铜网测定法　将铜网绕在玻璃棒恰为 2 圈，卷好后钳住铜网少许，将铜网在本生灯火焰上灼烧，使铜网上生成一层褐色氧化铜薄膜。微冷却后，将 2 滴试样滴于铜网上，随即在本生灯上点燃后移至空气中燃烧。如此重复三次，共加样 6 滴。然后将铜网放于氧化火焰上燃烧，同时观察火焰是否带有瞬息的绿色。

重复试验三次均无绿色火焰，即表示不含微量氯。若三次中有一次有极微的绿色，则需要重复试验确定。

三、羰值和羰基化合物含量的测定

醛、酮类羰基化合物是天然精油的重要芳香成分，羰基化合物含量的多少对精油的香气特征具有重要影响。羰基化合物含量可用醛或酮的含量表示，也可用羰值表示。羰值指中和 1g 香料与盐酸羟胺反应时释放出的盐酸所需的氢氧化钾毫克数。表 3-12 是国标中规定的一些香料的羰值或羰基化合物含量。

表 3-12　国标中规定的一些香料的羰值或羰基化合物含量　单位:%

名称	羰值或羰基化合物含量	名称	羰值或羰基化合物含量
柠檬油	3.0~5.5（以柠檬醛计）	斯里兰卡香茅油	18.0~55.0
留兰香油	≥60	香叶油	≤58.0
墨西哥白柠檬油 A 型	16.0~31.0	山苍子油	≥272
墨西哥白柠檬油 B 型	18.0~35.0	中国肉桂油（以肉桂醛计）	≥80（以肉桂醛计）

羰值和羰基化合物含量的测定方法如下：

（1）盐酸羟胺肟化法　包括盐酸羟胺冷法肟化和盐酸羟胺热法肟化。盐酸羟胺冷法肟化适用于主要成分为易肟化的醛类或酮类香料；盐酸羟胺热法肟化适用于主要成分为一般难于肟化的酮类香料。测定原理如下：

羰基化合物与盐酸羟胺反应转化成肟。

$$R—C{=}O + H_2NOH \cdot HCl \rightleftharpoons R—C{=}NOH + H_2O + HCl$$

$$R—C{=}O + H_2NOH \cdot HCl + C_5H_5N \longrightarrow R—CH_2{=}NOH + C_5H_5N \cdot HCl + H_2O$$

$$C_5H_5N \cdot HCl + H_2O + NaOH \longrightarrow C_5H_5N + NaCl + H_2O$$

此反应为可逆反应，为了使反应完全，需要加入过量的盐酸羟胺，并且在反应混合物中加入吡啶与生成的盐酸结合生成吡啶盐酸盐，然后用氢氧化钠标准溶液滴定这一反应释放出的吡啶盐酸盐。指示剂为溴酚蓝，滴定到颜色变为蓝绿色即为终点。通过测定标准碱液消耗量，推断出盐酸羟胺的消耗量，从而计算出样品中醛或酮的含量。

盐酸羟胺冷法肟化和盐酸羟胺热法肟化的基本测定程序分别为：

①盐酸羟胺冷法肟化：将待测样品放于装有盐酸羟胺溶液的锥形瓶中，摇匀后放于室温静置。加入溴酚蓝指示液，振摇混合。用氢氧化钠标准溶液滴定至与盐酸羟胺溶液相同的黄绿色。记录所用的氢氧化钠标准溶液的体积。

②盐酸羟胺热法肟化：将待测样品放于装有盐酸羟胺溶液的锥形瓶中，再加入溴酚蓝指示液摇匀。用氢氧化钠标准溶液滴定至与盐酸羟胺溶液相同的黄绿色。接回流管放于加热器上加热并搅拌，控制温度使其保持恒定的回流。10min 后冷却，加入溴酚蓝指示液，用氢氧化钠标准溶液滴定至与盐酸羟胺溶液相同的黄绿色。继续将样品瓶放到加热器上，每 10min 重复此操作，直到所加的氢氧化钠标准溶液确保到达滴定终点。

应当注意的是，对于色泽较深的试样或试样本身色泽可能会干扰终点判断的样品，应采用电位滴定法。

按式（3-10）计算羰基化合物含量 A，用质量分数表示，以指定的醛计：

$$A = \frac{M \times V \times C}{10m} \tag{3-10}$$

式中　M——醛或酮的相对分子质量；

V——滴定过程中所耗用的氢氧化钠标准溶液的体积，mL；

C——氢氧化钠标准溶液的浓度，mol/L；

m——试样的质量，g。

按式（3-11）可计算出羰值 B：

$$B = 56.1 \frac{V \times c}{m} \tag{3-11}$$

式中，V、c、m 的含义同式（3-10）。

（2）游离羟胺法 本法适用于不易转化为肟的羰基化合物含量测定，不适用于含有大量酯类或对碱敏感组分的香料。其原理是，羰基化合物通过与盐酸羟胺和氢氧化钾混合物释放出的游离羟胺进行反应，转化成肟，然后再用盐酸标准溶液滴定过量的碱，计算羰基化合物的含量。其基本测定程序是，将盐酸羟胺溶液加入装有试样的皂化瓶中，混匀。将盛有混合物的皂化瓶在室温下静置或加热沸腾回流。之后加入溴酚蓝指示液，用盐酸标准溶液滴定至溶液呈绿黄色。

应当注意的是，此法适用于浅色的香料，对于深色的香料应使用电位滴定法。

按式（3-12）计算羰基含量 C：

$$C = 56.1 \times \frac{(V_0 - V_1)}{m} \times c \tag{3-12}$$

式中 c——盐酸标准溶液浓度，mol/L；

m——试样的质量，g；

V_0——空白试验中所耗用的盐酸标准溶液的体积，mL；

V_1——测定中所耗用的盐酸标准溶液的体积，mL。

按式（3-13）计算羰基化合物（醛或酮）的含量 D，以质量分数表示：

$$D = \frac{M(V_0 \times V_1)}{10m} \times c \tag{3-13}$$

式中 c、m、V_0、V_1 的意义同式（3-12）；

M——醛或酮的相对分子质量。

（3）中性亚硫酸盐法 中性亚硫酸钠溶液与醛或酮在沸水浴中反应，释放出氢氧化钠，然后用酸中和使反应完全。其基本测定程序是，将试样置于合适的玻璃容器中，加入中性亚硫酸钠饱和溶液，振摇使之混合均匀，加入酚酞指示液，并于沸水浴中振荡。当粉红色显现时，加入数滴乙酸水溶液使瓶内混合液的粉红色褪去，并重复加热振荡直至粉红色不再显现，取出并冷却至室温。静置使油层与溶液完全分开，量取油层的毫升数。

按式（3-14）计算醛或酮含量 X，以%表示：

$$X = \frac{V - V_1}{V} \times 100\% \tag{3-14}$$

式中 V——试样的体积，mL；

V_1——油层的体积，mL。

四、酸值或含酸量的测定

一些香料中含有游离脂肪酸。酸值（AV）是指中和 1g 游离酸所需氢氧化钾的毫克数。表 3-13 是一些常见香料的控制指标。酸值一般采用氢氧化钠标准溶液或氢氧化钾乙醇溶液滴定法测定。其基本测定程序是，称取适量试样，加入中性乙醇溶剂和酚酞指示剂，单体香料用一定浓度的氢氧化钠标准溶液滴定至微红色；精油用一定浓度的氢氧化钾的乙醇标准溶液滴定至微红色，记录所用标准溶液的体积。

表 3-13　　一些常见香料的酸值控制指标　　单位：mgKOH/g

香料名称	酸值	香料名称	酸值
苦橙叶油	≤2	大花茉莉浸膏	≤12
巴西玫瑰木油	≤1	茉莉浸膏	≤11
山萩油	2.07	岩兰草油	≤55
玳玳油	≤1	栀子花浸膏	≤20
树兰花油	≤10	金合欢浸膏	≤20
玫瑰浸膏	≤15	墨红花浸膏	≤20
依兰依兰油（特级）	1.6~2.4	墨红花净油	≤48
水仙花浸膏	50~60	菖蒲油	<4
丁香油	≤1	肉豆蔻油	<3
山萩油	2.07		

在测定醛类香料的酸值时，由于醛极易氧化成酸，粉红色呈现，即为终点。对于色泽较深的试样，可多加溶剂乙醇进行稀释测定。测定甲酸酯类（如甲酸香叶酯）的酸值时，由于酯类化合物遇碱极易水解，使酸值偏高，因此测定时样品应放在低温下（如冰水浴中）进行滴定。测定含有酚羟基的香料（如水杨酸酯）的酸值时，用酚红为指示剂。含有较多内酯时，上述测定方法偏差大，不宜适用。

按式（3-15）计算酸值 AV：

$$AV = \frac{V \times c \times 56.1}{m} \tag{3-15}$$

式中　V——滴定过程中耗用的氢氧化钠标准溶液或氢氧化钾乙醇标准溶液的体积，mL；

c——氢氧化钠标准溶液或氢氧化钾乙醇标准溶液的浓度，mol/L；

m——试样的质量，g。

按式（3-16）计算含酸量 A，以%表示。

$$A = \frac{V \times c \times M}{10m} \tag{3-16}$$

式中　V——滴定过程中耗用氢氧化钠标准溶液的体积，mL；

c——氢氧化钠标准溶液的浓度，mol/L；

m——试样的质量，g；

M——酸的相对分子质量。

五、酯值或含酯量的测定

酯值是指中和 1g 香料中所含的酯水解后释放出的酸所需的氢氧化钾毫克数。表 3-14 是一些常见香料酯值的控制指标。其测定原理为，在规定的条件下用碱皂化香料中存在的酯，然后用盐酸标准溶液滴定过量的碱。基本测定程序为，称取适量的样品放在锥形瓶中，加入氢氧化钾乙醇溶液和沸石，水浴加热回流一定时间。冷却后，加入适量的水和酚酞指示剂或者酚红指示剂（若含有带酚基团的组分），用盐酸标准溶液滴定。对于样品颜色较深、采用指示剂滴定时终点难判断的香料（如香根油），使用电位滴定法进行滴定。同时事先做测定酸值的实验的情况下，还要做空白试验。

表 3-14　一些常见香料酯值的控制指标　单位：mg/g

香料名称	酯值	香料名称	酯值
苦橙叶油	140~217	茉莉浸膏	≥80.0
巴西玫瑰木油	≤5	岩蔷薇浸膏	≥75.0
金合欢浸膏	≥50	小豆蔻油	92~150
九里香浸膏	54.9	栀子花浸膏	≥60.0
墨红花浸膏	≥20	肉豆蔻油	2~9
桂花浸膏	≥40.0	姜油	≤28
九里香浸膏	54.9	岩兰草油	≥10.0
大花茉莉浸膏	≥85.0	树兰花油	≥8.0
玫瑰浸膏	≥25.0	菖蒲油	3~20

应当注意的是，该方法不适于混合酯类、难以皂化的酯类、含有内酯及较多醛类的精油的酯值测定。

按式（3-17）计算酯值 EV：

$$EV = \frac{56.1 \times c \times (V_0 - V_1)}{m} - AV \tag{3-17}$$

式中　c——盐酸标准溶液的浓度，mol/L；

V_0——空白试验所耗用的盐酸标准溶液的体积，mL；

V_1——试样测定所耗用的盐酸标准溶液的体积，mL；

m——试样的质量，g；

AV——测得的酸值。

按式（3-18）计算酯的质量分数 w，以%表示，以指定的酯计：

$$w = \frac{M \times EV}{561} \tag{3-18}$$

式中　M——酯的相对分子质量；

EV——由式（3-17）计算得到的酯值。

六、乙酰化后酯值测定以及游离醇与总醇含量的测定

乙酰化后酯值（表3-14）测定是指将香料先乙酰化后，再测定酯值。基于乙酰化前和乙酰化后测定的酯值，可计算出香料中的游离醇、结合醇、总醇的含量。该法适用于评估精油中含有的游离醇和总醇的含量，以及测定合成或单离香料中的醇含量。香料的乙酰化可采用乙酸酐法和乙酰氯-二甲基苯胺法。

（1）乙酸酐法　乙酸酐法不适用于含有较多叔醇的精油，也不适于含有较多酚类、内酯类、醛类和易烯醇化的酮类的精油，因为除了醇外，这些成分也会被乙酰化。乙酰化后的香料经分离和干燥，测定酯值。从乙酰化前和乙酰化后的酯值，计算游离醇、结合醇和总醇的含量。其基本测定程序如下：

取适量试样，加入乙酸酐和无水乙酸钠混合好，加热回流反应一定时间，冷却至室温后，置于分液漏斗中，用水洗涤两次后，取油相。油相依次用氯化钠溶液、碳酸钠溶液、氯化钠溶液、水，洗涤至石蕊试纸检测呈中性。将油相注入锥形瓶中，加无水硫酸镁或无水硫酸钠干燥。称量试样，按照酯值测定方法，测定酯值 E_2。

按式（3-19）计算乙酰化后酯值 E_2：

$$E_2 = \frac{56.1}{m}(V'_0 - V'_1) \times c \tag{3-19}$$

按式（3-20）计算游离醇的含量 A，以%表示，以指定的醇计：

$$A = \frac{M(E_2 - E_1)}{561 - 0.42E_2} \tag{3-20}$$

注：此公式考虑了在乙酰化过程中试样质量的增加。

按式（3-21）计算结合醇的含量 B，以%表示，以指定的醇计：

$$B = \frac{M \times E_1}{561} \tag{3-21}$$

将式（3-20）和式（3-21）计算得到的质量分数相加，可得总醇含量的质量分数，以指定的醇计。

若试样为单体香料，则按式（3-22）计算含醇量 X，以%表示：

$$X = \frac{(V'_0 - V'_1) \times c \times M}{10[m - (V'_0 - V'_1) \times c \times 0.042]} \tag{3-22}$$

式中　m——乙酰化后试样的质量，g；

V'_0——滴定法测定 E_2 时空白试验消耗的盐酸标准溶液的体积，mL；

V'_1——滴定法测定 E_2 时试样耗用的盐酸标准溶液体积，mL；

M——指定香料中醇的相对分子质量；

E_1——乙酰化前的酯值；

E_2——乙酰化后的酯值；

c——盐酸标准溶液的浓度，mol/L；

0.042——与1.00mL盐酸溶液相当的以克表示的乙酸酯与醇的质量之差。

（2）乙酰氯-二甲基苯胺法 乙酰氯-二甲基苯胺法适于含有明显量的叔醇（如芳樟醇和松油醇）的精油以及叔醇类香料的测定，不适于含有明显量的酚类、邻氨基苯甲酸酯类、内酯类、醛类的精油和伯醇、仲醇香料的测定。样品乙酰化后，经分离和干燥，测定酯值（表3-15）。根据乙酰化前和乙酰化后的酯值，计算游离醇、结合醇和总醇的含量。

表3-15 一些香料乙酰化后酯值举例

香料名称	乙酰化后酯值	香料名称	乙酰化后酯值
斯里兰卡香茅油	157~200	山萩油	145
巴西玫瑰木油	247~280		

基本测定程序：取适量精油加入瓶内，在冰水浴冷却下，加入*N*,*N*-二甲基苯胺、乙酸酐、乙酰氯，然后在温热下进行乙酰化反应一定时间。油相依次用硫酸钠溶液、盐酸溶液洗涤，至检测无*N*,*N*-二甲基苯胺为止（检测方法为：取盐酸洗涤液，往其中滴入少量饱和高锰酸钾溶液，剧烈振摇，若无橘黄色出现，表明无*N*,*N*-二甲基苯胺）；再继续用碳酸钠溶液、硫酸钠溶液洗涤至中性。称取试样，测定酯值。

对于单体香料，洗涤时先依次用冰饱和氯化钠溶液、硫酸溶液至检测无*N*,*N*-二甲基苯胺为止（检测方法为：取硫酸洗涤液加入重铬酸钾溶液中，若重铬酸钾溶液颜色不变，表明无*N*,*N*-二甲基苯胺）；再依次用碳酸钠溶液、饱和氯化钠溶液、蒸馏水洗涤至中性。

游离醇的含量、结合醇的含量、总醇含量、单体香料含醇量计算方法同上。

七、重金属含量的测定

重金属是指密度大于4.5g/cm^{3}的金属，包括金、银、铜、铁、汞、铅、铬等。表3-16是一些香料重金属含量控制指标。

表3-16 一些香料重金属含量控制指标 单位：mg/kg

香料	重金属含量（以Pb计）	香料	重金属含量（以Pb计）
桂花浸膏	≤40	柠檬油	≤5
丁香油	≤10	姜油	≤10
茉莉浸膏	≤20	藿香油	≤10

重金属含量的测定原理是，在弱酸性（pH 3~4）条件下，试样中的重金属离子与硫化氢作用，生成棕黑色，通过目视法与同法处理的铅标准溶液进行比较，重金属含量以Pb计。其测定方法与步骤如下：

1. 试样的制备

测量香料或精油中的重金属含量时，应先将试样进行消解，消解的目的是破坏有机物，使试样中的有机物质转化成无机物或还原性物质氧化成高价态。常用的消解试剂有硝酸-硫酸、硝酸-高氯酸、氢氟酸、过氧化氢等。

(1) 湿法消解　称取适量试样于锥形瓶中，加入硝酸浸润及加热，待反应缓和后，加入硫酸加热至瓶中溶液开始变成棕色；再不断滴加硝酸（如有必要可滴加些高氯酸）至有机质分解完全；继续加热，至生成大量的二氧化硫白色烟雾，最后溶液应呈无色或微黄色，加水煮沸除去残余的硝酸，至产生白烟为止，将溶液移入容量瓶中，定容。同时做空白试验。

(2) 干法消解　称取适量试样，置于蒸发皿或石英坩埚中，加入适量硫酸，于电炉上小火炭化后，加入一定量的硝酸和几滴硫酸，小心加热至白色烟雾挥尽；移入马弗炉中，使灰化完全；再加入盐酸溶液湿润残渣，于水浴上慢慢蒸发至干后，最后用少量浓盐酸湿润残渣并加水，溶液转移至容量瓶中，定容。同时做空白试验。

(3) 压力罐消解法　称取适量试样于聚四氟乙烯罐中，加一定量硝酸浸泡过夜，再加入一定量过氧化氢，罐密封好，放入恒温干燥箱中加热一定时间，冷却后，将消化液转移到容量瓶中（视情况过滤），定容。同时做空白试验。

压力消解罐消解可在微波加热条件下进行。微波加热具有消解完全、快速、低空白的优点。商品的微波消解系统，一般都有测温、测压甚至控温/控压技术系统。

2. 测定方法

将含量符合指定的重金属限量标准的铅标准液置于比色管 A 中，同时将一定量的试样液置于比色管 B 中，然后将与 B 管等量的相同的试样液及与 A 管等量的铅标准液置于比色管 C 中。

A、B、C 管进行如下处理：依次滴加酚酞指示液，用稀盐酸或稀氨水调节 pH 至中性（酚酞红色刚褪去），再加入 pH 3.5 的乙酸盐缓冲液，混匀；加入相同量的新鲜制备的硫化氢饱和溶液和水至一定刻度，于暗处放置一定时间，在白色背景下比色观察。

若 B 管的色度≤A 管的色度，C 管的色度≥A 管的色度，则可判定为样品中重金属含量（以铅计）低于 A 管对应的重金属含量（以铅计）。

第四节　微生物指标的测定

多数香料香精产品本身就具有抑菌的作用，不利于微生物的生长。微生物检验一般只是对于喷雾干燥香精、乳化香精以及其他一些含天然物的香料香精进行。微生物检验的常做项目主要是菌落总数、大肠菌、酵母菌、霉菌、乳酸杆菌、沙门氏菌和其他致病菌等。

一、菌落总数的测定

1. 测定方法

菌落总数指的是样品在一定条件下培养后，每克（毫升）样品中的微生物菌落总数，常采用平板菌落计数法进行测定。其检验程序如图 3-9 所示，将待测样品经适当稀释之后，其中的微生物充分分散成单个细胞，取一定量的稀释样液接种到平板上，经过培养，由每个单细胞生长繁殖而形成肉眼可见的菌落，即一个单菌落应代表原样品中的一个单细胞。统计菌落数，根据其稀释倍数和取样接种量，换算出样品中的含菌数。

2. 计数要求

菌落计数可用肉眼观察，必要时用放大镜或菌落计数器，记录稀释倍数和相应的菌落数量。菌落计数以菌落形成单位（CFU）表示。计数要求如下：

（1）选取菌落数在 30～300CFU、无蔓延菌落生长的平板计数，低于 30CFU 的平板记录具体菌落数，大于 300CFU 的可记录为多不可计。每个稀释度的菌落数应采用两个平板的平均数。

（2）应以无片状菌落生长的平板作为该稀释度的菌落数。若片状菌落不到平板的一半而其余一半中菌落分布又很均匀，即计算半个平板后乘以 2，代表一个平板菌落数。

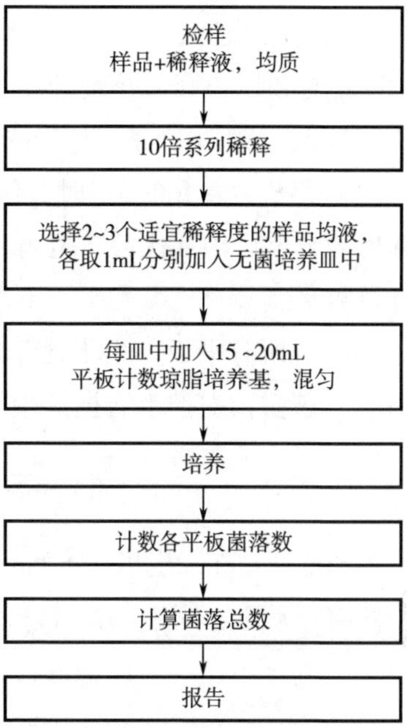

图 3-9 菌落总数的检验程序

（3）当平板上出现菌落间无明显界线的链状生长时，则将每条单链作为一个菌落计数。

3. 计算方法

（1）若只有一个稀释度平板上的菌落数在适宜计数范围内，计算两个平板菌落数的平均值，再将平均值乘以相应稀释倍数，作为每克（毫升）样品中菌落总数结果。

（2）若有两个连续稀释度的平板菌落数在适宜计数范围内时，按式（3-23）计算：

$$N = \frac{\sum C}{(n_1 + 0.1n_2)d} \tag{3-23}$$

式中 N——样品中菌落数，CFU；

$\sum C$——平板（含适宜范围菌落数的平板）菌落数之和，CFU；

n_1——第一稀释度（低稀释倍数）平板个数；

n_2——第二稀释度（高稀释倍数）平板个数；

d——第一稀释度的稀释倍数。

（3）若所有稀释度的平板上的菌落数均大于 300CFU，则以最高稀释度的平板计数，其他平板可记录为多不可计，结果为最高稀释倍数乘以平均菌落数。

（4）若所有稀释度的平板上的菌落数均小于 300CFU，则以最低稀释度的平板计数，结果为最低稀释倍数乘以平均菌落数。

（5）若所有稀释度（包括原样品）的平板上均无菌落生长，则以小于 1 乘以最低稀释倍数计算。

(6) 若所有稀释度的平板上的菌落数均不在 30~300CFU，以最接近 30 或 300CFU 的平板上的菌落数乘以稀释倍数计算。

4. 菌落总数报告

菌落总数以每克或每毫升样品为单位报告，表示为 CFU/g 或 CFU/mL。

(1) 菌落数<100CFU 时，按“四舍五入”原则，以整数报告。

(2) 菌落数≥100CFU 时，仅取前 2 位数字，将第 3 位数字“四舍五入”，并第三位及其后的数字均用 0 代替；也可用 10 的指数形式表示，按“四舍五入”原则，保留两位有效数字。

(3) 若所有平板上为蔓延菌落而无法计数时，则报告菌落蔓延。

(4) 若空白对照上有菌落生长，则此次检测结果无效。

二、大肠菌群的测定

大肠菌群是在一定培养条件下能发酵乳糖、产酸产气的需氧和兼性厌氧革兰氏阴性无芽孢杆菌。大肠菌群测定方法包括最可能法（MPN）（图 3-10）和平板计数法（图 3-11）。

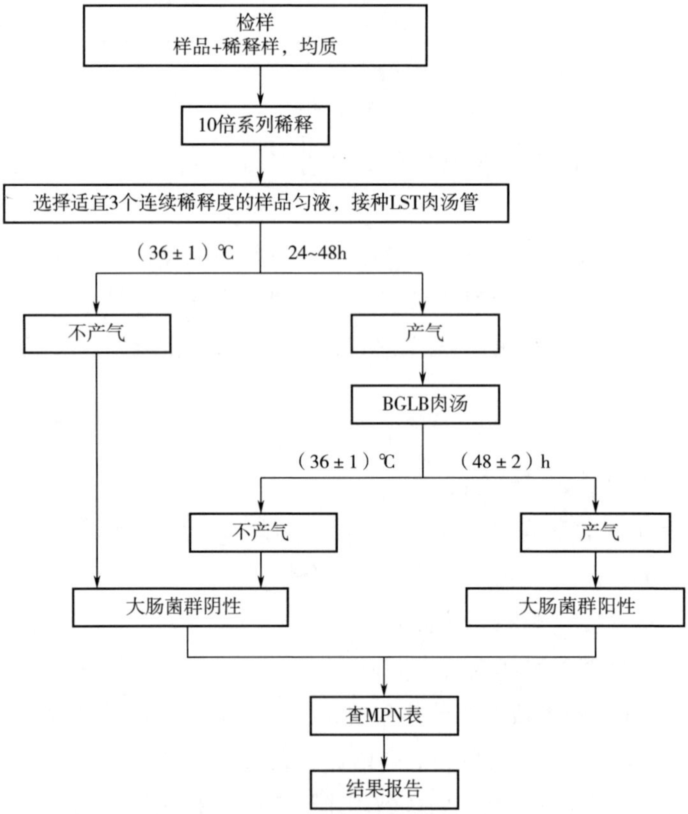

图 3-10 大肠菌群 MPN 计数法检验程序

注：LST（lauryl sulfate tryptose）：月桂基硫酸盐胰蛋白胨；

BGLB（brilliant green lactose bile）：煌绿乳糖胆盐。

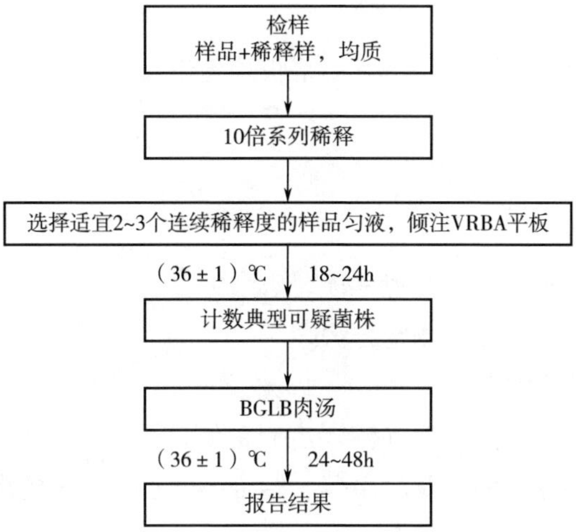

图 3-11 大肠菌群平板计数法的检验程序

注：VRBA（violet red bile agar）：结晶紫中性红胆盐琼脂。

1. MPN 法

MPN 法是统计学和微生物学结合的一种定量检测法。待测样品经系列稀释并培养后，根据其未生长的最低稀释度与生长的最高稀释度，应用统计学概率论推算出待测样品中大肠菌群最大可能数。该法适于大肠菌群含量较低的食品中的大肠菌群计数。其测定的基本程序如图 3-10 所示。

结果表示方式为，按确证的大肠菌群 BGLB 阳性管数，检索 MPN 表，报告每克（毫升）样品中大肠菌群的 MPN 值。

2. 平板计数法

大肠菌群在固体培养基中发酵乳糖产酸，在指示剂的作用下形成可计数的红色或紫色、带有或不带有沉淀环的菌落。该法适于大肠菌群含量较高的食品中的大肠菌群计数。其检验程序如图 3-11 所示。

结果报告按以下要求进行：

（1）选取菌落数　在 15～150CFU 的平板，分别计数平板上出现的典型和可疑大肠菌群菌落（如菌落直径较典型菌落小）。典型菌落为紫红色，菌落周围有红色的胆盐沉淀环，菌落直径为 0.5mm 或更大，最低稀释度平板低于 15CFU 的记录具体菌落数。

（2）证实试验　从 VRBA 平板上挑取 10 个不同类型的典型和可疑菌落，少于 10 个菌落的挑取全部典型和可疑菌落，分别移种于 BGLB 肉汤管内，(36±1)℃培养 24～48h，观察产气情况。凡 BGLB 肉汤管产气，即可报告为大肠菌群阳性。

（3）大肠菌群平板计数的报告　经最后证实为大肠菌群阳性的试管比例乘以①中计数的平板菌落数，再乘以稀释倍数，即为每克（毫升）样品中大肠菌群数。例如 10^{-4} 样品稀释液 1mL，在 VRBA 平板上有 100 个典型和可疑菌落，挑取其中 10 个接种 BGLB 肉汤管，证实有 6 个阳性管，则该样品的大肠菌群数为：$100\times6/(10\times10^{-4})$ CFU/g（mL）=

6.0×10^5 CFU/g（mL）。

若所有稀释度（包括液体样品原液）平板均无菌落生长，则以小于 1 乘以最低稀释倍数计算。

重点与难点

（1）取样、试样制备的注意事项。

（2）水分及相对密度的测定方法。

（3）闪点的测定原理。

（4）蒸发残留物及溶解度（溶混度）的测定方法。

（5）羰值、酸值、酯值及游离醇、结合醇、总醇含量的测定方法。

（6）重金属的定义及测定原理。

思考题

1. 香料香精的物理测试指标有哪些？
2. 溶混度的概念是什么？如何测定？
3. 相对密度的测定方法是什么？
4. 旋光度的测定方法是什么？
5. 香料香精的化学测试指标有哪些？

第四章 香料香精安全性评价

课程思政点

【本章简介】

本章主要介绍了烟用香料香精安全性、日用香料香精安全性和食用香料香精安全性三个方面的主要内容和评价要点。

香料已有上千年使用历史。最初香料作为食物保鲜增味剂、宗教祭祀用品等进入人类生活，小剂量的使用以及天然来源让人们以为香料都是安全无害的，但随着人们对高品质生活的向往与追求日益增强，具有增加香气、调节气氛、改变感官、治病养生等功能的香料香精在社会经济和日常生活中的作用越来越重要，人类衣、食、住、行随处可见香料香精的影子，如食品、日化、医药、卷烟、纺织品等行业都要使用，因此涉及对人体安全的问题也越来越引起人们的关注。由于香料品种繁多，需要经过一定时间的生产、贮藏、运输等过程，任何一个环节的失误或监管不到位，均可能给香料带来安全隐患。且香料属于外源化学物质，因此需要对它们进行安全性评价与毒理学评价。为了保证香料香精的安全使用，国际上大多数国家都对香料香精制定了严格的法律法规加以安全监管。香精的安全性是依赖于所含的香料与辅料是否合乎安全，因而在为某加香成品设计香精配方时，就要根据该加香成品的使用要求，来选用持久性、稳定性与安全性均符合要求的香料与辅料，三者不可偏废。从加香介质来看，结合香料香精自身的性质，香料香精安全性可以分为烟用香料香精安全性、日用香料香精安全性和食用香料香精安全性三个方面。

第一节　烟用香料香精安全性评价

卷烟的风味对于消费者选择何种卷烟品牌消费起着十分重要的作用。在卷烟生产过程中，为了提高卷烟的香气以及特有的风味，往往会加入香料香精来达到目的。烟用香料香精是卷烟生产过程中施加于卷烟中不可缺少的添加剂，对于修饰、增补并突出烟叶原料原有的烟香风味起着极其重要的功能。其香精配方更是卷烟工艺中的核心技术，是卷烟制作的“灵魂”。作为卷烟行业重要的添加剂，烟用香料香精质量控制的手段和措施在不断的加强和完善。虽然很多烟用添加剂，同样也作为食品添加剂通过了权威部门的认可，有的还是食品或食品组成成分；但是添加剂加入烟草后要参与燃烧或与烟气接触，其过程中会发生裂解、氧化或加合等反应，从而影响烟气的化学组成和生物学性质。为此，欧美国家和日本、澳大利亚等国及世界卫生组织（WHO）等国际组织就烟用添加剂管制及安全风险评估做出了严格的规定和要求。

一、烟用香料香精安全性评价的内容

国外半个多世纪以来的大量资料数据表明：常规使用的烟用添加剂不会对烟气化学或生物学性质产生显著影响。国际主要烟草企业在烟用添加剂安全性评价研究基础上建立了各自的添加剂安全性评价流程和技术规范，并就这些评价原则、程序和方法与各管辖国的相关管理部门达成共识。总体而言，国内外烟草企业确定的添加剂安全性评价包括四个必备程序：①添加剂自身的安全性评价；②热裂解产物测定；③添加剂对烟气主要有害成分的影响测试；④添加剂对卷烟烟气生物活性和毒理学性质的影响测试。最终基于这四个环节的分析检测结果给出待测添加剂的安全性评估结论。

二、香料香精自身的安全性

香料香精直接应用于人体或环境，评价香料对人体和环境的危害性是香料安全性评价的首要环节。香料自身安全性包括香料对人体的皮肤刺激性、过敏性、光毒性、基因毒性、呼吸系统的安全性、毒理性等一系列数据。随着人类环境保护意识的增强，香料对环境的影响因素，包括香料的持久性、在生物体内的蓄积性及对水生生物的毒性等也是香料安全性需测试的范围。在对香料上述指标进行定性定量评价的基础上，确定该香料是属于禁用、限量使用还是安全使用。此外，还需要考虑香料中溶剂残留、重金属含量、农药、杀虫剂残留、放射性物质等指标，确保所有指标处于应用安全范围。

三、热裂解产物检测的意义

烟用香料香精是卷烟产品的重要组成部分，它对卷烟烟气的香味作用和影响主要是依靠于对其挥发性香味成分的测定分析与评价。由于烟支抽吸时需要燃烧，尽管加入的烟用香料香精没有危害，但是烟草在燃吸过程中，常常通过热解、蒸馏、聚合、干馏、燃烧等各种反应而形成复杂的烟气，烟气成分中的大部分新生成物质在燃烧过程中产生一些不可预见的成分。因此，仅研究烟用香料香精挥发性气味成分并不能完整地表征烟气的组分与特性。

卷烟燃烧是一个非常复杂的物理、化学变化过程。当卷烟点燃时，在烟支顶端形成了一个燃烧区。在抽吸过程中，存在两种不同性质的燃烧方式：吸燃和阴燃。同时根据燃烧温度分布以及不同区域内所发生的反应，可分为3个主要反应区：高温燃烧区、中温热解/蒸馏吸热区和低温冷凝区。当温度上升到300℃时，来自烟草和香料中的挥发性物质进入烟气；到450℃时，烟草发生焦化；600℃时，烟草就被点燃而开始燃烧；抽吸时最高温度可达900℃。在此过程中，挥发性物质在低温下就随烟气挥发出来；不易挥发性物质在较高温度下才随烟气流挥发出来，但它们随烟气流温度的下降也可能被冷却而凝聚在没燃烧的烟丝上，在以后的一次次抽吸时，它们又有可能被蒸发或分解释放出来；一些难挥发性物质经高温分解生成新的物质，分解产物也可能与其他物质结合生成新物质。对烟气品质最为重要的主流烟气部分，由于其是在抽吸过程中产生的，热空气必然会将烟支未燃烧部分的挥发与半挥发性物质带入烟气。因此，主流烟气中的成分部分来自卷烟产品的裂解和燃烧，也有部分来源于干馏与蒸馏反应。目前，热裂解-气质联用技术（Py-GC/MS）的广泛应用，为分析烟用香料香精的裂解产物，探讨其挥发性成分对烟气组分的贡献提供了极大的便利。

四、烟气主要有害成分的变化机制

卷烟烟气是一种极其复杂的混合物，它是在卷烟抽吸过程中由烟草燃烧、裂解和蒸馏而产生的。在烟草和烟气中鉴定出的8000余种化合物中，有害物质成分仅有100多种。1954年，库柏（Cooper）等从卷烟烟气中分离鉴定出苯并［a］芘，这是烟草烟气中鉴定出的第一种致癌成分。从那时起烟草烟气中有害成分的分析研究得到了广泛的开展，不断有新的有害成分被鉴定出来。第一份卷烟烟气有害成分名单收录在1964年美国公共健康服务部咨询委员会有关吸烟与健康的报告中。自第一份名单出现之后，几乎每年都有新的卷烟烟气有害成分名单发表，或对以前发表过的名单加以修订再公布。最著名的是迪特里希·霍夫曼（Dietrich Hoffmann）和史蒂芬·赫克特（Stephen S. Hecht）于1990年发表的《43种成分》名单。随着研究的不断深入，最近几年理查德·R. 贝克（Richard R. Baker）Dietrich Hoffmann等、卡尔·史密斯（Carr J. Smith）等也分别发表了补充的和修订的烟气有害成分名单。2001年，Dietrich Hoffmann和伊尔塞·霍夫曼（Ilse Hoffmann）在《卷烟的变化：化学研究及生物学鉴定》中公布了69种卷烟烟气致癌物（表4-1）。2002年，罗德曼（Rodgman）和格林（Green）对烟气中已报道的烟气成分进行了总结，认为在卷烟烟气中共存在149种有害成分。

表 4-1 卷烟烟气致癌物

类型	致癌等级	英文名称	汉语名称
稠环芳烃(PAHs)	2A	benzo(*a*)anthracene	苯并[*a*]蒽
	2B	benzo(*b*)fluoranthene	苯并[*b*]荧蒽
	2B	benzo(*j*)fluoranthene	苯并[*j*]荧蒽
	2B	benzo(*k*)fluoranthene	苯并[*k*]荧蒽
	2A	benzo(*a*)pyrene	苯并[*a*]芘
	2A	dibenzo(*a*,*h*)anthracene	二苯并[*a*,*h*]蒽
	2B	dibenzo(*a*,*l*)pyrene	二苯并[*a*,*l*]芘
	2B	dibenzo(*a*,*e*)pyrene	二苯并[*a*,*e*]芘
	2B	indeno(1,2,3-*cd*)pyrene	茚并[1,2,3-*cd*]芘
	2B	5-methylchrysene	5-甲基䓛
杂环化合物(heterocyclic compounds)	2B	quinoline	喹啉
	2B	dibenzo(*a*,*h*)acridine	二苯基[*a*,*h*]吖啶
	2B	dibenzo(*a*,*j*)acridine	二苯基[*a*,*j*]吖啶
	2B	aibenzo(*c*,*g*)carbazole	二苯并[*c*,*g*]咔唑
	2B	benzo(*b*)furan	苯并[*b*]呋喃
	2B	furan	呋喃
N-硝基亚硝胺类(nitrosamines)	2A	*N*-nitrosodimethylamine	*N*-亚硝基二甲胺
	2B	*N*-nitrosoethylmethylamine	*N*-亚硝基乙基甲胺
	2A	*N*-nitrosodiethylamine	*N*-亚硝基二乙胺
	2B	*N*-nitrosodi-n-propylamine	*N*-亚硝基二正丙胺
	2B	*N*-nitrosodi-n-butylamine	*N*-亚硝基二正丁胺
	2B	*N*-nitrosopyrrolidine	*N*-亚硝基吡咯烷
	2B	*N*-nitrosopiperidine	N-亚硝基哌啶
	2B	*N*-nitrosodiethanolamine	*N*-亚硝基二乙基醇胺
	2B	*N*-nitrosonornicotine	*N*-亚硝基降烟碱(NNN)
	2B	4-(methylnitrosamino)-1-(3-pyridyl)-1-butanone	4-(甲基亚硝胺基)-1-(3-吡啶)-1-丁酮(NNK)
	2B	2-toluidine	2-甲苯胺
芳香胺(aromatic amine)	2B	2,6-dimethylaniline	2,6-二甲基苯胺
	1	2-naphthylamine	2-氨基萘
	1	4-aminobiphenyl	4-苯基苯胺

续表

类型	致癌等级	英文名称	汉语名称
N-含氮杂环胺类(*N*-heterocyclic amine)	2B	AaC	2-氨基-9*H*-吡啶并吲哚
		IQ	
	2B	2-amino-3-methyl-3*H*-imidazo[4,5-*f*]quinoline	2-氨基-3-甲基-3*H*-咪唑[4,5-*f*]喹啉
	2B	tryptophan pyrolysis product-13-amino-1,4-dimechyl-5*H*-pyrido[4,3-*b*]indole	色氨酸热解产物13-氨基-1,4-二甲基-5*H*-吡啶[4,3-*b*]吲哚
	2B	tryptophan pyrolysis product-23-amino-1-methyl-5*H*-pyrido[4,3-*b*]indole	色氨酸热解产物23-氨基-1-甲基-5*H*-吡啶[4,3-*b*]吲哚
	2B	glutamate pyrolysis product-12-amino-6-methyl-dipyrido[1,2-*a*:3′,2′-*d*]imidazole	谷氨酸热解产物12-氨基-6-甲基二吡啶[1,2-*a*:3′,2′-*d*]咪唑
	2B	glutamate pyrolysis product-22-amino-dipyrido[1,2-*a*:3',2′-*d*]imidazole	谷氨酸热解产物22-氨基二吡啶[1,2-*a*:3′,2′-*d*]咪唑
		PhIP	
	2A	2-amino-1-methyl-6-phenylimidazo[4,5-*b*]pyridine	2-氨基-1-甲基-6-苯基咪唑并[4,5-*b*]吡啶
醛类(aldehydes)	2A	formaldehyde	甲醛
	2B	acetaldehyde	乙醛
挥发性烃类(volatile hydrocarbons)	2B	1,3-butadiene	1,3-丁二烯
	2B	isoprene	异戊二烯
	1	benzene	苯
	2B	styrene	苯乙烯
其他有机化合物(other organic compounds)	2B	acetamide	乙酰胺
	2B	acrylamide	丙烯酰胺
	2A	acrylonitrile	丙烯腈
	1	vinyl chloride	氯乙烯
		DDT	
	2B	2,2-bis(4-chloropheny)-1,1,1-trichlaroethan	2,2-双(4-氯苯基)-1,1,1-三氯乙烷
		DDE	
	2B	2,2-bis(4-chloropheny)-1,1-dichloroethene	2,2双(4-氯苯基)-1,1-二氯乙烯
	2B	catechol	儿茶酚

续表

类型	致癌等级	英文名称	汉语名称
其他有机化合物(other organic compounds)	2B	caffeic acid	咖啡酸
	2B	1,1-dimethylhydrazine	1,1-二甲基肼
	2B	nitromethane	硝基甲烷
	2B	2-nitropropane	2-硝基丙烷
	2B	nitrobenzene	硝基苯
	2B	ethyl carbamate	氨基甲酸乙酯
	1	ethylene oxide	环氧乙烷
	2B	propylene oxide	环氧丙烷
	2B	methyleugeno	甲基丁香酚
无机化合物(inorganic compounds)	2B	hydrazine	肼
	1	arsenic	砷
	1	beryllium	铍
	1	nickel	镍
	1	chromium(only hexavalent)	铬(只有六价铬)
	1	cadmium	镉
	2B	cobalt	钴
	2B	lead	铅
	1	polonium-210	钋-210

注：1 代表对人类有致癌作用；2A 代表可能对人体有致癌作用；2B 代表可能对人体有致癌级作用，但是可能性比 2A 级小。有害成分的致癌性等级的划分均为国际癌症研究机构标准划分。

资料来源：*The Changing Cigarette*：*Chemical Studies and Bioassays*[C] //Smoking and Tobacco Control Monograph (No. 13)。

目前，烟叶和烟气中已鉴定出的化学成分有 8000 多种。随着分析手段的不断提高，这个数字还在不停地发生着变化。吸烟时在烟气的气相物和粒相物中发现的对人体有害的成分主要有焦油、烟碱、亚硝胺、CO、NO、NH_3、HCN 等（表 4-2、表 4-3）。

表 4-2　卷烟烟气中的气相成分致癌物　单位：μg/支

化合物	含量	化合物	含量
1. 致癌物质		2. 纤毛毒素	
二甲基亚硝胺	0.013	甲醛	30
乙基甲基亚硝胺	0.0018	HCN	110
二乙基亚硝胺	0.0015	丙烯醛	70
亚硝基吡咯烷	0.011	槭醛	800
肼	0.032	3. 毒性剂	
乙烯基氯	0.012	氮氧化物	350
尿烷	0.03	吡啶	10
		CO	18000

资料来源：金闻博等，1999。

表 4-3 卷烟烟气焦油中的多环芳烃类中的致癌物 单位：μg/支

化合物	含量	化合物	含量
致癌物		䓛	0.04~0.06
苯并[*a*]芘	0.01~0.05	苯并[*e*]芘	0.005~0.04
5-甲基䓛	0.0006	2,3-二甲基䓛	0.007
二苯[*a*,*h*]蒽	0.04	1,6-二甲基䓛	0.01
苯并[*b*]荧蒽	0.03	2-甲基蒽	0.03
苯并[*j*]荧蒽	0.06	3-甲基蒽	0.04
二苯并[*a*,*h*]芘	痕量	二苯[*a*,*c*]蒽	痕量
二苯并[*a*,*o*]芘	痕量	芘	0.05~0.2
茚并[1,2,3-*cd*]芘	0.004	甲基芘	0.05~0.3
苯并[*c*]菲	痕量	茚蒽	0.1~0.26
苯并[*a*]蒽	0.04~0.07	苯并[*g*,*h*,*i*]芘	0.06

资料来源：Wynder F. L. 和 Hoffmann D.，1961。

五、卷烟烟气生物活性和毒理学检测

1. Ames

Ames 试验全称污染物致突变性检测。鼠伤寒沙门氏组氨酸营养缺陷型菌株不能合成组氨酸，故在缺乏组氨酸的培养基上，仅有少数自发突变的细菌生长在含微量组氨酸的培养基中，除极少数自发回复突变的细胞外，一般只能分裂几次，形成在显微镜下才能见到的微菌落。假如有致突变物存在，则营养缺陷型的细菌回复突变成野生型，因此能生长形成菌落，据此判断受试样品是否为致突变物。某些致突变物需要代谢活化后才能引起回复突变，故需加入外源性代谢活化系统，如 S_9。在测试系统中加入哺乳动物微粒体酶，可弥补体外实验缺乏代谢活化系统的不足。鉴于化学物质的致突变作用与致癌作用之间密切相关，故此法现广泛应用于致癌物的筛选。主要检测过程为：首先配制培养基，进行平板及细菌的准备，再将琼脂溶液高压后加入一定浓度组氨酸-生物素溶液，分装于试管，并在 45℃水浴中保温。然后配制受试物——卷烟烟气冷凝物及阳性对照，进行受试物预培养及平板渗入，最后计数各平板菌落数，并进行结果统计，进而评价烟气冷凝物的致突变性。

2. 微核毒性

微核试验是检测染色体或有丝分裂器损伤的一种遗传毒性试验方法。微核是细胞的染色体发生断裂后，细胞进入下一次分裂时，染色体片段不能随有丝分裂进入子细胞，而在细胞质中形成直径小于主核的，嗜色与主核一致，完全与主核分开的圆形或椭圆形微小核。微核测定是一种简便快速的细胞遗传学检查方法，在诊断预防肝癌、食管癌、肺癌等恶性肿瘤，评价药物、放射线及吸烟等细胞毒性物质对人、动物及体外细胞损伤程度有重要意义。

利用中国仓鼠卵巢细胞进行细胞培养，然后在标准卷烟抽吸条件下，用二甲基亚砜（DMSO）萃取烟气冷凝物 CSC，用细胞培养基将卷烟烟气冷凝物稀释至不同剂量，保证至少有 4 个非 0 的浓度，并配制新鲜的 S_9（大鼠肝微粒体酶）混合液，得到卷烟烟气冷凝物。随后进行细胞染毒和吖啶橙染色，最后进行微核计数及计算微核发生率，进而评价其微核毒性。

3. 中性红细胞毒性

红细胞毒性是指某物质极易与血红蛋白结合，使红细胞无法运输氧气，导致生物体窒息。有这种毒性的物质一般是气态非金属氧化物，如一氧化碳（CO）、一氧化氮（NO）、二氧化氮（NO_2）、二氧化硫（SO_2）等。卷烟主流烟气冷凝物是一种复杂的混合物体系，且毒性较低，在进行中性红细胞毒性试验时，样品稀释培养液中的血清含量将影响实验的结果。其原理是血清可以与化合物结合从而降低或掩盖化合物的毒性，因此高浓度的血清含量，将导致烟气冷凝物的毒性效应被低估，使得实验结果不够准确。

4. 慢性呼吸毒性

慢性毒性是指化学物对生物体长期低剂量作用后所产生的毒性，染毒期限 1~2 年。慢性毒性测定致畸性、致突变、致癌性。通过吸入途径，反复给予实验动物不同剂量的受试化学品，观察实验动物的慢性毒性效应、严重程度、靶器官和损害的可逆性，确定无作用剂量，为拟定人类接触该化学品的工作场所职业接触限值提供依据。

为选择合适的动物种类和品系，应该进行有关的急性、亚急性、亚慢性、客积毒性，甚至毒物代谢动力学试验。所选用的品系应对该类受试样品的慢性毒性作用敏感。通常需用两种动物进行慢性吸入毒性试验，一种为啮齿类动物，首选大鼠；另一种为非啮齿类动物，常用狗等动物，但国际上对使用这类动物有诸多限制。如果仅有啮齿类动物的资料，将资料外推到人时敏感性降低。实验动物和动物实验的环境设施应符合国家相应规定，应有合理的动物管理措施并严格控制环境条件，每一房间对动物无影响。笼具等物品应便于消毒和清洁，应避免使用消毒剂和农药等，特别是与动物有密切接触的部位更应注意，因为这类活性物质对实验结果可能产生影响。饲料应满足动物营养需要，应定期分析饲料成分（包括营养成分和杂质等）。必要时对饮用的水质也应检测，食盒内饲料应定期更换，约每周一次。

啮齿类动物断奶后做短期适应环境之后要尽快开始实验，尽早使动物在生长的快速期接触受试样品。每组动物不少于 40 只（非啮齿类动物每组至少 8 只），雌雄各半，同性别体重差异不超过平均体重的 10%。如实验期间计划提前剖杀一些动物，或在染毒结束时留一部分动物继续观察，实验开始时要相应增加动物数量，实验结束时各剂量组每种性别的动物应能满足统计学要求。

至少要设三个剂量组及一个相应的对照组。剂量选择可根据急性毒性、亚急性毒性、亚慢性毒性、蓄积毒性和代谢研究等资料确定，高剂量组可以出现某些较轻或较明显的毒性反应，个别动物可能死亡；低剂量不应引起任何毒性反应；中剂量界于高剂量和低剂量之间，动物可能产生轻微的毒性效应。通常每天染毒一次。

此外，可另设一追踪观察组，即选用 20 只动物（雌雄各半），给予高剂量受试样品，染毒 2 年，在全程染毒结束后继续观察一段时间（一般不少于 28d），以了解毒性作用的持续性、可逆性或迟发毒作用；也可在实验设计时每组增加一定的动物数，实验结束时每组剖杀部分动物（数量应满足统计分析），部分动物继续做追踪观察。

染毒途径用动式染毒系统进行实验，可采用整体染毒法、头面式或口鼻式方法进行。整体染毒时，动物可舔食皮毛和笼具上吸附的受试样品，且少量受试样品可能经皮吸收，但所需设备较为简便，且与实际接触气体化学物的模式较一致；头面式或口鼻式吸入染毒时，动物仅头面部或口鼻部曝露在含受试样品空气中，可避免全身染毒法的缺点。染毒期间动物不进食但可饮水（头面式或口鼻式除外）。

按职业接触方式是每天 6h，每周 5d（称间歇曝露方式）；按环境污染物接触方式为每天 23h，留下约 1h 给动物喂食并清理染毒柜，每周 7d（称连续曝露方式）。染毒时间从染毒达到预定浓度开始计算，柜内空气中受试样品浓度要求恒定，动物在这两种曝露方式中的主要不同是间歇曝露的动物每天有 17~18h 恢复，而且在周末恢复时间更长。

采用哪一种方式取决于实验设计和人类主要的接触方式。虽然连续曝露方式模仿环境曝露条件，但对设备的要求更高，如提供饮水和饲料设置、气溶胶发生装置、浓度监测装置等，间歇曝露方式的染毒柜要求较低，且在染毒过程可不必提供饮水和饲料（最好能提供饮水）。在特殊要求下，也可用气管注入法。

染毒柜的设计应保证换气次数能达到 12~15 次/h，柜内氧含量 19%左右，柜内受试样品浓度要均匀；对照组与浓度组动物的染毒柜的设计应完全一致，应保证笼内动物不太挤迫，使动物能最大限度接触受试样品。动物所占体积不超过染毒柜体积的 5%，染毒柜应保持一定的负压，以防受试样品意外漏出。动物连续染毒 1 年以上，小鼠通常为 1.5 年，大鼠通常为 2 年。

实验期内每天至少详细观察一次，还应增加必要的观察次数并采取适当的措施尽量减少动物损失，如对死亡动物进行解剖，对质弱或濒死动物隔离、处死并剖检，仔细记录毒性作用的开始时间及其进展情况，减少因疾病、自溶或被同类所食造成的动物损失。观察期间对动物的任何毒性表现均应记录，包括神经系统、眼睛变化、肿瘤和死亡等，记录其开始时间及进展情况，逐个记录体重变化，前 13 周每周记录一次，此后每 4 周记录一次。摄食量在前 13 周每周记录一次，此后如动物健康状况或体重无异常改变则至少一个月记录一次。经饮水染毒时应记录饮水消耗量。

临床检查有以下几个方面：

（1）血常规检查和其他血液指标检查　包括血红蛋白浓度、红细胞比容、红细胞数、血小板数、白细胞计数与分类、凝血功能等指标。在染毒开始后第 3 个月和第 6 个月各检查一次（如果没有该种动物品系的历史资料时，可在实验开始时做正常值），此后每隔约 6 个月检查一次，实验结束时检查一次。大鼠每组每性别可检查 10 只，非啮齿类动物应全部检查。每次检查的动物最好相同。在实验过程中如有动物健康状况恶化，对该动物做白细胞分类计数，白细胞分类计数通常先在高剂量组和对照组进行，如高剂量组有问题才依次再检查较低剂量组动物。

（2）尿液检查 收集各组动物尿样进行分析，大鼠每组每性别可检查 10 只，非啮齿类动物应全部检查，每次检查的动物最好相同，检查时间间隔与血常规检查一致。尿液的常规检查包括外观、pH、尿蛋白、尿糖和血细胞。如尿样分析可作为预期或观察得到的毒性指标，则可增加有关的尿液检查项目。

（3）临床生化检查 在染毒开始后第 3 个月和第 6 个月各检查一次（如果没有该种动物品系的历史资料时，可在实验开始时做正常值），此后每隔约 6 个月检查一次，实验结束时检查一次。大鼠每组每性别可检查 10 只，非啮齿类动物应全部检查。每次检查的动物最好相同。检查指标主要包括丙氨酸氨基转移酶（ALT）、天门冬氨酸氨基转移酶（AST）、尿素氮（BUN）、肌酐（Cr）、清蛋白（Alb）、总蛋白（TP）。如有必要还应做电解质平衡、钙（Ca）、磷（P）、氯（Cl）、钠（Na）、钾（K）、空腹血糖（Glu）（禁食时间要适当）、碱性磷酸酶（ALP）与总胆红素，在某些情况下，还须检测与肝或其他器官有关的酶和胆酸，以及脂类化合物、激素、高铁血红蛋白、胆碱酯酶（ChE）活性等分析。如出现肉眼可见的脏器改变，可增加与之相应的血液生化指标。还可增加其他脏器以进一步对观察到的毒性反应进行研究。

（4）大体解剖 所有动物，包括在实验过程中死亡或濒死而被处死的动物均应进行大体解剖。如果处死动物，处死前应收集其血样进行白细胞分类计数，保存所有肉眼可见病变、肿瘤或可疑肿瘤组织。应分析大体解剖与病理组织学检查结果的对应情况。所有的器官组织都应保存。一般包括下列器官和组织：脑、垂体、甲状腺（包括甲状旁腺）、胸腺、肺（包括气管）、心脏、主动脉、唾液腺、肝、脾、肾、肾上腺、食管、胃、十二指肠、空肠、回肠、盲肠、结肠、直肠、子宫、膀胱、淋巴结、胰腺、性腺、生殖附属器官、雌性乳腺、皮肤、肌肉、外周神经、脊髓（颈，胸，腰段）、胸骨或股骨（包括关节）和眼睛。肺和膀胱用固定剂填充能保存更好。在吸入实验，整个呼吸系统的组织器官包括鼻、咽喉等均应检查。脑、肝、脾、肾、肾上腺、性腺需称重，大鼠每组每性别可称 10 只，非啮齿类动物还应包括甲状腺及甲状旁腺。

（5）病理组织学检查 应从以下方面进行病理组织学检查。①对所有肉眼可见的肿瘤和异常的组织器官应进行病理组织学检查；②对在实验中途死亡或处死的动物、所有高剂量组和对照组动物的组织器官进行病理组织学检查并详细描述；③实验结果证明某一剂量组的动物正常寿命发生明显改变或诱发了影响毒性反应的效应，则下一个剂量组也应做病理组织学检查；④如果怀疑某种病变是由受试样品引起的，则应对所有剂量组动物的相应器官和组织进行病理组织学检查；⑤某一剂量组病理组织学检查有问题时，下一剂量组需作病理组织学检查；如高剂量组与对照组病理组织学检查存在明显差别，则其他剂量组的相应器官和组织也应进行病理组织学检查。

第二节　日用香料香精安全性评价

日用香料香精作为化妆品及个人护理用品等加香产品的常用原料，在掩盖其他原料的不良气味、赋予化妆品及个人护理用品等加香产品令人愉悦的香气方面起到重要作用。随着科学技术的不断发展和认知水平的提高，消费者对化妆品及个人护理用品等加香产品的安全性要求越来越高，同时也对日用香料香精致敏性等安全性问题越来越关注。因此，加强日用香料香精的安全管理对于保障消费者健康具有重要意义。

一、急性经口和急性经皮毒性

1. 急性经口毒性

急性经口毒性（acute oral toxicity），是指一次经口腔给药摄入体内而使动物中毒至死亡时的药物剂量以及中毒反应和症状。通常以半数致死量——LD_{50}（mg/kg）——来表示，是衡量药物急性经口毒性大小的重要指标之一，即一次或在24h内多次经口给予实验动物受试样品后，动物在短期内出现的健康损害效应。检测化学品对实验动物的急性经口毒性作用和强度，为亚急性、慢性等毒性试验提供剂量选择的依据，同时实验结果也可作为化学品急性毒性分级和标签标识的重要依据。

受试样品应溶解于溶剂中或悬浮于适宜的赋形剂中，不溶性或难溶固体或颗粒状物质需研磨、过150μm孔径筛，宜首选水或食用植物油（如玉米油）作溶剂，也可考虑使用赋形剂（如羧甲基纤维素、明胶、淀粉等）配成混悬液，但不能采用具有明显毒性的有机溶剂。如采用其他的溶剂应另设溶剂对照组观察。

首选健康成年小鼠（18~22g）和大鼠（180~220g），雌雄各半，也可选用其他敏感动物。同性别实验动物个体间体重相差不得超过平均体重的20%。实验前动物应在实验环境中至少适应3d。

根据所选方法的要求进行剂量设计。原则上应设4~5个剂量组，每组动物一般为10只，雌雄各半。各剂量组间距大小以兼顾产生毒性大小和死亡为宜，通常以较大组距和较少量动物进行预实验。如果受试样品毒性很低，也可采用最大效应限量法［见《化学品毒理学评价程序和实验方法　第1部分：总则》（GBZ/T 240.1—2011）的附录B］。

实验前实验动物应禁食（一般16h左右），不限制饮水。若采用代谢率高的其他动物，禁食时间可以适当缩短。正式实验时，称量动物体重，随机分组，然后对各组动物用经口灌胃法一次染毒。各剂量组的灌胃体积应相同，小鼠常用灌胃体积为20mL/kg体重，大鼠常用灌胃体积为10mL/kg体重。若一次给予容量太大，也可在24h内分2~3次染毒（每次间隔4~6h），但合并作为一次剂量计算。染毒后继续禁食3~4h。若采用分批多次染毒，根据染毒间隔长短，必要时可给动物一定量的食物和水。观察期限及指标：观察并记录染毒过程和观察期内的动物中毒和死亡情况。观察期限一般为14d，观察指标、LD_{50}的计算分别见GBZ/T 240.1—2011的附录A、附录B。对死亡动物以及观察期结束后处死的存活动物进行大体解剖，如有必要，进行病理组织学检查。

可采用多种方法测定LD_{50}，包括霍恩氏法、寇氏法、概率单位-对数图解法和最大限量试验等（见GBZ/T 240.1—2011的附录B）。

2. 急性经皮毒性

急性经皮毒性（acute percutaneous toxicity），是一次给药经动物皮肤摄入体内而使动物中毒至死亡时药物的剂量，以及中毒反应、症状。通常以半数致死量——LD_{50}（mg/kg）——来表示。这一指标对生产、贮藏、使用者的安全极为重要。确定受试样品能否经皮肤吸收和短期经皮染毒所产生的急性毒性作用和强度，并为急性经皮毒性分级和确定亚急性、慢性经皮毒性及其他实验的剂量设计提供实验依据。

不溶性或难溶固体或颗粒状受试样品应研磨，过150μm孔径筛。用适量无毒无刺激性介质混匀，以保证受试样品与皮肤良好的接触。常用的介质有水、植物油、凡士林、羊毛脂等。液体受试样品一般不必稀释，可直接用原液实验。

首选大鼠，也可选豚鼠或家兔。实验动物体重要求范围分别为：大鼠200~300g，豚鼠350~450g，家兔2000~3000g。实验期间，为避免实验动物相互抓挠，应采用单笼喂养。实验前24h，在动物背部正中线两侧剪毛或剃毛，仔细检查皮肤，要求完整无损，以免改变皮肤的通透性。去毛面积不应少于实验动物体表面积的10%。各类动物体表面积的数值和计算方法见GBZ/T 240.1—2011的附录D。

实验动物随机分为4~5个剂量组。若使用水、植物油、凡士林、羊毛脂以外的介质和溶剂，则需设介质对照组。豚鼠或大鼠每一剂量组（单性别）不少于5只；家兔每一剂量组（单性别）不少于4只。各剂量组间要有适当的组距，可按等比或等差设置剂量，以使各剂量组实验动物产生的毒性反应和死亡率呈现剂量反应关系。一般情况下，如果剂量达到2000mg/kg体重，仍不出现实验动物死亡时，则不需要再进行更高剂量实验。

选择适当方法固定好实验动物，将受试样品均匀涂布于实验动物的去毛区，并用油纸和两层纱布覆盖，再用无刺激性胶布或绷带加以固定，以保证受试样品和皮肤的密切接触，防止脱落和动物舔食受试样品。24h后取下固定物和覆盖物，用温水或适当的溶剂洗去皮肤上残留的受试样品。

观察并记录染毒过程和观察期内的动物的中毒和死亡情况。观察期限一般为14d，观察指标见GBZ/T 240.1—2011的附录A，LD_{50}的计算见GBZ/T 240.1—2011的附录B。对死亡动物进行尸检。观察期结束后，处死存活动物并进行大体解剖，如有必要，进行病理组织学检查。

二、急性吸入毒性

急性吸入毒性（acute inhalation toxicity）是指实验动物短时间（24h内）持续吸入一种可吸入性受试样品后，在短期内出现的健康损害效应。

急性毒性是指机体（人或实验动物）一次（或24h内多次）接触外来化合物之后所引起的中毒效应，甚至引起死亡。急性毒性试验是了解外源化学物对机体产生急性毒性的根本依据，也是毒理学安全性评价的第一步工作，在不同类型化学物的法规程序中通常为必做实验。吸入毒性是指外来化合物经呼吸道染毒引起的中毒作用。研究气体、挥发性液体和气溶胶的吸入毒性，可为研究该外来化合物经呼吸道进入人体而对健康引起的潜在危害提供资料。吸入毒性试验是根据实验的期限分为急性、亚慢性及慢性吸入毒性试验。当用染毒柜进行吸入染毒有困难时以气管注入法代替，主要用于粉尘混悬液的染毒。吸入毒性常以空气中外来化合物的浓度，即1×10^{-6}（ppm）、mg/m^3或mg/L表示其染毒剂量。检测化学品对实验动物的急性吸入毒性作用和强度，为急性吸入毒性分级和亚急性、慢性等吸入毒性试验提供剂量选择依据。

首选健康成年小鼠（18~22g）和大鼠（180~220g），雌雄各半，也可选用其他敏感动物。同性别各剂量组个体间体重相差不得超过平均体重的20%。实验前动物要在实验环境中至少适应3d时间。

根据所选方法的要求，原则上应设4~5个剂量组，每组动物一般为10只，雌雄各半。各剂量组间距大小以兼顾产生毒性大小和死亡为宜，通常以较大组距和较少量动物进行预试。如果受试样品毒性很低，也可采用最大限量法，即用20只动物（雌雄各半），一般情况下，$2000mg/m^3$吸入4h，如未引起动物死亡，则不再进行多个剂量的急性吸入毒性试验。需要时也可做$5000mg/m^3$或更高浓度吸入4h，或以最大可能发生的浓度进行实验。

染毒可采用静式染毒法或动式染毒法。观察并记录染毒过程和观察期内的动物中毒和死亡情况。观察期限一般为14d，观察指标见GBZ/T 240.1—2011的附录A，LC_{50}的计算见GBZ/T 240.1—2011的附录B。对死亡动物进行尸检。观察期结束后，处死存活动物并进行大体解剖，如有必要，进行病理组织学检查。

三、急性眼刺激性/腐蚀性

眼刺激性是指动物的眼睛表面（包括角膜、巩膜及结膜部分）接触到化学物质从而产生炎症反应的过程，这个过程有可逆的，也有不可逆的。眼腐蚀性是指眼球表面接触受试样品后引起的不可逆性组织损伤。

急性眼刺激性/腐蚀性试验是检测外来化合物对实验动物眼和黏膜的原发性刺激和腐蚀作用的急性试验，为人类眼和黏膜接触该受试物的潜在危害提供资料。实验动物首选白色家兔，至少3只。将受试物滴入1只眼，以另1只眼作为自身对照。于1h、24h和72h后检查角膜、虹膜的改变，并分程度记录。必要时在21d之内进一步检查反应的可逆性。如是可逆的验证变化，则为刺激作用；如是不可逆的组织损伤，则为腐蚀作用。确定评价化学品对哺乳动物眼睛是否有刺激作用/腐蚀作用及其程度。

对于液态受试样品，一般不需稀释，可直接使用原液。若受试样品为不溶性或难溶固体或颗粒状物质，应将其研磨成细粉状，过74μm孔径筛。气溶胶产品需喷至容器中，收集其液体再使用。对挥发性物质，剂量可以通过使用前后称量容器质量进行估算。

实验前动物要在动物实验室环境中至少适应 3d。实验前 24h，要对实验动物的两只眼睛进行常规检查，有眼睛刺激症状、角膜缺陷或结膜损伤的动物不能用于实验。轻轻拉开实验动物一侧眼睛的下眼睑，将受试样品 0.1mL（或 100mg）滴入（或放入）结膜囊中，使上、下眼窜被动闭合 16 次，以防止受试样品丢失。未处理的另一侧眼睛作为自身对照。滴入（或放入）受试作品 21h 内不冲洗眼睛，如果认为必要，在 24h 时可进行冲洗，根据《化学品毒理学评价程序和试验方法　第 5 部分：急性眼刺激性/腐蚀性试验》（GBZ/T 240.5—2011）的评价标准，如果受试样品出现中度以上刺激性时，必要时可另选 3 只动物进行冲洗实验；滴入或放入受试样品闭合 1s，30s 后用生理盐水冲洗 5min，水的流量和流速都不应导致眼损伤。观察时间最少 72h，但应足以评估观察到可逆或不可逆效应。观察时间一般不超过 21d。

急性眼刺激性/腐蚀性的临床检查和评分：在滴入（或放入）受试样品后的第 1h、2h、48h、72h 对眼睛进行检查，如果 72h 时未出现刺激反应，可终止实验。如果发现累及角膜或有其他眼刺激作用，7d 内不恢复者，为确定该损害的可逆性或不可逆性需延长观察时间，一般不超过 21d。观察时间点一般为 4d、7d 和 21d。除了对角膜、虹膜、结膜进行观察外，其他损害效应都应记录并报告。在 24h 观察和记录结束后，可使用荧光素钠对所有动物的眼睛做进一步检查。在每次检查中均应按表 4-4 记录眼的刺激反应，并按表 4-5 进行眼刺激强度评价。

表 4-4　　眼部各位损伤评分表

损伤情况			评分
角膜	*O* 混浊程度（以最致密部位为准）	无混浊	0
		散在或弥漫性混浊，虹膜清晰可见	1
		半透明区易分辨，虹膜轻度模糊不清	2
		出现灰白色半透明区，虹膜模糊不清，瞳孔大小勉强可见	3
		角膜混浊，虹膜无法辨认	4
	A 角膜受损范围（出现任何混浊的总面积）	<1/4	1
		1/4～1/2	2
		1/2～3/4	3
		3/4～1	4
角膜损伤加权积分＝$O\times A\times 5$ 最高积分为 80			
虹膜	*I* 虹膜损伤	正常	0
		褶皱明显加深、充血、水肿、角膜周围有充血（出现任何一项或任何二项），对光反应迟钝	1
		对光反应消失、出血、肉眼可见严重损伤（出现其中一项或全部）	2

续表

损伤情况			评分
虹膜损伤加权积分 $=I\times 5$ 最高积分为 10			
结膜	*R* 充血（指睑结合膜和球结膜）	血管正常	0
		血管充血，呈鲜红色	1
		血管充血，呈深红色，个别血管难以辨认	2
		弥漫性充血，呈深紫红色	3
	S 水肿	无水肿	0
		轻微水肿伴部分眼睑外翻	1
		明显水肿伴部分眼睑外翻	2
		水肿至眼睑近半闭合	3
		水肿至眼睑超过半闭合	4
	D 分泌物	无	0
		少量分泌物（不包括动物内眦少量分泌物）	1
		分泌物使眼睑和睫毛潮湿或黏着	2
		分泌物使整个眼区潮湿或黏着	3
结膜损伤加权积分 =（$R+S+D$）×2 最高积分为 20			
角膜、虹膜和结膜反应累加最高积分为 110			

表 4-5　眼刺激强度评价标准

染毒后 4d 内最高积分平均值	刺激反应持续时间（总积分平均值）	刺激强度
0~	第 1 天≥0	无刺激性
2. 5~	第 2 天≥0	轻刺激性
15~	第 4 天=0	轻刺激性
	第 4 天>0	中度刺激性
25~	第 7 天≤20，半数以上动物第 7 天≤10	中度刺激性
	第 7 天≤20，半数以上动物第 7 天>10，但是无任何一只动物 7d>30	中度刺激性
	第 7 天≤20，半数以上动物第 7 天>10，而且有一只动物 7d>30	重度刺激性
	第 7 天>20	重度刺激性
50~		重度刺激性

四、急性皮肤刺激性/腐蚀性

《化妆品安全技术规范》（2015 版）规定了动物皮肤刺激性或腐蚀性试验的基本原则、要求和方法，适用于化妆品原料及其产品安全性毒理学检测。皮肤刺激性（dermal irritation）就是皮肤涂敷受试物后局部产生的可逆性炎性变化。皮肤腐蚀性（dermal corrosion）即皮肤涂敷受试物后局部引起的不可逆性组织损伤。急性皮肤刺激性/腐蚀性试验是确定化学品对哺乳动物皮肤局部是否有刺激作用或腐蚀作用及其程度，为制定化学品对皮肤刺激的保护措施提供依据。

液态受试样品采用原液或实际应用浓度。若受试样品为固态可溶物质，则用水作为溶剂进行配制。若受试样品为不溶性或难溶固体或颗粒状，受试样品经研磨粉碎，过100 目筛，然后用水或适当的介质（如凡士林、阿拉伯树胶、乙醇和水、羧甲基纤维素、聚乙二醇、丙三醇、植物油和矿物油等）按一定比例调制，以保证与皮肤充分接触。当使用介质时，要考虑介质对受试样品皮肤刺激效应的影响，使用的介质既不能改变受试样品的吸收、分布、代谢、蓄积或化学性质，也不能增强、减弱或改变它的毒性特征。

首选健康成年白色家兔，其次为白色豚鼠。如果使用其他的哺乳动物做实验，实验者应提供选择的依据。至少需要 4 只健康成年动物（雄性和/或雌性均可）。推荐使用逐步接触法，以便阐明可疑反应。每只动物对侧未处理的皮肤可作为对照。实验动物应单笼饲养，实验前动物要在实验环境中至少适应 3d。实验动物和动物实验室应符合国家相应规定。常规饲料喂养，自由饮水。

受试样品 0.5mL（g），均匀涂布于受试部位。如受试样品难以获得，或易产生全身毒性等原因，用量可适当减少。但为了实验的一致性，涂布面积应力求相等。实验前24h，将实验动物脊柱两侧毛剪去或剃掉，不可损伤表皮，去毛范围左右各 3cm×3cm。24h 后，选择皮肤健康完整无损的动物进行实验。不应在长有浓密岛状毛的部位进行受试样品实验。取受试样品 0.5mL（g）直接涂布在皮肤上，用 4 层纱布（2.5cm×2.5cm）和一层玻璃纸或类似物覆盖，再用无刺激性胶布和绷带加以固定。对侧皮肤作为对照。采用封闭实验，敷用时间为 4h。实验结束后，用温水或无刺激性溶剂清除残留受试样品。如怀疑受试样品可能引起严重刺激或腐蚀作用，可采用分段实验，将三个涂布受试样品的纱布块同时或先后敷贴于一只家兔背部脱毛区皮肤上，分别于涂敷后 3min、60min 和 4h 取下一块纱布，皮肤涂敷部位在任一时间点积分等于 8 分，即可停止实验。

急性皮肤刺激性的观察期限：观察时间的确定应足以观察到可逆和不可逆刺激作用的全过程，一般不超过 14d。于清除受试样品后的 1h、24h、48h、72h 分别观察受试部位的皮肤反应，按表 4-6 进行皮肤反应评分，以受试动物积分的平均值进行综合评价，根据 24h、48h 和 72h 各观察时点最高积分均值，按表 4-7 判定皮肤刺激强度。

表 4-6　　皮肤刺激性反应评分表

皮肤反应		评分
红斑和焦痂形成	无红斑	0
	勉强可见	1
	明显红斑	2
	中等程度到重度程度红斑	3
	紫红色红斑并有焦痂形成	4

续表

皮肤反应		评分
水肿形成	无水肿	0
	勉强可见	1
	皮肤隆起，轮廓清楚	2
	水肿，隆起约 1mm	3
	水肿，隆起超过 1mm，范围扩大	4

表 4-7　　皮肤刺激强度分级标准

积分均值*	强度分级	积分均值*	强度分级
0~	无刺激性	2.0~	中等刺激性
0.5~	轻度刺激性	6.0~	强刺激性

注：*表示观察时点的最高积分均值。

五、皮肤致敏

皮肤过敏症是一种机体的变态反应，是人对正常物质（过敏源）的一种不正常的反应，当过敏源接触到过敏体质的人群才会发生过敏，过敏源有花粉、粉尘、异体蛋白、化学物质、紫外线等几百种。化妆品香料香精也是过敏源的一种，在过敏反应的发生过程中，过敏介质起着直接的作用，过敏源是过敏病症发生的外因，而机体免疫能力低下、大量自由基对肥大细胞和嗜碱粒细胞的氧化破坏是过敏发生的内因。确定重复接触化学品对哺乳动物是否可引起皮肤变态反应及其程度。

首选健康、成年的白色豚鼠，体重 250~300g。如选择其他种属，实验者需提供选择的依据。动物实验室应符合国家相应规定。动物数量和性别依赖于选择的实验方法，两种性别均可用于局部封闭涂皮法和豚鼠最大反应实验。雌性动物应该是未生育过和未怀孕的。局部封闭涂皮法试验要求实验组至少 20 只豚鼠，对照组至少 10 只豚鼠。豚鼠最大反应实验要求实验组至少 10 只豚鼠，对照组至少 5 只豚鼠，如果实验结果难以确定受试样品的致敏性，应增加动物数，实验组至少 20 只豚鼠，对照组至少 10 只豚鼠。

使用一致的能引起轻度/中度致敏的阳性物并每隔 6 个月检查一次。局部封闭涂皮法至少有 30%动物出现皮肤过敏反应；豚鼠最大反应法至少有 60%动物出现皮肤过敏反应。阳性物一般采用：己苯乙烯醛、硫基苯并噻唑、氨基苯甲酸乙酯、二硝基氯苯和 DER331 环氧树脂等。

实验剂量水平可以通过少量动物（2~3 只）的预实验获得。诱导剂量为能足以引起皮肤轻度刺激反应的浓度，激发剂量为不能引起皮肤刺激作用的最高剂量。水溶性受试样品可用水或无刺激性表面活性剂作为介质，其他受试样品可用 80%乙醇（诱导接触）或丙酮（激发接触）作介质。

动物数：实验组至少 20 只，对照组至少 10 只。在实验中设阴性对照组，在诱导接触时该组仅涂以溶剂作为对照；在激发接触时该组涂以受试样品。对照组动物应与受试样品组动物为同一批。在实验室开展致敏反应实验初期，或使用新的动物种属或品系时，需同时设阳性对照组。

诱导接触：实验前 24h 实验动物背部左侧去毛，去毛范围为 3cm×3cm。于第 0 天、第 7 天、第 14 天分别将 0.2~0.4mL 新配制的受试样品（最小刺激浓度）涂布在背部左侧 2cm×2cm 的区域，以 2 层纱布和 1 层玻璃纸覆盖，再以无刺激胶带封闭固定 6h 后，移去敷贴物，清除残留受试样品。

激发接触：末次诱导 2 周后，即第 28 天，将 0.2~0.4mL 受试样品（最大无刺激浓度，建议为诱导浓度的 1/2）敷贴于豚鼠右侧背部 2cm×2cm 的脱毛区（实验前 24h 去毛），然后用 2 层纱布和 1 层玻璃纸覆盖，后者紧贴皮肤，再以无刺激胶带封闭固定 6h 后，移去敷贴物，清洗方法同前。

选健康、成年的白色豚鼠为实验对象，皮肤致敏反应试验的结果观察与评价：在 24h、48h 后分别观察局部皮肤反应。用直接观察法观察对照组和实验组。按表 4-8 对局部皮肤反应评分。当受试样品组动物出现皮肤反应积分≥2 时，判为该动物出现皮肤致敏反应阳性，并计算致敏率，按表 4-9 判定受试样品的致敏强度，如果结果可疑，该动物可以 1 周后重新激发，用最初的对照组或新的对照组进行比较。

表 4-8　　皮肤致敏反应试验评分表

皮肤反应		评分
红斑和焦痂形成	轻微红斑（勉强可见）	0
	明显红斑（散在或小块红斑）	1
	明显红斑	2
	中等程度到重度程度红斑	3
	严重红斑（紫红色）至轻微焦痂形成	4
水肿形成	无水肿	0
	轻微水肿（勉强可见）	1
	中度水肿（皮肤隆起，轮廓清楚）	2
	重度水肿（皮肤隆起约 1mm 或超过 1mm）	3

表 4-9　　皮肤致敏反应试验分级标准

致敏率/%	等级	致敏程度	致敏率/%	等级	致敏程度
<9	Ⅰ	弱	65~	Ⅳ	强
9~	Ⅱ	轻度	≥81	Ⅴ	极强
29~	Ⅲ	中度			

注：致敏率是反应评分为 1 或以上的动物数占该组动物总数的百分比，Ⅰ级致敏程度没有意义，在实际使用下无致敏危险。

采用完全福氏佐剂（FCA）皮内注射方法检测致敏的可能性。实验剂量水平可以通过少量动物（2~3只）的预实验获得。诱导剂量为能足以引起皮肤轻度刺激反应的浓度，激发剂量为不能引起皮肤刺激作用的最高剂量。

激发接触（第21天）：将豚鼠躯干部去毛，用涂有0.5g/mL受试样品的2cm×2cm滤纸片敷贴在去毛区，然后再用两层纱布、一层玻璃纸覆盖，无刺激胶布封闭固定24h。对照组动物做同样处理。如激发接触所得结果不能确定，可在第一次激发接触一周后进行第二次激发接触。对照组做同步处理。

激发接触结束，除去涂有受试样品的滤纸后24h、48h和72h，观察皮肤反应（如需要清除受试残留物可用水或选用不改变皮肤已有反应和不损伤皮肤的溶剂），按表4-10评分。当受试样品组动物皮肤反应积分≥1时，应判为皮肤致敏反应阳性，按表4-9对受试样品进行致敏强度分级。

表4-10　　皮肤致敏反应试验评分表

反应	评分	反应	评分
无反应	0	中度弥漫的红斑、轻度水肿	2
散在或小块红肿	1	严重的红斑、水肿	3

六、皮肤光毒性和光敏感

1. 皮肤光毒性

光毒性（phototoxicity）：皮肤一次接触化学物质后，继而曝露于紫外线照射下所引发的一种皮肤毒性反应，或者全身应用化学物质后，曝露于紫外线照射下发生的类似反应。强烈的阳光可使药物活化，直接破坏或杀死皮肤细胞，使曝露在光线下的皮肤在日晒后的几分钟或几小时内产生轻度的光毒性反应，其症状类似于日晒斑或日光性皮炎。而且引发皮肤癌的风险也比常人更大。

液体受试物一般不用稀释，可直接使用原液；若受试物为固体，应将其研磨成细粉状并用水或其他溶剂充分湿润，在使用溶剂时，应考虑到溶剂对受试动物皮肤刺激性的影响。对于化妆品产品而言，一般使用原液；阳性对照物选用8-甲氧基补骨脂。使用成年白色家兔或白色豚鼠，尽可能雌雄各半；选用6只动物进行正式实验。实验前动物要在实验动物房环境中至少适应3~5d时间，实验动物及实验动物房应符合国家相应规定。选用常规饲料，饮水不限制，需注意补充适量维生素C。波长为320~400mm的UVA，用前需用辐射计量仪在实验动物背部照射区设6个点测定光强度（mw/cm^2），以平均值计。进行正式光毒性试验前18~24h，将动物脊柱两侧皮肤去毛，实验部位皮肤需完好、无损伤及异常。备4块去毛区，每块去毛面积约为2cm×2cm。将动物固定，按表4-11所示，在动物去毛区1和2涂敷0.2mL（g）受试物。所用受试物浓度不能引起皮肤刺激反应（可通过预实验确定），30min后，去毛区1和3用铝箔覆盖，胶带固定，右侧用UVA进行照射。结束后分别于1h、24h、48h和72h观察皮肤反应，根据表4-12判定每只动物皮肤反应评分。为保证实验方法的可靠性，至少每半年用阳性对照物检查一次，即在去毛区 1 和 2 涂阳性对照物。单纯涂受试物而未经照射区域未出现皮肤反应，而涂受试物后经照射的区域出现皮肤反应分值之和为 2 或 2 以上的动物数为 1 只或 1 只以上时，判为受试物具有光毒性。

表 4-11　动物去毛区的实验安排

去毛区编号	实验处理	去毛区编号	实验处理
1	涂受试物，不照射	3	不涂受试物，不照射
2	涂受试物，照射	4	不涂受试物，照射

表 4-12　皮肤刺激性反应评分表

皮肤反应		评分
红斑和焦痂形成	无红斑	0
	轻微红斑	1
	明显红斑	2
	中等程度到重度程度红斑	3
	严重红斑并有焦痂形成	4
水肿形成	无水肿	0
	很轻微水肿	1
	皮肤隆起，轮廓清楚	2
	中度水肿，隆起约 1mm	3
	严重水肿，隆起约 1mm，超出染毒部位	4

2. *皮肤光敏感*

光敏感是指光线作用于皮肤所引起的异常反应。广义的光敏性包括光毒性（phototoxicity，又称为光刺激性，photoirritation)，指与皮肤接触受试物并经过紫外线照射，通过作用于机体免疫系统，诱导机体产生光致敏状态，经过一定间歇期后，皮肤再次接触同一受试物并在紫外线照射下，引起特定的皮肤反应，其反应形式包括红斑、水肿等。

皮肤光变态反应是一种细胞介导的由光激活的皮肤免疫性反应，是Ⅳ型过敏反应的特殊类型，系光感物质经皮吸收或通过循环到达皮肤后与吸收的光线在表皮细胞层发生的不良反应。目前较为公认的原理为：光感物质吸收光能后呈激活状态，并以半抗原形式与皮肤中的蛋白质结合成受试物-蛋白质结合物，经表皮的朗格罕斯细胞传递给免疫活性细胞，引起淋巴细胞致敏等免疫反应。致敏的淋巴细胞再次接触同一抗原时释放出淋巴因子，导致系列有害反应。

动物分为受试物组、阳性对照组、阴性对照组；每组至少 5 只动物。如果实验目的包含获取受试物致敏强度值，并对受试物进行光变态强度的分级，则每组至少需要 10

只动物。诱导接触阶段的受试物浓度为能引起皮肤轻度刺激反应的最高浓度，激发接触阶段的受试物浓度为不能引起皮肤刺激反应的最高浓度。实验浓度水平可以通过少量动物（2~3 只）的预实验获得。

受试物、阳性物、阴性对照的诱导与激发浓度选择：通过预实验，排除原发皮肤刺激性与光毒性后的合适的浓度。通常选取的 pH 阳性物在所选取的浓度下其致敏率应为轻度或中度。通常受试物的活化吸收波长需包含在所选光源的光谱范围之内。诱导阶段与激发阶段均选择波长为 320~400nm 的 UVA，如含有 UVB，其剂量不得超过 0.1J/cm^2。正式实验前 18~24h 将动物颈部皮肤去毛，去毛面积约为 2×4cm^2，实验部位皮肤需完好、无损伤及异常。光激发阶段紫外照射后的 24h 与 48h，肉眼观察涂抹部位的皮肤局部反应，并评分。记录光诱导阶段紫外照射后的 24h，肉眼观察涂抹照射部位的皮肤局部反应，并评分。同时观察动物的一般状态、行为、体征等。必要时可对受试物给药部位皮肤进行组织病理学检查。根据表 4-13 对每只动物皮肤反应评分。①当受试物组动物出现皮肤反应积分≥2 时，判为该动物出现皮肤光变态反应阳性。②光致敏率的计算方法为受试组动物皮肤光变态反应阳性的动物数/总动物数×100%；根据光致敏率对受试物的光变态反应进行强度分级（表 4-14）。③光变态反应试验成立的判定：每组动物数设定为 5 只条件下，阳性组动物中皮肤光变态反应阳性动物数≥1 只，且阴性（溶剂）对照组全部动物中无皮肤光变态反应阳性动物，判定该光变态反应试验系统成立；每组动物数≥10 只条件下，20%≤阳性组致敏率≤60%，且阴性对照组致敏率<10%时，判定该光变态反应试验系统成立。

表 4-13　　光变态反应试验皮肤反应评分表

皮肤反应		评分
红斑和焦痂形成	无红斑	0
	轻微红斑	1
	明显红斑	2
	中等程度到重度程度红斑	3
	严重红斑至焦痂形成	4
水肿形成	无水肿	0
	轻微水肿，肿起部位边界清楚	1
	中度水肿，隆起约 1mm	2
	严重水肿，隆起约 1mm，超出染毒部位	3

表 4-14　　皮肤光变态反应试验致敏强度分级

致敏率/%	等级	致敏强度
0~10	Ⅰ	弱
11~30	Ⅱ	轻
31~60	Ⅲ	中

续表

致敏率/%	等级	致敏强度
61~80	Ⅳ	强
81~100	Ⅴ	极强

注：①进行致敏强度分级时，每组动物数需增加至少 10 只。

②致敏率是反应评分为 2 或以上的动物数占该组动物总数的百分比，Ⅰ级致敏度（弱致敏度）没有意义，在实际使用下无致敏危险。

受试物光变态反应性的判定：每组动物数设定为 5 只条件下，受试物组动物中皮肤光变态反应阳性动物≥1 只时，或每组动物数≥10 只条件下，受试物组动物致敏率≥20%时，判定该受试物在该浓度下具有光变态反应性。皮肤光变态反应试验应根据比较对照组和受试物组的反应进行评价。阳性结果时应追加实验，如与已知阳性物质的比较实验及用其他方法（不加佐剂）进行实验，其中非损伤性实验方法有利于进一步对光变态反应性进行评价。另外，光变态反应与光毒性是两类较难以仅从观察结果进行区分的反应，必要时应追加光毒性试验。

七、致突变性

致突变性是受试样品引起原核或真核细胞，或实验动物遗传物质发生结构和/或数量改变的效应。对于一种物质，它的致突变性是指其改变生物（特别是针对人）细胞染色体碱基序列的能力。多数为亚硝基脱氨基。染色体碱基序列直接决定着遗传信息。致突变性和致癌性紧密相关。发现的毒物，致癌性强的，70%都有比较强的致突变性。因为致突变性的测试比致癌性更容易做，所以有时用测试致突变性来预估物质的致癌性。致突变性与致畸性紧密相关。对于可以扩散到生殖系统的生殖细胞中的毒物，其致突变性如果不会导致生殖细胞直接丧失功能，则表现为致畸性。致突变性与毒性不同。毒性是指对细胞或组织生物化学反应造成不良影响的物质。通过检测受试化学品诱发体外培养的哺乳动物细胞基因突变（包括碱基对置换、移码突变和缺失等）的能力，从而评价受试化学品的致突变性及其强度。

选定受试样品的合适溶剂，首选无菌双蒸水作为溶剂，如果是不溶于水的或水溶性低的化学品，首选二甲基亚砜。固体受试样品需溶解或悬浮于溶剂中，用前稀释至适合浓度；液体受试样品可以直接加入实验系统/或用前稀释至适合浓度。受试样品一般应在使用前新鲜配制。

至少应设置 4 个可供分析的剂量。对有细胞毒性的受试样品，高剂量组的细胞存活率可为 10%~20%，低剂量组的细胞存活率应>80%。无细胞毒性的受试样品，高剂量应达到 5μL/mL、5mg/mL 或 0.01mol/L。应在预实验中确定细胞毒性和溶解度，测定细胞毒性可使用指示细胞完整性和生长情况的指标，如相对集落形成率，或相对细胞存在或不存在的条件下测定细胞毒性。

用于本实验的细胞株对化学致突变物应具有明确的敏感性、高度的繁殖能力以及稳定的自发突变率。应检测细胞是否被支原体感染，若已被感染则不能使用。HPRT 位点突变分析常使用中国仓鼠肺细胞株（V_{79}）和中国仓鼠卵巢细胞株（CHO），TK 位点突变分析常用小鼠淋巴细胞株（L5178Y）和人类淋巴细胞细胞株（TK6、WTK1 等）。

八、亚慢性经口和亚慢性经皮毒性

1. 亚慢性经口毒性

亚慢性经口毒性是指实验动物在其部分生存期（不超过 10%寿命期）内，每日经口接触受试样品后所引起的健康损害效应。确定一定时期内经口反复接触受试化学品引起的毒性作用，了解受试样品毒作用的靶器官，取得受试样品亚慢性经口的未观察到有害作用剂量（NOAEL），为确定慢性毒性试验的剂量和初步计算人群接触的安全水平提供依据。对在急性及亚急性毒性试验中发现的毒作用提供新的信息，并发现在急性及亚急性毒性试验中未发现的毒作用，确定不同动物物种对受试物亚慢性毒效应的差异，为将毒性机制研究和研究结果外推到人提供依据。

在本实验之前，应尽量搜集受试样品的以下各种资料：①受试样品的商品名和其他名称及 CAS 号；②受试样品的结构式、分子式和相对分子质量；③受试样品的理化性质（包括外观、沸点、熔点、折射率、相对密度、光谱资料、溶解度、挥发性、化学活性、光化学性质、电离度、粒度等）。重要的参数还包括稳定性（包括在介质或饲料中）；④受试样品的分析方法；⑤受试样品的生产方法、合成路线、杂质、种类和含量；⑥受试样品（包括在介质或饲料中）要有长期贮藏的合适方法。否则需定期制备新鲜样品；⑦人类每日可能接触的途径和水平。

常规选择啮齿类动物，首选大鼠。实验动物随机分组，每组至少 20 只，雌雄各半。但是考虑到亚慢性试验的重要性，应适当增加每组雌雄动物数。若计划在实验过程中处死动物，需增加计划处死的动物数。实验结束时的动物数需达到能够有效评价受试样品毒性作用的数量。实验前动物应在符合国家相应规定的实验环境中适应 3d，再随机分配到各实验组和对照组。各组动物最好单笼饲养，大鼠群养是每笼不超过 5 只。

实验一般设三个染毒组和一个对照组。对照组动物不接触受试样品，其他处理条件均与染毒组相同。高剂量组剂量应使动物产生较明显的毒性效应，但不引起过多动物死亡（死亡率不应超过 10%），以免影响结果评价。低剂量组应不出现任何毒性作用。若掌握人群接触水平，则低剂量组剂量应高于人群的实际接触水平。如剂量设计得当，中剂量组可出现较轻的毒性效应，若设多个中剂量组时，应产生不同程度的毒性效应。此外，可另设一附加组做追踪观察，选用 20 只动物（雌雄各半），给予高剂量受试样品，染毒 90d，在全程染毒结束后继续观察一段时间（一般不少于 28d），以了解毒性作用的持续性、可逆性或迟发毒作用；也可在实验设计时每组增加一定的动物数，实验结束时每组剖杀部分动物（数量应满足统计分析），部分动物继续做追踪观察。

若为染毒目的加入其他溶剂或赋形剂，这些溶剂或赋形剂不应影响受试样品的吸收和毒性作用，必要时应设相应的溶剂或赋形剂对照组。如果受试样品的毒性较低，则加入饲料的受试样品比例较大，应注意混入饲料中的受试样品不应超过 5%，否则会对动物正常营养产生影响。必要时应定期监测饲料或饮水中的受试样品浓度，观察其均匀性和稳定性。

常用的方法是将受试样品混入饲料或饮水中，每周 7d 染毒。若受试样品引起饲料和饮水的适口性不良，影响动物正常摄入量，或由于某种原因，受试样品不能加入饲料和饮水中，可采用灌胃法或药囊法，此时每周可染毒 5d。若采用灌胃方式染毒，则每日染毒时间应相同，并定期（每周）按体重调整灌胃量，维持染毒剂量不变。其他的染毒方式要加以特殊说明。实验期间各组动物染毒的方式应完全相同。

在实验中，如果剂量预期达 1000mg/kg 体重或以上，除人类接触水平的资料表明需要高剂量进行实验外，仍未产生可观测到的毒性效应，而且根据相关结构化合物可以预测受试样品毒性时，可不必设三个剂量水平进行实验。

实验期内每天至少观察一次，必要时增加观察次数。对附加组还要增加至少 28d。观察期间对动物的任何毒性表现均应记录，记录内容包括发生时间、程度和持续时间。观察应至少包括如下内容：皮肤和被毛、眼和黏膜、呼吸、循环、自主神经和中枢神经系统、肢体运动和行为活动等改变。对死动物应进行解剖，对质弱或濒死动物应隔离或人道处死和解剖。记录每周摄食量，经饮水染毒时还应记录每天饮水量，记录每周体重变化。实验结束时处死动物做相关检查。最后进行临床检查。

2. 亚慢性经皮毒性

亚慢性经皮毒性是指实验动物在 14~28d 内，每日经皮接触受试样品后所引起的健康损害效应。确定一定时期内经皮反复接触受试化学品引起的毒性作用，提供经皮毒作用靶器官的 NOAEL，为确定慢性经皮毒性试验的剂量提供依据。

在本实验之前，应尽量搜集受试样品以下各种资料：①受试样品的商品名和其他名称及 CAS 号；②受试样品的结构式、分子式和相对分子质量；③受试样品的理化性质（包括外观、沸点、熔点、折射率、相对密度、光谱资料、溶解度、挥发性、化学活性、光化学性质、电离度、粒度等）。重要的参数还包括稳定性（包括在介质或饲料中）；④受试样品的分析方法；⑤受试样品的生产方法、合成路线、杂质、种类和含量；⑥受试样品（包括在介质或饲料中）要有长期贮藏的合适方法。否则需定期制备新鲜样品；⑦人类每日可能接触的途径和水平。

首选初成年大鼠，也可使用其他种属如家兔或豚鼠进行实验。实验动物随机分组，每组至少 20 只，雌雄各半。但是考虑到亚慢性试验的重要性，应适当增加每组雌雄动物数。若计划在实验过程中处死动物，需增加计划处死的动物数。实验结束时的动物数需达到能够有效评价受试样品毒性作用的数量。实验前动物应在符合国家相应规定的实验环境中适应 3d，再随机分配到各实验组和对照组。各组动物最好单笼饲养，大鼠群养是每笼不超过 5 只。

实验一般设三个染毒组和一个对照组。对照组动物不接触受试样品，其他处理条件均与染毒组相同。高剂量组剂量应使动物产生较明显的毒性效应，但不引起过多动物死亡（死亡率不应超过10%），以免影响结果评价。低剂量组应不出现任何毒性作用。若掌握人群接触水平，则低剂量组剂量应高于人群的实际接触水平。如剂量设计得当，中剂量组可出现较轻的毒性效应，若设多个中剂量组时，应产生不同程度的毒性效应。此外，可另设一附加组做追踪观察，选用20只动物（雌雄各半），给予高剂量受试样品，染毒90d，在全程染毒结束后继续观察一段时间（一般不少于28d），以了解毒性作用的持续性、可逆性或迟发毒作用；也可在实验设计时每组增加一定的动物数，实验结束时每组剖杀部分动物（数量应满足统计分析），部分动物继续做追踪观察。

染毒前24h，将动物躯干背部染毒区的被毛去除，去毛时应小心，不可损伤动物皮肤，以免引起皮肤通透性的改变。此后根据剪毛区被毛生长情况，可每周剪毛一次。各组的去毛时间和去毛面积应相同。受试样品应尽可能薄而均匀地涂敷于整个染毒区域，染毒部位的面积约相当于动物体表面积的10%（计算方法见GBZ/T 240.1—2011附录B），应通过动物体重确定染毒部位的面积，若受试样品毒性较大，可相对减小染毒区域的面积。应适用玻璃纸和无刺激的胶带将受试样品固定，以保证受试样品与皮肤有良好的接触和防止受试样品脱落。染毒时还应采用必要的措施防止动物舔食受试样品，如对动物进行固定时，应有一定程度的松动。每天染毒6h，理想的染毒周期是每周7d，但考虑到试剂情况，每周也可染毒5d。

实验期内每天至少观察一次，必要时增加观察次数。对附加组还要增加至少28d。观察期间对动物的任何毒性表现均应记录，记录内容包括发生时间、程度和持续时间。观察应至少包括如下内容：皮肤和被毛、眼和黏膜、呼吸、循环、自主神经和中枢神经系统、肢体运动和行为活动等改变。对死亡动物应进行解剖，对质弱或濒死动物应隔离或人道处死和解剖。记录每周摄食量，经饮水染毒时还应记录每天饮水量，记录每周体重变化，实验结束时处死动物做相关检查。

临床检查包括眼科检查、血常规检查和其他血液指标检查、血液生化检查、尿液检查、病理检查（大体解剖和病理组织学检查）。

九、致畸可能性

致畸性是指受试样品在胚胎发育期引起胎仔永久性结构和功能异常的效应。致畸性也为某种环境因素（化学因素、物理因素及生物因素）使动物和人产生畸形胚胎的能力，作用对象包括精子和卵细胞。鉴定环境因素对哺乳动物致畸性的标准实验为哺乳动物致畸试验。为鉴定对人类的致畸性，必须进行人群的流行病学调查。

母体在孕期受到可通过胎盘屏障的某种有害物质作用，影响胚胎的器官分化与发育，导致结构异常，出现胎仔畸形。因此，在受孕动物的胚胎的器官形成期给予受试物，可检出该物质对胎仔的致畸作用，检测妊娠动物接触化学品后引起胎仔畸形的可能性。

首选健康、刚进入性成熟期、未经交配的雌性大鼠或家兔，按雌雄动物比例2∶1或1∶1交配。实验前的适应期至少为3d；为了获得足够的胎仔数，正确地评价受试样品致畸的可能性，对于大鼠，每个剂量组和对照组至少应有15只妊娠动物，家兔至少为12只。

实验至少设3个剂量组、1个阴性对照组，必要时可设1个阳性对照组。阳性对照物可选用环磷酰胺、阿司匹林或维生素A。对照组动物除不给予受试样品外，其他处理应与剂量组完全相同。实验可以先采用预实验，了解受试样品引起胚胎或胎仔死亡的剂量。在受试样品理化和生物特性允许的条件下，高剂量组剂量应使母体出现明显的毒性反应，如轻微的体重下降，但不能引起超过10%的母体死亡；低剂量应不引起动物任何可观察到的毒性反应；在低剂量和高剂量之间可按几何级数设置中间剂量。如果受试样品的毒性较低，1000mg/kg胚胎无明显毒性或致畸作用，则可以采用限量试验，即实验不需要设其他剂量组。若高剂量的预实验对母体有一定的毒性作用，但对胚胎无不良影响，也可以采用限量试验。

染毒途径通常为经口灌胃，也可以采用其他与人的接触方式相同的给样方式。每天的染毒应在同一时间进行。如果受试样品是通过灌胃染毒的，应按每只母体动物的体重来确定每日的染毒量。雄性和雌性动物按1∶1或1∶2的比例合笼交配。每天早晨应对雌性动物进行检查，查看阴道中是否有精子或阴栓。将检查到精子或阴栓的当天计为雌性动物妊娠的第0天。将妊娠动物随机分组后，于胚胎器官的形成期开始染毒（大鼠为孕后6~15d，家兔为孕后6~18d），每天一次。

每日至少对妊娠动物进行一次仔细的临床观察。发现虚弱或濒死的动物，应进行隔离或人道处死，对死亡的动物应进行尸检。如母体有流产、早产症状者也应处死并做大体检查。每日称取妊娠动物体重，每周记录摄食量，并观察其临床症状，包括皮肤、毛、眼睛、黏膜、呼吸系统、循环系统、神经系统、四肢活动和行为方式的改变。

及时记录任何毒性反应，包括出现的时间、程度和持续的时间。

观察指标：分娩前一天处死妊娠动物（大鼠为妊娠第20天，小鼠为妊娠第18天，家兔为妊娠后第29天），立即进行解剖检查，进行子宫观察、外观检查、骨骼检查、内脏检查。

十、毒物代谢动力学

毒物代谢动力学又称毒物动力学，是指定量研究毒物在体内吸收、分布、生物转化、排泄等过程随时间变化的动态规律的学科。其分析步骤大致可分为：①根据外来化合物在体内转运的特点，提出适当的隔室模型；②根据选择的隔室模型，列出微分方程求解；③由实验数据计算模型的各项参数及其误差估计；④利用毒物代谢动力学数据对外来化合物进行毒理学安全性评价，或对中毒的处理及毒作用机制进行研究。

为了获得足够的有关受试样品的吸收、分布、生物转化以及排泄的信息，从而了解它的毒作用机制。通过实验所获得的受试样品基本的毒物代谢动力学参数，可以了解受试样品及其代谢物在组织和（或）器官内是否具有潜在的蓄积性和诱导生物转化的作用。根据这些资料，在对人的危险度评价中可用于估计动物的毒性资料［特别是慢性毒性和（或）致癌性资料］的外推是否合适和恰当。

对受试样品进行标记，一般采用放射性同位素示踪法要求的标记物，放射活性实验物质的纯度最好达到95%以上；同位素标记物的活性强度和给药剂量，应满足标记的受试样品及其代谢产物活性测定的最低检测限，同位素标记物应具有相对稳定性；杂质含量≥2%时，应对杂质的种类和含量进行评价并报告。若采用非放射的测定方法，其特异性和敏感性要等于或大于放射性测定方法。

首选大鼠进行实验，也可选用其他已经被证明的更敏感的动物种属。第一阶段实验中，初成年雄性大鼠至少要 4 只。若有证据表明不同性别的动物的毒性存在明显的差别，则要同时使用两种性别的动物。

染毒途径首先选用经口灌胃染毒，然后采用经皮染毒和经吸入染毒。

1. 第一阶段实验

（1）剂量设置　采用一次性给予受试样品的方法。染毒的剂量要保证在排泄物中检测到它的代谢产物。选择剂量时，如果没有其他的毒性资料参考，可按照 LD_{50} 的几分之一计算。对于低毒性物质，最大的染毒剂量为 1000mg/kg 体重。

（2）检测分析

①排泄：分别在不同的时相测定尿液、粪便和呼出气的放射活性。动物应放在单独的代谢笼中收集排泄物。排泄物的收集应在染毒后第 7 天结束，或者当至少 90% 的受试样品被排泄时就终止收集。在收集尿液的第 1 天，应在染毒后第 6h、12h、24h 分别收集并测定尿液中总的放射活性。第 2 天起，每天收集 24h 尿液，测定尿液中总的放射活性，直至实验结束。粪便中总的放射活性的测定在染毒后 24h 开始，之后每天测定一次，直至实验结束。染毒后 24h 内，如果呼出气中受试样品少于 1% 时，应终止对二氧化碳（CO_2）或其他挥发性物质的收集。

②组织分布：第一阶段实验结束时，处死动物，收集并冷冻下列组织：肝脏、脂肪、胃肠道、肾脏、脾脏、全血以及残余的尸体。证实需要测定的上述这些组织以及残余的尸体中的放射活性占受试样品总放射活性（结合的和未结合的放射活性）的百分比。如果亚慢性或慢性试验表明受试样品具有靶器官毒性，那么，也应分析靶器官中受试样品的放射活性。吸入试验中的肺组织和经皮染毒试验的皮肤，也应测量其放射性。也可采用全身自显影技术进行定量测定，可用于测定受试样品在某种器官中是否蓄积或受试样品在某一种组织中特殊的分布类型。

③代谢：收集动物的排泄物，定性、定量测定其中未发生转化的受试样品及其代谢产物的量。应在每个时相对代谢产物进行简要的描述。如样品量不够或放射活性较低，也可将几个时相尿液或粪便收集到一起。应采用适当的方法对受试动物的尿液、粪便和呼出气进行定性和定量测定。受试样品中的代谢产物的含量≥5 时，尽量测定其中的所有的代谢产物，从而了解受试样品的代谢谱。如果在这一阶段实验中未能实现对其代谢产物进行评价，那么在最后的评价报告中应对其进行解释。如果有助于对受试样品的危险性评价，那么排泄物中代谢产物的含量虽然少于受试样品总量的 5%，也要求对其代

谢产物进行评价。尽可能对受试样品及其代谢产物的结构用认可的方法进行评价。

2. 第二阶段实验

（1）吸收　若第一阶段的实验不能确定受试样品吸收程度，或粪便中受试样品的量占所给受试样品总量的20%以上时，要求测定受试样品的吸收程度。测定受试样品的吸收程度时，或者经静脉给予受试样品，然后测定排泄物中的放射活性；或者受试样品经口染毒后，测量胆汁中的放射活性。

经静脉给予受试样品时，对至少3只雄性大鼠（某些情况下也同时使用两种性别、注射体积为1mL/kg的动物）进行单剂量一次性给予受试样品（不超过第一阶段经口染毒使用的剂量）。经口染毒给予受试样品时，按照第一阶段所述的方法对受试样品进行测定。测定胆汁中的受试样品应选用经口染毒。实验至少采用3只雄性大鼠（某些情况下也同时使用两种性别的动物）进行胆管插管，将受试样品一次性经口给药。随后通过在其胆管上插管采集48～72h的胆汁，监测胆汁分泌液中放射活性的大小，观察受试样品是否经胆汁排泄及所占总量的百分比。

（2）受试样品在组织中的分布时点　实验中选择对哪些组织进行测定取决于受试样品的靶器官毒性和（或）致癌毒性等相关资料；所需要观察的时点数取决于第一阶段实验中得到的代谢动力学方面的资料，时点的选择可灵活掌握。每个时点都应采用适当的剂量对3只大鼠经口染毒，然后，测定受试样品在所选定组织中分布随时间变化的过程，使用单性别的实验动物即可，除非发现有性别差异评价组织分布时应使用适当的方法对分布于组织的总量及代谢产物的量进行评价。

（3）血浆代谢动力学　实验的目的是获得受试样品的基本毒物代谢动力学参数（半衰期、表观分布容积、吸收速率常数、曲线下面积）的估计值。代谢动力学资料可用于解决生物利用度和阐明清除率的饱和是否呈剂量-依赖关系。在进行该实验时，每组至少应有3只大鼠，2个剂量组，常选择主要毒性试验的NOAEL和最小观察到有害作用剂量（LOAEL）。受试样品染毒后，应对每只实验动物在适当的时间点采用适当的方法进行取血样，使用合适的方法分析全血和血浆中总的放射活性（或者在采用非放射性测定方法时测定受试样品的总量）并计算受试样品在全血及血浆中含量的比例。

（4）诱导实验　有证据表明，受试样品的代谢过程被诱导后其毒性增加；受试样品的剂量和代谢之间无线性关系；第一阶段实验中，通过对受试样品代谢产物评价，表明有可能存在有毒性的代谢产物；用可以起诱导作用的一种因素进行诱导，测定被诱导酶的活性；用可以引起诱导作用的一种因素进行诱导，测定被诱导酶的活性。有数种体内和体外方法可用于评价酶诱导的作用。如果证实了受试样品的诱导作用，就应说明这种诱导作用与亚慢性和（或）慢性毒性的关系。出现以上情况，应进行生物转化的诱导实验。

如果上述体外或体内实验的结果证明在受试样品的代谢过程中其毒性发生明显的改变，这时应测定Ⅰ相和Ⅱ相反应酶的活性，这些结果有助于将有关的酶与受试样品对人体的危险性联系起来，因为，某些存在于动物体内的同工酶在人体内却不存在，相反，人体的某些同工酶在动物体内不存在。

(5) 生理性模型 测定药物和外来化学品分布的动力参数时，通常用建立模型的传统方法，即把哺乳动物机体用单纯的数学模型表示。

第三节 食用香料香精安全性评价

食用香料的安全卫生管理，各国都有其自己的法规和管理机构，如美国主管食用香料安全使用的政府组织——FDA，编订了美国《食用化学品法规》；欧洲国家共同组织的 CoE 对食用香料的安全使用也有正式规定；日本的《食品添加剂公定书》中规定了若干种食用香料的使用要求；我国对食用香料安全使用问题，在《食用添加剂卫生管理办法》中也做了相应规定，《中华人民共和国食品安全法》内也规定了食用香料香精的安全卫生管理要求。

一、急性经口毒性

急性经口毒性是指一次或在 24h 内多次经口给予实验动物受试样品后，动物在短期内出现的健康损害效应。通常以半数致死量——LD_{50}（mg/kg）——来表示，是衡量香料香精急性经口毒性大小的重要指标之一。该实验可提供在短期内经口接触受试物所产生的健康危害信息；测定 LD_{50}，作为急性毒性分级的依据；为进一步毒性试验提供剂量选择和观察指标的依据；初步估测毒作用的靶器官和可能的毒作用机制。

二、遗传毒性

本实验主要采用哺乳动物红细胞微核试验，此标准适用于评价受试物的遗传毒性作用。以下为哺乳动物红细胞微核试验的内容。

微核是指细胞有丝分裂后期染色体有规律地进入子细胞形成细胞核时，仍留在细胞质中的整条染色单体或染色体的无着丝断片或环。在末期单独形成一个或几个规则的次核，被包含在细胞的胞质内而形成。

哺乳动物红细胞微核试验通过分析动物骨髓和（或）外周血红细胞，用于检测受试物引起的成熟红细胞染色体损伤或有丝分裂装置损伤，导致形成含有迟滞的染色体断片或整条染色体的微核。这种情况的出现通常是受到染色体断裂剂作用的结果。此外也可能在受到纺锤体毒物的作用时，主核未能形成，代之以一组小核，此时小核比一般典型的微核稍大。

在选择动物种类和品系时，需要利用骨髓时，推荐使用小鼠或大鼠；需要利用外周血时，推荐用小鼠。如果已经证实某品系动物脾脏不清除有微核的嗜多染红细胞，或对引起染色体结构或数目畸变的化学物检测有足够的敏感性，则此种动物可以利用。动物在实验前至少在实验环境中进行 3~5d 环境适应和检疫观察。选择动物，通常用 7~12

周龄，体重 25~35g 的小鼠或体重 200~300g 的大鼠，每组用两种性别的动物至少各 5 只。在实验开始时，动物体重差异应不超过每种性别平均体重的±20%。

实验动物饲养条件、饮用水、饲料应符合国家标准和有关规定［《实验动物环境及设施》（GB 14925—2023）、《生活饮用水卫生标准》（GB 5749—2022）、《实验动物　配合饲料通用质量标准》（GB 14924.1—2001）、《实验动物　配合饲料卫生标准》（GB 14924.2—2001）、《实验动物　配合饲料营养成分》（GB 14924.3—2010）］。实验期间实验动物喂饲基础饲料，自由饮水。

受试物应要设三个剂量组，最高剂量组为动物出现严重中毒表现和（或）个别动物出现死亡的剂量，一般可取 $1/2LD_{50}$，低剂量组应不表现出毒性，分别取 $1/4LD_{50}$ 和 $1/8LD_{50}$ 作为中、低剂量。急性毒性试验给予受试物最大剂量（最大使用浓度和最大灌胃容量）动物无死亡而求不出 LD_{50} 时，高剂量组则按以下顺序：①10g/kg 体重；②人的可能摄入量的 100 倍；③一次最大灌胃剂量进行设计，再下设中、低剂量组。另设溶媒对照组。阳性对照物可用环磷酰胺 40mg/kg 体重经口或腹腔注射（首选经口）给予。

阅片时选择细胞完整、分散均匀、着色适当的区域，在油镜下观察。以有核细胞形态完好作为判断制片优劣的标准。对每个动物的骨髓至少观察 200 个红细胞，对外周血至少观察 1000 个红细胞，计数嗜多染红细胞在总红细胞中比例，嗜多染红细胞在总红细胞中比例不应低于对照值的 20%。每个动物至少观察 2000 个嗜多染红细胞以计数有微核嗜多染红细胞频率，即含微核细胞率，以千分率表示。如一个嗜多染红细胞中有多个微核存在时，只按一个细胞计。

三、28d 经口毒性

28d 经口毒性是指实验动物连续 28d 经口接触受试物后引起的健康损害效应。确定在 28d 内经口连续接触受试物后引起的毒性效应，了解受试物剂量-反应关系和毒作用靶器官，确定 28d 经口 LOAEL 和 NOAE，初步评价受试物经口的安全性，并为下一步较长期毒性和慢性毒性试验剂量、观察指标、毒性终点的选择提供依据。

按《实验动物　微生物、寄生虫学等级及监测》（GB 14922—2022）有关规定选择符合要求的实验动物，最好选择已有资料证明对受试物敏感的物种与品系，一般啮齿类动物首选大鼠，非啮齿类动物首选犬［通常为比格（Beagle）犬］。实验前，大鼠在实验动物房要进行至少 3~5d（犬 7~14d）的环境适应和检疫观察。大鼠周龄推荐不超过 6 周，体重 50~100g。实验开始时每个性别动物体重的差异不应超过平均体重的±20%。每组动物数不少于 20 只，雌雄各半；若计划实验结束做恢复期的观察，应增加动物数（对照和高剂量增加卫星组，每组 10 只，雌雄各半）。犬应选用 4~6 个月幼犬，实验开始时每个性别动物体重差异不应超过平均体重的±20%，每组动物数不少于 8 只，雌雄各半；若计划实验结束做恢复期的观察，应增加动物数（对照和高剂量增加卫星组，每组 4 只，雌雄各半）。对照组动物性别和数量应与受试物组相同。

实验动物饲养条件应符合 GB 14925—2023、饮用水应符合 GB 5749—2022、饲料应符合 GB 14924. 1—2001 和 GB 14924. 2—2001 的有关规定。实验期间动物自由饮水和摄食，推荐单笼饲养，大鼠也可按组分性别分笼群饲，每笼动物数（一般不超过 3 只）应满足实验动物最低需要的空间，以不影响动物自由活动和观察动物的体征为宜。实验期间每组动物非实验因素死亡率应小于 10%。濒死动物应尽可能进行血液生化指标检测、大体解剖以及病理组织学检查，每组生物标本损失率应小于 10%。

实验设计至少 3 个受试物剂量组，一个阴性（溶媒）对照组，必要时增设未处理对照组。高剂量应使部分动物出现比较明显的毒性反应，但不引起死亡；低剂量不宜出现任何观察到的毒性效应（相当于 NOAEL），且高于人的实际接触水平；中剂量介于二者之间，可出现轻度的毒性效应，以得出 LOAEL。一般递减剂量的组间距以 2 倍、4 倍为宜，如受试物剂量总跨度过大，可加设剂量组。实验剂量的设计参考急性毒性 LD_{50} 剂量和人体实际摄入量进行。

能求出 LD_{50} 的受试物，以 LD_{50} 的 10%～25%作为 28d 经口毒性试验的最高剂量组，此 LD_{50} 百分比的选择主要参考 LD_{50} 剂量-反应曲线的斜率，然后在此剂量下设几个剂量组，最低剂量组至少是人体预期摄入量的 3 倍；求不出 LD_{50} 的受试物，实验剂量应尽可能涵盖人体预期摄入量 100 倍的剂量，在不影响动物摄食及营养平衡前提下应尽量提高高剂量组的剂量，对于人体拟摄入量较大的受试物，高剂量组可以按最大给予量设计。

若实验结束做恢复期观察，对照和高剂量需要增设卫星组。对照组除不给受试物外，其余处理同受试物剂量组。

观察期限为 28d，若设恢复期观察，动物应停止给予受试物后继续观察 14d，以观察受试物毒性的可逆性、持续性和迟发效应。实验期间至少每天观察一次动物的一般临床表现，并记录动物出现中毒的体征、程度和持续时间及死亡情况。观察内容包括被毛、皮肤、眼、黏膜、分泌物、排泄物、呼吸系统、神经系统、自主活动（如流泪、竖毛反应、瞳孔大小、异常呼吸）及行为表现（如步态、姿势、对处理的反应、有无强直性或阵挛性活动、刻板反应、反常行为等）。对体质弱的动物应隔离，濒死和死亡动物应及时解剖。

临床检查包含眼部检查、血液学检查、血生化检查、尿液检查、体温、心电图检查、病理检查，必要时，根据受试物的性质和所观察的毒性反应，增加其他指标（如神经毒性、免疫毒性、内分泌毒性指标）。

四、90d 经口毒性

90d 经口毒性是指实验动物在不超过其寿命期限 10%的时间内（大鼠通常为 90d），重复经口接触受试物后引起的健康损害效应。确定在 90d 内经口连续接触受试物后引起的毒性效应，了解受试物剂量-反应关系和毒作用靶器官，确定 90d 经口 LOAEL 和 NOAEL，初步评价受试物经口的安全性，并为下一步慢性毒性试验剂量、观察指标、毒性终点的选择及获得“暂定的人体健康指导值”提供依据。

实验设计至少 3 个受试物剂量组，一个阴性（溶媒）对照组，必要时增设未处理对照组。高剂量应使部分动物出现比较明显的毒性反应，但不引起死亡；低剂量不宜出现任何观察到的毒性效应（相当于 NOAEL），且高于人的实际接触水平；中剂量介于二者之间，可出现轻度的毒性效应，以得出 LOAEL。一般递减剂量的组间距以 2 倍、4 倍为宜，如受试物剂量总跨度过大，可加设剂量组。剂量的设计参考急性毒性 LD_{50} 剂量、28d 经口毒性试验剂量和人体实际摄入量进行。

能求出 LD_{50} 的受试物，以 28d 经口毒性试验的 NOAEL 或 LOAEL 作为 90d 经口毒性试验的最高剂量组；或以 LD_{50} 的 5%～15%作为 90d 经口毒性试验的最高剂量组，此 LD_{50} 百分比的选择主要参考 LD_{50} 剂量-反应曲线的斜率，然后在此剂量下设几个剂量组，最低剂量组至少是人体预期摄入量的 3 倍；求不出 LD_{50} 的受试物，实验剂量应尽可能涵盖人体预期摄入量 100 倍的剂量，在不影响动物摄食及营养平衡前提下应尽量提高高剂量组的剂量，对于人体拟摄入量较大的受试物，高剂量组可以按最大给予量设计。

若实验中期需要观察血液生化指标、尸检或实验结束做恢复期观察，对照和高剂量需要增设卫星组。对照组除不给受试物外，其余处理同受试物剂量组。

受试物尽量使用原始样品，若不能则按照受试物的处理原则对其进行适当的处理。依据受试物的特性和实验目的，选择受试物掺入饲料、饮用水或灌胃方式给予，受试物要连续给予 90d。

当为掺入饲料或饮用水给予时，要将受试物与饲料（或饮水）充分混匀并保证该受试物配制的稳定性和均一性，以不影响动物摄食、营养平衡和饮水量为原则，受试物掺入饲料比例一般小于质量分数 5%，若超过 5%时（最大不应超过 10%），调整对照组饲料营养素水平（若受试物无热量或营养成分，且添加比例大于 5%时，对照组饲料应填充甲基纤维素等，掺入量等同高剂量），使其与受试物组饲料营养素水平保持一致，同时增设未处理对照组；可视受试物热量或营养成分的状况调整受试物剂量组饲料营养素水平，使其与对照组饲料营养素水平保持一致；受试物剂量单位是每千克体重所摄入受试物的毫克（或克）数，即 mg/kg 体重（或 g/kg 体重），当受试物掺入饲料，其剂量单位也可表示为 mg/kg（或 g/kg）饲料，掺入饮水则表示为 mg/mL 水；受试物掺入饲料时，需将受试物剂量（mg/kg 体重）按动物每 100g 体重的摄食量折算为受试物饲料浓度（mg/kg 饲料），一般 90d 经口毒性试验大鼠每日摄食量按体重 8%折算。

当为灌胃给予时，要将受试物溶解或悬浮于合适的溶媒中，首选溶媒为水、不溶于水的受试物可使用植物油（如橄榄油、玉米油等），不溶于水或油的受试物也可使用羧甲基纤维素、淀粉等配成混悬液或糊状物等；受试物应现用现配，有资料表明其溶液或混悬液储存稳定者除外。应每日在同一时段灌胃 1 次（每周灌胃 6d），前四周每周称体重 2 次，之后每周称体重 1 次，根据体重调整灌胃体积。灌胃体积一般不超过 10mL/kg 体重，如为水溶液时，最大灌胃体积大鼠可达 20mL/kg 体重，犬 15mL/kg 体重；如为油性液体，灌胃体积应不超过 4mL/kg 体重；各组灌胃体积一致。

临床观察：观察期限为 90d，若设恢复期观察，动物应停止给予受试物后继续观察 28d，以观察受试物毒性的可逆性、持续性和迟发效应。实验期间至少每天观察一次动物的一般临床表现，并记录动物出现中毒的体征、程度和持续时间及死亡情况。观察内容包括被毛、皮肤、眼、黏膜、分泌物、排泄物、呼吸系统、神经系统、自主活动（如流泪、竖毛反应、瞳孔大小、异常呼吸）及行为表现（如步态、姿势、对处理的反应、有无强直性或阵挛性活动、刻板反应、反常行为等）。对体质弱的动物应隔离，濒死和死亡动物应及时解剖。

临床检查包括：

（1）眼部检查　实验前和实验结束时，至少对高剂量组和对照组实验动物进行眼部（角膜、球结膜、虹膜）检查，犬用荧光素钠进行检查，若发现高剂量组动物有眼部变化，则应对所有动物进行检查。

（2）血液学检查　大鼠实验结束、恢复期结束（卫星组）进行血液学指标测定；犬实验前、实验结束、实验期间（45d）、恢复期结束（卫星组）进行血液学指标测定。推荐指标为白细胞计数及分类（至少三分类）、红细胞计数、血红蛋白浓度、红细胞比容、血小板计数、凝血酶原时间（PT）、活化部分凝血活酶时间（APTT）等。如果对血液系统有影响，应加测网织红细胞、骨髓涂片细胞学检查。

（3）血生化检查　大鼠实验结束、恢复期结束（卫星组）进行血液生化指标测定；犬实验前、实验期间（45d）、实验结束、恢复期结束（卫星组）进行血液生化指标测定，应空腹采血。测定指标应包括电解质平衡、糖、脂和蛋白质代谢、肝（细胞、胆管）肾功能等方面。至少包含丙氨酸氨基转移酶（ALT）、门冬氨酸氨基转移酶（AST）、谷氨酰转肽酶（GGT）、碱性磷酸酶（AKP）、尿素（Urea）、肌酐（Cre）、血糖（Glu）、总蛋白（TP）、清蛋白（Ab）、总胆固醇（TC）、甘油三酯（TG）、氯、钾、钠指标。必要时可检测钙磷、尿酸（UA）胆碱酯酶、山梨醇脱氢酶、总胆汁酸（TBA）、高铁血红蛋白、激素等指标。应根据受试物的毒作用特点或构效关系增加检测内容。

（4）尿液检查　大鼠实验结束、恢复期结束（卫星组）时进行尿液常规检查，犬实验前、实验结束、实验期间（45d）、恢复期结束（卫星组）进行尿液常规检查，包括尿蛋白、相对密度、pH、葡萄糖和潜血等。若预期有毒反应指征，应增加尿液检查的有关项目，如尿沉渣镜检、细胞分析等。

（5）体温、心电图检查　犬实验前、实验结束、实验期间（45d）、恢复期结束（卫星组）应进行体温、心电图检查。

（6）病理检查

①大体解剖：实验结束时必须对所有动物进行大体检查，包括体表、颅、胸、腹腔及其脏器，并称心脏、胸腺、肾上腺、肝、肾、脾、睾丸的绝对质量，计算相对质量[脏/体比值和（或）脏/脑比值]。

②组织病理学检查：可以先对最高剂量组和对照组动物进行以下脏器组织病理学检查，发现病变后再对较低剂量组相应器官及组织进行检查。检测脏器应包括脑、甲状腺、胸腺、心脏、肝、脾、肾、肾上腺、胃、十二指肠、结肠、胰、肠系膜淋巴结、卵巢、睾丸、膀胱，必要时可加测脊髓（颈、胸、腰）、垂体、食道、空肠、回肠、直肠、

唾液腺、颈淋巴结、气管、肺、动脉、子宫、乳腺、附睾、前列腺、骨和骨髓、坐骨神经和肌肉、皮肤和眼球等组织器官。对肉眼可见的病变或可疑病变组织进行病理组织学检查，出具组织病理学检查报告，病变组织给出病理组织学照片。

（7）其他指标　必要时，根据受试物的性质和所观察的毒性反应，增加其他指标（如神经毒性、免疫毒性、内分泌毒性指标）。

五、致畸可能性

实验至少设 3 个剂量组，同时设溶媒对照组，溶媒对照组除不给受试物外，其余处理均同剂量组。必要时设阳性对照组，常用经口给予的阳性对照物及参考剂量为敌枯双［0.5~1.0mg/kg 体重］、五氯酚钠［30mg/kg 体重］、阿司匹林［250~300mg/kg 体重］及维生素 A［7500~13000μg/kg 体重视黄醇当量］等，或者用环磷酰胺［15mg/kg 体重］于孕第 12 天腹腔注射 1 次。曾用阳性物开展过致畸试验、并在所用实验动物种系有阳性结果发现，实验可略去设置阳性对照组。

高剂量组原则上应使部分动物出现某些发育毒性和（或）母体毒性，如体重轻度减轻等，但不至引起死亡或严重疾病，如果母体动物有死亡发生，应不超过母体动物数量的 10%。低剂量组不应出现任何观察到的母体毒性或发育毒性作用。建议递减剂量系列的组间距 2~4 倍比较合适。当组间差距较大时（如超过 10 倍），加设一个实验组。

实验剂量的设计参考急性毒性试验剂量、28d 经口毒性试验、90d 经口毒性试验剂量和人体实际摄入量进行。对于能求出 LD_{50} 的受试物，根据 LD_{50} 值和剂量-反应关系曲线斜率设计高剂量组的剂量。对于求不出 LD_{50} 的受试物，如果 28d 或 90d 经口毒性试验未观察到有害作用，以最大未观察到有害作用剂量作为高剂量；如果 28d 或 90d 经口试验观察到有害作用，以 LOAEL 为高剂量组，以下设 2 个剂量组。设置剂量水平时还应该参考受试物的其他毒理学资料。

对于大鼠，每日早晨对雌鼠检查阴栓或进行阴道涂片检查是否有精子，查出阴栓或精子，认为该动物已交配，当日作为“受孕”0d；对于家兔，雌兔和雄兔合笼后阴道涂片检查到精子当日作为“受孕”0d。将检出的“受孕动物”随机分到各组，并称重和编号。

受试物应使用原始样品，若不能使用，要按照受试物的处理原则对受试物进行适当处理。受试物通常经口灌胃给予，若选用其他途径应说明理由。通常在器官形成期给予受试物（大鼠孕期的第 6~15 天，兔孕期的第 6~18 天）。受试物灌胃给予时，要将受试物溶解或悬浮于合适的溶媒中，首选溶媒为水，不溶于水的受试物可使用植物油（如橄榄油、玉米油等），不溶于水或油的受试物也可使用羧甲基纤维素、淀粉等配成混悬液或糊状物等。受试物应新鲜配制，每日在同一时间灌胃 1 次，根据母体体重调整灌胃体积，灌胃体积一般不超过 10mL/kg 体重，如为水溶液时，最大灌胃体积可达 20mL/kg 体重；如为油性液体，灌胃体积应不超过 4mL/kg 体重；各组灌胃体积一致。

每日对动物进行临床观察，包括皮肤、被毛、眼睛、黏膜、呼吸、神经行为、四肢活动等情况，及时记录各种中毒特征，包括发生时间、表现程度和持续时间，发现虚弱或濒死的动物进行隔离或处死，母体流产或早产征兆时要及时剖检；在受孕第 0 天、给予受试物第 1 天、给予受试物期间每 3d 及处死当日称母体体重，若通过饮水途径给予受试物，还应记录饮水量。

于分娩前 1d（一般大鼠为孕第 20 天、家兔为孕第 28 天）处死母体，剖腹检查亲代受孕情况和胎体发育。迅速取出子宫，称子宫连胎重，以得出妊娠动物的净增重。记录黄体数、早死胎数、晚死胎数、活胎数及着床数。处死时对所有妊娠动物进行尸体解剖和肉眼检查，保存肉眼发现有改变的脏器，以便于进行组织学检查，同时保存足够对照组的相应脏器以供比较。

主要为胎仔外观检查、胎仔骨骼标本制作及检查、胎仔内脏检查，检查项目见《食品安全国家标准 致畸试验》（GB 15193.14—2015）中表 1、表 2、表 3。

六、生殖发育毒性

生长发育毒性：妊娠动物接触受试样品而引起的子代在出生以前、围产期和出生以后所显现出的机体缺陷或功能障碍，对雄性和雌性生殖功能或能力的损害和对后代的有害影响。

生殖毒性既可发生于雌性妊娠期，也可发生于妊前期和哺乳期，表现为外源化学物对生殖过程的影响，如生殖器官及内分泌系统的变化，对性周期和性行为的影响，以及对生育力和妊娠结局的影响等。发育毒性是指个体在出生前曝露于受试物、发育成为成体之前（包括胚期、胎期以及出生后）出现的有害作用，表现为发育生物体的结构异常、生长改变、功能缺陷和死亡。

提供关于受试物对雌性和雄性动物生殖发育功能影响，如性腺功能、交配行为、受孕、分娩、哺乳、断乳以及子代的生长发育和神经行为情况等。毒性作用主要包括子代出生后死亡的增加、生长与发育的改变、子代的功能缺陷（包括神经行为、生理发育）和生殖异常等。

实验动物的选择要符合 GB 14922—2022 的有关规定。选择已有资料证明对受试物敏感的动物物种和品系，一般啮齿类动物首选大鼠，避免选用生殖率低或发育缺陷发生率高的品系。为了正确地评价受试物对动物生殖和发育能力的影响，两种性别的动物都应使用。所选动物应注明物种、品系、性别、体重和周龄。同性别实验动物个体间体重相差不超过平均体重的±20%。选用的亲代（F0 代）雌鼠应为非经产鼠、非孕鼠。实验前动物在实验动物房至少进行 3~5d 的环境适应和检疫观察。

实验动物饲养条件、饮用水、饲料应符合 GB 14924、GB 14925—2023、GB 5749—2022 的有关规定。实验动物按单笼或按性别分笼饲养，自由饮食、饮水。孕鼠临近分娩时，应单独饲养在分娩笼中，需要时笼中放置造窝垫料。

为了获得具有统计学要求的基本实验数据，正确地评价受试物对动物生殖发育过程［包括 F0 代动物生殖、妊娠和哺育的过程，子一代（F1 代）动物从出生到成熟过程中的吸乳、生长发育情况，以及子二代（F2 代）动物从出生到断乳的生长发育过程相关指标］可能引起的毒性作用，需保证每个受试物组及对照组都能至少获得 20 只孕鼠。一般在实验开始时两种性别每组各需要 30 只（F0 代），在后续的实验中用来交配的动物每种性别每组各需要 25 只（F1 代至少每窝雌雄各取 1 只，最多每窝雌雄各取 2 只）。

动物按体重随机分组，实验至少设三个受试物组和一个对照组。如果受试物使用溶剂，对照组应给予溶剂的最大使用量。如果受试物引起动物食物摄入量和利用率下降时，那么对照组动物需要与实验组动物配对喂饲。某些受试物的高剂量受试物组设计应考虑其对营养素平衡的影响，对于非营养成分受试物剂量不应超过饲料的 5%。在受试物理化和生物特性允许的条件下，最高剂量应使 F0 和 F1 代动物出现明显的毒性反应，但不引起动物死亡；中间剂量可引起轻微的毒性反应；低剂量应不引起亲代及其子代动物的任何毒性反应。如果受试物的毒性较低，1000mg/kg 体重的剂量仍未观察到对生殖发育过程有任何毒副作用，则可以采用限量试验，即实验不再考虑增设受试物其他剂量组。若高剂量的预实验观察到明显的母体毒性作用，但对生育无影响，也可以采用限量试验。

受试物尽量使用原始样品，若不能则按照受试物的处理原则对其进行适当的处理。所有动物都该采用相同的方式给予受试物，依据受试物的特性和实验目的，选择受试物掺入饲料、饮用水或灌胃方式给予。首选掺入饲料，若受试物加入饲料或饮用水中影响动物的适口性，则要选择灌胃给予受试物。

根据《食品安全国家标准　生殖发育毒性试验》（GB 15193. 25—2014）观察指标对整个实验过程进行观察并记录。检查主要是病理学检查，分别为生殖毒性病理学检查、神经发育毒性病理学检查（具体参考 GB 15193. 25—2014 病理学检查部分）。

七、毒物代谢动力学

毒物代谢动力学是毒理学的新分支，由药物动力学一词派生而来，是研究机体对毒物的吸收和消除的规律，即定量研究毒物在体内吸收、分布、生物转化、排泄等过程随时间变化的动态规律的学科。

对一组或几组实验动物分别通过适当的途径一次或在规定的时间内多次给予受试物，然后测定体液、脏器、组织、排泄物中受试物和（或）其代谢产物的量或浓度的经时变化，进而求出有关的毒物代谢动力学参数，探讨其毒理学意义。常应用多种房室模型系数、数学运算模式，计算多种毒物代谢动力学参数，得以了解毒物到达机体、持留时间、浓度及其在可能的作用部位产生何种机制，为其安全性评价、了解毒理作用和机制提供重要的资料。

实验动物尽可能选与其他毒理学实验相同的种、系，并能出现受试物的典型毒作用的动物，也要符合 GB 14922—2022 的有关规定，一般首选大鼠，周龄一般为 6~12 周，且实验开始前动物体重相差不超过平均体重的±20%。选择其他动物要说明理由。

每一组实验动物至少为 5 只，若没有特殊情况，对动物性别不作规定，而雌性动物一般选用未产过仔和非妊娠的。实验前动物在实验动物房至少进行 3~5d 的环境适应和检疫观察。

动物饲养条件、饮用水、饲料应符合国家标准和有关规定（实验动物饲养条件应符合 GB 14925—2023、饮用水应符合 GB 5749—2022、饲料应符合 GB 14924 的有关规定）。

剂量设置时应充分考虑现有的毒理学资料所提供的信息，在实验中至少需要选用两个剂量水平，每个剂量水平应使其受试物或受试物的代谢产物足以在排泄物中测出。如果缺乏相应的毒理学资料，则高剂量水平应低于 LD_{50}，或低于急性毒性剂量范围的较低值。低剂量水平应该是高剂量水平的一部分。若实验中仅设置一个剂量水平，该剂量理论上应使其受试物或受试物的代谢产物足以在排泄物中测出，并不产生明显的毒性，同时要提供合理的理由说明不设置两个剂量水平的原因。

准备纯度不低于 98%的受试物，提供受试物的基本信息，如名称、来源、理化性质等有关资料。实验可采用“未标记的”或“标记”受试物。如果使用放射性同位素标记的受试物，其放射化学纯度不应低于 95%，且应将放射性同位素标记在受试物分子的骨架上或具有重要功能的基团上。

当选用溶媒或其他介质时，受试物应充分溶解或均匀悬浮其中，所选溶媒或介质对受试物毒物代谢动力学不产生任何影响。一般采用灌胃的途径，某些情况下还可以采用吞服胶囊、掺入饲料的方式给予受试物。采用静脉注射给予受试物，应选择合适的注射部位和注射量，所选溶媒或介质应不影响血液的完整性或血流量。

生物样品分析方法的建立和确证：由于生物样品一般来自全血、血清、血浆、尿液、器官或组织等，具有取样量少、受试物浓度低、干扰物质多以及个体差异大等特点，因此必须根据受试物的结构、生物介质和预期的浓度范围，建立灵敏、特异、精确、可靠的生物样品定量分析方法。分析方法有色谱法、免疫学方法、微生物学方法、同位素示踪法。

对方法进行以下几方面考察：

（1）特异性　必须证明待测物是预期的分析物，内源性物质和其他代谢物不得干扰样品的测定。对于色谱法至少要分析 6 个不同个体空白生物样品色谱图、空白生物样品外加对照物质色谱图及给予受试物后的生物样品色谱图。

（2）标准曲线与定量范围　根据待测物的浓度与响应的相关性，用回归分析方法（如加权最小二乘法）获得标准曲线。标准曲线高低浓度范围为定量范围，在定量范围内浓度测定结果应达到实验要求的精密度和准确度。

（3）精密度与准确度　要求选择 3 个不同浓度的质控样品同时进行方法的精密度和准确度的考察。低浓度选择在定量下限附近，其浓度在定量下限的 3 倍以内；高浓度接近于标准曲线的上限；中间选一个浓度。

（4）定量下限　定量下限是标准曲线上的最低浓度点，要求至少能满足测定 3~5 个消除半衰期时样品中的受试物浓度，或峰浓度的1/20~1/10时的受试物浓度，其准确度应在真实浓度的80%~120%范围内，批内和批间相对标准差应小于20%。

（5）样品稳定性　根据具体情况，对含受试物的生物样品在室温、冰冻或冻融条件下以及不同存放时间进行稳定性考察，以确定生物样品的存放条件和时间。还应注意储备液的稳定性以及样品处理后的溶液中分析物的稳定性。

（6）提取回收率　应考察高、中、低3个浓度的提取回收率，其结果应精密和可重现。

分别进行血中受试物浓度-时间曲线、受试物的吸收、受试物的发布、受试物的代谢及受试物的排泄各项指标的观察与记录［具体见《食品安全国家标准　毒物代谢动力学试验》（GB 15193.16—2014）中5.4.4］。

八、毒性和致癌

毒性又称生物有害性，一般是指外源化学物质与生命机体接触或进入生物活体体内后，能引起直接或间接损害作用的相对能力，或简称为损伤生物体的能力。也可简单表述为，外源化学物在一定条件下损伤生物体的能力。慢性毒性是指实验动物在其正常生命期的大部分时间内接触受试样品所引起的健康损害效应。

致癌作用是指化学致癌物引发动物和人类恶性肿瘤，增加肿瘤发病率和死亡率的过程。一般认为系致癌物使正常体细胞遗传物质脱氧核糖核酸（DNA）的结构和功能发生改变，引起基因突变；或不改变DNA结构，但使基因调控失常，体细胞失去分化能力所致。根据作用方式，致癌物分为直接致癌物（终致癌物）、前致癌物、协同致癌物和促癌物等。

通过一定途径（经口、经皮或吸入），动物在正常生命期的大部分时间内反复接触不同剂量（浓度）的受试化学品，观察实验动物主要的慢性毒性效应，确定无可见有害作用水平（浓度），同时观察化学品对实验动物的致癌作用，求出剂量效应关系，为拟定人类接触该化学品的职业接触限值提供参考依据。慢性毒性是衡量蓄积毒性的重要指标，也是制定卫生标准的重要资料。常涉及毒作用剂量、作用性质、靶器官、病损程度（可逆性或不可逆性病变）及无害作用剂量等，是预测人类在生活环境和生产环境中过量接触有害物质可能引起慢性危害的主要依据。

根据亚慢性毒性试验和毒物代谢动力学试验，至少要设三个剂量组及一个对照组。高剂量组可以出现较轻的毒性反应，如血清酶水平改变或体重减轻等（减少程度不多于10%），但不能明显缩短动物寿命。低剂量不能引起任何毒性反应，应不影响动物的正常生长发育和寿命，其剂量一般不应低于高剂量的10%。中剂量应介于高剂量和低剂量之间。通常每天均应染毒，但根据染毒途径可有不同。高剂量组和对照组应设附加组，以观察受试样品的慢性毒性作用的恢复过程。

染毒途径包括经口、经皮、经呼吸道吸入等，对小鼠和仓鼠通常染毒18个月，大鼠通常为24个月。如果选用的动物种系寿命较长或动物自发肿瘤发生率较低，如小鼠和仓鼠应染毒24个月，大鼠30个月。

每天至少详细观察一次，必要时还要增加次数；记录所有动物的临床表现和死亡情况，注意肿瘤的发生与发展；逐个记录体重变化，前 13 周每周一次，之后每四周一次。经饮水染毒时要记录饮水量。

血常规检查和其他血液指标检查：包括血红蛋白浓度、红细胞比容、红细胞数、血小板数、白细胞计数与分类、凝血功能等指标。在实验过程中如有动物健康状况恶化，对该动物做白细胞分类计数，白细胞分类计数通常先在高剂量组和对照组进行，如高剂量组有问题才依次再检查较低剂量组动物。

尿常规检查：收集各组动物尿样进行分析，大鼠每组每性别可检查 10 只，非啮齿类动物应全部检查，每次检查的动物最好相同，检查时间间隔与血常规检查一致。尿液的常规检查包括外观、pH、尿蛋白、尿糖和血细胞。如尿样分析可作为预期或观察得到的毒性指标，则可增加有关的尿液检查项目。

血生化检查：检查指标主要包括丙氨酸氨基转移酶（ALT）、天门冬氨酸氨基转移酶（AST）、尿素氮（BUN）、肌酐（Cr）、清蛋白（Alb）、总蛋白（TP），如有必要还应做电解质平衡、钙（Ca）、磷（P）、氯（Cl）、钠（Na）、钾（K）、空腹血糖（Glu）（禁食时间要适当）、碱性磷酸酶（ALP）与总胆红素，在某些情况下，还须检测与肝或其他器官有关的酶和胆酸，以及脂类化合物、激素、高铁血红蛋白、胆碱酯酶（ChE）活性等分析。如出现肉眼可见的脏器改变，可增加与之相应的血液生化指标。还可增加其他脏器以进一步对观察到的毒性反应进行研究。

大体解剖：所有动物，包括在实验过程中死亡或濒死而被处死的动物均应进行大体解剖。如果处死动物，处死前应收集其血样进行白细胞分类计数，保存所有肉眼可见病变、肿瘤或可疑肿瘤组织。应分析大体解剖与病理组织学检查结果的对应情况。所有的器官组织都应保存。一般包括下列器官和组织：脑、垂体、甲状腺（包括甲状旁腺）、胸腺、肺（包括气管）、心脏、主动脉、唾液腺、肝、脾、肾、肾上腺、食管、胃、十二指肠、空肠、回肠、盲肠、结肠、直肠、子宫、膀胱、淋巴结、胰腺、性腺、生殖附属器官、雌性乳腺、皮肤、肌肉、外周神经、脊髓（颈、胸、腰段）、胸骨或股骨（包括关节）和眼睛。肺和膀胱用固定剂填充能保存更好。在吸入试验，整个呼吸系统的组织器官包括鼻、咽喉等均应检查。脑、肝、脾、肾、肾上腺、性腺需称重，大鼠每组每性别可称 10 只，非啮齿类动物还应包括甲状腺及甲状旁腺。

病理组织学检查：应从以下方面进行病理组织学检查：①对所有肉眼可见的肿瘤和异常的组织器官应进行病理组织学检查；②对在实验中途死亡或处死的动物、所有高剂量组和对照组动物的组织器官进行病理织学检查并详细描述；③实验结果证明某一剂量组的动物正常寿命发生明显改变或诱发了影响毒性反应的效应，则下一个剂量组也应做病理组织学检查；④如果怀疑某种病变是由受试样品引起的，则应对所有剂量组动物的相应器官和组织进行病理组织学检查；⑤某一剂量组病理组织学检查有问题时，下一剂量组需做病理组织学检查；⑥如高剂量组与对照组病理组织学检查存在明显差别，则其他剂量组的相应器官和组织也应进行病理组织学检查。

重点与难点

（1）香料香精安全性评价的目的和意义。
（2）香料香精安全性评价的内容和特点。
（3）香料香精安全性评价各类指标的定义。
（4）香料香精安全性评价的方法和流程。
（5）香料香精安全性评价的实验设计。

思考题

1. 烟用香料香精的安全性特点有哪些？
2. 烟用香料香精安全性主要从哪几个方面进行评价？
3. 日用香料香精安全性主要从哪几个方面进行评价？
4. 日用香料香精急性经口毒性和急性经皮毒性试验的目的是什么？
5. 日用香料香精急性眼刺激性和急性皮肤刺激性评价标准是什么？
6. 食用香料香精安全性评价的内容有哪些？
7. 食用香料香精遗传毒性试验中对动物选择有哪些要求？

第五章
香料香精仪器分析

课程思政点

【本章简介】

本章主要从香味样品的预处理技术、仪器分析技术、香气香味检测技术三个方面对香料香精分析的基本原理及技术进行了较详细的论述，并选择代表性实例诠释在香料香精分析中的应用。

香味分析是香料香精与食品风味研究的基础，通过分析香料香精的物质构成，人们可以发现新的香味分子，促进新型香料香精产品的创新与发展。现代香味分析起源于20世纪60年代气相色谱及随后气相色谱-质谱联用的出现。如今多种现代仪器的应用使得香味分析的工作得心应手，即使是极其复杂的天然香味样品也能迎刃而解。本章主要从香味样品的预处理技术、仪器分析技术、香气香味检测技术三个方面对香料香精分析的基本原理及技术进行较详细的论述，并选择代表性实例诠释在香料香精分析中的应用。

第一节　预处理技术

香料香精既有来自动植物的，也有来自天然产物和人工合成的物质，如非酶褐变反应产物或它们的混合物，因此香料香精品种很多，组成十分复杂，而且不同的香料香精的性质差异很大。在一般情况下（包括浓的香精、香料、精油及纯化学品），对试样没有必要进行分离或浓缩就可以直接进行分析。而在特殊情况下，在进行分析和鉴定之前，必须从试样中分离出感兴趣的组分。通常先做一些小试管量的实验，有助于选择合适的分离技术，同时在一些实验中，注意观察香气持久与否，以便对感兴趣的物质的稳定性、挥发性和功能性提供线索。进行预处理分析时，要根据香料香精的性质与分析要求，选择合适的预处理技术和方法。

一、溶剂萃取技术

1. 溶剂萃取香味物质的基本原理

溶剂萃取法就是利用溶质在互不相溶的溶剂里溶解度的不同，用一种溶剂把溶质从另一溶剂所组成的溶液里提取出来的操作方法。因为萃取技术简单，而且一般不损害样品成分，所以广泛应用于香料香精领域。

溶剂萃取法一般适用于弱极性、强亲脂性分子的香味物质，这类物质采用溶剂萃取法往往能获得较高的回收率。但是也有一些特殊的物质，如甘油三酯、磷脂、腊、脂溶性维生素等基质成分也是亲脂性的，这些化合物常与香味物质一同被萃取出来。因此油溶性的物质最好不要用溶剂萃取法处理香味样品。

2. 萃取香味物质的溶剂

在香料香精领域的有关实验操作中，经常要用到溶剂萃取法，为了使萃取物的化学组成与原样品的香味组成相似，选用的溶剂要尽量有利于多种香味化合物的萃取，且没有气味干扰、沸点较低，便于萃取后除去。表 5-1 列出了适用于萃取香味物质的溶剂。

表 5-1　常用萃取溶剂　单位：℃

溶剂	沸点	溶剂	沸点	溶剂	沸点
烃类		卤化溶剂		含氧溶剂	
正戊烷	36	二氯甲烷	40	二乙醚	35
异戊烷	28	三氯氟甲烷	24	乙酸乙酯	77
正己烷	69			甲醇	65
甲苯	111			乙醇	78

3. 萃取方式及装置

当萃取样品为液态时，称为液-液萃取，而样品为固态时，称为液-固萃取。对于液体样品的萃取，可用分液漏斗或烧杯等其他玻璃仪器完成，但是在油层与水层分离时常会出现乳化现象，这时可用离心或加入饱和食盐水稀释的方法破乳并加快分层。另外，萃取前常加入无机盐（如氯化钠），利用盐析作用提高萃取效率。表 5-2 和图 5-1、图 5-2、图 5-3 列出了常用的萃取方式及装置。

表 5-2 **常用萃取方式及装置**

萃取方式	适用性	优缺点
索氏提取	固体、半固体物质	装置简单、萃取效率高、溶剂用量小；沸点低的挥发性成分易损失，不适用热敏性物质
连续液-液萃取	液态物质	
加速溶剂萃取	固体、半固体物质	
微波辅助提取	液态和固态物质	萃取效率高、溶剂用量小、重现性好、适用于热敏性物质、能耗低；萃取效率受功率和频率、溶剂、物料等多因素影响
超声辅助萃取	液态和固态物质	

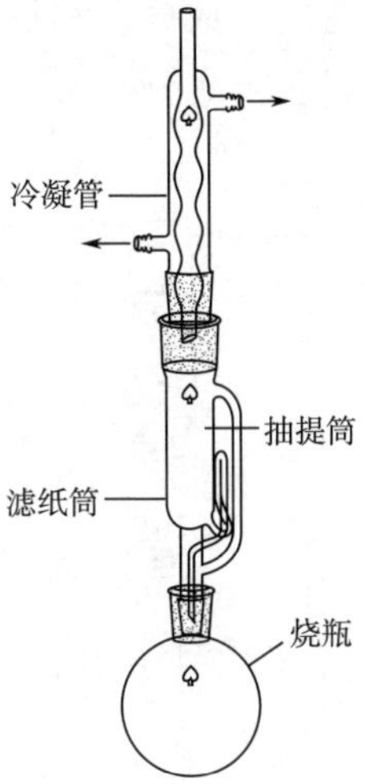

图 5-1 索氏提取装置

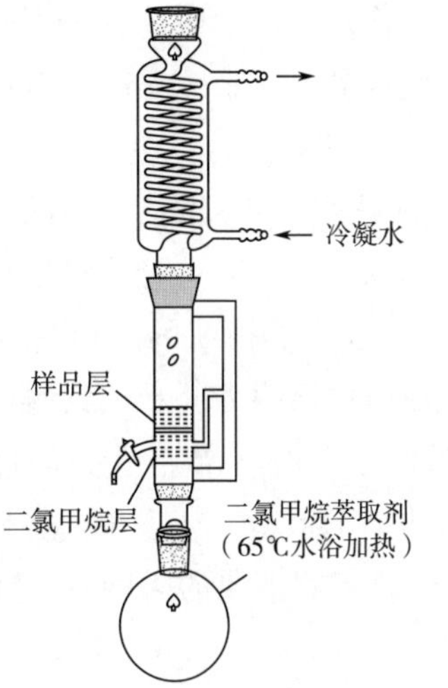

图 5-2 连续液-液萃取装置

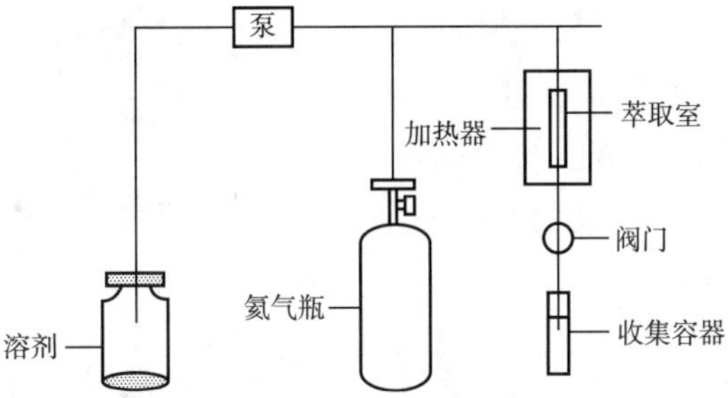

图 5-3 加速溶剂萃取装置

固体样品可直接萃取，也可以将样品溶于水后再萃取。直接萃取可采用溶剂静态浸渍方式，也可采取搅拌方式。对于黏稠的或处于包埋状态的材料（如胶囊），为了有利于扩散，可先制备成水的浆液，然后再用溶剂萃取。

4. 萃取液的干燥与浓缩

萃取后除去溶剂是重要的一步，在这一步中必须避免试样成分的损失。Kuderna-Danisk 浓缩器是商业上很好用的浓缩器，使用合适的回流比可得到相当好的回收。若用缓慢的惰性气流，如氮气流简单地蒸发溶剂，通常也可得到很好的回收，特别是用低沸点的溶剂，当它们蒸发时，试样充分地被冷却。虽然旋转蒸发器是快速的，但是除感兴趣的物质是高沸点之外，一般不推荐使用旋转蒸发器除去溶剂。因为在正常情况下，旋转蒸发不能达到分馏效果，而且压力和温度不易控制。

二、同时蒸馏萃取技术

同时蒸馏萃取法（SDE）是近年来迅速发展且应用广泛的方法，它把水蒸气蒸馏和蒸馏液的溶剂萃取两个步骤结合在一起。同时蒸馏萃取法比水蒸气蒸馏法具有省时、省工、节省溶剂等优点。早期研究者曾用此装置研究啤酒花精油成分及马铃薯片、蔬菜及禽肉产品的挥发成分，后来此方法在烟草香味物质及香料香精成分分析的预处理中得到广泛应用。

如图5-4为同时蒸馏萃取法装置图，同时蒸馏萃取法与水蒸气蒸馏法对香气混合物的分离萃取效果是基本相似的。也有实验表明，低沸点成分的回收率，水蒸气蒸馏法略高于蒸馏萃取法，而高沸点成分的回收率，蒸馏萃取法高于水蒸气蒸馏法，这是因为在2~3h的同时蒸馏萃取的时间里，较低沸点的成分有一定损失。与溶剂萃取法相比，同时蒸馏法萃取回收率变化较大，不适于定量分析。

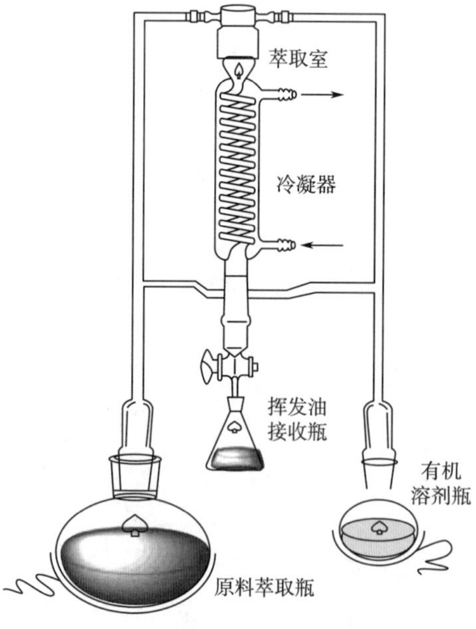

图5-4 同时蒸馏萃取法装置图

为了避免香气成分较长时间受高温影响而使某些成分损失和可能产生某些热解成分假象，已有人对同时蒸馏萃取装置做了改进，把冷却自来水改成较低温度的冷冻液，提高了香气回收率，又减少了损失和热假象物的产生。

三、溶剂辅助蒸发技术

溶剂辅助蒸发（SAFE），1999年由W. 恩格尔（W. Engel）等发明设计，由一套小巧的蒸馏单元和一个高真空泵组成（图5-5）。溶剂蒸发装置常用于除去溶剂萃取所得的萃取物中的含高沸点或难挥发性成分，也可作为一种高真空分馏技术单独使用，用于纯油脂、含脂肪的食物与含水的食物的香味分离。

溶剂辅助蒸发方式具有以下优点：①回收率高于传统的高真空装置；②可萃取出较大比例的极性挥发性物质；③可从油溶性物料中萃取出更多的气味活性物质；④蒸馏温度接近常温，适用于分离新鲜物料；⑤萃取的香气自然逼真；⑥极性和易于变质的香味

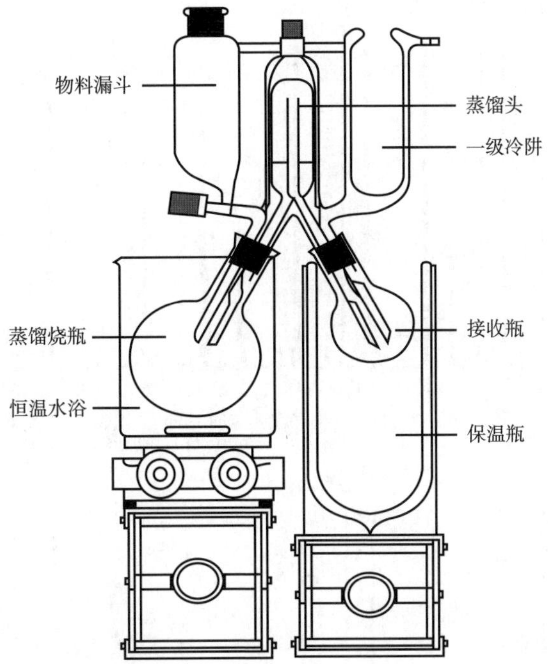

图 5-5 溶剂辅助蒸发装置

物质的定量准确性较好。溶剂辅助蒸发方式也存在一定的缺点，装置比较复杂、清洗麻烦、含水样品分离步骤多，效率低。

图 5-6 是采用 SDE（上）和 SAFE（下）分析香槽卤中挥发性香气成分的气相色谱-嗅闻仪-质谱（GC-O-MS）总离子流色谱图比较。由图 5-6 可以看出，在挥发性物质种类及含量上，SAFE 和 SDE 的分析结果有较大差别，采用 SDE 萃取的挥发性香气成分，共检测到 32 种挥发性化合物，主要为酯类 7 种、醇类 10 种、醛类 6 种、硫醚类 2 种和含硫化合物 1 种。经过 SAFE 萃取的挥发性香气成分，由质谱共检测到 18 种挥发性化合物，主要有酯类 5 种、醇类 5 种、醛类 2 种、硫醚类 2 种和含硫化合物 1 种。SAFE 是在低温、高真空度下进行蒸馏萃取的，因此，对挥发性风味化合物的破坏较小。而 SDE 是在高温下进行萃取的，会使萃取液具有煮熟味。

四、顶空取样技术

顶空取样法（HS）就是在密封的容器中，挥发性成分处于样品的顶部空间，可直接进行取样和检测。在广义意义上，顶空取样可适用于所有物料的挥发性成分取样分析。现代顶空分析法已经形成了一个相对较为完善的分析体系，主要可分为三类：①静态顶空分析（SH）；②动态顶空分析或称吹扫捕集（DH 或 PT）；③顶空-固相微萃取（HSPM）。图 5-7 为自动化动态顶空-气相色谱联用工作示意图。

顶空分析法作为“气体萃取技术”，与经典的萃取技术有很大程度上的可比性，相应于溶剂萃取法的单次萃取法和连续萃取法，顶空分析法也有相应的静态平衡顶空分析

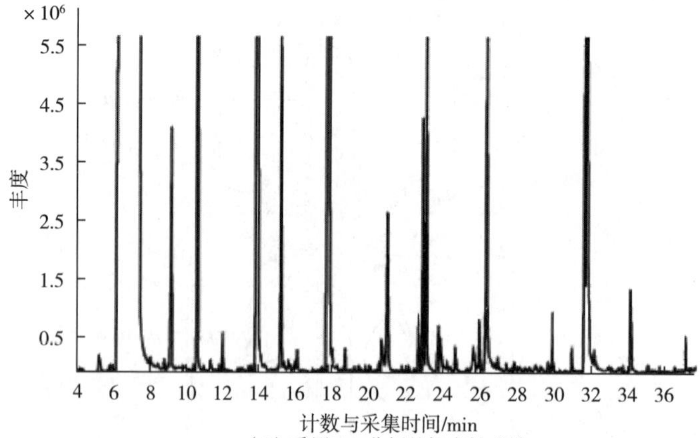

（1）采用SDE分析的挥发性成分

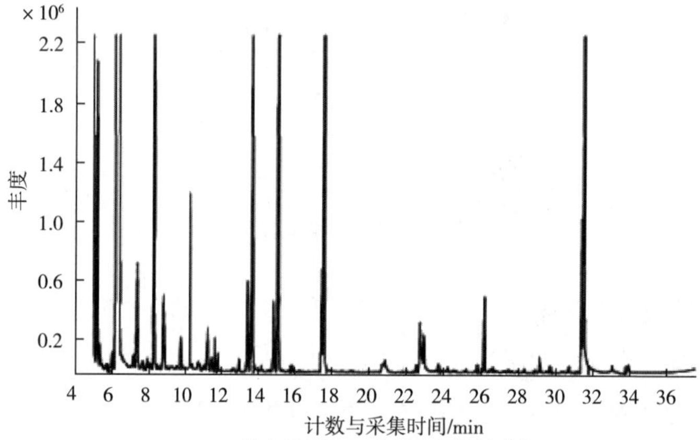

（2）采用SAFE分析的挥发性成分

图 5-6　香糟卤中挥发性香气成分的 GC-O-MS 总离子流色谱图

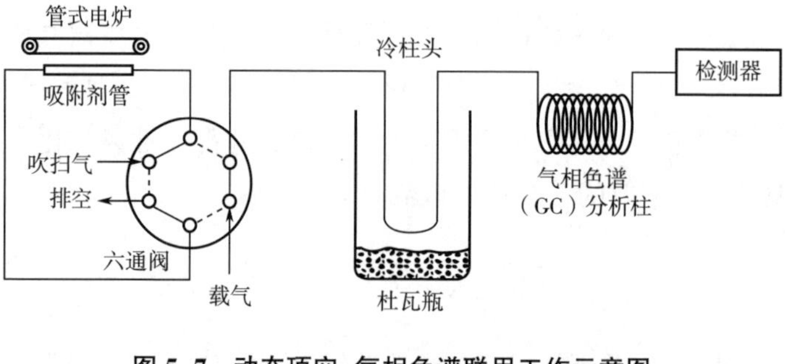

图 5-7　动态顶空-气相色谱联用工作示意图

法、动态顶空分析法。相比于固相萃取技术，顶空分析法有预空-固相微萃取法。此外顶空分析法优点是简单、快捷、无溶剂、人为干扰物少、样品用量小、可自动化，这些优点正好与溶剂萃取法等其他预处理技术形成互补。

图 5-8 为通过用静态顶空萃取-气相色谱-质谱联用技术（SHS-GC-MS）对大豆花挥发性成分分离鉴定。结果表明该方法具有简便快速、无需复杂样品处理和使用化学试

剂的优点，适用于大豆花等样品中挥发性成分的分离与鉴定。

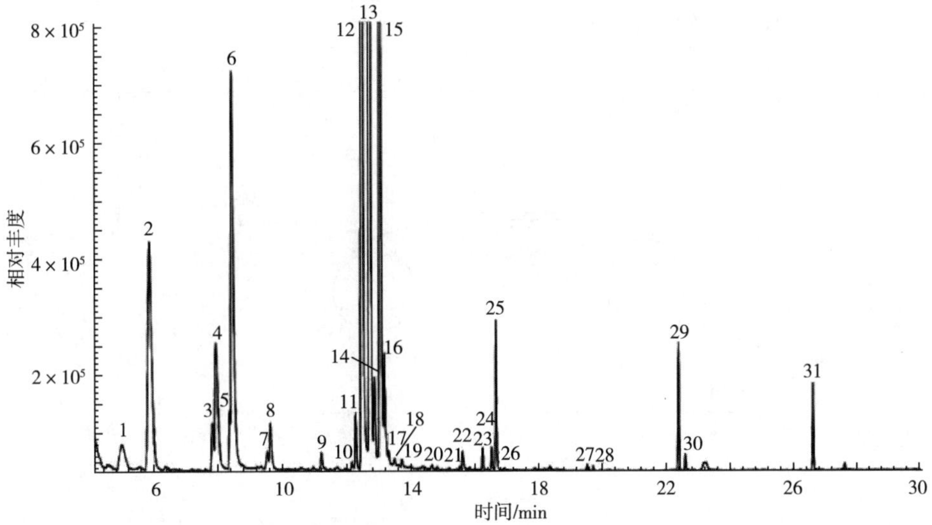

图 5-8 静态顶空萃取-气相色谱-质谱联用技术（SHS-GC-MS）测定大豆花样品挥发性成分的总离子流图

如图 5-9 所示，从总离子流色谱图可以看出，采用顶空固相微萃取-气相色谱-质谱联用法对各组分的色谱分离度较好，基本满足定性和半定量分析的要求。

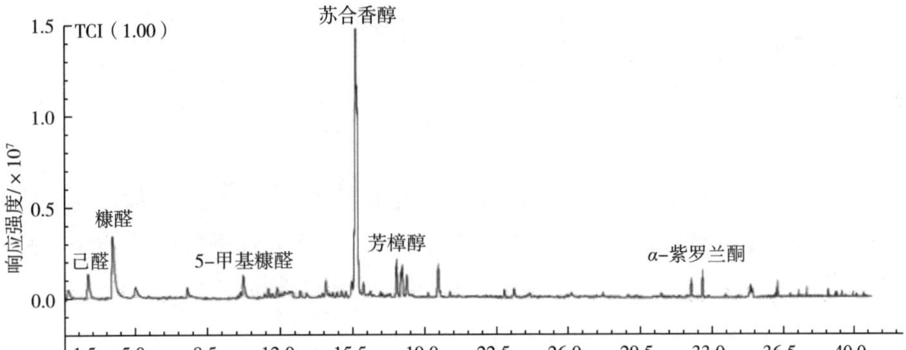

图 5-9 顶空固相微萃取-气相色谱-质谱联用法测定茶树花茶香气成分的总离子流色谱图

五、直接热脱附技术

直接热脱附（DTD）是一种新颖的分析技术，也称为热解吸。原理是利用惰性气体在一定温度下吹扫固体或液体样品，使样品中的挥发性或半挥发性物质成分挥发出来，用吸附剂冷阱捕集，然后加热吸附剂，使富集的挥发性、半挥发性组分脱附挥发，然后把挥发性、半挥发性成分输送至气相色谱仪或气相色谱-质谱联用仪进行分离分析。从原理上说，热脱附有一级热脱附和二级热脱附两种流程。图 5-10 是一级热脱附流程，图 5-11 是二级热脱附流程。

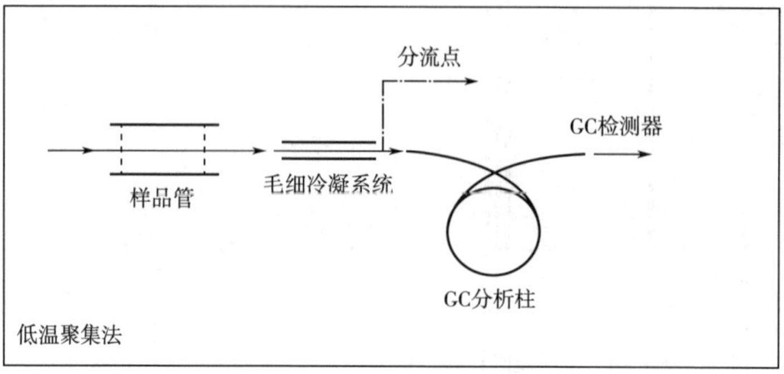

图 5-10　一级热脱附流程

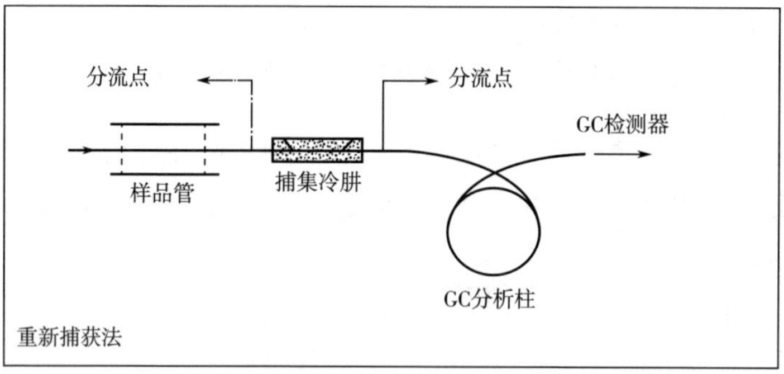

图 5-11　二级热脱附流程

热脱附技术具有不需有机溶剂、样品量少、灵敏度高、重现性好、操作简便快速等特点，便于与其他检测仪器联用，可用于样品中挥发性、半挥发性微含量组分的样品预处理，但比用毛细管柱分离效率低，分离效果差，且对组分复杂的样品定量分析较困难。

六、固相微萃取技术

1. 固相微萃取的原理及过程

固相微萃取（SPME）是目前香味样品制备最有效的技术手段之一。其原理是通过熔融石英纤维头表面涂布的高分子液膜层对样品中有机组分的吸附作用达到萃取富集。固相微萃取分为萃取过程和解吸过程两步。萃取过程是对具有吸附涂层的萃取纤维曝露在样品中进行萃取。解吸过程是将完成萃取过程的萃取器针头插入气相色谱进样装置的气化室内，使萃取纤维曝露在高温载气中，并使萃取物不断地被解吸下来，进入后序的气相色谱分析。

2. 固相微萃取的纤维涂层

在 SPME 过程中，纤维涂层能决定萃取时间和萃取量，是关键影响因素之一。一般来说，纤维涂层越厚，萃取量大，萃取时间长，反之萃取时间较短，萃取量小。表 5-3 列出了常见的 SPME 涂层种类。

表 5-3　　常见的 SPME 涂层及适用分析对象

纤维涂层种类	适用分析对象
polydimethylsiloxane（PDMS）（聚二甲基硅氧烷） 100μm/non-bonded（非键合） 30μm/non-bonded（非键合） 7μm/bonded（键合）	挥发性化合物； 非极性半挥发性化合物； 从中等极性到非极性半挥发性范围的化合物
polydimethylsiloxane/divinylbenzene（PDMS/DVB）（聚酚类二甲基硅氧烷/二乙烯基苯） 65pm/partially crosslinked（部分交联） 60pm/partially crosslinked（部分交联）	极性挥发性化合物； 一般性化合物（只适于在液相色谱上使用）
carboxen/polydimethylsiloxane（carboxen/PDMS）（炭分子筛/聚二甲基硅氧烷） 75pm/partially crosslinked（部分交联）	痕量挥发性组分的富集
carbowax/templated resin（CW/TPR）（聚乙二醇/模板化树脂） 50pm/partially crosslinked（部分交联） polyacrylate（PA）（聚丙烯酸酯） 85pm/partially crosslinked（部分交联）	交联的表面活性剂（适于液相色谱）； 极性半挥发性化合物
50/30μm D VB/Carboxen-PDMS 二乙烯基苯/聚二甲基硅氧烷	挥发性及半挥发性化合物

3. 固相微萃取方式及装置

SPME 有三种基本的萃取模式：直接萃取（SPME）、顶空萃取（HSPME）和膜保护萃取（MPSPME）。目前最常用的固相萃取（SPE）技术就是将吸附剂填充在短管中，当样品溶液或气体通过时，分析物则被吸附萃取，然后再用不同溶剂将各种分析物选择性地洗脱下来。SPME 包括两种取样方式：真空取样、顶空取样。直接取样又可称为浸入取样，纤维上的吸附涂层浸入样品中，分析物直接从样品相转入纤维涂层。图 5-12 是 SPME 装置结构图。

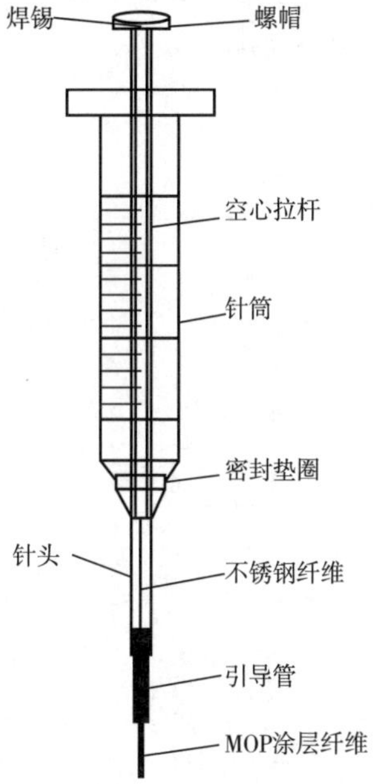

图 5-12　SPME 装置结构图

4. 固相微萃取与其他萃取方法比较

SPME 具有以下优点：①集取样、萃取、浓缩和进样于一体，操作方便，耗时短，测定快速高效；②无需任何有机溶剂，是真正意义上的固相萃取，避免了对环境的二次污染；③仪器简单，无需附属设备，适于现场分析，也易于操作；④灵敏度高，可以实现超痕量分析，可以达到 ng/g 级别的检测；⑤样品用量少，可实现选择性萃取。表 5-4 为 SPME 与其他萃取工艺的对比。

表 5-4　　SPME 与其他萃取方法比较

萃取方式	比较
直接注射取样	SPME 萃取时间短，灵敏度高
静态顶空取样	萃取时间较短，二者分析结果相似，静态顶空取样多萃取低沸点的挥发性物质，SPME 不仅能萃取到低沸点的挥发性物质，还能萃取半挥发性物质且能避免水汽进入色谱柱，延长色谱柱的使用寿命
溶剂萃取	二者分析结果多数相同，溶剂萃取的回收率稍高于 SPME
动态顶空取样	动态顶空分析成分比 SPME 多，SPME 萃取时间短，二者具有互补性，SPME 对小相对分子质量、低沸点的挥发性成分的萃取率较高，同时蒸馏萃取对大相对分子质量、高沸点的挥发性成
同时蒸馏萃取	分的萃取率较高。在全面分析挥发性成分构成时，二者常常被同时采用

七、搅拌棒吸附技术

搅拌棒吸附（SBSE）是 1999 年由 E. 宝图森（E. Baltussen）等发明，是在 SPME 技术的基础上发展起来的一种新型的环境友好的微型化样品预处理技术。

SBSE 有三种采样方式，分别是顶空吸附、浸入吸附和浸入顶空混合吸附。顶空吸附是将搅拌棒悬浮在盛有样品的小瓶顶部空间进行吸附；浸入吸附是将搅拌棒放在样品水溶液中，像电磁搅拌那样转动；浸入顶空混合吸附则兼有顶空和浸入两种方式。萃取完毕，将搅拌棒取出，进行解吸。如果在萃取时搅拌棒曾浸入样品中，需先用蒸馏水冲洗，干燥后，再进行解吸。

SBSE 常用于萃取热不稳定物质。图 5-13 是双搅拌棒吸附萃取示意图，图 5-14 是热解吸结构图。

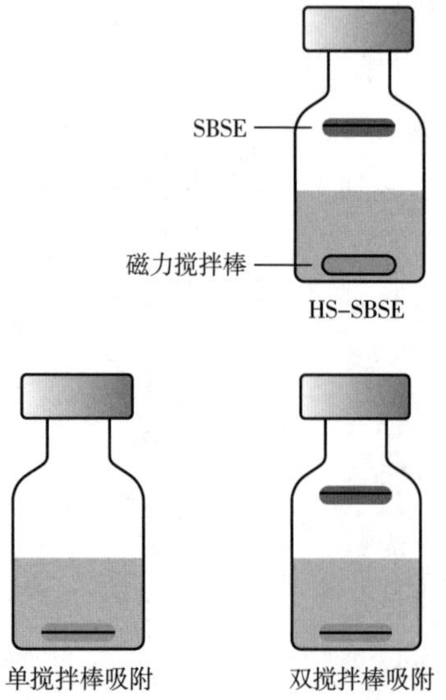

图 5-13　双搅拌棒吸附萃取

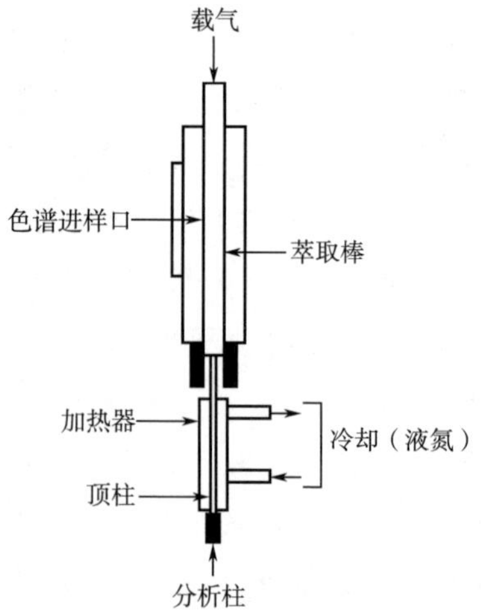

图 5-14　热解吸结构图

SBSE 具有以下优点：①快速易于操作；②不需要溶剂；③样品用量小；④对乙醇含量小于 10%的酒精饮料和脂肪含量小于 2%的样品的分析效果好，不会出现乙醇色谱峰掩盖低沸点成分谱峰的现象；⑤高灵敏度，对于某些有机物，可以检测 ng/L 级以下的浓度；⑥线性、重现性均较好。SBSE 还存在如下的不足之处：①商品化的涂层只有 PDMS 一种，不利于极性挥发性成分的萃取；②吸附完毕，需迅速分析，否则吸附的挥发性成分会慢慢脱附；③一般要配热脱附仪，增加了成本和操作步骤。

与 SPME 相似，SBSE 也是通过聚合物涂层吸附样品分子的方式完成的。SPME 设备简单、操作方便、敏感、不使用溶剂，唯一的缺点是可涂附的吸附材料量太少（<0.5μL），造成萃取的回收率低，分析灵敏度不高。与 SPME 相比，SBSE 使用的萃取相体积（量）较大，从而具有更高的萃取效率和更好的重现性，对操作人员的技术要求也比较低。

八、超临界 CO_2 流体萃取技术

超临界 CO_2 流体萃取（SFE）是利用超临界流体的溶解能力与其密度的关系，即利用压力和温度对超临界流体溶解能力的影响而进行的。其原理是在超临界状态下，将超临界流体与待分离的物质接触，使其有选择性地把极性大小、沸点高低和相对分子质量大小的成分依次萃取出来。

超临界 CO_2 萃取装置主要由萃取釜、分离釜、CO_2 贮罐、气体压缩泵、热交换设备组成。SFE 过程是由萃取和分离过程组合而成的。在萃取阶段，萃取剂 CO_2 将所待测组分从原料中萃取出来；在分离阶段，让萃取组分与 CO_2 流体分离，并将 CO_2 回收（分析型有时不回收 CO_2）。过程中，对应各压力范围所得到的萃取物不可能是单一的，但可以控制条件得到最佳比例的混合成分，然后借助减压、升温的方法使超临界流体变成普通气体，被萃取物质则完全或基本析出，从而达到分离提纯的目的。图 5-15 是 SFE 的三种典型流程。

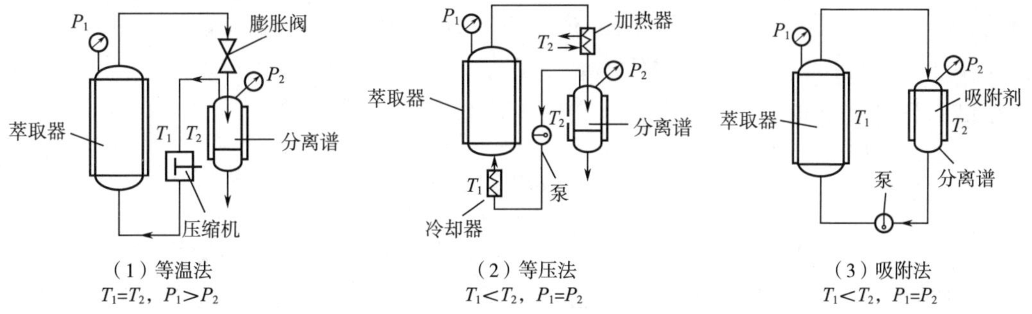

图 5-15 SFE 的三种典型流程

注：T—温度；P—压力。

超临界 CO_2 萃取是将超临界状态下的 CO_2 作为萃取剂的分离技术，有以下优点：①传质性好，扩散快，溶解性强，后处理简单，萃取效率高；②CO_2 的临界温度接近室

温，萃取条件温和，适于热敏性物质的萃取；③CO_2 无毒、无味、无臭、无害，萃取过程无环境污染，萃取物无溶剂残留；④CO_2 化学惰性好，不易燃，很少与其他物质发生化学反应；⑤CO_2 价廉易得；工艺简单，可实现选择性萃取。超临界 CO_2 萃取的不足是必须在高压下工作，对设备要求高。

九、顶空单液滴微萃取技术

顶空单液滴微萃取（HS-SDME），称顶空液相微萃取（HS-LPME），最早在 1996 年由迈克尔·A. 詹诺（Michael A. Jennot）和弗雷德里克·F. 坎特韦尔（Frederick F. Cantwell）提出。该技术将液相微萃取和顶空取样技术相结合，适于分离富集复杂基质，包括黏稠液体、固体等样品中的挥发性、半挥发性成分，通过改变萃取溶剂，还可实现对目标成分的选择性萃取。

与 SPME 的萃取平衡原理相似，HS-SDME 也是目标物在样品、顶空气相、萃取溶剂三者之间的平衡分配过程，满足方程式（5-1）：

$$n = (K_{odw} \cdot V_d \cdot C_o \cdot V_s)/(K_{odw} \cdot V_d + K_{hs} \cdot V_h + V_s) \tag{5-1}$$

式中 n——萃取溶剂萃取的分析物的量，mol；

K_{odw}——分析物在萃取溶剂与样品之间的分配系数；

K_{hs}——分析物在顶空气相与样品之间的分配系数；

C_o——分析物在样品基质中的初始浓度，mol/mL；

V_d——萃取溶剂的体积，mL；

V_h——顶空气相的体积，mL；

V_s——样品的体积，mL。

按照萃取方式，顶空单液滴微萃取可分为静态顶空单液滴微萃取（Static-HS-SDME）和动态顶空单液滴微萃取（Dynamic-HS-SDME）两种方式。一般而言，影响 HS-SDME 效率的主要因素有萃取溶剂的种类及用量、萃取溶剂温度、样品温度、萃取时间、盐效应、搅拌等，对于 Dynamic-HS-SDME 还有活塞抽动速率及萃取次数。HS-SDME 具有简单、快速、灵敏度高、环境友好、样品萃取完成可在 GC、GC-MS 上直接进样分析的优点。

十、固相萃取技术

固相萃取法（SPE），于 20 世纪 80 年代中期开始出现，原理是以吸附剂把溶液中一些物质吸附到其表面，然后通过一定的溶剂进行洗脱。因吸附剂对不同性质的物质分子的吸附能力强弱不同，不同洗脱剂对不同性质的被附物质的洗脱能力（即在洗脱剂中的溶解度）不同，使不同的化合物在吸附剂与溶剂之间分布不同而达到分离的目的。基于“相似相溶”的原理，极性相似的物质溶于相似溶剂而首先被洗脱分离。

固相萃取实质上是一种液相色谱分离，其主要分离模式也与液相色谱相同，可分为正相、反相、离子交换、吸附等。正相固相萃取所用的吸附剂都是极性的，用于从溶解于非极性溶剂的样品中吸附极性化合物，此时的保留机制是化合物的极性官能团与吸附剂表面的极性官能团之间的相互作用，包括氢键、偶极-偶极作用、π-π 作用等。反相固相萃取所用的吸附剂通常是非极性或弱极性的，用于萃取和保留溶解于极性溶剂样品中的非极性至中等极性的样品分子，化合物与吸附剂之间的作用主要是疏水作用和范德华力。SPE 的萃取剂是固体，一般是含 C_{18} 或 C_8、腈基、氨基等基团的特殊填料。

固相萃取操作一般有四步：①活化：除去小柱内的杂质并创造一定的溶剂环境；②上样：将样品用一定的溶剂溶解，转移入柱并使组分保留在柱上；③淋洗：最大程度除去干扰物；④吹干：用氮气将固相萃取小柱吹干；⑤洗脱：用小体积的溶剂将被测物质洗脱下来并收集，如图 5-16 是 SPE 操作装置示意图。

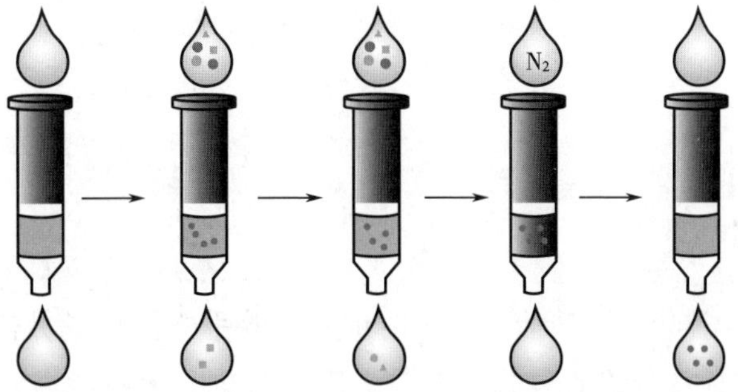

图 5-16　SPE 操作装置示意图

传统的液-液萃取法（LLE）、蛋白沉淀法（PPT）和 SPE 三者优缺点如表 5-5 所示。

表 5-5　SPE 与 LLE、PPT 比较

萃取方式	优点	缺点
SPE	1. 可同时完成样品富集与净化，大幅提高检测灵敏度； 2. 比液-液萃取更快，更节省溶剂，可自动化批量处理； 3. 重现性好	1. 使用进口固相萃取小柱成本较高； 2. 需要专业人员协助进行方法开发
LLE	无需特殊装置	1. 操作烦琐，费时； 2. 需要耗费大量的有机溶剂，导致高成本和对环境的污染； 3. 难以从水中提取高水溶性物质
PPT	操作简单，无需特殊装置	1. 非特异性的沉淀反应可能使微量的分析物随着基质蛋白质共同沉淀而损失； 2. 净化效果较弱，检测灵敏度和可靠性低

第二节 仪器分析技术

随着现代分析仪器的广泛使用，通过仪器对于精香料组分及结构等特性的分析，为其在工业中的应用提供了理论依据。目前，在气相色谱、液相色谱、薄层色谱、毛细管电泳等多种现代色谱分析技术中，气相色谱和液相色谱既是香味物质成分分析的基本手段，也是主要手段。挥发性香味成分分析以气相色谱及其联用技术最为常用。迄今，香气物质分析的成就也主要得益于气相色谱的发展，同时香气物质分析的应用也促进了气相色谱技术的进步。波谱分析结合了化学计量学方法，包括红外、核磁等，可以用于反映香气物质的几何和物理特征以及内部组分的化学和分子信息。

一、气相色谱技术

（一）气相色谱分离技术

气相色谱技术是香味及香精油工业中的重要实验手段，几乎所有的香味成分都能用GC的某种应用形式进行分析。气相色谱具有选择性强、分辨能力好、灵敏度高和高效快速等优点，已成为许多组成复杂混合物分离分析的高效快速的技术和方法，也是烟用香料香精成分分析最常用的分离分析技术方法。GC除了应用广泛外，还是快速、灵敏的分离方法，并具有较高的定量准确度和分辨能力。

（二）全二维气相色谱分离技术

对于多组分复杂的样品，色谱分离时常出现的情况是，感兴趣的组分恰是附着在主峰尾部或前端的一个很小的痕量峰，或是与其他组分峰共流出。在此种情况下，若只靠一种色谱柱，有时经过较长时间的色谱条件优化，还是达不到所要的分离效果。但使用二维气相色谱可以很好地解决此类问题。目前二维气相色谱模式大致分为两类，即通常的二维色谱（GC+GC）和全二维色谱（GC×GC）。

全二维气相色谱是将第一GC分离后的所有组分都送入第二GC进行二次分离，即所谓“完全（comprehensive）GC-GC”。1999年由美国Zo-ex公司实现了仪器商品化，是把分离机制不同而又互相独立的两支色谱柱以串联方式结合成二维气相色谱，在这两支色谱柱之间装有一个调制器，起捕集再传送的作用，经第一支色谱柱分离后的每一个馏分，都需先进入调制器，进行聚焦后再以脉冲方式送到第二支色谱进行进一步的分离，所有组分从第二支色谱柱进入检测器，信号经数据系统处理，得以柱1保留时间为第一横坐标，柱2保留时间为第二横坐标，信号强度为纵坐标的三维色谱图或二维轮廓图。

1. 全二维气相色谱仪结构

图 5-17 是全二维气相色谱的流程图，它的特点是将两根分离机制不同或不同类型的色谱柱以串联方式连接，两个色谱柱之间装有一个调制器，其作用是将第一根色谱柱上流出的每一个馏分进行聚焦，然后以脉冲的方式依次送到第二根色谱柱上进一步分离，经过第二根色谱柱后再进入检测器。

图 5-17 全二维气相色谱的流程图

2. 全二维气相色谱特点

（1）分辨率高、峰容量大，在一个正交的 GC×GC 系统中，峰容量为组成它的两根柱子各自峰容量的乘积，分辨率为两根柱子各自分辨率平方加和的平方根。可以说它是目前具有最大峰容量的仪器，对于烟草、烟气样品、香气成分，无需借助预处理分成若干馏分直接进样，也可以得到良好的分离。美国 Southern Illinois 大学已成功地用此技术一次进样，从煤油中分出 1 万多个峰。

（2）灵敏度高，经第一支色谱柱分离后的每一个馏分都需进入调制器，在调制器内聚焦后以脉冲方式送到第二支色谱柱分离，灵敏度比通常一维色谱提高 20~50 倍。

（3）由于热调制器温度必须比炉温高 100℃，因此干冰和液氮冷肼系统也被用于调制器。

（4）分析时间短，定性可靠性强，由于系统提供的高的峰容量和好的分辨率，一个方法要覆盖原来几个 ASTM 方法才能做到的任务。

可以说，GC×GC 是气相色谱技术的一次革命性突破（关键部件是调制器），将会在复杂体系的分离分析中占据越来越重要的地位。现在已经广泛应用于环境分析、石油、农药、手性分离、植物精油、卷烟烟气和中草药领域等。

对于天然香精、香料，由于其属于挥发性含氧、含氮、含硫化合物，因此最好采用双柱——甲基硅氧烷柱+PEG20M 类柱子，利用双柱选择性差异来分离更多的组分。图 5-18 为夜来香头香在不同固定液上气相色谱图。

二、气相色谱联用技术

（一）气相色谱-质谱联用

气相色谱-质谱联用（GC-MS）也称气-质联机，如图 5-19 所示。它将气相色谱的快速、高效分离与质谱的专一性、高灵敏性结构鉴定相结合，使气相色谱和质谱的各自优点得到充分的利用，是分析复杂混合物样品的一种高效、高灵敏的仪器。GC-MS 在 20 世纪 80 年代出现，随着小型台式四极杆质谱、飞行时间质谱、离子阱质谱的发展，现已成为分析香味物质成分的重要分析仪器。

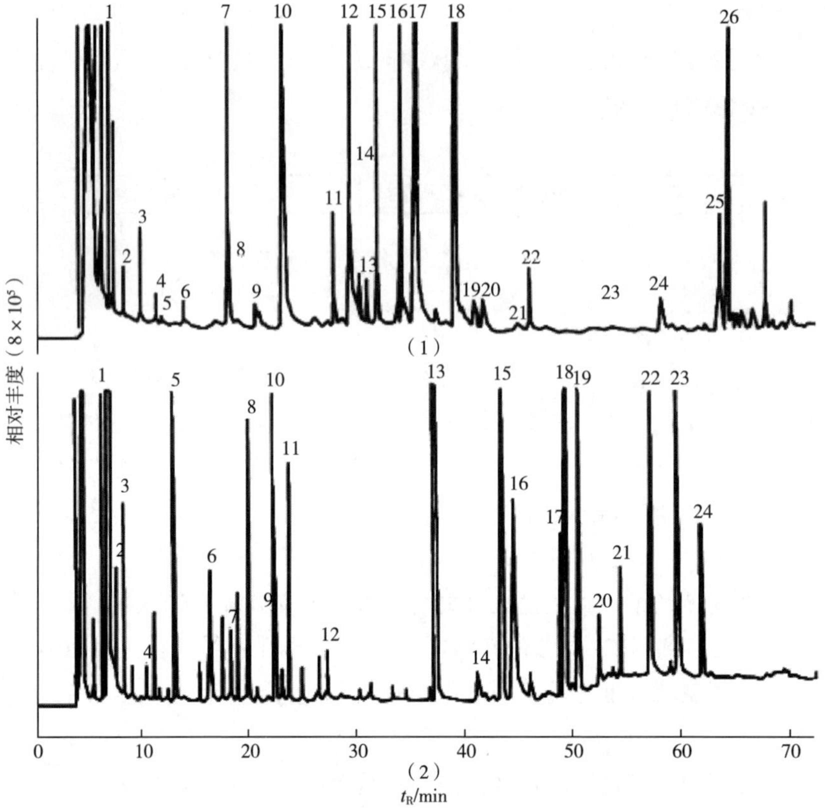

（1）色谱峰：1—3-甲基丁醛；2—3-戊酮；3—1，1-二乙氧基乙烷；4—甲苯；5—2-甲基乙酸丙酯；6—乙酸乙酯；7—3-甲基乙酸丁酯；8—2-甲基丁酯；9—1-甲氧基-3-亚甲基-2-戊酮；10—苯甲醛；11—3-乙酸乙烯酯；12—苯乙醛；13—顺罗勒烯；14—反-罗勒烯；15—4,7-二甲基-4-辛醇；16—苯甲酸甲酯；17—芳樟醇；18—乙酸卞酯；19—萘；20—水杨酸甲酯；21—甲氧基-苯乙酯；22—乙酸苯乙酯；23—丁子香酚；24—檀香醇；25—(*Z*,*E*)-*α*-金合欢烯；26—*α*-金合欢烯。

色谱柱：OV-101，35m×0.28mm

柱温：50℃$\xrightarrow{2℃/\text{min}}$200℃

（2）色谱峰：1—1,1-二乙氧基乙烷；2—3-甲基丁醛；3—3-戊酮；4—甲苯；5—3-甲基乙酸丁酯；6—3-甲基丁醇；7—3-顺罗勒烯；8—反-罗勒烯；9—乙酸戊酯；10—4，7-二甲基-4-辛醇；11—3-乙酸乙烯酯；12—（*Z*）-3-3 乙烯醇；13—苯甲醛；14—芳樟醇；15—苯甲酸甲酯；16—苯乙醛；17—（*Z*，*E*）-*α*-金合欢烯；18—乙酸卞酯；19—*α*-金合欢烯；20—水杨酸甲酯；21—乙酸苯乙酯；22—苯甲醇；23—苯乙醇；24—（*E*）-3-（4，8-二甲基-3，7-壬二烯）呋喃。

色谱柱：PEG-20M，32m×0.27mm

柱温：50℃$\xrightarrow{2℃/\text{min}}$200℃

图 5-18　夜来香头香在不同固定液上色谱分离图

注：t_R 为保留时间。

1. 气相色谱-质谱联用仪构成

GC-MS联用仪主要由4部分组成（图5-20）：①气相色谱单元；②质谱单元（离子源、质量分析器、离子检测器）；③接口；④计算机工作站系统。

图5-19 GC-MS联用仪

（1）气相色谱单元 气相色谱单元相当于质谱的进样器，包括柱温箱、气化室、载气、分流/不分流进样口、程序升温系统、压力和流量的自动控制系统等，其中常用的载气是氦气（He）。

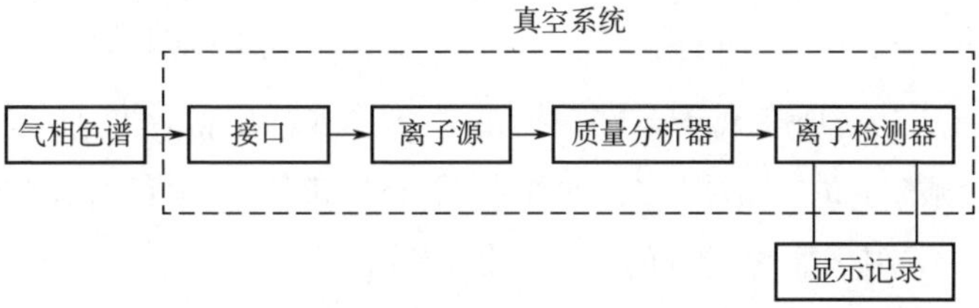

图5-20 GC-MS基本构成图

（2）质谱单元 质谱单元的工作原理与一般的质谱仪相同，主要包括离子源、质量分析器、离子检测器、真空系统。其中离子源包括电子轰击源（EI）、化学电离源（CI）和场致电离源，最广泛使用的是EI和CI。EI源具有结构简单、操作方便、重现性好、灵敏度高等优点，后者是EI的补充，被称为软电离，电离能量低，碎片离子较少，质谱图比EI源简单。

质量分析器是将来自离子源的离子束按照质荷比（m/z）大小被分开，然后进入离子检测器，是质谱仪的核心部分，它的性能直接影响质谱仪的分辨率、质量范围、扫描速度等指标。目前商品化GC-MS常用的是四极杆质量分析器、离子阱质量分析器和飞行时间（TOF）质量分析器，其中四极杆质量分析器扫描速度快，灵敏度高，结构简单，稳定性好，使用的最多。

离子检测器用于检测各种质荷比的离子的强度。质谱仪所用的检测器应具有稳定性好、响应速度快、增益高、检测的离子流宽、无质量歧视效应等特点，常用的检测器是二次电子倍增器。

真空系统是质谱仪的离子产生及经过系统必备的环境，若真空度过低，则会造成离子源灯丝损坏、副反应过多等，从而出现图谱复杂化、干扰离子源的调节等问题。

（3）接口 气相色谱仪和质谱对工作的压力要求不同，色谱仪使用填充柱时，需要在二者之间借助一个接口，使进入质谱单元前消除色谱柱的载气。现代的气质联用仪广泛使用的是毛细管气相色谱仪，因为毛细管的载气流量很小，对质谱仪真空破坏较弱，可以不用任何接口，但前提是离子源的真空系统必须保证具有较高的样品清除速率，否则会造成色谱峰拖尾，影响分离度，尤其是含量高的组分，这种影响更为明显。

（4）计算机工作站系统　计算机工作站系统一般包括仪器控制软件和数据处理软件两部分。当通信系统与仪器建立连接后，可在计算机上直接设置质谱、气相色谱的各项工作参数，这些参数将作为指令被仪器执行。数据处理软件用于处理分析结果，包括峰面积、峰高、半峰宽的计算、标准质谱库检索等。

2. 气相色谱-质谱联用仪分析方法

GC-MS 分析方法主要分为气相色谱分析方法和质谱分析方法，其中气相色谱分析方法包括色谱柱、柱温程序、载气流速、气化室流速、进样量、进样量、分流比/不分流进样方式等条件的选择。质谱分析方法包括离子源温度、质量分析器温度、扫描速度、扫描方式、扫描质量范围（单位：amu）等参数的设定，为了保护灯丝和电子倍增器，质谱方法中还常常设置“溶剂延迟”。其中扫描方式包括全扫描和选择性离子监测（SIM），全扫描方式是对所有离子全部扫描记录，并进行质谱库检测，而选择离子监测方法可增加被检测离子的扫描次数，而干扰离子被排除，具有选择性好、灵敏度高、图谱简单的优点，常用于痕量组分的定量分析。

3. 气相色谱-质谱联用仪常用定量分析方法

气质联用仪常用的定量分析方法包括用总离子流色谱图定量和用质量色谱图定量，前者通过测量总离子流色谱图中谱峰的峰高或峰面积进行定量，后者通过测量质量色谱图中谱峰的峰高或峰面积进行，相当于利用 GC-MS 中的 SIM 扫描质谱分析定量，定量方法包括内标法、外标法等。

4. 气相色谱-质谱联用仪在香味分析中的应用

在进行香味分析中，气质联用仪是使用频率最高的仪器，相关文献有很多。以下以 GC-MS 对蔓越莓中的挥发成分分析鉴定为实例，蔓越莓挥发性成分的总离子流见图 5-21，蔓越莓中挥发性物质的 GC-MS 鉴定结果见表 5-6。

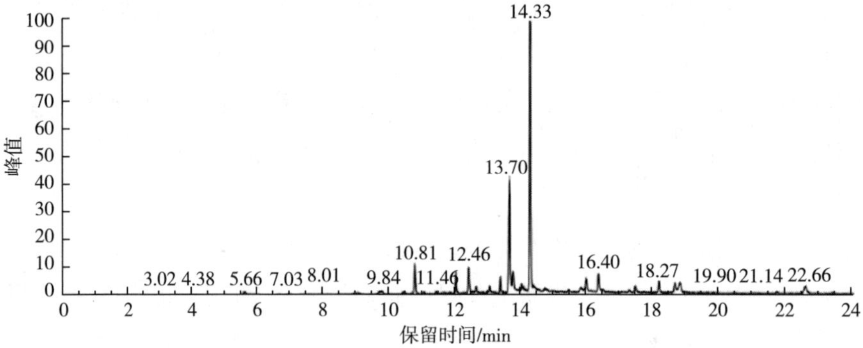

图 5-21　蔓越莓挥发性成分的总离子流

表 5-6 蔓越莓中挥发性物质的 GC-MS 鉴定结果

组分	英文名称	中文名称	分子式	相对分子质量	保留时间/min	相对含量/%
1	13,14-dihydro-15(*R*)-Prostaglandin E1	13,14-二氢-15(*R*)-前列腺素	$C_{20}H_{36}O_5$	356	9.75	0.34
2	1-(1-pyrrolidinyl)-2-propanone	1-(吡咯烷-1-基)-2丙酮	$C_7H_{13}NO$	127	10.46	0.21
3	*N*-ethylformamide	*N*-甲基乙酰胺	C_3H_7NO	73	10.51	0.20
4	furfural	糠醛	$C_5H_4O_2$	96	10.81	4.46
5	butanoic acid,2-methyl-	2-甲基丁酸	$C_5H_{10}O_2$	102	11.10	0.25
6	5-aminolevulinic acid	5-氨基乙酰丙酸	$C_5H_9NO_3$	131	12.46	3.99
7	benzeneacetaldehyde	苯乙醛	C_8H_8O	120	12.61	0.17
8	(1*R*, 2*R*)-(+)-1,2-diphenyl-1,2-ethanediol, 1,2-diphenyl	(1*R*,2*R*)-(+)-1,2-二苯基-1,2-乙二醇	$C_{14}H_{14}O_2$	214	12.69	0.84
9	furyl hydroxymethyl ketone	2-(2-呋喃)-2-羟基乙烷酮	$C_6H_6O_3$	126	13.10	0.98
10	raubasine	萝巴新	$C_{21}H_{24}N_2O_3$	352	13.16	0.19
11	2,3-dihydro-3,5-dihydroxy-6-methyl-4*H*-pyran-4-one	2,3-二氢-3,5-二羟基-6-甲基-4(*H*)-吡喃-4-酮	$C_6H_8O_4$	144	13.43	2.03
12	riluzole	2-氨基-6-三氟甲氧基苯并噻唑	$C_8H_5F_3N_2OS$	234	13.70	17.83
13	eflornithine	依氟鸟氨酸	$C_6H_{12}F_2N_2O_2$	182	14.08	0.76
14	5-hydroxymethylfurfural	5-羟甲基糠醛	$C_6H_6O_3$	126	14.33	35.70
15	tetracosane	正二十四烷	$C_{24}H_{50}$	338	14.60	0.26
16	*p*-phenetidin	对乙氧基苯胺	$C_8H_{11}NO$	137	15.51	0.35
17	D-allose	D-阿洛糖	$C_6H_{10}O_5$	162	16.40	2.84
18	pentacosane	二十五烷	$C_{25}H_{52}$	352	16.52	0.63
19	hexanedioic acid, bis(2-ethylhexyl) ester	乙二酸-(2-乙基)-已酯	$C_{22}H_{42}O_4$	370	17.35	0.39

续表

组分	英文名称	中文名称	分子式	相对分子质量	保留时间/min	相对含量/%
20	1,6-anhydro-D-galactofuranose	1,6-脱水-D-半乳糖醛酸	$C_6H_{10}O_5$	162	17.53	1.28
21	quinic acid	奎宁酸	$C_7H_{12}O_6$	192	18.27	1.73
22	phosphoricacid, tris(2-ethylhexyl) ester	2-2-乙基己基-磷酸三酯	$C_{24}H_{51}O_4P$	434	18.75	2.20
23	heptacosane	正二十七烷	$C_{27}H_{56}$	380	21.81	0.26

样品：蔓越莓，磨碎、同时蒸馏萃取出挥发成分得到挥发成分浓缩液，待 GC-MS 分析。

GC-MS 分析条件：色谱条件：色谱柱为安捷伦 DB-1701（60m×250μm×0.25μm）；载气为氦气，1.0mL/min；柱初温 60℃，保温 5min，以 30℃/min 升温速率升至 270℃，用时 12min；进样口温度 250℃；分流比 10∶1；进样量 0.5μL。

质谱条件：EI 离子源，电子能量 15eV；质量扫描范围 50～400amu，离子源温度 220℃；传输线温度 270℃；四极杆温度 50℃。GC-MS 检测结果，经人工解析并与标准质谱图对照和检索，确定各组分的化学结构。

由图 5-21 可知，通过对蔓越莓的挥发性物质化学成分 GC-MS 分析，共鉴定出了 23 种化合物（表 5-6）。其中，含量较高的成分为 5-羟甲基糠醛、2-氨基-6-三氟甲氧基苯并噻唑、糠醛、5-氨基乙酰丙酸、D-阿洛糖、2-2-乙基己基-磷酸三酯、2,3-二氢-3,5-二羟基-6-甲基-4(*H*)-吡喃-4-酮、奎宁酸。

（二）气相色谱-红外光谱联用

红外光谱是一种常用的定性分析工具，提供了极其丰富的分子结构信息，几乎没有两种不同的物质具有完全相同的红外光谱。但原则上红外光谱只适用于分析纯化学物质，对复杂的混合物很难给出准确的信息。气相色谱-红外光谱（GC-IR）联用仪如图 5-22 所示。将气相色谱的高效分离能力及定量检测能力与红外光谱的结构鉴定能力结合，是一种与 GC-MS 互补的分离鉴定手段，尤其对结构异构体的鉴定有独特的优势。在 GC-IR 中，气相色谱仪相当于进样器，红外光谱仪相当于检测器，但与 GC-MS 的质谱仪不同，红外光谱检测器是非破

图 5-22 GC-IR 联用仪

坏性的。

1. 气相色谱-红外光谱的构成及工作原理

GC-IR 系统由气相色谱、接口、傅立叶变换红外光谱仪（FTIR)、计算机系统组成，如图 5-23 所示。它的工作基本原理是：一方面，红外线被干涉仪调制后汇聚到光管入口，经过光管的镀金内表面的多次反射到达探测器；另一方面，样品经色谱柱的分离，色谱馏分将按照保留时间的顺序通过光管并在光管中选择性地吸收红外辐射。计算机系统采集并存储来自探测器的干涉图信息，并做快速傅立叶变换，最后得到样品的气相红外图谱。

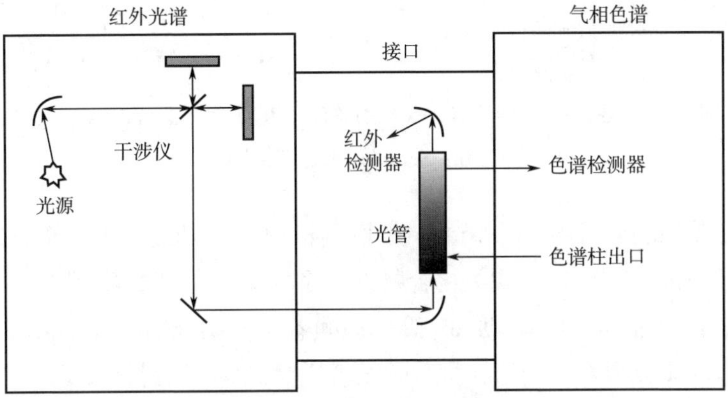

图 5-23　GC-IR 基本构成图

2. 气相色谱-红外光谱分析条件的选择

GC-IR 分析条件选择包括气相色谱条件的选择、接口的选择（光管温度、光管体积)、FTIR。气相色谱分析条件选择原则与气相色谱分析基本相同；接口部分应尽可能选择低检测温度来提高灵敏度，选择的光管体积等于或略小于色谱峰半峰宽体积平均值即可；FTIR 光谱仪通常选择迈克尔逊干涉仪和高灵敏度的（MCT）的检测器来完成。

3. 气相色谱-红外光谱分析案例

利用气相色谱-红外光谱法定性分析香精中的醛酮酯类化合物。其 GC-IR/氢火焰检测器（FID）条件为：AgilentHP-VOC 色谱柱（60m×0. 32mm×1. 80μm)；进样口温度 260℃，FID 检测器温度 250℃；载气为高纯 He，柱流速 1. 0mL/min；进样量 1μL，分流进样，分流比为 5：1；程序升温以 5℃/min 的速率从 70℃ 升至 270℃；红外光谱分辨率 16cm^{-1}，扫描次数 8 次；GC-IR 接口传输线温度 270℃，光管温度 270℃。

采用 GC-MS 分析香精样品 1#的正己烷萃取液［图 5-24（1）］。通过 NIST 质谱图谱库搜索，其中 26 号和 30 号峰可能为醛酮类化合物。进一步采用 GC-IR 分析该样品［图 5-24（2）］，结合 IR 谱库鉴定结果，可以基本确定谱峰 9 和 19 为醛酮类化合物，谱峰 3 为酯类化合物，但具体结构无法确定。

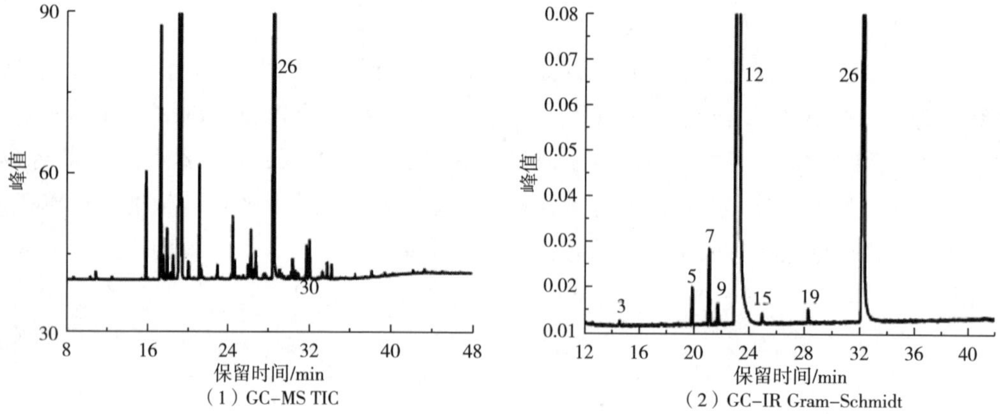

图 5-24　香精样品 1#的 GC-MS 的总离子流图（TIC）和 GC-IR 的 Gram-Schmidt 重建色谱图

图 5-25 结果表明，虽然 GC-MSNIST❶ 谱库和 GC-IR 都显示香精样品 2#中含有多个酯类化合物，但 GC-MS 对多个酯类化合物的同系物给出了匹配度相近的可能结果，单独通过 GC-MS 或通过 GC-IR 辅助 MS 难以准确鉴定酯类化合物同系物的结构。为此，通过 NIST 推荐的化合物的分子拓扑指数并结合定量结构-保留相关关系（QSRR）已建立的模型进行预测。结果表明，辛酸乙酯、十二酸乙酯、癸酸异戊酯和十五酸乙酯的预测保留时间与实验中 2、8、9 和 10 号峰的保留时间吻合度较好，进一步采用相应标准样品进行对比，最终确定预测结果与实际结果一致。

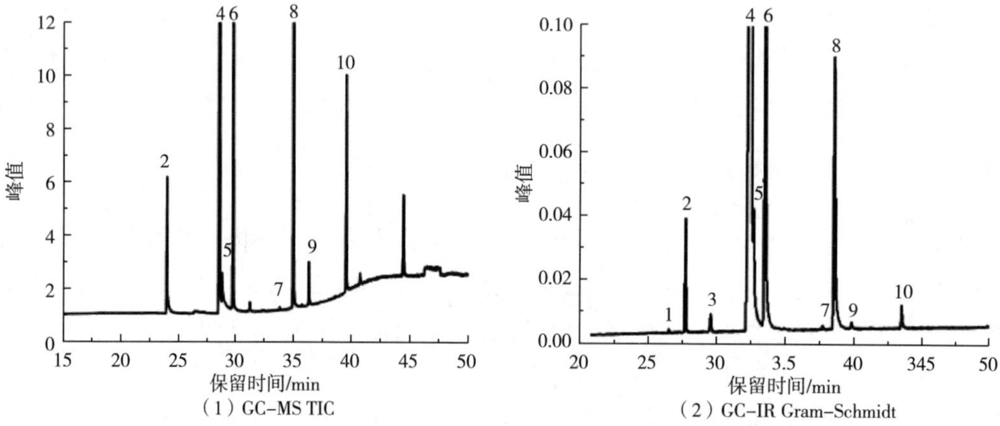

图 5-25　香精样品 2#的 GC-MS 的总离子流图（TIC）和 GC-IR 的 Gram-Schmidt 重建色谱图

❶ NIST：美国国家标准与技术研究所。——编者注

(三) 气相色谱-串联四极杆质谱联用

20 世纪 80 年代初，在传统的质谱学基础上，诞生了串联质谱这一新的技术。传统的单四极杆质谱仪没有多重反应检测（MRM）功能，在分析由多种化合物组成的背景复杂样品时，抗干扰能力比较弱。气相色谱-串联杆质谱（GC-MS/MS）具有高灵敏度和高选择性，能够为化合物的结构鉴定提供更加丰富的信息，同时也能够完成定量分析，尤其在组分复杂样品和微量/痕量样品的定量分析方面有极大的优势，已被广泛应用于刑侦、环境、生物等领域。近年来，其在香味物质分析领域的应用也逐渐增加。相对于普通的气相色谱-质谱联用仪，气相色谱-四极杆质谱属于高端产品，价格较贵，相对于飞行时间质谱，不具有高分辨定性方面的优势。

气相色谱-四极杆质谱仪主要由气相色谱单元和质谱单元组成。如图 5-26 所示。质谱单元主要包含离子源、第一级四极杆、六极杆碰撞反应池、第二级四极杆、检测器和真空系统。第一级四极杆用来选择前级离子，并将其发送到六极杆碰撞反应池中进行碎裂，然后通过第二级四极杆来扫描碎片离子（产物离子）。

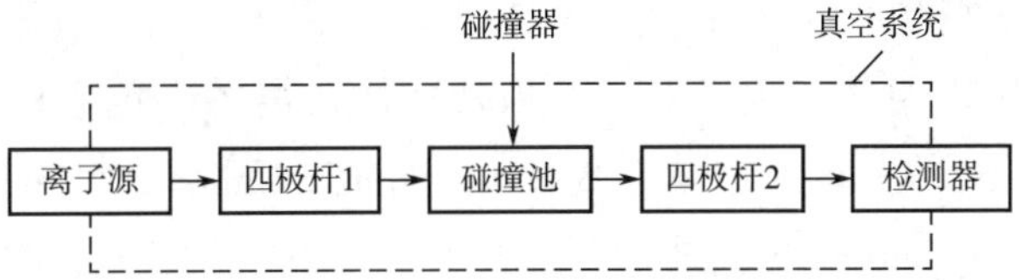

图 5-26　气相色谱-串联四极杆质谱仪质谱单元

(四) 气相色谱-离子迁移谱联用

离子迁移谱（IMS）根据不同离子迁移率的差异进行分离检测，具有检测速度快（ms 级）、检测限低至 ng~pg 级的优势，但存在电离室内离子-分子因发生相互作用而干扰检测的问题。气相色谱-离子迁移谱联用（GC-IMS），是将气相色谱的高效分离与离子迁移谱的痕量快速检测相结合，使复杂基质的样品先经过气相色谱初步分离，再进入离子迁移管进行二次分离及检测，从而克服了上述缺陷，可获得含有保留时间、漂移时间、信号强度的三维图谱。

与 GC-MS 相比，GC-IMS 在食品香味分析方面的优势如下：①检测限更低，灵敏度高，非常适于痕量组分分析；②无需真空系统，在大气压条件下工作；③样品无需复杂的浓缩富集即可进样检测，有利于保持风味物质的稳定性；④体积小，质量轻，功耗低，检测速度快（ms 级别），快于气相色谱-质谱许多倍，可用于现场快速检测。

三、高效液相色谱技术

（一）高效液相色谱法

高效液相色谱（HPLC）法是以高压下的液体为流动相，并采用颗粒极细的高效固定相的柱色谱分离技术。高效液相色谱法的原理是以液体为流动相，采用高压输液系统，将具有不同极性的单一溶剂或不同比例的混合溶剂、缓冲液等流动相泵入装有固定相的色谱柱，在柱内各成分被分离后，进入检测器进行检测。对于相对分子质量较大的物质、天然提取物中挥发性小的组分及热不稳定的物质，气相色谱不适用，而高效液相色谱法则特别有效。其优点是：①与许多低效能的经典柱色谱法相比较，它是快速的；②用作定量分析效果理想；③这个技术可以自动化，从而提高工作效率，故在香精油的分析研究中被广泛应用。

选择合适的固定相-溶剂配方，可用于正相（极性固定相，极性较小的溶剂）或反相（非极性固定相，极性较大的溶剂）色谱法。利用 C_8 或 C_{18} 填充物及甲醇或乙腈-水溶剂系统的反相方式是应用最广泛的。由于快速和可再现的特征，梯度洗脱（增加有机溶剂的量）一般用于反相的。

图 5-27 为使用正相分配色谱对芳基取代醇的分离图。色谱柱为 5～6μm 全多孔硅胶柱，涂渍 30%β，β'-氧丙二腈（BOP），如 ϕ3.2mm×250mm；流动相为用 BOP 饱和的正己烷，流量 1mL/min，柱前压 42.2MPa，柱温 27℃，进样量为 4μL 己烷溶液。

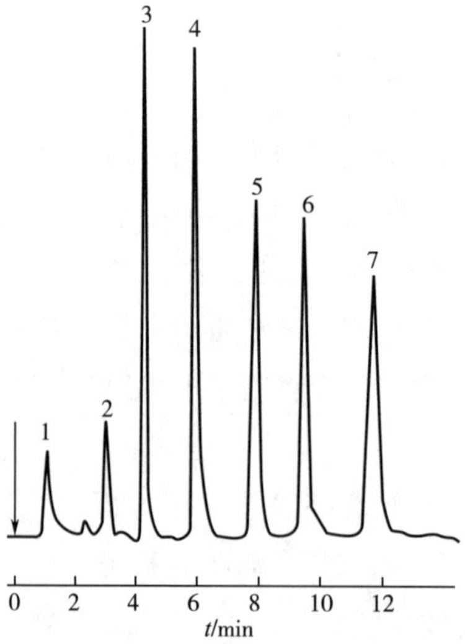

1,2—杂质；3—2-苯基-1-丙醇；4—2,6-二甲基苯酚；5—1-苯基-1-乙醇；6—3-苯基-1-丙醇；7—2-苯基-1-丙醇。

图 5-27　芳基取代醇的分离

图 5-28 为肉豆蔻醚和芳香醚的正相吸附色谱分离图谱。色谱柱为 PartisilPAC（10μm，ϕ4.6mm×250mm），流动相为5%（体积分数）庚烷溶液（B），（B）为5%（体积分数）四氢呋喃的庚烷溶液+60%（体积分数）1,2-二氯乙烷的庚烷溶液+5%（体积分数）乙酸乙酯的庚烷溶液三者的混合物，流量 3mL/min，用 UVD（280nm）检测。

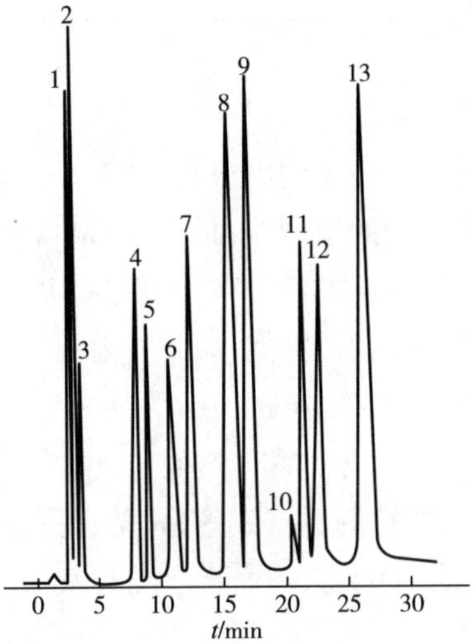

1—黄樟脑；2—反-异黄樟脑；3—茴香脑；4—肉豆蔻醚；5—反-异肉豆蔻醚；6—莳萝芹菜脑；7—石芹菜脑；8—甲基丁子香酚；9—反-甲基异丁子香酚；10—顺异榄香素；11—榄香素；12—反-异榄香素；13—细辛脑。

图 5-28 肉豆蔻醚和芳香醚的分离

图 5-29 为香草醛类香料萃取液反相色谱分离图谱。色谱柱为 Hypersil BDS（3μm，ϕ4mm×100mm），柱温 30℃。流动相 A 为 pH = 2.3 H_2SO_4；B 为乙腈；梯度洗脱程序见表 5-7。流量 0.8mL/min。用二极管阵列紫外吸收检测器（UV PDAD）检测，检测波长为 280/80nm，参比波长为 360/100nm。

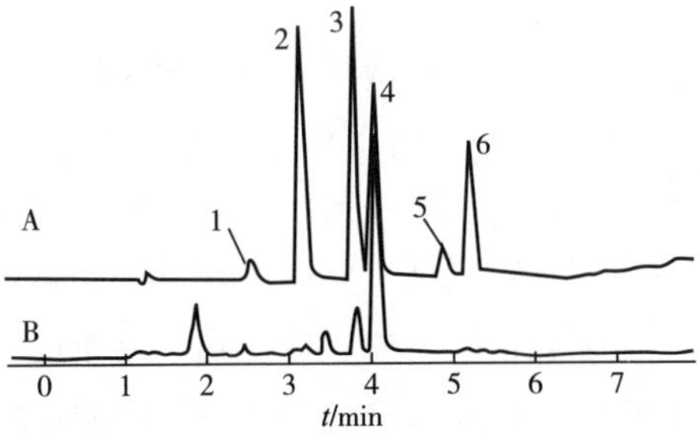

1—香草醇；2—羟基苯甲酸；3—香草醛；4—4-羟基苯甲醛；5—乙基香草醛；6—香豆素；A—标样；B—香草醛萃取液。

图 5-29 香草醛类香料萃取液的分析

表 5-7　　香草醛类香料萃取液的梯度洗脱程序

流动相	时间/min				
	0	3	4	6	7
B/%	10	40	40	80	90
A/%	90	60	60	20	10

（二）液相色谱鉴定方法

液相色谱法重要的功能之一是洗脱的组分容易按馏分收集，继而可以分批对这些组分进行离机鉴定。高效液相色谱中的检测器可以在样品各组分先后流出色谱柱时，对其离开色谱柱过程中的浓度变化转换成电信号传送到数据系统，一个理想的检测器应具有灵敏度高、重现性好、响应快、线性范围宽、适用范围广、对流动相流量和温度波动不敏感、死体积小等优点。检测器的基本类型可分为两种：一类是溶质性检测器，它可对被分离组分的物理或化学特性有响应，属于这类检测器的有紫外光度检测器（UVD）、荧光检测器（FLD）、蒸发光散射检测器（ELSD）等；另一类是总体检测器，它对试样和洗脱液总的物理或化学性质有响应，属于这类检测器的有液相色谱-质谱联用仪（LC-MS）等。

1. 可见紫外检测法

紫外光度检测器（UVD）是液相色谱仪中应用最广泛的检测器之一，适用于有紫外吸收的物质的检测，几乎所有的液相色谱仪都配有这种检测器，它的作用原理与结构同一般分光光度计相似，实际上就是装有流动相的紫外可见光度计，基于被分析试样组分对特定波长紫外光的选择性吸收，组分浓度与吸光度的关系遵守比尔定律。如图 5-30 所示为紫外光度检测器。

图 5-30　紫外光度检测器

优点：紫外光度检测器具有很高的灵敏度，最小检测浓度可达 10^{-9}g/mL。其特点是灵敏度较高，线性范围宽，噪声低，适用于梯度洗脱，对强吸收物质检测限可达 1ng，检测后不破坏样品，可用于制备，并能与任何检测器串联使用。

局限性：流动相的选择受到一定限制，具有一定紫外吸收的溶剂不能作流动相，每种溶剂都有截止波长，当小于该截止波长的紫外光通过溶剂时，溶剂的透光率降至 10% 以下，因此，紫外吸收检测器的工作波长不能小于溶剂的截止波长。

2. 荧光检测法

荧光检测器（FLD）是一种很灵敏和选择性好的检测器，适于具有荧光的物质的检测，特别是具有对称共轭结构的有机芳香环分子受紫外光激发后，能辐射出比紫外光波长较长的荧光，其中某些不发射荧光的物质也可通过化学衍生转变成能发出荧光的物质而得到检测。近年来，采用激光作为荧光检测器的光源而产生的激光诱导荧光检测器极大地增强了荧光检测的信噪比，因而具有很高的灵敏度，在痕量和超痕量分析中得到广泛应用。如图 5-31 为荧光检测器。

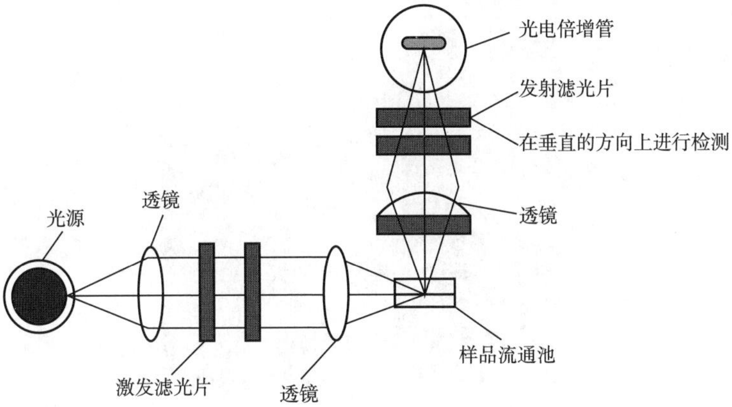

图 5-31 荧光检测器

优点：荧光检测器其最小检测浓度可达 0.1ng/mL，可用于痕量分析；荧光检测器的灵敏度比紫外检测器约高 2 个数量级。

局限性：荧光检测器线性范围不如紫外检测器宽。

3. 蒸发光散射检测法

蒸发光散射检测器（ELSD）是一种质量检测器，是基于不挥发的样品颗粒对光的散射程度与其质量成正比而进行检测，对没有紫外吸收、荧光或电活性的物质以及产生末端紫外吸收的物质均能产生响应，并在没有标准品和化合物结构参数未知的情况下检测未知化合物。近年来，ELSD 越来越多地作为通用型检测器用于高效液相色谱中。蒸发光散射检测器如图 5-32 所示。

优点：稳定性好，灵敏度高；与紫外和荧光检测器相比，ELSD 的响应不依赖于样品的光学特性，任何挥发性低于流动相的样品均能被检测，不受其官能团的影响。

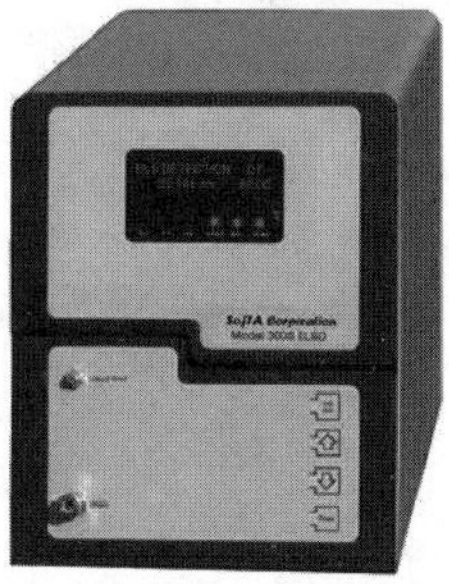

图 5-32 蒸发光散射检测器

局限性：ELSD 检测器通常对脂质类的化学性质不太敏感，其响应变化是由散射光引起的；当与全面的色谱设置结合使用时会导致分辨率和灵敏度的损失，并且需要非常仔细的校准范围选择才能进行定量分析。

4. 液相色谱-质谱联用

液相色谱（LC）优越的分离性能使得它的应用越来越广泛，但对于那些没有标准样品的物质来说，其定性分析就比较困难。液相色谱-质谱联用（LC-MS）是以液相色谱为分离手段，以质谱为鉴定工具的分析方法，它是继 GC-MS 基础上发展起来的又一个色谱-质谱联用技术，可对有机化合物中大约 80%的不能直接气化的物质进行分析，弥补了 GC-MS 应用的局限性。图 5-33 为液相色谱-质谱联用仪。

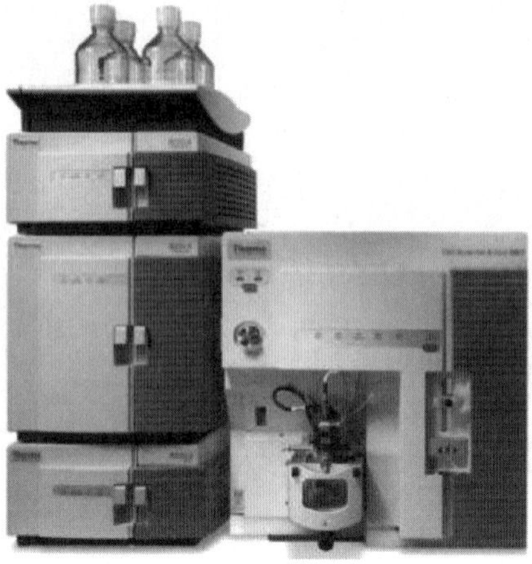

图 5-33　LC-MS 联用仪

（1）液相色谱-质谱联用仪工作原理　如图 5-34 所示，LC-MS 主要由液相色谱系统、接口、质量分析器（质谱仪）、离子检测器、真空系统和计算机处理系统组成。与 GC-MS 相同，LC-MS 的技术关键同样是色谱与质谱之间的接口。但 LC-MS 接口解决的是高流量的液相色谱流动相与高真空状态质谱仪之间的连接问题。当液相色谱的流动相直接进入质谱的高真空区（10^{-5}Torr，1Torr = 133.32Pa）时会严重破坏质谱的高真空系统，因此，LC-MS 接口一般具有使流动相气化并分离除去的作用，并常能完成样品分子的电离工作。

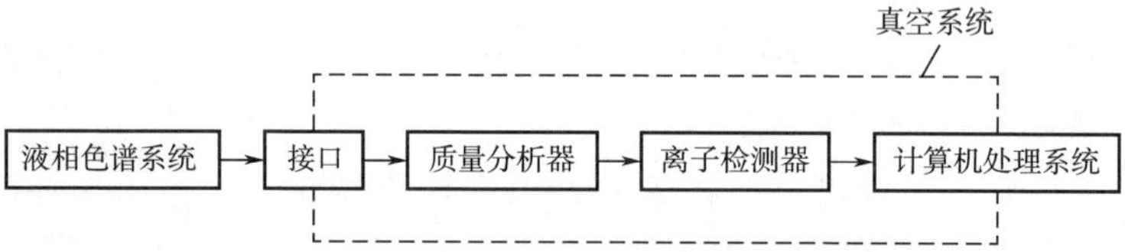

图 5-34　LC-MS 组成图

（2）API 接口　API 目前是 LC-MS 主要采取的接口技术，它是一种在大气压下将溶液中的分子或离子转化成气相中离子的接口，包括电喷雾电离（ESI）和大气压化学电离（APCI）两种。

①电喷雾电离（ESI）：如图 5-35 所示为 ESI 的电离过程。样品流出毛细管喷口后，在雾化气 N_2 和强电场（3~6kV）作用下，溶液迅速雾化并产生高电荷液滴。随着液滴的挥发，电场增强，离子向液滴表面移动并从表面挥发，产生单电荷或多电荷离子。通常小分子产生 $[M+H]^+$或 $[M-H]^-$单电荷离子，生物大分子产生多电荷离子，由于质谱仪测量的是质荷比，因而测定的生物大分子的质量数高达几十万。

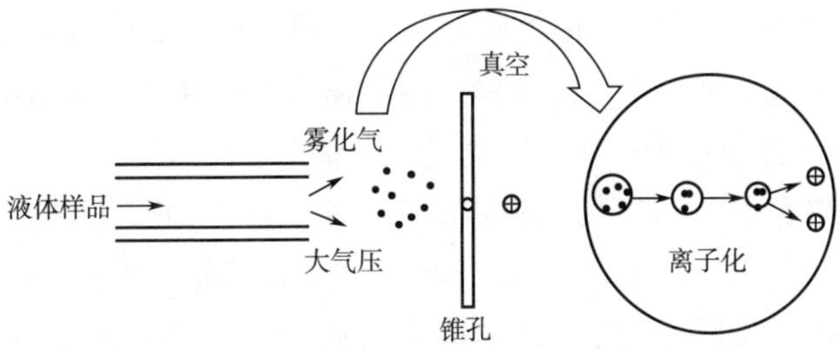

图 5-35 电喷雾电离（ESI）示意图

ESI 是“很软”的电离，适于分析任何在溶液中能预先生成离子的极性化合物，包括热不稳定的极性化合物、蛋白质和 DNA 等生物大分子。ESI 预先生成白离子也包括加合离子，如［M+Na］$^+$或［M+K］$^+$。通过调节离子源的电压，可打制离子的断裂，给出更准确的结构信息。

②大气压化学电离（APCI）：如图 5-36 所示，为一种 APCI 的示意图。样品流出毛细管后仍由 N_2 流雾化到加热管中被气化，由加热管端的 Corona 尖端放电产生的自由电子轰击溶剂分子和空气中的 O_2、N_2、H_2O 得到初级离子，然后样品分子与这些初级离子通过氢质子交换，形成［M+H］$^+$或［M-H］$^-$，并进入质谱仪。正离子模式下，APCI 电离的典型反应。在负离子模式下，样品分子的准分子离子为［M-H］$^-$，它一般是通过与 OH^-争夺质子形成的。

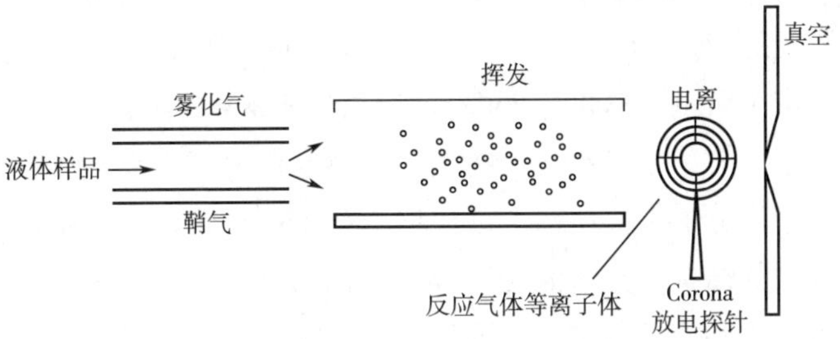

图 5-36 大气压化学电离（APCI）示意图

注：鞘气为质谱中用来雾化、去溶剂的气体。

APCI 也是很软的电离，只产生单电荷峰，适合测定具有一定挥发性的中等极性和弱极性的小分子化合物，化合物的相对分子质量一般不超过 2000。对于具有一定挥发性但在 ESI 中不易离子化或 ESI 离子化时检测器响应较差的物质，可选用 APCI。

与 ESI 相比，APCI 常用且适用性强，对液相色谱流动相所用溶剂、流速的依赖性较小，能适应高流量的梯度洗脱及高低水溶液变换的流动相，不受大部分实验条件微小变化的影响。可通过调节离子源电压，得到不同断裂的质谱图和结构信息。

（3）质量分析器　类似于 GC-MS，LC-MS 中常用的质量分析器也为四极杆、离子阱、飞行时间等。近年来四极杆-飞行时间质谱（Q-TOF）与液相色谱（LC）或超高效液相色谱（UPLC）联用，因良好的全质量范围检测灵敏度、快速数据采集、良好的质量准确性，被研究者成功地应用于如酱油、酵母抽提物等食品的呈味肽分析鉴定。

Q-TOF 具有如下优势：①可在宽质量范围内获得很高分辨率，区分质荷比相近的离子，并得到质量误差在 10^{-6} 以内的精确质量数；②能够获得准确的同位素峰形分布，用于辅助计算化合物分子式；③兼具质谱（MS）和二级质谱（MS/MS）功能，可实现母离子和子离子的精确质量同时测定；④质量范围宽，既可用于小分子化合物的精确定性与定量，也可用于大分子如蛋白质和多肽的研究。

（4）LC-MS 对液相色谱的要求　为了适应检测要求，LC-MS 中的液相色谱流动相的流速一般较低，同时为缩短分析时间，应使用较短的色谱柱。选用的流动相组成（缓冲液种类、浓度等）和流速大小要适应接口使用，对流动相的常见要求是不允许有难挥发的盐类（如磷酸盐），以防止形成沉积堵塞毛细管，影响仪器的检测和寿命，但可用甲酸、氨水等调节流动相 pH。流动相的组成还会影响离子化效率，从而对检测灵敏度有很大的影响，具体视待测样品分子而定。

（5）LC-MS 的技术特点　随着联用技术的日趋成熟，LC-MS 日益显现出优越的性能。LC-MS 的技术优势主要表现在以下几个方面：①正、负离子化 API 的两种离子化形式（APCI 和 ESI），都可通过改变电离电压的极性，使样品分子选择地生成正离子或负离子，从而得到两张不同的质谱图，有利于结构鉴定。②图谱简化但结构信息丰富。API 属于软电离技术，主要生成准分子离子和加合离子，图谱解析简单，可方便地获得相对分子质量信息，还可采用碰撞诱导裂解（CID）技术，将特定的分子离子断裂，给出碎片信息，进行二级质谱（MS/MS）分析。③多种扫描类型、分析速度快。LC-MS 可在全扫描、选择离子监测（SIM）、选择反应监测（SRM）等扫描方式下工作，无需将样品进行完全的色谱分离，定量测定可在很短的时间内完成，实现了高通量分析。全扫描可获得样品中每个组分的全部质谱，可根据总离子流色谱图、质谱图、提取离子色谱图，鉴定未知化合物的结构或分析混合物样品中的每一个组分。SIM 是对某个特定的离子进行监测的技术，得到质量色谱图，可分析复杂样品中痕量组分。SRM 是利用多级质谱监测一个或多个特定的离子反应，如离子碎裂、中心碎片丢失等，其特点是可针对两组特定的相关性离子选择性测定，更加快速地分析复杂样品中的痕量组分，获得更专属性的信息。④检测限低，MS 具备高灵敏度，它可以在<10～10g 水平下检测样品，通过选择离子监测或选择反应监测模式，其检测能力还可以提高一个数量级以上。

（6）LC-MS 应用实例

实例一：人参冰酒的 LC-MS 定性分析与 HPLC 含量测定

色谱条件：Sigma HPLC Column C_{18} 色谱柱（500mm×3.0mm，2.7μm）；流动相 A 为 0.1%（体积分数）甲酸水，B 为乙腈；洗脱条件：0～10min［5%（体积分数）B］，10～15min［10%（体积分数）B］，15～18min［15%（体积分数）B］，18～20min［20%（体积分数）B］，20～21min［25%（体积分数）B］，21～22min［30%（体积分数）B］，22～25min［30%～35%（体积分数）B］，25～30min［35%（体积分数）B］，

30~35min [40%~60%（体积分数）B]，35~38min [60%~80%（体积分数）B]，38~40min [80%~100%（体积分数）B]，40~45min [100%（体积分数）B]，45~50min [100%~5%（体积分数）B]，50~60min [5%（体积分数）B]；流速 0.2mL/min；进样量 5μL；柱温 30℃。

质谱条件：四极杆静电场轨道阱高分辨质谱，电喷雾离子源（ESI）正、负离子模式检测，干燥气温度 350℃，鞘气流速 4×10^6Pa，辅助气流速 1×10^6Pa，辅助气温度 300℃，Fullscan-ddMS2 扫描模式，分辨率 70000FWHM，质量扫描范围 m/z150~2000。

定性分析：在正、负离子模式下采集的人参冰酒总离子流图如图 5-37 所示。在负离子模式下，共鉴定出的物质成分明显多于正离子模式下。

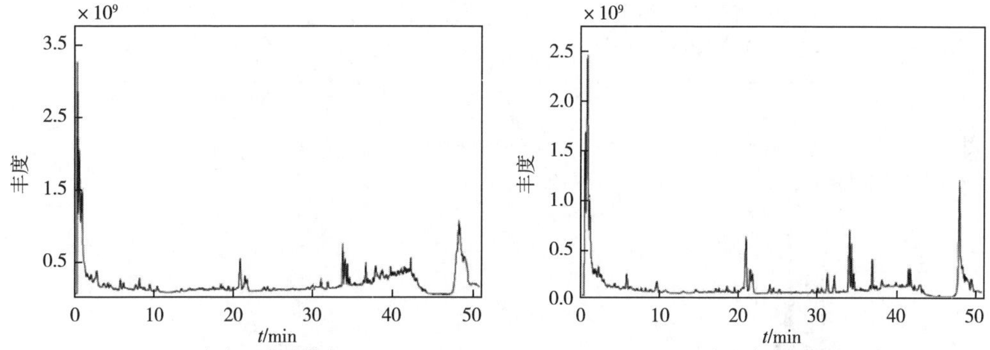

（1）正离子模式　　（2）负离子模式

图 5-37 人参冰酒 LC-MS 正、负离子模式下的总离子流图

实例二：金蝉花核苷类成分的 LC-MS 定性分析与 HPLC 含量测定

供试品溶液的制备：精密称取金蝉花粉末（过 50 目筛）0.20g，置于具塞锥形瓶中，加入 10mL 超纯水，超声提取（300W，40kHz）30min 后过滤，定容至 10mL 容量瓶中，过 0.45μm 微孔滤膜，即得。

色谱条件：SupersilAQ-C_{18} 色谱柱（250mm×4.6mm，5μm）、ODS3 预柱（10mm×4.6mm，5μm）；流动相：甲醇（A）-0.2%（体积分数）醋酸水（B）；梯度洗脱：0~10min 为 0%（体积分数）A，10~20min 为 0%~5%（体积分数）A，20~30min 为 5%~15%（体积分数）A，30~40min 为 15%（体积分数）A，40~50min 为 15%~20%（体积分数）A；流速为 0.5mL/min，柱温为 25℃，检测波长为 260nm，进样量为 10μL。

质谱条件：电喷雾离子源，正离子模式；鞘气流速 10.5L/min；辅助气 1.5L/min；喷雾电压 4.5kV；毛细管温度 325.00℃；毛细管电压-30.00V；透镜电压-120.00V；质量扫描范围 m/z50.00~500.00。

定性分析：根据各色谱峰的质荷比（m/z）、保留时间（t_R）、紫外特征、分子离子峰及主要碎片峰信息，参照结合相关文献、SciFinder 和化学专业数据库等天然产物数据库收录的天然产物，对 HPLC 图谱进行峰归属分析，初步鉴定出 13 个核苷类成分为胞嘧啶、腺嘌呤、鸟嘌呤、*N*6-（2羟乙基）腺嘌呤、脱氧胞苷、次黄嘌呤、尿苷、脱氧肌苷、脱氧尿苷、肌苷、鸟苷、腺苷和*N*6-（2-羟乙基）腺苷。金蝉花核苷类成分的紫外光谱（UVS）和质谱总离子流图见图5-38，13个化合物的质谱数据见表5-8。

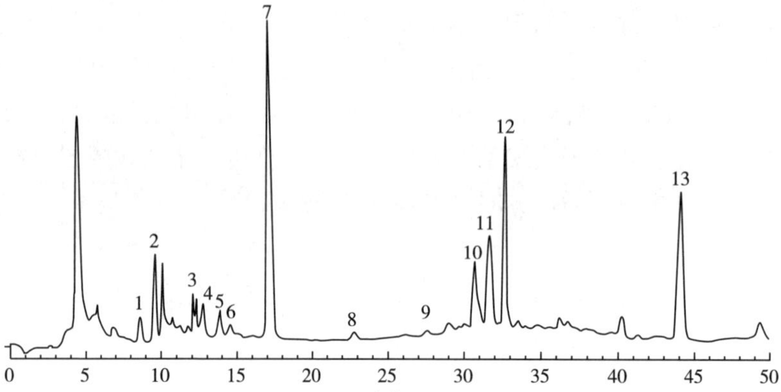

（1）紫外光谱

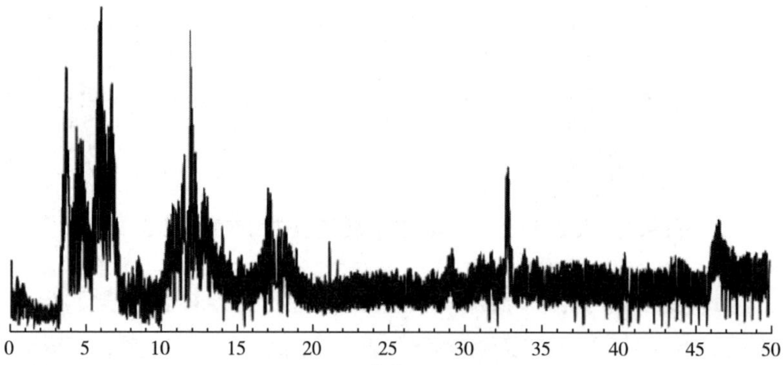

（2）总离子流图

图5-38 金蝉花样品紫外光谱及总离子流图

表5-8 金蝉花核苷类成分HPLC-MS定性分析结果

编号	保留时间/min	准分子离子[M+H]$^+$质荷比	裂解碎片质荷比	化合物归属
1	8.73	112.82	102.92，98.53	胞嘧啶（cytosine）
2	10.19	136.31	119.00	腺嘌呤（adenine）
3	12.48	152.18	134.85，151.91	鸟嘌呤（guanine）
4	13.00	181.97	165.50，136.00	*N*6-（2-羟乙基）腺嘌呤 [*N*6-（2-hydroxyethyl）adenine]
5	14.39	228.13	208.93，210.01	脱氧胞苷（deoxycytidine）
6	14.62	136.01	118.84，116.92	次黄嘌呤（hypoxanthine）

续表

编号	保留时间/min	准分子离子[M+H]$^+$质荷比	裂解碎片质荷比	化合物归属
7	17.10	245.16	112.9	尿苷（uridine）
8	22.70	252.69	192.25	脱氧肌苷（deoxyinosine）
9	27.92	229.14	210.84，130.92	脱氧尿苷（deoxyuridine）
10	30.84	268.51	136.95	肌苷（inosine）
11	31.78	284.07	151.97	鸟苷（guanosine）
12	32.76	268.03	135.89，31.94	腺苷（adenosine）
13	44.13	311.3	180.00，162.11	*N*6-（2-羟乙基）腺苷[*N*6-（2-hydroxyethyl）adenosine]

四、填充柱超临界流体色谱技术

如图5-39所示，填充柱超临界流体色谱（SFC）是指以超临界流体为流动相，以固体吸附剂（如硅胶）或键合到载体上的高聚物为固定相的色谱。SFC的分离原理和气相色谱（GC）以及液相色谱（LC）类似，即基于各化合物在两相间的分配系数不同而达到分离。目前最广泛应用的是超临界CO_2流体色谱，这是因为CO_2的临界温度（31.08℃）接近室温，临界压力（7.38MPa）不高，可在接近室温和不高的压力条件下进行操作。另外，CO_2无毒、不易燃、无化学腐蚀性，因此，以它作为流动相是首选。

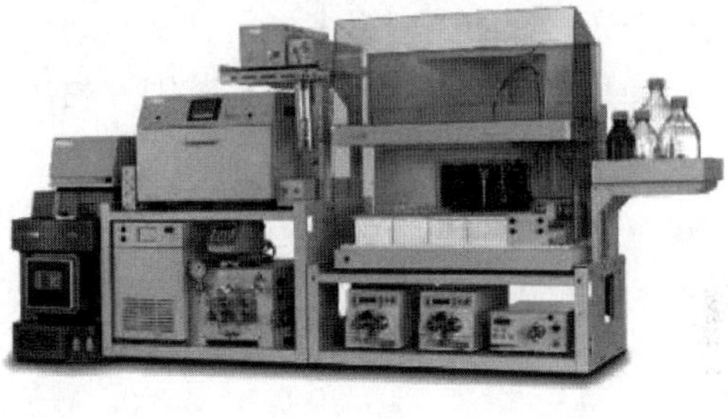

图5-39 填充柱超临界流体色谱仪

填充柱超临界流体色谱仪具有以下特点：①流动相的扩散速率、传质速率均比HPLC高；平衡速度快，平衡时间一般2~3min；②流动相黏度小，柱压降低，允许更高的流速；还可实现多柱的序列分离，大幅缩短分离时间；③超临界CO_2作为流动相，绿色环保、分离成本低；流分收集后无需浓缩，后处理简单；④可和许多检测器联用，如氢火焰离子化检测器、紫外检测器、质谱（MS）、傅立叶变换红外光谱等。

五、紫外光谱技术

1. 紫外光谱的工作原理

紫外-可见吸收光谱是物质中分子吸收200~800nm光谱区内的光而产生的。这种分子吸收光谱产生于价电子和分子轨道上的电子在电子能级跃迁（原子或分子中的电子总是处在某一种运动状态之中。每一种状态都具有一定的能量，属于一定的能级。这些电子由于各种原因如受光、热、电的激发而从一个能级转到另一个能级，称为跃迁）。当这些电子吸收了外来辐射的能量，就从一个能量较低的能级跃迁到一个能量较高的能级。因此，每一跃迁都对应着吸收一定的能量辐射。

具有不同分子结构的各种物质，有对电磁辐射显示选择吸收的特性。吸光光度法就是基于这种物质对电磁辐射的选择性吸收的特性而建立起来的，它属于分子吸收光谱，跃迁所吸收的能量符合波尔定律。

2. 紫外吸收光谱仪的组成及作用

紫外吸收光谱仪是紫外可见光谱仪中用途较广的一种，其主要由光源、单色器、吸收池、检测器以及数据处理和记录（计算机）等部分组成。利用紫外-可见光谱法可用于物质的定性分析、结构分析和定量分析，而且还能测定某些化合物的物理化学参数，如摩尔质量、配合物的配合比例和稳定常数、酸碱电离常数等。

图 5-40 紫外吸收光谱仪

紫外或可见光谱的获得是通过紫外或可见分光光度计来完成的。国内外紫外或可见分光光度计的类型很多，但其基本结构及原理是相同的，只是在扫描范围、扫描方式、精度、数据处理等方面互有差别。紫外可见分光光度计的基本组成部件有光源、单色器（分光系统）、吸收池、检测器和测量信号的显示记录系统。紫外吸收光谱仪如图 5-40 所示。

六、质谱技术

质谱法（MS）是通过对样品的分子电离后所产生的离子的质荷比及其强度的测量来进行成分和结构分析的一种仪器分析方法。1942 年第一台商品质谱仪出现至今已有 60 多年的历史，早期的质谱仪主要用于测定相对原子质量、同位素的相对丰度，以及研究电子碰撞过程等物理领域。20 世纪 60 年代末，色谱-质谱联用技术的出现与日趋完善，使气相色谱法具备了高效能分离混合物的特点，大幅提高了质谱仪器的效能。目前质谱法广泛应用于电子、食品、医药、化工、分子等领域。

1. 质谱法分类

按照所用质量分析器不同，质谱仪可以分为双聚焦质谱仪、四极杆质谱仪（由四根平行的棒状电极组成而得名）、离子阱质谱仪、傅立叶变换质谱仪等。根据用途可分为同位素质谱仪（测定同位素丰度）、无机质谱和有机质谱等。

2. 质谱仪构造及基本原理

如图 5-41 所示，质谱仪器一般是由样品进样系统、离子源、质量分析器、检测器、数据处理系统等部分组成。

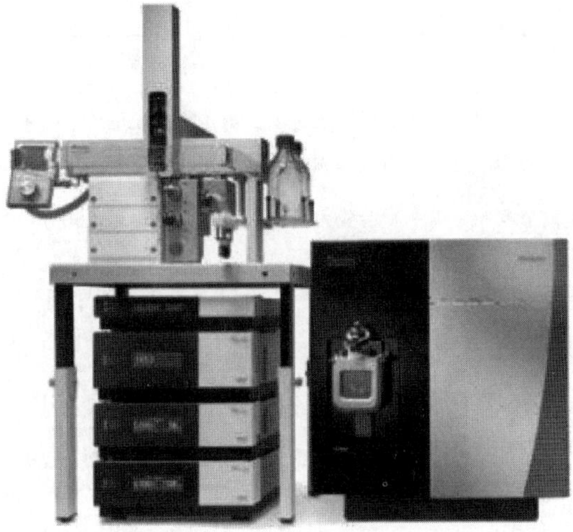

图 5-41 质谱仪

质谱的检测对象主要是有机物和生命活性物质，需要用到一些比较特殊［相对于原子发射光谱（AES）激发源］的电离源。这些电离源可分为 4 类，即电子轰击电离（EI）、化学电离（CI）、解吸电离（DI）、喷雾电离（SI）等（表 5-9）。由离子源产生且在质谱中出现的阳离子一般有 8 种（表 5-10）。

表 5-9 常见的用于有机物分析的质谱电离源表

电离源	离子化试剂	适宜样品
电子轰击电离（EI）	电子	气态样品
化学电离（CI）	气体离子	气态样品
解吸电离（DI）	光子，高能粒子	固态样品
喷雾电离（SI）	高能电场	热溶液

表 5-10 常见的 8 种阳离子类型

类型	适宜样品
分子离子	有机分子经电子轰击后，失去一个电子形成的离子，即为分子离子，记作 M^+
准分子离子	准分子离子常由软电离产生，一般为［$M+H$］$^+$、［$M-H$］$^-$
同位素离子	除 P、F、I 外，组成有机化合物的常见的十几种元素，如 C、H、N、S、O、Cl 等都有同位素，由于质谱仪的灵敏度高，因此在质谱图上也会出现一个或多个重质同位素组成的分子形成的离子峰，成为同位素峰
单纯裂解离子	分子离子或其他碎片离子经键的开裂，失去一个自由基或中性分子后形成的离子
重排裂解离子	质谱中发生重排裂解反应生成的离子
络合离子	在离子源中，分子离子与未电离的分子相互碰撞，发生二级反应，形成络合离子

续表

类型	适宜样品
亚稳离子	质谱中一般离子峰不管是强还是弱，都是很尖锐的峰。但有时会出现个别极弱但是很宽的峰，峰形凸起、凹落或平缓，其质荷比非整数，这种峰称为亚稳离子峰
多电荷离子	在电离过程中，有些化合物可能失去两个或两个以上电子，生成多电荷化的色谱联用仪离子

3. 质谱分析法的特点

（1）分析范围广　质谱分析可对气体、液体和固体等直接进行分析。

（2）灵敏度和分辨率高　高分辨质谱分析可测定微小的质量和微小的质量差值，质量小到10~24g（1个原子质量单位）都能分辨得相当清楚，两个粒子间的质量差值为几十万分之一克就可分辨得很好。它可以精确地测定样品分子的摩尔质量，推测样品的化学式、结构式乃至同位素的丰度比。

（3）用样量少，分析速度快　质谱分析时的样品一般只需1mg左右，极限用样量仅为几微克。完成一个样品的分析过程只需几分钟。

质谱分析也有局限性，例如，对高摩尔质量有机化合物的测定还有困难。质谱仪是大型复杂的精密仪器，价格比较昂贵，操作条件需要高真空，因此造成使用和维护方面的困难等。尽管如此，质谱分析法仍具有其他谱学方法所不能及的独到之处。

七、红外光谱技术

红外光是波长在0.75~1000pm的电磁波。红外光按照波长分为3个区域，即近红外区［0.75~2.5μm，13300~4000cm^{-1}（倍频区）］、中红外区［（2.5~25μm，4000~200cm^{-1}（基频区）］、远红外区［（25~1000μm，200~10cm^{-1}）］。近红外区主要用来研究—OH、—NH及C—H伸缩振动的倍频吸收所形成的光谱（近红外光谱），特别适用于各种官能团的定量分析。图5-42为红外光谱仪。

红外吸收光谱又称分子振动转动光谱，也是一种分子吸收光谱。当样品受到频率连续变化的红外光照射时，分子吸收了某些频率的辐射，并由其振动或转动运动引起偶极距的变化，产生分子振动能级和转动能级从基态到激发态的跃迁，使相应于这些吸收区域的透射光强度减弱。记录红外光的百分透射比与波数或波长关系的曲线，就得到红外光谱。红外光谱分析对气体、液体、固体样品都可以测定，具有用量少、分析速度快、不破坏试样等特

图5-42　红外光谱仪

点。红外光谱已成为现代分析化学和结构化学不可缺少的工具。

1. 红外光谱仪的分类

常用的中红外光谱仪分为色散型和干涉型两种类型。色散型红外光谱仪采用棱镜或光栅等色散原件与狭缝组成单色器，把光源发出的连续光谱分开，然后用检测器测出不同频率处化合物的吸收情况。干涉型红外光谱仪即傅立叶变换红外光谱仪，光源发出的红外辐射，经过干涉仪转变成干涉图，经过试样后得到含试样信息的干涉图，由电子计算机采集，并经过快速傅立叶变换，得到吸收强度或透光率随频率或波数变化的红外光图谱。

2. 红外光谱与分子结构的关系

（1）分子振动的分类　一个分子原子和化学键的振动频率，决定于原子的质量和大小以及化学键的长度和强度，同时也与分子周围的环境有关。一般来说，分子的振动分为伸缩振动和变形振动两大类，前者是分子中原子沿键轴方向的振动；后者是分子中原子垂直于键轴方向的振动，振动时键角发生变化或分子的原子团对其余部分做相对运动。

（2）特征频率　一种化合物在红外光谱仪中可以得到一张红外光图谱，如果把许多分结构相同的化合物的红外光谱加以比较，就会发现，一定频率的吸收峰与分子中的某些特征官能团有关。也就是说，红外光谱中某些吸收峰的存在可以指示某一特征官能团的存在。通常把这种能代表某种官能团存在并有较高强度的吸收峰称为特征吸收峰，它所在的位置称为特征频率。

特征频率具有如下特点：不同化合物中，同种基团的吸收峰位置大致相同，不受分子其余部分的影响或影响较小；各种化合物中的官能团的特征频率位于 $4000 \sim 1300cm^{-1}$ 的区域，这个区域称为特征频率区；在此区域内振动频率较高，受分子其余部分影响小，因而具有明显的特征，这是进行官能团定性的主要依据。

$1300 \sim 400cm^{-1}$ 的区域称为指纹区。在此区域内，各种官能团的特征频率不具有鲜明的特征性，但受分子结构的影响较大，分子结构的微小变化，都会引起指纹区光谱的明显改变。这个区域的光谱好像这些化合物的指纹一样，用来研究分子的异构体。

（3）影响特征频率发生变化的因素　虽然各种化合物的官能团都具有特征的红外吸收谱带，其谱带的频率和强度受分子的其余部分的影响较小，但并不是没有影响，有时这种影响很强，使谱带的位置、强度、形态发生改变，因此使特征频率发生大小不等的位移，依据这些位移的规律，可进行化合物的鉴定。引起特征频率发生变化的因素主要有诱导效应、共轭效应、空间位阻效应、氧键的影响、溶剂的影响、样品状态的影响等。

3. 对样品的要求

（1）试样纯度应大于98%或符合商业规格　这样便于与纯化合物的标准光谱或商业光谱进行对照。多组分试样应预先用分馏、萃取、重结晶或色谱法进行分离提纯，否则各组分光谱互相重叠，难以解析。

（2）试样不应含水（结晶水或游离水） 水有红外吸收，与羟基峰干扰，而且会侵蚀吸收池的盐窗。所用试样应当经过干燥处理。

（3）试样浓度和厚度要适当 使最强吸收透光度在5%～20%。

八、核磁共振波谱技术

如图5-43所示，核磁共振（NMR）波谱是进行有机物分子结构、构型和构象的重要方法之一。核磁共振谱对于有机物结构的阐明，可以提供有用的数据，有时甚至能起到决定性的作用，它与元素分析、质谱、红外、紫外等方法配合成为研究有机化合物分子结构的十分有力的工具。目前应用的核磁共振谱有^{1}H核磁共振谱和^{13}C核磁共振谱两种，NMR技术发展最成熟、应用最广泛的是氢核共振，它可以提供有机化合物中氢原子所处的位置、化学环境、在各官能团或骨架上氢原子的相对数目，以及分子构型等有关信息，为确定有机分子结构提供重要依据。核磁共振波谱所应用的学科已从化学、物理扩展到生物、医学和食品等多个学科。

图5-43 核磁共振波谱仪

1. 核磁共振仪表征图谱特征的参数

在记录仪上记录的核磁共振谱的横坐标为化学位移，纵坐标为吸收强度，各组峰面积之比表示各基团中^{1}H核总数之比。核之间相互作用后使谱峰发生分裂的大小称为耦合常数，单位是Hz，以下是表征图谱特征的关键参数。

（1）化学位移 在同一射频场中，同一化合物中各种不同环境的^{1}H核或不同化合物中的^{1}H核的共振频率，并不在同一位置，而是随所处的化学环境不同，在不同的位置出现吸收峰，这种由于氢核的化学环境不同而产生的谱线位移称为化学位移，用δ表示。分子中不同官能团的^{1}H核的化学位移与其结构有关，因而利用这种关系可研究分子的结构。

影响化学位移的因素有电负性、局部屏蔽效应、磁各向异性效应、氢键效应、溶剂效度等。化学位移的产生及其在理论上的计算等，目前已经研究得相当深入，积累了很多数据，可作为解析核磁共振图谱的参考。但由于不同分子中不同^{1}H核的屏蔽效应十分复杂，以及其他因素的影响，使解析复杂图谱发生困难。在这种情况下，可用结构类似的化合物进行对照，也可用其他方法进行比较，以做正确的判断。

（2）耦合常数 在有机物的核磁共振谱中，如—CH_3、—CH的吸收峰都不是单峰，而是复峰。这种现象的出现是由—CH_3、—CH的氢原子核之间相互干扰所引起。这种邻近的复原子核之间的相互干扰称为自旋耦合。由于自旋耦合而引起的谱线增多的现象称为自旋裂分。其干扰强度的大小用耦合常数（J）表示。耦合常数和化学位移一样，是解析核磁共振谱的重要数据，对简单的自旋系统，可直接从图谱上测得。对于复杂的分子，图谱可能会变得拥挤且复杂，需要更复杂的数据处理和分析技术来提取有用的信息。这可能涉及使用计算方法，如密度泛函理论（DFT）或者核磁共振波谱拟合软件，以解析和解释这些图谱。由于耦合常数的大小与外加磁场强度无关，主要与连接^{1}H 核之间的键的数目有关，也与影响成键电子云的密度因素（如单键、双键、取代基的电负性以及分子的立体结构等）有关。因此，可根据耦合常数的大小及其变化的规律，推断分子结构。

2. 核磁共振谱的解析

核磁共振谱的解析是综合运用核磁共振图谱中的各种信息，对所测定的物质作出正确判断的一种技术，由于图谱的复杂性，往往给测定工作带来一定的困难。因此在解析核磁共振谱之前，应尽量对样品的来源、性质、分析的要求以及已有的实验数据和结果做详细的了解，这对于快速、准确地解析图谱十分有用。

核磁共振谱可以为化合物鉴定提供下列信息：

（1）磁核的类型　由化学位移来判别。如在氢谱中可判定甲基氢、芳氢、烯氢、醛氢等。

（2）磁核的化学环境　由耦合常数和自旋-自旋裂分来判别。如在氢谱中可以判定碳甲基是与—CH_2—相连还是与苯环相连接。

（3）各类磁核（如质子）的相对数量　如在氢谱中可通过峰面积或积分曲线显示各组质子的相对数量。

（4）核自旋弛豫时间　如 C 磁共振可以提供弛豫时间，并用于结构归属的指定、构象的测定以及窥测体系的运动状况。

（5）核间相对距离　通过核的极化效应，可以测得质子在空间的相对距离。

综合应用这些信息就可以对所测定样品进行结构分析和鉴定，确定其相对分子质量，也用于定量分析，但有时仅依据其本身的信息来对试样结构进行准确的判断是不够的，还要与其他方法相结合。

3. 核磁共振波谱技术特点

核磁共振波谱基础设备价格昂贵，维护专业性高，在发展中相较于其他方法表现出诸多技术特点：①自动化程度高，操作人员只需进行简单的缓冲溶液加入，即可上机检测；②对于生物样本的需求量小，仅要求数百微升；③在检测过程中，无需开盖，是一种无损检测；④检测时间短，一次体液的一维图谱大概仅需要十分钟时间；⑤一次检测可产出信息量丰富的图谱，这些图谱具有可追溯性和还原性；⑥所产生数据为定性和绝对定量数据，准确率高；⑦整体的操作有全球统一的标准操作步骤（SOP），稳定性高，可实现全球结果跨区域的数据交流合作。

第三节 香气香味检测技术

一、电子鼻技术

电子鼻（electronic nose）是一种新颖的分析、识别和检测复杂气味的仪器。与气相色谱、GC-MS等仪器的检测原理不同，电子鼻给出的不是被测样品中某种或某几种成分的定性、定量结果，而是样品气味的整体信息，也称“指纹”数据。它对气味的分析原理类似于人鼻，不仅可根据各种不同的气味检测到不同的信号，而且可将这些信号与经过“学习”和“训练”后建立的数据库中的信号加以比较，进行识别和判断。电子鼻对气味的敏感性很强，检测限可达10^{-9}水平，完全可与人鼻相比拟，且检测结果与人类感官评价结果具有很大的相关性。由于它独特的功能，电子鼻在化工、食品、环境、医药等多个领域都得到了极大的重视及应用。表5-11列举了一些商业化电子鼻产品。

表5-11 商业化电子鼻产品

名称	传感器序列	传感器数量/个	主要应用对象	厂商及国别
便携式香味检测仪	MOS	6/8	一般可燃性气体	美国
PEN2	MOS	10	食品、环境	GmbH公司（德）
Fox2000	MOS	6~18	一般可燃性气体	Alpha公司（法）
BH114	CP、MOS	16	一般可燃性气体	Leeds大学（英）
MOSES Ⅱ	CP、MOS	24	橄榄油、塑料、咖啡	Ubingen大学（德）
Aromascan	CP	32	食品、包装材料	路易发展公司（英）

（一）电子鼻工作原理

电子鼻的工作原理是建立在模拟人的嗅觉形成过程基础上的，图5-44和图5-45分别为人的嗅觉及电子鼻对气味的分析过程。通过比较可知，电子鼻与生物嗅觉十分相似，在功能上均包括了采样、气敏传感、信号传输及处理、识别4个模块。

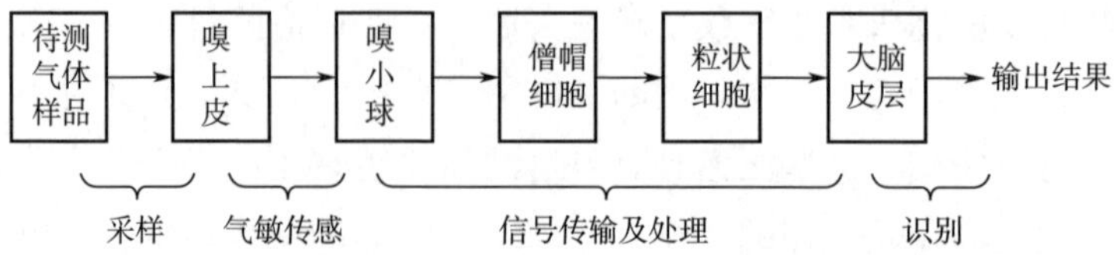

图5-44 嗅觉对气味的分析过程

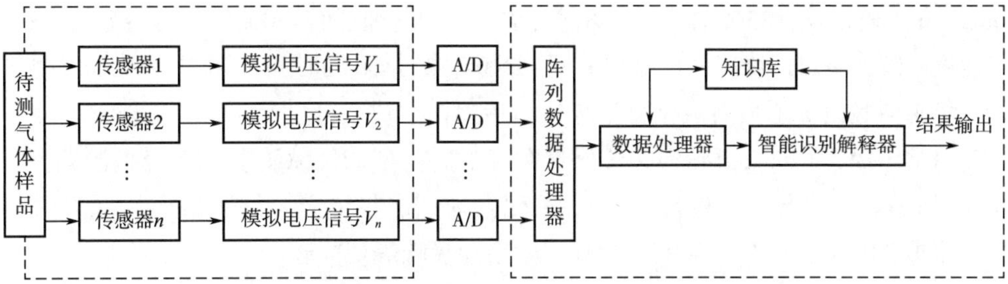

图 5-45 电子鼻对气味的分析过程

如图 5-46 所示，电子鼻主要由气体传输/采样系统、气敏传感器阵列、信号处理系统三部分组成。气体传输/采样系统相当于顶空取样装置，它是利用载气将样品顶部空间的气体输送到传感器阵列单元。气敏传感器阵列单元类似于人类嗅觉系统中的感受细胞，能够感知不同气体成分。这些传感器捕捉气体的特定化学成分或特征，并将这些信息转换成电信号。信号处理系统主要由计算机工作站完成。在功能上相当于人的大脑，具有分析、判断、智能解释的功能。

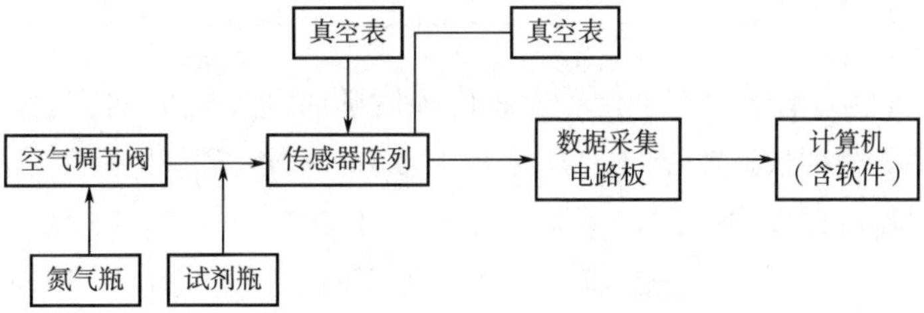

图 5-46 电子鼻的基本组成图

电子鼻的类型很多，它的工作程序一般包括如下三部分。

（1）传感器的初始化　利用真空泵把干燥的合成空气吸取至装有传感器阵列的小室中。

（2）样品测定与数据分析　采样系统把已初始化的传感器阵列曝露到气体中，当挥发性化合物（VOC）与传感器活性材料表面接触时，就产生瞬时响应。这种响应被记录，并传送到信号处理单元，通过与数据库中存储的大量 VOC 图谱进行比较，确定气味类型。

（3）清洗传感器　样品测完后，要用酒精蒸气“冲洗”传感器表面，以去除测完的气味混合物。在进入下一轮的测量之前，传感器仍要再次实行初始化，以达到基准状态。被测气体作用的时间称为传感器阵列的“响应时间”，清除过程及初始化过程所用的时间称为“恢复时间”。

（二）电子鼻在香料香精领域中的应用

实例一：利用电子鼻检测咖啡中的挥发性化合物

称取 0.500g 咖啡粉置于 10mL 顶空瓶中，载气：干燥洁净空气，气体流量：

150mL/min，进样量：2500μL，孵化温度：80℃，孵化时间：300s，注射器温度：90℃，搅拌速度：500r/min，数据采集延迟时间：210s，数据采集时间：90s，每个样品做 5 个平行。传感器是由 6 个金属氧化物半导体型传感器组成，分别是 T30/1、T70/2、PA/2、P30/2、LY2/AA、LY2/gCT，每个传感器对应不同类型的敏感物质电子鼻检测条件，如表 5-12 所示。该种方法总共鉴定了 43 种化合物，这些化合物包括醇类、酯类、醚类、酚类、酮类、醛类、烃类、呋喃、吡嗪、吡咯和咪唑等。

表 5-12　电子鼻传感器性能描述

传感器序号	传感器名称	传感器性能	敏感物质类型
1	T30/1	对有机化合物灵敏	极性化合物、氯化氢
2	T70/2	对芳香族化合物灵敏	甲苯、二甲苯、一氧化碳
3	PA/2	对有机化合物、有毒气体灵敏	乙醇、氨水、胺类化合物
4	P30/2	对有机化合物灵敏	氯化氢、酮
5	LY2/AA	对有机化合物灵敏	乙醇、丙酮、氨
6	LY2/gCT	对易燃气体灵敏	丙烷、丁烷

如图 5-47 所示为电子鼻 6 个传感器感应强度随时间变化的响应曲线，部分传感器强度响应值在检测初期快速改变（上升与下降），60s 后逐渐趋于平稳而达到一个稳定的状态。同时，明显可以看出一些传感器（T30/1、T70/2、PA/2、P30/2 和 LY2/AA）感应强度变化明显，传感器 LY2/gCT 感应强度变化不明显，这表明室温对照组咖啡并不产生易燃性烷烃相关的挥发性气体或者易燃性烷烃含量较低。因此，利用电子鼻部分传感器（T30/1、T70/2、PA/2、P30/2 和 LY2/AA）60s 的信号值分析原始数据。

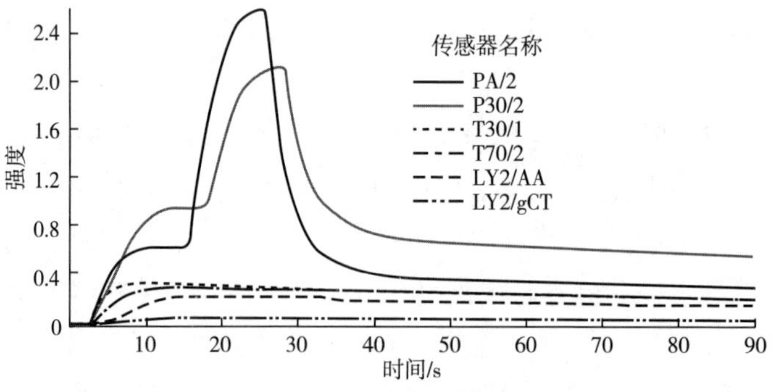

图 5-47　电子鼻 6 个传感器对未焙烤咖啡挥发性物质的响应图

如图 5-48 所示，各咖啡样品的多维感应强度在每个传感器的响应值都占用一条坐标轴，并和相邻坐标轴上的数据点连接起来，形成一个闭合回路，不同图例的闭合回路表示不同温度焙烤咖啡的香气轮廓。室温对照组咖啡通过传感器 T30/1、T70/2、PA/2 和 P30/2 明显能与其他（80、100、120、140 和 160℃）咖啡样品分开；各咖啡样品的香气轮廓存在明显差异，其中传感器 PA/2 和 P30/2 较明显，以上传感器对各样品的响应强度均差异显著（$P<0.05$）；虽然传感器 LY2/gCT 对各样品的响应强度有显著（$P<0.05$）变化，但各样品的挥发性组分中并无易燃性烷烃化合物，这说明传感器 LY2/gCT 对咖啡香气变化并无明显作用。因此，咖啡香气表型变化的识别只能提取除传感器 LY2/gCT 外其他传感器的信号值。

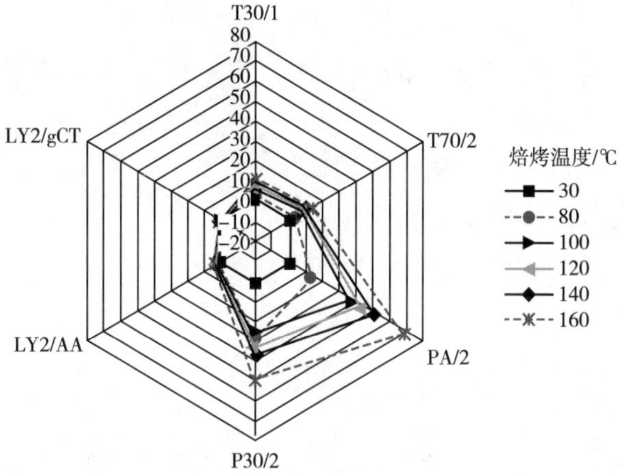

图 5-48 电子鼻 6 个传感器的感应强度雷达

实例二：基于电子鼻技术测定 6 种天然咖啡风味物质

如图 5-49 所示，利用电子鼻技术对常见的 6 种天然咖啡风味进行了测定。结果表明，不同咖啡的挥发性气味差异明显，而且此差异能在第一、第二主成分构成的平面上得以充分展示，这说明电子鼻技术能够对不同产地的咖啡气味进行有效区分，且具有辨别不同咖啡样品的能力。

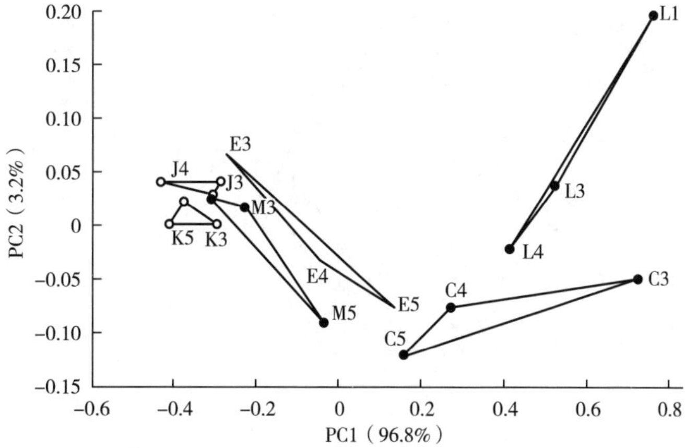

图 5-49 6 种咖啡主成分分析图

注：C—哥伦比亚咖啡；E—意式浓咖啡；J—爪哇咖啡；K—肯尼亚咖啡；L—越南咖啡；M—曼特宁咖啡。

二、电子舌技传术

电子舌，也称为味觉传感器或人工味觉识别技术，是以人类味觉感受机制为基础研究开发的一种新型现代化分析检测仪器。研究人员将电子舌定义为：由具有非专一性、弱选择性、对溶液中不同组分（有机和无机、离子和非离子）具有高度交叉敏感特性的传感器单元组成的传感器阵列，结合适当的模式识别算法和多变量分析方法对阵列数据进行处理，从而获得溶液样本定性定量信息的一种分析仪器。一种商品电子舌如图 5-50 所示。

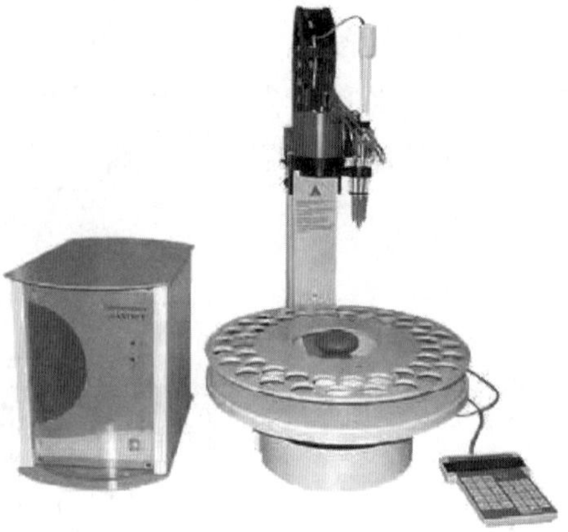

图 5-50　电子舌示意图

（一）电子舌在香料香精中的应用

实例一：基于电子舌技术的 10 个产地辣木籽风味感官评价

有人采用电子舌技术研究了印度传统品种、非洲品种和中国云南改良品种的 10 个产地辣木籽风味差异，并利用雷达图和主成分分析法（PCA）表征了感官质量数据（图 5-51 和图 5-52）。结果表明，雷达图呈现了不同品种辣木籽的气味和滋味响应强度的差异性；PCA 图说明了不同品种辣木籽的滋味存在有很大差异，而同一品种间滋味相近，且与雷达图分析结果相一致。

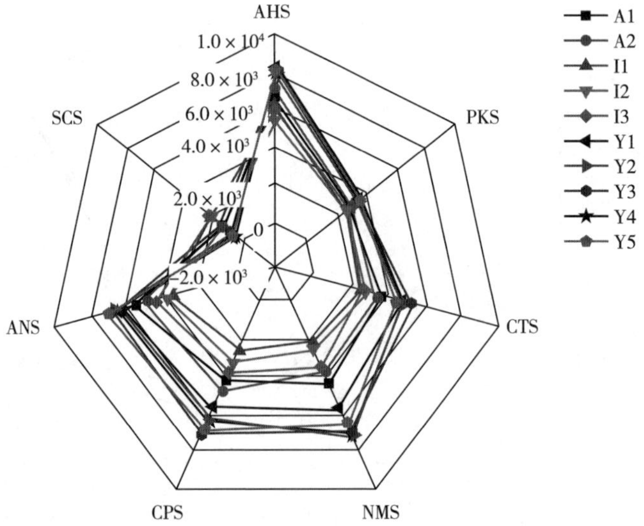

图 5-51　10 种辣木籽电子舌雷达图

注：SCS：苦味传感器；ANS：甜味传感器；CTS：咸味传感器；NMS：鲜味传感器；AHS：酸味传感器；PKS：复合传感器；CPS：复合传感器。

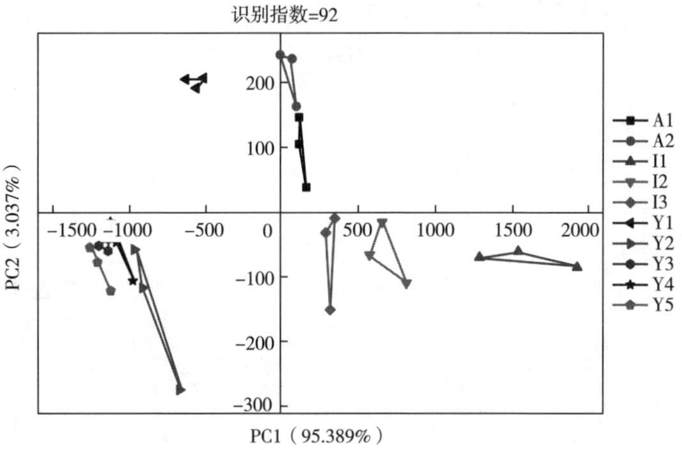

图 5-52 10 种辣木籽电子舌 PCA 图

实例二：基于质构仪与电子舌的甜柿口感品质综合评价

（1）电子舌滋味测定方法　去除甜柿果皮和髓心，选取 10 个果实的赤道部果肉切块混匀，称取 40g 置于料理机中，加 200mL 蒸馏水搅拌 30s，搅拌完毕后 3000r/min 离心 5min，过滤取上清液备用。采用 TS-5000Z 型味觉分析系统，配备 AAE、CAO、CTO、COO、AE1 和 GL1 共 6 个测试传感器，分别对鲜、酸、咸、苦、涩、甜味的敏感性进行测试。参比溶液为 30mmol/L KCl 与 0.3mmol/L 酒石酸的混合液，用于模拟口腔中只有唾液时的状态，故酸味的无味点为-13，咸味的无味点为-6，其他指标的无味点均为 0，以参比溶液的输出为零点，当样品的味觉值低于无味点时说明样品无该味道，反之则有。数据采集前，进行电子舌活化、初始化和校准，测试前后使用清洗液对传感器清洗和标准化，每个样品 4 次重复，为减少系统误差，仅选取后 3 次测量的传感器响应值用于统计分析。

（2）研究结果　在去除无味点以下的酸味、涩味及后味-B 等 3 组味觉指标后，绘制的箱形图如 5-53 所示。由图可知，甜柿样品间在咸味指标上的差异性最大，咸味强度极差值达到 6.83，其次为鲜味、甜味、丰富性和苦味，极差值分别为 5.21、2.51、2.01 和 1.66，而后味-A 的差异性较小，极差值仅为 0.7。由此可见，不同甜柿样品其滋味品质存在较大差异，主要体现在咸味、鲜味、甜味、丰富性和苦味等方面。

（二）电子舌的优缺点及未来发展

电子舌具有检测快速、灵敏、应用面广等多个优点，但价格昂贵、传感器的稳定性和检测重现性易受各种因素干扰，需要根据样品来选择适宜的传感器阵列及分析条件。电子舌与计算机科学、材料科学、仿生学、化学、生物学、信息科学的发展密切相关。在国际上电子舌被列为重要的研究课题，其中传感器是电子舌的关键核心技术。在未来的时间内，需研制便于实时检测的高灵敏度、高稳定性、寿命长、价格低的多种味觉传感器阵列，使电子舌技术能得到更广泛的应用。

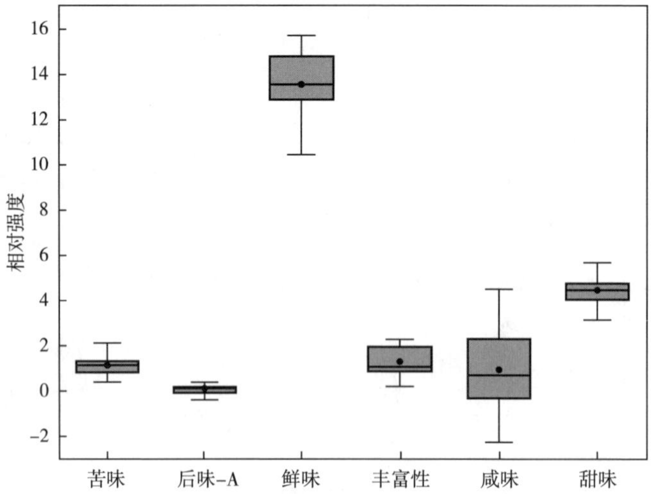

图 5-53　甜柿各滋味指标相对强度值的箱形图（$n=20$）

电子舌不能完全取代人工感官评价，因电子舌仅从单一角度进行滋味评定，而人工感官评价一般基于气味、滋味、色泽、组织状态等信息对产品做综合评价。因此，今后还应加强电子舌或电子鼻与其他分析仪器联用技术研究，以实现与人工感官评价相吻合的真正智能化风味评价。

重点与难点

（1）香料香精样品的预处理技术和方法。

（2）仪器分析基本原理、常用方法与技术。

（3）香气香味检测技术。

（4）仪器分析技术在香料香精分析中的应用。

思考题

1. 预处理技术的常见萃取方法有哪些？
2. 溶剂萃取法大致可分为几种萃取方式？
3. 气相色谱-质谱分析方法包括哪些参数？
4. 液相色谱-质谱分析方法的特点有哪些？
5. 对于香味物质结构鉴定，常用的仪器分析方法有哪些？
6. 电子鼻对气味分析的工作原理是什么？
7. 电子舌的优点与不足分别是什么？

第六章
香料香精缓控释技术

课程思政点

【本章简介】

本章对缓控释技术进行了系统的介绍和分类，包括微胶囊、微乳、多孔材料、包合物以及配合物缓控释技术，并对各类技术的制备方法、缓控释原理及在各个领域中的应用进行了详细阐述。

香料香精作为一种小分子气味物质，不仅可赋予产品特定香气和香味，还具有一定的抗菌、抗氧化能力，已被广泛应用于纺织品、食品、烟草等领域。然而其易挥发、易氧化、留香时间短的缺陷，很大程度上影响了香料香精在相关产品中的应用效果，降低了香料香精的产品质量。为顺应行业发展需求，设计高效的缓控释系统以控制高挥发性香料的缓慢或控制释放，从而提高香料香精的质量及利用率，已成为香料香精行业的重要研究领域。因此缓控释技术是香料香精质量控制的关键技术之一，也是提升香料香精行业自主创新能力的重要举措。

第一节　缓控释技术概述

一、缓控释技术简介

广义上讲，缓控释技术是指通过加工使某种活性物质的释放速率降低，释放周期延长，在产品的整个使用期都可以满足使用需求的技术。但狭义上对缓释技术和控释技术又各有其不同的定义。缓释技术主要指通过物理或化学方法使活性物质的释放速度较处理前更为缓慢的技术。活性物质浓度的变化如图 6-1 所示，与传统的贮藏方法相比，缓控释体系的活性物质可以在较长时间内保持在有效的浓度范围内，延长释放时间，提高作用效果。但其释放速率、方式和持续时间不能很好地被控制，受制备方式和环境条件的影响较大。缓释技术的高级形式为控释技术，是指通过各种机制与措施预先设定活性物质在环境中的释放模式，使其释放规律与环境变化相适应，从而一定程度地达到智能控制的目的。

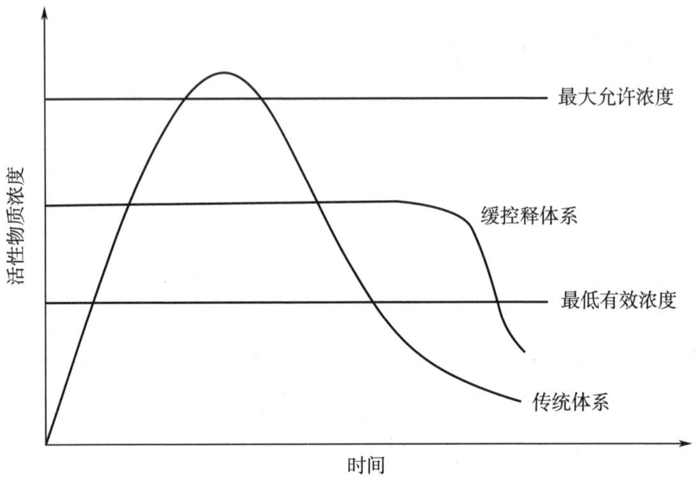

图 6-1　活性物质浓度变化示意图

缓控释系统具有以下优势：①保护活性物质：提高活性物质的稳定性，预防活性物质变质和损失；②赋予活性物质缓释、控释性能：可以使活性物质以特定的速率和模式释放（缓慢释放、控制释放），在较长时间内维持有效的活性物质浓度，从而提高活性物质作用的有效性；③降低挥发性：大部分活性物质中含有很多易挥发的组分，在空气中极易发生挥发损失。对活性物质的缓控释处理，可使活性物质挥发受到抑制，预防活性物质大量损失。

二、缓控释系统的分类

缓控释系统由活性物质和缓控释载体两个重要部分组成。根据活性物质和载体结合形式的不同，大致可将缓控释系统分为两类：化学结合型和物理结合型。

化学结合型是指将活性物质同载体材料通过化学键连接起来，应用时通过键基的断裂将活性物质释放出来。对于化学结合型缓控释系统来说，连接活性物质和载体化学键的选择很重要，其不仅能控制活性物质的释放与否，还能控制活性物质的释放速度。物理结合型是目前大多数缓控释系统携带活性物质的主要方式。在该系统中，活性物质和载体材料不发生化学反应，活性物质只是溶解、分散、包埋在载体材料中，从而对活性物质的快速释放起阻碍作用。目前，大部分缓控释系统是化学和物理共同结合的作用。

1. 微胶囊

(1) 化学结合型　化学结合型微胶囊的核心特点在于活性物质与微胶囊壁之间形成了一定的化学键连接。这种连接方式使得微胶囊能够实现精确的释放控制，从而满足各种应用需求。当微胶囊曝露于外部环境时，化学键会裂解，释放活性物质。

在这类微胶囊中，活性物质与载体之间的化学键可以采用不同类型的相互作用，如共价键、离子键和氢键作用，这种多样性允许根据特定应用的需要来选择合适的键类型，以实现不同需求的控制释放。比如该类微胶囊一个重要的优势是能够定制释放速率。由于化学键的强度和稳定性不同，化学结合型微胶囊可以精确地控制活性物质的释放速率。通过调整化学键的强度和数量，可以满足特定应用的需求。此外，这类微胶囊具有出色的稳定性和持久性，能够在不同的环境条件下保持其结构完整性，确保活性物质在贮藏和运输过程中不会失效。这一特性在制药和食品工业中尤为重要，可以确保产品的长期稳定性。化学结合型微胶囊还可以设计成响应外部刺激的智能系统，通过调整化学键的特性，使微胶囊在 pH、光、温度、离子浓度、微生物等特定条件下释放活性物质。

(2) 物理结合型　在物理结合型微胶囊中，活性物质与微胶囊壁以物理相互作用方式结合。这种相互作用使得微胶囊壁充当了包裹层，将活性物质包裹在内部，活性物质仅是被包裹在微胶囊壁中，没有化学键连接，因此活性物质的释放速率受到微胶囊壁的渗透性和溶解性的影响，释放速率易于得到控制。

2. 微乳

(1) 化学结合型　化学结合型微乳中，活性物质与微乳中的某些成分发生化学结合。这意味着活性物质与载体之间形成了共价或离子键，这种结合是比较牢固和持久的。由于化学结合比较牢固，活性物质释放的速率和时间可以更为精确地控制，有助于实现更加精准的缓慢释放。这种类型的微乳常用于需要长时间、稳定释放的活性物质，以及对活性物质释放速率要求较高的情况。此外，化学结合型微乳液还具有智能控制的潜力，可以设计成响应外部刺激的系统，如 pH、温度、离子浓度等，以实现更精确的控制。这种系统在制药、化妆品和食品工业等领域具有广泛应用，为产品提供了出色的性能和缓控效果。

(2) 物理结合型　在物理结合型微乳中，活性物质与微乳中的成分之间主要是物理相互作用，如疏水相互作用、范德华力等。物理结合型微乳的制备相对简单，活性物质与载体之间的结合相对较弱，使得活性物质释放的过程更加易于调控。这种类型的微乳液滴的大小、表面活性剂的类型和浓度等都可以被调整，以实现对活性物质释放速率的精确控制。这种系统的优势在于其简单性和稳定性，因为它不依赖于化学键的强度和稳定性，常用于需要快速释放活性物质或对释放速率要求不那么严格的情况。

3. 多孔材料

(1) 化学结合型　化学结合型多孔材料是通过化学键或共价键与分子相互作用来吸

附分子。与物理吸附不同，化学结合型多孔材料的吸附过程涉及分子与多孔骨架之间的共价或协同共价相互作用，这使得吸附过程更具有选择性和可控性。

（2）物理结合型　物理结合型多孔材料是通过物理吸附（或表面吸附）来捕获和储存分子。这种吸附过程主要依赖于范德华力和毛细管作用等非共价相互作用力。常见的物理结合型多孔材料包括活性炭、硅胶、分子筛等。这些材料具有高度孔隙结构，可以通过吸附分子与表面之间的物理相互作用来将分子从气体或液体中去除或富集。

4. 包合物

包合物是一种特殊类型的分子复合物，它包括一个具有空腔结构的分子（主体），能够容纳另一种分子（客体）的部分或全部结构，而在包合过程中不涉及化学反应。这一过程的关键特征是主体与客体之间的物理相互作用力，包括静电引力、氢键和范德华力等。这些相互作用力使客体分子得以嵌入主体的空腔内，并形成稳定的包合物。因此，包合作用主要是一种基于物理作用的过程，其发生取决于主体和客体分子之间的空间构型和相互作用力的大小。这种物理包合过程应用广泛，可用于控制分子的释放、稳定化学反应中的反应物，以及改善物质的溶解性和传递性等方面。

5. 配合物

配合物是由一个或多个中心金属离子与配体形成的化合物。在配合物中，中心金属离子通过配位键与配体结合，这些配位键是由配体提供的孤对电子与中心金属离子的空轨道相互重叠形成的。这种结合使得中心金属离子的电子结构发生改变，形成稳定的配合物。配体通常是能够提供一个或多个孤对电子的分子或离子。这些孤对电子与中心金属离子形成的配位键通常具有较强的方向性和极性。不同的配体会导致不同的几何构型和电子分布，从而赋予配合物不同的性质。配合物可以设计成能够与活性物质分子相互作用，这些配合物可能与活性物质中的特定结构或官能团结合，以实现预期的释放效应。

第二节　微胶囊缓控释技术

作为香料香精缓控释的重要作用形式，微胶囊的概念最早是在 20 世纪 30 年代提出的。自大西洋海岸渔业公司（Atlantic Coast Fishers）提交了适用于在液体石蜡中制备含鱼肝油明胶的专利申请开始，微胶囊较高的封装效率便很快引起了工业部门的兴趣。近 20 年来，一些新型的壁材和新颖的微胶囊技术不断涌现，应用范围日益扩大，时至今日对香料香精微胶囊的研究仍作为重点课题进行开发应用。

一、基本概念

1. 定义

微胶囊技术（microencapsulation）是一项成熟的包封和表面改性技术。利用微胶囊技术能将小的液体、固体或气态物质作为核心物质包封在聚合物材料外壳中，一般将这种具有聚合物壁壳的微型容器或包封颗粒物称之为微胶囊（microcapsules）。

微胶囊颗粒的粒径一般在 1~1000μm 范围内，称为微米级的微胶囊，大于 1000μm 的微胶囊称为胶囊或小球。随着纳米技术的发展，制备的微胶囊粒径已可小于 1μm，达 1~1000nm，它集合了由核壳结构所带来的特性和纳米体系由尺寸变化引起的效应，通常也被称为纳米微胶囊（nanocapsules）。其粒径大小直接决定了微胶囊制备的难易程度和使用效果。当微胶囊粒径小于 5μm 时，因布朗运动加剧而不容易收集；当粒径大于 300μm 时，其表面摩擦系数会突然下降而失去微胶囊作用。研究发现，胶囊粒径越小，其性质越独特，而使它可在许多领域得到新的应用。

2. 基本结构

目前报道的微胶囊形状有多种，主要呈球形、肾形、粒状、块状等。然而这些形状各异的微胶囊均含有相同的两个基本组成单元，即内部装载的芯材和外部包封的壁材。

（1）芯材　微胶囊内部装载的物料称为芯材。芯材可以以任何一种物理状态存在，是一种以固体、液体、气体或任意一种组合形式（固-液、液-液、固-固或气-液等）形成的单核或多核的核心物质。常见的芯材主要包含易挥发性香料香精、活性药物成分、肥料、氨基酸、食品添加剂等。

（2）壁材　包裹在微胶囊外侧的膜结构称为壁材，它是决定微胶囊性能的关键因素之一。对于微胶囊的制备来说，选用合适的壁材非常重要，不同壁材决定微胶囊包封效率、缓释性能。壁材的选择要考虑产品需求、包封材料自身的性质、芯材的性质以及制备和包封技术等要求。选择壁材的基本原则是：①能与芯材相配伍，并且不发生化学反应，对其释放速率有一定延缓作用；②能满足食品日化等工业应用的安全卫生要求，同时还应具备适当的溶解性、亲水性、渗透性、黏度，有一定的可塑性及强度，性质稳定、成膜性好等特点；③对于应用于水、土壤等生物环境的微胶囊来说，应选择具有生物可降解性和良好生物相容性的材料作为壁材。

壁材的组成可以是其中具有相同或不同组分的物质，其囊壁可以是单层结构的，也可以是多层结构的。微胶囊的形成有以下几种形式：油/水（O/W）、水/油（W/O）、油/水/油（O/W/O）、水/油/水（W/O/W）等。不同的微胶囊表现形式依赖于不同的成膜原理，但其最终的结构都具有一个共同的特征，就是由一个或多个紧密堆积的胶体粒子形成的外壳，即一个以芯材为核心物质，壁材包封在外的核壳结构。图 6-2 为常见的微胶囊结构。

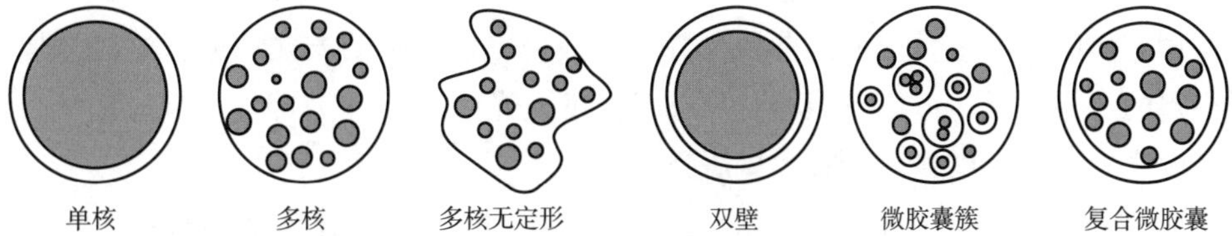

图 6-2　常见的微胶囊结构

目前根据壁材类型不同可将微胶囊划分为聚合物壁材微胶囊（天然聚合物、合成聚合物)、无机物壁材微胶囊、聚合物-无机物复合壁材微胶囊三种类型。

①聚合物壁材微胶囊：因成球性或成膜性较好、无毒、性质稳定，天然聚合物材料成为最常用的载体材料和壁材。目前应用较多的天然聚合物材料有壳聚糖、阿拉伯胶、麦芽糖糊精、玉米蛋白（玉米)、海藻酸、明胶等。

作为壁材的半合成聚合物多为纤维素衍生物，如琥珀酸醋酸纤维素、丁酸醋酸纤维素、乙基纤维素、甲基纤维素、邻苯二甲酸纤维素、羧甲基纤维素等。这些纤维素衍生物的特点是成盐后溶解度增大，黏度大、毒性小；由于易水解，需现用现配，不宜高温处理。现在化学稳定性高的乙基纤维素使用最为广泛，不溶于丙二醇、甘油、水，可溶于乙醇，适用于除强酸性芯材外的多种芯材的微胶囊化（乙基纤维素遇强酸易水解)。此外，聚苯乙烯、聚甲基丙烯酸甲酯、聚氨酯等合成聚合物材料因其易加工、易操作，耐热性、成膜性好等优点而被广泛应用于工业生产中。

②无机物壁材微胶囊：无机物类壁材微胶囊具有形貌可控性好、耐化学性和耐候性强的特点，可以适应更加复杂的外界环境。然而微胶囊无机物类壁材的材料选择范围较小，目前有 SiO_2、$CaCO_3$ 等无机物作为微胶囊壁材，其具有微观形貌结构易于调控、结构稳定、无毒无害等特性，无机物类壁材微胶囊功能化应用方面未来还需更多深入的研究。

③聚合物-无机物复合壁材微胶囊：聚合物-无机物复合壁材结合了聚合物壁材和无机物壁材的各自优势，能够形成形貌良好、力学性能优良和稳定性较强的壁材结构，但是其合成方法相对烦琐、复杂，目前研究尚不成熟。

二、微胶囊载体中香料香精的释放

1. 缓慢释放

缓释型微胶囊壁材中形成了一种可渗透小分子的聚合物网状结构。具有渗透性结构意味着它们可以作为香料香精释放的介质，在压力差或浓度差存在的条件下，通过半透膜性质的壁材，作为运载工具使香料香精芯材缓慢穿过壁材孔隙以延长香味分子的作用和释放时间，达到缓慢释放的目的。将一些香料香精制成微胶囊后，不但方便贮藏或使用，更重要的是能够使香气分子缓慢释放，香味持久。

2. 控制释放

控释型微胶囊可以根据各种环境刺激来控制其封装内容物的释放。近年来由于其特有的可控性、靶向性等特点，引起了研究者的极大兴趣。它是在缓释型微胶囊基础上，通过使用环境响应型壁材使香料香精在特定的环境中以特定的方式释放，这为微胶囊赋予了更多的应用场景。近年来能够对具有对温度、光、pH、压力等环境响应因子刺激做出响应的香料香精微胶囊已经有大量研究。

（1）温度　加热是打破化学键的最普遍方法。因此在所有环境刺激中，热激活是第一个被应用于香料香精控释微胶囊中的环境响应因子。温度的变化引起微胶囊壁材的熔化，并从饱满水合状态转变成干瘪失水状态，从而导致相变。相变使囊壁产生孔隙，进而使香气分子释放。温度的增加可以使聚合物解体或者分解，导致芯材释放。在实际生产中，聚 *N*-异丙基丙烯酰胺（PNIPAM）及其共聚物凭借着优良的热敏特性成为温控型香料微胶囊的首选壁材。当外界温度高于共聚物壁材的临界共溶温度（LCST）时，PNIPAM 聚合物链坍塌导致外壳释放通道开放，从而使香气物质通过表面孔隙进行释放。

（2）光　光是生物过程中最重要的自然能源之一，波长接近 UV 区域的光拥有足够的能量来产生或打破共价键。光控释型香料微胶囊具有生物相容性、可生物降解、光源清洁易获得、远程操作性强、响应精准迅速等优点，可通过光源刺激开关、改变波长、照射时间等方式，使结构发生变化以释放香气。这类微胶囊通常是通过在所用壁材的聚合物中，引入邻硝基苄基醇衍生物（*o*-NB）、偶氮化合物和二苯乙烯等光敏基团，当光敏基团受到光照后，构型发生变化或形成带电荷的基团，导致聚合物分子链的构象或亲疏水性发生变化，进而改变聚合物的结构，引起控释体系体积相转变，实现香料香精在微胶囊胶束中的包封和释放。

（3）pH　生活环境中普遍存在着 pH 分化现象，水介质中 pH 的变化就可能引起香味分子的水解和释放。因此 pH 的变化是一个合适的用来控制香味分子释放，延长香气感知期的触发器。根据作用机制的不同，pH 控释型香料微胶囊可分为两种，一种是利用壁材能够在酸或碱环境中被水解的性质来触发芯材释放；另一种是将 pH 刺激响应材料接枝到微胶囊的孔中或添加在微胶囊壁材上。当环境发生 pH 变化时，刺激响应物质感受到 pH 的改变而发生结构变化，从而实现对香味分子的跨膜扩散渗透的调节。例如聚丙烯酸盐类吸水剂具有强吸水性的同时，也对溶液中质子浓度的变化具有一定的响应能力，因而可以制成质子敏感型水凝胶。当溶液呈中性或弱碱性时，聚合物链水化后呈伸展状态，孔道关闭；当溶液呈强酸性（$pH \leq 2$）时，由于聚电解质链收缩，孔道自动打开，处于开放状态。

（4）压力　一般的微胶囊需要在一定的化学环境下发生崩解，从而释放被包裹在其中的填充物，而压力释放型微胶囊一般是在需要的时候，用外力压破胶壳，释放填充物，因此也可称其为挤破式胶囊。挤破式胶囊作为一种对传统卷烟滤嘴加香技术的创新而被广泛用于烟草行业，将这种具有脆性外壳的胶囊包裹香料香精形成爆珠，随后埋入卷烟滤棒中，在抽吸时便可通过手指挤压破碎胶囊释放出囊芯香精。

三、微胶囊的制备

到目前为止，微胶囊的制备方法多达几百种，从原理上可将其划分为物理法、化学法和物理化学法三大类（表 6-1）。在实验室制备和实际生产中，要考虑微胶囊的用途，芯材、壁材的性质，以及所需微胶囊的粒径、包埋率、释放性能、生产成本等多方面因素，从而综合考量来决定微胶囊的制备方法。

表 6-1 常用的微胶囊制备方法

类别	具体方法	特点
物理法	喷雾干燥法、喷雾冷凝法、挤压法、包结络合法、空气悬浮法、超临界流体法、多孔离心法、静电结合法、溶剂蒸发法等	生产效率高，形态不规则，壁材致密性较差
化学法	原位聚合法、界面聚合法、锐孔-凝固浴法、辐射交联法等	工艺较简单，形态可控性好，壁材致密性好、强度高
物理化学法	相分离法（复凝聚法、单凝聚法）、干燥浴法、粉末床法等	工艺较复杂，形态可控性好，壁材强度较低

1. 物理法

物理法主要是利用物理和机械原理来实现微胶囊的包封。壁材的形成过程一般依赖于加热条件下固-液相态的转变或溶剂蒸发过程中溶解度的降低。目前常用的方法有喷雾干燥法、喷雾冷凝法、挤压法等。

（1）喷雾干燥法 喷雾干燥法是目前最实用的适合工艺化生产的微胶囊制备技术之一。在喷雾干燥过程中，壁材遇热形成一种网状结构，起着筛分作用。小分子物质如水或其他溶剂，因热蒸发而透过“网孔”顺利地移出，而分子较大的芯材则滞留在“网”内。通过选择不同物质或几种物质的混合物作为壁材，可以人为地控制“网”孔的大小，达到包封不同分子大小物质的目的。简单来说，喷雾干燥法指的是在含有热空气的干燥室内喷雾时，通过蒸发溶剂（通常是水）将液体转化为粉末状材料的过程。图 6-3 为喷雾干燥器和喷雾干燥过程示意图。

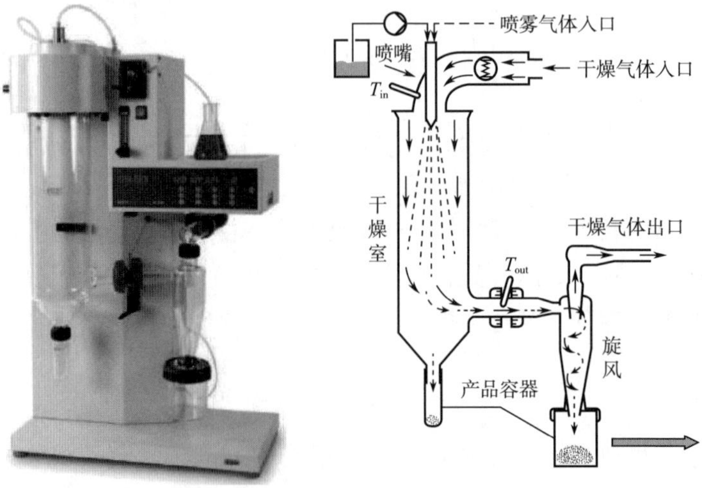

图 6-3 喷雾干燥器和喷雾干燥过程示意图

注：T_{in}—进风温度；T_{out}—出风温度。

喷雾干燥法制备微胶囊可分为三步：①选择适当的壁材；②配制稳定的乳化液；

③乳液雾化喷雾干燥。制备时首先将芯材物质均匀分散在预先经过液化的壁材溶液中，然后经均质乳化处理后形成水包油型乳液。再利用喷雾装置把液体分散成细小液滴形式，喷入惰性热气流中将此混合液雾化。在高温气流中，溶解壁材的溶剂迅速蒸发使得液滴收缩成球形，再经过干燥装置得到固体粉末胶囊。对于喷雾干燥法所使用的壁材必须具有良好的成膜性和乳化性，因而选择合适的壁材非常重要。目前多采用淀粉基、蛋白质等材料来包埋芯材。

（2）喷雾冷凝法　与喷雾干燥法不同的是，喷雾冷凝法是通过在冷却室中喷射液体，液体遇冷固化而制备得到微胶囊颗粒。首先将芯材物质悬浮、分散于熔化状态的壁材中，当芯材壁材混合材料与温度低于壁材熔点的冷却环境（注入冷空气或液氮）接触时，壁材和冷空气之间发生热传递，导致壁材基质固化，并形成固体微胶囊颗粒。通过增加温度到壁材熔点之上，芯材从微胶囊中释放出来。

喷雾冷凝法是在喷雾干燥法的基础上进行改良，具体而言，喷雾冷凝包括两个步骤：第一步，需要将香料香精等活性化合物封装在壁材基质中；第二步，通过加热雾化喷嘴以液滴的形式喷射该混合物。

（3）挤压法　挤压法制备微胶囊指的是将芯材和壁材混合均匀后挤压到固化剂中固化，或通过喷嘴喷入固化剂中而形成胶囊。其工作原理是通过孔膜挤压的过程来完成对香料香精的包埋，即将适宜的壁材与芯材的混合物在压力下通过一系列膜孔挤入一种凝固液（脱水剂）中，当混合物接触到凝固液（脱水剂）时，壁材脱水硬化析出，包裹于芯材表面，形成细丝状微胶囊；然后从凝固液中将细丝状的粗产品过滤出来，加以干燥可得到挤压法制备的微胶囊。

利用挤压法制备微胶囊时，首先需配置壁材饱和水溶液；再依次加入对应量的乳化剂和芯材，形成混合稳定的乳化体系；运用均质机，在一定的温度、转速和时间条件下进行均质化处理，形成稳定的乳液；最后使乳液经过一系列孔膜的作用，向一种脱水溶剂（通常为异丙醇）中缓慢挤压；当被孔膜挤压出来的乳状液接触到脱水溶剂，此时壁材脱水硬化并随之包覆在芯材的表面，形成线状表面硬化的初产品；经过过滤，将微胶囊初产品从脱水溶剂中分离，即可得到玻璃态的包埋产物；也可以继续进行干燥研磨，得到粉末状的包埋产物。挤压法制备微胶囊的过程具体如图 6-4 所示。根据制备过程的温度高低，可以将挤压法分为低温和高温两种方式，低温方式显然更适合热敏性物质的包埋，因而在香料香精包埋中应用最多。

2. 化学法

化学法是建立在化学反应的基础上，利用单体小分子聚合生成的聚合物或膜材料实现芯材的包封。目前制备微胶囊的化学法有原位聚合法、界面聚合法、锐孔-凝固浴法、辐射交联法等，其中原位聚合法和界面聚合法是较为常用的方法。

（1）原位聚合法　原位聚合法是化学法制备微胶囊的一种常用方法，它是指在微胶囊化体系中，可溶解的单体通过聚合反应生成不溶性的高分子聚合物，并对芯材进行包覆的过程。该反应发生聚合反应的单体及引发剂全部溶于分散相或连续相中。用原位聚合法制

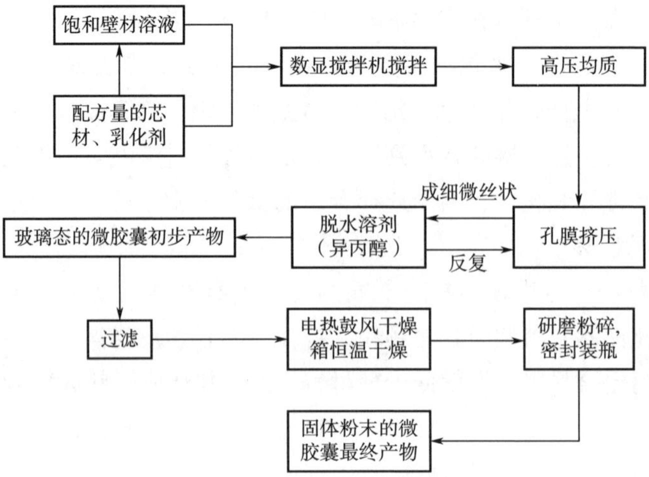

图 6-4 挤压法制备微胶囊的过程

备微胶囊时，壁材及引发剂全部位于芯材滴液内部或外部。在聚合反应前，芯材分散形成液滴并以分散相的形式存在于乳化体系中，此时壁材可以是水溶性低相对分子质量聚合物或预聚物，液滴表面发生交联及聚合反应形成固态囊壳，聚合反应在芯材乳化液滴表面发生并产生聚合物膜覆盖于囊壳上。图 6-5（1）和图 6-5（2）是壁材为水溶性单体的聚合过程，单体从体系的连续相中移向连续相-分散相界面处，在界面处发生聚合反应并形成微胶囊；图 6-5（3）是壁材为油溶性单体的聚合过程，单体在油溶性溶剂中溶解且乳化后，通过自由基聚合产生的聚合物在连续相-分散相界面上沉淀并形成胶囊壁。

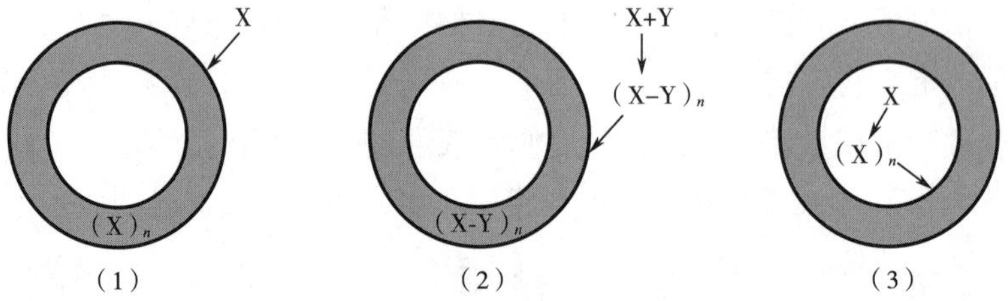

图 6-5 原位聚合法制备微胶囊原理示意图

注：反应剂：X、Y；聚合产物：$(X-Y)_n$ 或 $(X)_n$。

原位聚合法可分为两步进行：液体芯材乳化形成乳液或固体芯材分散形成悬浊液；壁材预聚物在一定温度和酸性条件下逐渐沉积在芯材微粒表面形成微胶囊。

（2）界面聚合法　界面聚合法是将两种活性单体分别溶解在互不相溶的溶剂中，当含有单体的两种不同溶剂相互接触时，两种溶液中的单体在相界面发生聚合反应，从而形成微胶囊。如图 6-6（1）所示，单体 X 是一种油溶性单体，单体 Y 是一种水溶性单体。单体 X 以小液滴的形式分散在水相中，此时向水相中加入含有单体 Y 的油相溶液，整个体系平衡被打破，在水相和油相之间发生了界面聚合，并在油相表面形成了一层聚合物薄膜。同样如图 6-6（2）所示，若将水溶性单体 Y 分散在油相中，向油相中加入油溶性单体 X，那么这层聚合物薄膜将会在水相表面形成。界面聚合法中最常用的聚合反应是缩聚反应，即两种含有双（多）官能团的单体，分别溶解在不相混溶的两种液体中，缩聚反应在两相界面上进行直到单体完全耗尽为止。在不加搅拌的情况下，两种缩聚反应的单体在界面上接触，几分钟后即形成缩聚产物的薄膜或皮层。参加聚合反应的单体必须有两类：一类是油溶性的单体，另一类是水溶性的单体。它们分别位于芯材液滴的内部和外部，并在芯材液滴的表面上反应形成聚合薄膜。

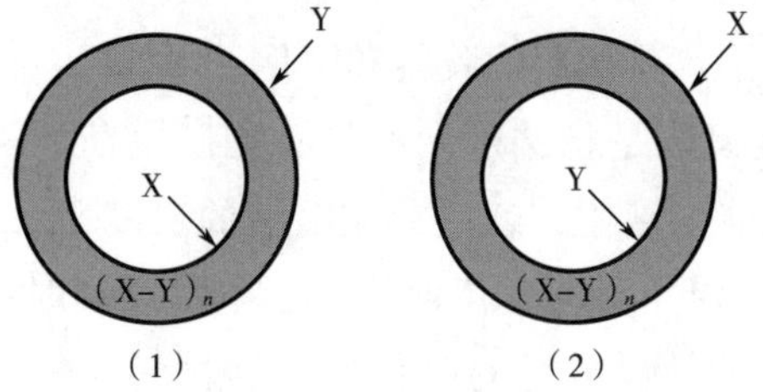

图 6-6 界面聚合法制备微胶囊原理示意图

注：反应剂：X、Y；聚合产物：$(X\text{-}Y)_n$。

界面聚合法制备微胶囊的过程包括：通过适宜的乳化剂形成油/水乳液或水/油乳液，使被包封物乳化；加入反应物引发聚合，在液滴表面形成聚合物膜；微胶囊从油相或水相中分离。

3. 物理化学法

物理化学法主要包括相分离法（单凝聚法、复凝聚法）、干燥浴法等，其共同特点是通过改变温度、pH 或加入电解质等，使溶解状态的聚合物材料从溶液中析出，逐渐沉积在芯材表面生成微胶囊。

相分离工艺是微胶囊化的主要工艺之一（图 6-7），它所用设备简单，聚合物材料来源广泛，可将多种类别的芯材微胶囊化。其原理是芯材与壁材的混合物（乳状或混悬状）在一定条件下形成新相析出。其微胶囊化步骤大体可分为四步：芯材分散在液体介质中；加壁材；壁材沉积；壁材固化。

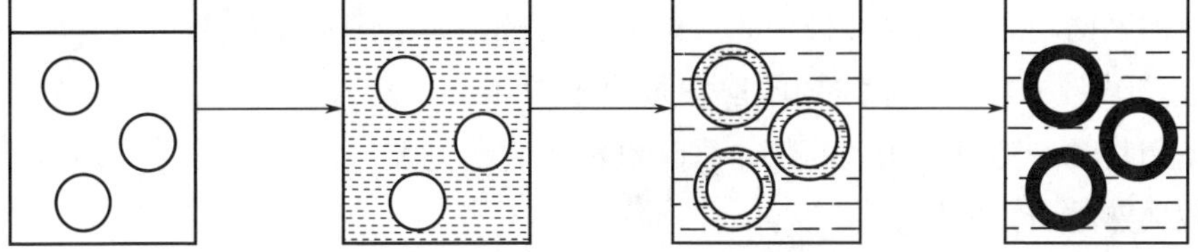

图 6-7 相分离法微胶囊化步骤示意图

（1）单凝聚法　单凝聚法是相分离法中较常用的一种，指的是以电解质或强亲水性非电解质为凝聚剂，将之加入壁材溶液中以降低聚合物的溶解度，使聚合物材料析出并沉聚形成微胶囊的方法，反应过程只有一种聚合物引起相分离。基本原理是：将芯材分散在壁材溶液中，然后加入强亲水性的凝聚剂（非电解质乙醇或电解质硫酸钠溶液），强亲水性凝聚剂与水分子结合使壁材的溶解度降低，壁材分子间形成氢键，壁材从溶液中析出而凝聚成微胶囊。这种由于聚合物溶液受外界条件作用发生的凝聚是可逆的，凝聚条件解除就可发生解凝聚使凝聚微胶囊消失。单凝聚成囊的可逆性可以在制备过程中加以利用，经过反复的凝聚与解凝聚后得到满意的凝聚微胶囊，再加入固化剂使壁材交联固化，成为不可逆的、不粘连的球形微胶囊。

单凝聚微胶囊化的过程可以分为连续的三个步骤：芯材分散到溶有壁材的水溶液中；凝聚层沉析在芯材周围；凝聚层的胶凝和固化。

（2）复凝聚法　复凝聚法是指选用两种带有相反电荷的聚合电解质作为微胶囊壁材，将芯材分散在壁材胶体溶液中，通过控制溶液的温度、浓度和 pH 条件，使连续相发生液-液相分离过程，两相介质的变化促使聚合电解质同时去溶剂化，从而形成了凝聚物。简单来说，就是以带相反电荷的两种聚合物材料为复合材料，在一定条件下交联，与芯材凝聚成囊的方法。

复凝聚法的第一步是通过将芯材分散到聚合物水溶液中来制备乳液。然后，添加第二种聚合物水溶液，添加盐或通过改变 pH、温度、稀释介质，将壁材沉积在核颗粒上。最后一步是通过交联、去溶剂化或热处理来稳定微胶囊。

四、香料香精微胶囊技术的应用

微胶囊技术近年来作为一种新型且有效的应用技术，已在医药、农业、食品、日化等领域得到广泛应用，使功能性物质得到有效利用，具有较高的经济效益。

1. 医药

微胶囊技术具有缓释、隔绝气味、靶向作用等优点，因此微胶囊可以保护药物免于降解并可调控药物释放部位。生物相容性良好的微胶囊已被广泛应用于药物输送系统的设计和开发、抗癌药物筛选、活性物质分离、酶和细胞固定化、人工细胞等，具有广阔的医药应用前景。医药领域中包埋技术的发展，主要经历了三个阶段：第一阶段为 20 世纪 70 年代，药物粒径在 5μm 至 2mm；第二阶段为 20 世纪 80 年代，包括 1~10μm 的微粒以及 10~1000nm 的纳米粒；第三阶段为 20 世纪 90 年代以后，这时期生产的微粒具有明显的靶向功能，因而在被引入人体时，可被导向指定的特殊部位，有利于吸收和发挥药效。医学药学是脂质体技术应用最早的领域，目前有 30 多类药物，如抗肿瘤药物、抗菌药物、心脑血管疾病药物、人工红细胞、活细胞、疫苗接种等许多方面，都已经有比较成熟的研究成果。

据文献报道，部分香料香精能够不同程度缓解人体的一些情绪性障碍，例如薰衣草精油可辅助治疗失眠问题。这些可视作与临床治疗相辅相成的有效手段。然而目前国内外几乎没有在此引入香料香精包埋技术的研究，一般香料香精会通过嗅吸或涂抹的方式直接使用。但可以预见某些特殊的、有缓释需求的香料香精应用，包埋技术是可以被纳入研究范围的，但其是否具有必要性，仍有待证明。

2. 化妆品和日化品

化妆品和日化行业是推陈出新迅速的领域，由于紧密结合市场需求，越来越多的活性原料不断被开发出来，添加进产品配方中。精油微胶囊与皮肤接触，精油会自动缓释于皮肤组织中，使精油的有效浓度保持较长的时间，而渗透力极强的精油分子会在短时间内进入皮肤深层发挥作用，这样可以使护肤品保持较长时间的功效作用。当下在新型化妆品中，原料载体的研究热点主要集中于微胶囊技术。与传统技术相比，微胶囊技术具有明显的优势：增强渗透性；稳定活性原料；延长保质期；实现可控释放等。

香料香精因其特殊芳香和显著功效，越发受到化妆品和日化行业的重视。包埋技术的应用主要在两个方面：一是维持香气成分，如甜橙、薄荷、薰衣草等香料香精经包埋制成香水和香薰产品；二是发挥利用功效，如玫瑰、迷迭香、柠檬草等香料香精经过包埋制成肤用化妆品和日化品。据相关报道，在当今世界著名的化妆品和日化品中越来越多的香氛系列层出不穷，有很多添加剂都采用了包埋技术，如欧莱雅 Plenitude 系列，兰蔻 Niosome 系列，联合利华旁氏 Vaseline Intensive Care Hand Nail Lotion 系列、Dove Essential Nutrients 系列等，使产品的性能表现更加优越。但是大部分的包埋技术，还面临着壁材与其他成分的配伍性、与皮肤的亲和性是否足够等问题需要解决。

3. 印刷印染

香料香精在印刷印染行业的应用，主要在于对产品进行加香处理，以提升产品的附加值并吸引消费者。对香料进行包埋可以保护芯材，降低外界环境干扰，有效地控制香气的释放，同时延长释香期。目前在此领域，香料香精微胶囊技术的应用可以分为四种形式：第一，在涂料印花或染色的加工过程中加入香料香精微胶囊；第二，在柔化、防水、抗静电等后期整理时加入；第三，将香料香精微胶囊直接喷雾加香；第四，让香料在包埋后直接以香料香精微胶囊作为印刷印染的原料之一，用以制造产品。

近些年，该类型的产品层出不穷，如在书本印刷、宣纸生产、纺织品制造中都有应用。但其存在一个不容忽视的问题，该类产品本身的使用寿命较长，包埋后添加的各种类型香料香精，能否经受住外界环境条件考验，维持香气成分不变化。这不但对包埋效果提出更高的要求，还需要对产品进行持续的观察研究。

4. 食品

近年微胶囊技术在食品领域得到了快速发展，解决了很多食品加工与贮藏过程中的难题，在食品工业中具有独特的优越性。不仅是香料香精这种风味物质，而且许多食品原料都可以采取包埋技术进行添加。目前在食品研究所涉及的主要包括生物活性物质［如双歧杆菌、多不饱和脂肪酸 DNA 与二十碳五烯酸（EPA）］、营养类物质（如维生素、矿物质）、食品添加剂（如香辛料、香精油、色素、酸味剂、甜味剂）以及食品配料（如粉末油脂、调味料）等。微胶囊技术可以将这些物质作为芯材，选取合适的载体材料制备满足需求的功能化食品。目前，对于油脂和香辛料的包埋技术是一个比较成熟的领域。

国外对微胶囊在食品应用中的相关研究起步较早，始于 20 世纪 70~80 年代。研究对象主要包括薄荷、甜橙、柠檬、橘皮等油类物质。国内虽起步较晚，但包埋的对象结合中华传统饮食文化，形成了鲜明的中式特色，涵盖了如姜、蒜、韭菜、花椒、孜然等多种油类。研究表明，对精油进行包埋可以显著降低其在食品高温加工制作过程中的损失。可以将其转变为粉末状，既能有效减少贮藏期间的香气挥发，又能克服精油液态的局限性，方便携带与使用。微胶囊技术具有使食品功能成分损失少、延长食品保质期、遮盖和减少异味等优点，已在食品的多个领域广泛使用。

5. 卷烟

卷烟的香气和吃味主要来源于烟草加工和燃烧裂解释放的香味化学物质，但烟草作为农作物，受栽培条件和后期加工过程的影响，产品质量会产生波动。为了满足烟草产品加工生产质量要求，以及协调烟草本身的杂气，需要通过添加香料香精来弥补香味的不足，协调和改善烟草香味和吃味。尤其是在烟草行业实施“减害降焦”工程后，卷烟烟味变淡，香气不足，劲头变小，而加香技术在不增加焦油产生量的同时，能够弥补低焦油卷烟香气不足，因此在烟草加工中极其重要。中式卷烟与英式、美式、日式等卷烟不同，其中就表现在中式卷烟具有独特的香气风格和口味特征。经过多年的研究探索，中式卷烟形成了自己的核心技术，包括香料香精技术，其中清甜、焦甜、果甜、辛甜类香料，以及中国特色天然植物提取物香料的使用，能使消费者在抽吸时明显分辨出来。因此，烟用香料香精作为烟草产品加工中的一项重要内容在卷烟工业中极为重要。

以卷烟新材料开发应用形成的新型卷烟加香技术，在卷烟中越来越受消费者欢迎，尤其是近年来兴起的烟用香料香精微胶囊（包括爆珠卷烟），以及缓释型、温控型粉末和颗粒等缓控释微胶囊技术已成为卷烟新材料开发的主要方向。目前，微胶囊技术已较为成熟，因其工艺、设备、材料的不断完善，使其在卷烟方面的应用更为广泛。

第三节　微乳缓控释技术

早在20世纪初，科学家们就开始探索液体相互分散的方法，然而当时对于该方向的理解和技术手段都比较有限。20世纪末，随着胶体科学、纳米科技和材料科学的发展，微乳的制备、性质和应用等得到了突破性的进展。微乳液中纳米至微米级的微小液滴，催生了其独特的性质，在药物传递、化妆品、食品等领域得到广泛应用，为实现核心物质控制释放、提高产品稳定性、改善产品品质等提供了有效的解决方案。

一、基本概念

（一）定义

当两种互不相溶的液体混合后，一种液体以液滴的形式分散到另一种液体所形成的体系称为乳状液。其中被分散的液体称为分散相，另一种液体被称为连续相。微乳液是一种特殊类型的乳状液，是由水相、油相、表面活性剂和助表面活性剂按照适当比例形成的一种透明或半透明的低黏度且热力学稳定的液-液分散体系，在物理和化学特性上与传统乳液有所不同，具体如表 6-2 所示。传统乳状液的液滴颗粒往往在微米级或者更大尺寸，外观不透明，热力学不稳定，易分层；而微乳是热力学稳定体系，粒径通常在 10~100nm，呈现出独特的光学和物理特性。微乳具有高稳定性、高生物利用度、透明度等特点，具有改善香料香精作用效果、提高产品附加值等作用，并可通过调节成分比例和表面活性剂来满足不同需求。

表 6-2　乳状液和微乳的对比

项目	乳状液	微乳
外观	不透明	透明或半透明
质点大小	>100nm，多分散系	10~100nm，单分散系
质点形状	一般为球状	球状
热力学稳定性	不稳定，离心后分层	稳定，离心后不分层
表面活性剂用量	小，一般不需助表面活性剂	大，一般需要助表面活性剂

（二）基本结构

微乳一般由表面活性剂（S）、助表面活性剂（A）、水（W）和油（O）等部分组成。

1. 表面活性剂

在微乳中，加入表面活性剂可使互不相溶的水相和油相以简单的乳状液滴形式分散，一定程度上抵消了二者之间的范德华力，降低了界面张力，形成界面膜，从而有利于微乳的形成。表面活性剂的分子结构中，既包括长链疏水基团（如碳氢链），又包括亲水性离子基团或极性基团，这两部分分处两端，形成不对称的结构。由于表面活性剂分子中同时包含亲油基（疏水基）和亲水基，因此也被称为两亲化合物，其结构如图 6-8 所示。在水溶液内部，大量表面活性剂分子会自发地聚集起来，疏水基和疏水基互相靠拢，避免与水分子直接接触，而亲水基则处于外围，起屏蔽水的作用。

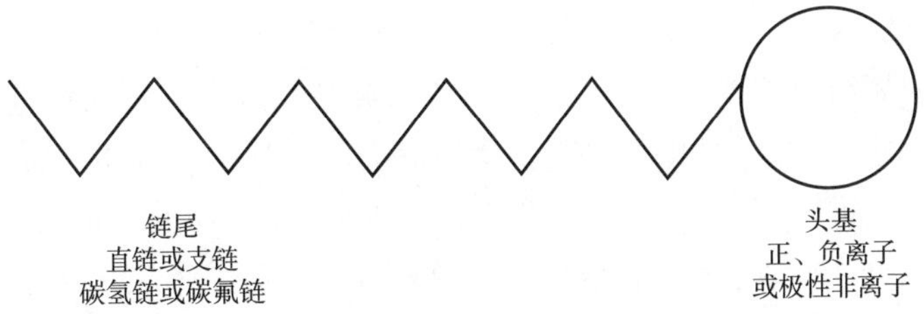

图 6-8　表面活性剂分子结构示意

因表面活性剂结构特点的不同，通常将它分为阴离子、阳离子、非离子和两性离子表面活性剂四种类型。表 6-3 列出了这四种表面活性剂的结构特点及具体例子。

表 6-3　　表面活性剂分类

类型	结构特点	举例
阴离子型	水溶液中离解为阴离子（如 $RCCO^-$，$ROSO_3^-$，RSO_3^-）及与之平衡的阳离子	十二烷基硫酸钠（$C_{12}H_{25}SO_4^-Na^+$）
阳离子型	水溶液中离解为阳离子及与之平衡的阴离子	季铵盐 $[R—N(CH_3)_2—CH_3]^+ \cdot X^-$
非离子型	不能在水溶液中离解为离子	脂肪醇聚氧乙烯醚 RO（C_2H_4O）$_n$
两性离子型	在水溶液中同一分子上有一阴离子及一阳离子	羧基甜菜碱 $R—N^+(CH_3)_2—CH_2COO^- \cdot Na^+$

注：R 代表烷烃链，X 代表卤素。

2. 助表面活性剂

对大多数微乳体系而言，其形成过程都离不开助表面活性剂的参与。在微乳体系中，助表面活性剂的存在有助于降低微乳液的表面张力，促使分散相的微小颗粒在连续相中均匀分布，从而形成稳定的胶体体系。可以说，助表面活性剂在微乳液中发挥着连接水相和油相的关键作用，保持了微乳液的稳定性和均匀性。常用的助表面活性剂为低碳醇或中链的醇类，如 C_2H_5OH、$C_3H_8O_3$ 等。

3. 水/油相

微乳作为一种特殊的分散系统，由水相和油相两部分构成，它们的相互作用和特性对微乳的性质和应用具有重要影响。在大多数研究中，水相是选用蒸馏水或去离子水，也可以选用水溶性成分、活性成分、保湿剂等；油相可以使用精油，也可以使用精油与油相辅料的混合物，以增加精油的溶解度。油相辅料分为短链油相与长链油相，短链油相比起长链油相更容易穿透界面膜，提高渗透度，从而促进微乳的形成，而长链油相可增加精油的溶解度。

根据水/油两相组成和性质的不同，一般可将微乳划分为单相微乳和多相微乳。

（1）单相微乳　单相微乳中不存在多余的油或水，根据分散相性质的情况，可划分为正相微乳（水包油，O/W 型）、反相微乳（油包水，W/O 型）和双连续型微乳（B. C 型），其中双连续型是微乳在 O/W 型与 W/O 型之间相转变经历的一系列平衡状态的统称。单相微乳结构如图 6-9 所示。

①O/W 型微乳：水包油（O/W）型微乳是油相（油滴）被包围在水相之中，由

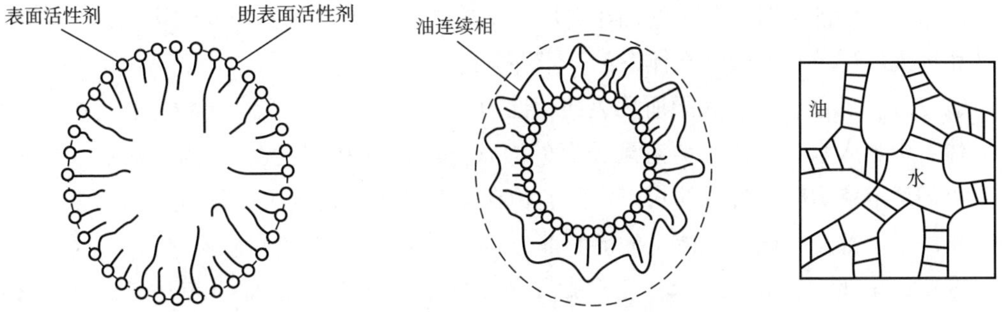

（1）O/W型微乳　（2）W/O型微乳　（3）双连续型微乳

图 6-9 单相微乳结构示意图

表面活性剂形成的薄膜稳定。在这种微乳中，水是连续相，而油是分散相。分子的非极性端朝向油相，极性端朝向水相。微乳与水相之间的界面张力远小于水油间的界面张力，因此可以延长脂溶性活性物质的作用时间，起缓释作用。

②W/O 型微乳：与 O/W 型微乳相反，油包水（W/O）型微乳是水相（水滴）被包围在油相之中，由表面活性剂形成的薄膜稳定。在这种微乳中，油是连续相，而水是分散相。微乳与油相之间的界面张力远小于水油间的界面张力，因此可以延长水溶性活性物质的作用时间，起缓释作用。

③双连续型微乳：双连续型微乳是一种更为复杂的微乳体系，其中一部分油相在形成液滴被水相包围的同时，也可与其他油相一起组成连续相，包围介于油相的水核。该体系由高度选择的表面活性剂结构所维持。

（2）多相微乳　多相微乳中存在多余的油或水，可分为 Winsor Ⅰ型（O/W 型微乳与过量的水共存）、Winsor Ⅱ型（W/O 型微乳与过量的油共存）、Winsor Ⅲ型（微乳与过量的水、过量的油三相共存）。其中 Winsor Ⅰ型又称为下相微乳，Winsor Ⅱ型又称为上相微乳，Winsor Ⅲ型又称为中相微乳。多相微乳结构如图 6-10 所示。

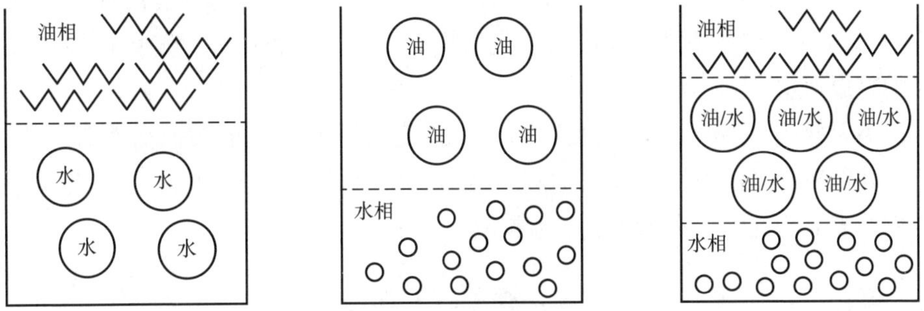

（1）Winsor Ⅰ型微乳　（2）Winsor Ⅱ型微乳　（3）Winsor Ⅲ型微乳

图 6-10 多相微乳结构示意图

①Winsor Ⅰ型微乳：如果所用表面活性剂比较亲水，它会在连续的水相中形成胶束。当向体系中加入油时，油会被增溶到胶束内核，形成 O/W 型微乳。若油的加入量

超过胶束的增溶能力时，多余的油相将以一个单独的相出现，受密度的影响，多余的油在体系的上半部分，而微乳在体系的下半部分。

②Winsor Ⅱ型微乳：如果所用表面活性剂更亲油时，它会在油相中形成反胶束。这时向体系中加入水，水会被增溶到胶束的内核，形成 W/O 型微乳。当水的加入量超过反胶束的增溶能力时，过量的水以单独的相存在，且水的密度大于微乳，所以多余的水在体系的下半部分，微乳在体系的上半部分。

③Winsor Ⅲ型微乳：Winsor Ⅲ型微乳是 Winsor Ⅰ型与 Winsor Ⅱ型连续转变途径中的中间结构，其增溶的油、水体积较为接近。伴随着 Winsor Ⅰ型→Winsor Ⅱ型→Winsor Ⅲ型的连续转变，液滴半径随增溶的油量增大而增大，油/水界面的曲率半径逐渐增大，在一定条件下，曲率半径接近于∞，油/水界面基本是平的。考虑到热波动的影响，具有高度柔性的界面其曲率半径也将发生波动，从局部来看，界面是弯曲的，既可以凸向水相，也可以凸向油相，构成双连续结构。双连续结构中油相和水相是互相连续贯穿的，分不出连续相、分散相。有关它的结构问题尚未有结论性的确定。

二、微乳载体中香料香精的释放

微乳是一种常用于药物传递、化妆品、食品等领域的载体系统，可以用来稳定和传递活性成分，包括香料香精等。微乳载体中的香料香精的释放通常涉及以下几个步骤：

（1）扩散和分配　首先香料香精被包裹在微乳的分散相中，分散相通常是油相。香料分子会在分散相中扩散和分配，与油相中的分子进行交互。

（2）表面活性剂作用　微乳中的表面活性剂在分散相和连续相之间形成界面，起到稳定微乳结构的作用。这些表面活性剂分子也可以影响香料香精的释放。当微乳曝露在适当的条件下（如温度、pH 等），表面活性剂的特性可能会改变，从而影响香料的释放速率。

（3）外部环境影响　微乳载体中的香料香精可以受到外部环境的影响，如温度、pH、化学成分等。这些因素可能影响微乳结构的稳定性和香料分子与载体的相互作用，从而影响释放速率。

（4）释放速率调控　制备微乳载体时，可以通过选择不同的表面活性剂、调整组分比例、微乳粒径等方法来调控香料的释放速率。较小的微乳粒子可能会提高释放速率，因为它们的表面积更大，有助于更快地扩散。

三、微乳的制备

水和油在大量表面活性剂和助表面活性剂的共同作用下能自发地形成微乳体系，因此微乳液的制备主要还是依靠整个体系中各个成分的配制比例。当前，微乳液有几大主要配制方法：HLB 值法、盐度扫描法、相转化温度法等。

（1）亲水亲油平衡值（HLB 值）法　表面活性剂分子都是双亲分子，含有亲水端和疏水端。不同的表面活性剂分子中亲油和亲水基团的大小和强度也不同，导致其 HLB 值也不同。HLB 值是影响微乳液体系形成的重要因素，选择 HLB 值在 4~7 亲油性较强的表面活性剂可制备 W/O 型微乳，HLB 值在 14~20 亲水性较强的表面活性剂可制备 O/W 型微乳，HLB 值在 7~14 的表面活性剂可制备双连续型微乳。由于温度对离子型和非离子型的 HLB 值影响十分显著，因此制备前需提前固定反应温度，再通过改变亲水基和亲油基达到所需要的 HLB 值。

（2）盐度扫描法　通过增加电解质溶液的浓度来增强微乳体系中分子的排斥力。体系的盐度增加使得表面活性剂和油在水溶液中盐析，O/W 型微乳中会溶解出更多的油相，油的密度也会不断减小而使油相逐渐上浮并形成新相。这种方法只适用于离子型表面活性剂。

（3）相转化温度法　在不同的温度条件下，表面活性剂会溶解在不同的相。高于相变温度时，表面活性剂溶解在油相中；低于相变温度时，表面活性剂溶解在水相中。同时温度的升高也会使体系由 O/W 型逐渐向 W/O 型微乳转变。用这种方法制备的微乳，其体系界面张力最低，能够形成最小粒径的液滴，但对温度不敏感的离子型表面活性剂不适用于此方法。

四、香料香精微乳技术的应用

由于微乳既有增溶水的能力，又有增溶油的能力，所以将香料香精制成微乳，可以使所得产物均匀稳定。如香料香精微乳应用到日化品、食品、卷烟中，可以延长使用效果，易于扩散。随着研究和应用的发展，微乳液的增溶能力、乳化能力和热力学稳定性得到大幅提升，受到越来越多产业领域的关注。微乳已经与人们的日常生活以及工农业的生产紧密相连，并且还将向更多的领域扩展和渗透。

1. 食品

食品的乳化或者微乳化，主要功能可归结为将水溶性物质增溶到甘油三酯（油和脂肪的总称）中。对于微乳食品，其油相必须是油脂，而不能是其他非极性有机物。作为普通微乳液助表面活性剂的中等链长的脂肪醇，由于它们的生理毒性，在微乳食品中是禁用的。所选的表面活性剂也必须符合人体安全要求，使用量需在各国法律规定的最大允许摄入量范围内。可见，与一般微乳相比，食品微乳受到更为严格的限制。

用于食品加工的表面活性剂通常称作乳化剂。WHO 和 FAO 对食品中可允许使用的乳化剂制定了严格的规范。许多国家的卫生部门对大多数允许使用的食品乳化剂还规定了每日允许摄入量（ADI）。表 6-4 列出了 FDA 规定的食品乳化剂的种类和允许的日吞服量。由表 6-4 可知，大部分乳化剂是各种脂肪酸的酯类。其中单甘酯是食品加工中应用最广泛的一类乳化剂，向乳化食品中加入香精和增香剂得到的微乳食品味道好、泡沫少。

表 6-4　　美国食品乳化剂的化学分类和法律规定

分类	例子	ADI/［mg/（kg·d）］
甘油酯类	甘油一酯和甘油二酯	不限
	甘油一酯的乳酸酯	不限
	甘油一酯的乙酸酯	不限
	甘油一酯的柠檬酸酯	50
	甘油一酯的二乙酰酒石酸酯	油酥质量的 3%
	甘油一酯的琥珀酸酯	面粉质量的 5%
多羟基的脂肪酸酯	脂肪酸丙二醇酯	25
	脂肪酸聚乙二醇酯	25
	脂肪酸蔗糖酯	10
乙氧基乳化剂磷脂	山梨醇酯	25
	多乙氧基醚	25
	卵磷脂	不限
其他	硬脂酰基乳酸钠	20
	硬脂酰基乳酸钙	20
	脂肪酸盐（Na，K）	不限
	十二烷基硫酸钠（K12）	不限

2. 日化品

香料香精微乳技术为个人护理、美容和清洁产品带来了许多优势。香料香精微乳技术在日化品中的应用涉及众多产品类别，其中最重要的是在香水和香体喷雾领域的应用。借助微乳技术，香料和香精能够均匀地分散在连续相中，创造出稳定的香氛微乳体系。这项技术的应用使得香水和香体喷雾的香味更加持久，且能够更加均匀地释放，进一步增强了产品的持续性，为用户带来了更加优质的香气体验。其次，洗发水和护发产品领域也广泛应用了香料香精微乳技术。将微乳化香精添加到洗发水和护发产品中，能为头发带来愉悦的香气。通过微乳技术，香精能够更好地分散，避免沉淀问题，并在洗发过程中更有效地释放香味，提供更为令人愉悦的使用体验。沐浴露和沐浴产品的应用也值得关注。香料香精微乳技术能够为这些产品赋予愉悦的香气，而微乳体系的存在有助于保持香精的稳定性，确保在使用时持续释放香味，使沐浴过程更加愉悦和享受。在护肤品领域，香料香精微乳技术呈现了新的应用前景。微乳化香精可应用于乳液、面霜、身体乳等产品中，实现香味更均匀的分布，而又不影响产品的质地和效果，为用户带来更为细致的护肤体验。另外，口腔护理产品如牙膏和漱口水也得益于微乳化技术。微乳化的香精可以更好地与产品配方相融，实现持久的口气清新效果，为用户提供更为舒适的口腔护理体验。

总体而言，香料香精微乳技术在日化产品中的应用为个人护理、美容和清洁领域带来了引人注目的变革。通过微乳化技术，香精能够更好地融入产品中，实现更持久、更均匀的香气释放，为用户创造更为令人愉悦的使用体验。在日常生活中，这项创新技术将继续为个人护理与美容领域带来新的前景。

3. 卷烟

香料香精微乳这一创新性技术在为卷烟产品带来独特风味和卓越体验方面发挥着重要作用。香料香精微乳技术是一种在卷烟制造过程中广泛应用的技术，其关键在于将香料和香精以微乳的形式添加到卷烟烟草中。通过精妙的微乳化过程，香料和香精能够更加均匀地分散在烟草中，从而创造出稳定且持久的香味效果。这项技术的运用使得卷烟的香气更加浓郁、持久，为吸烟者带来更加愉悦的感受。香料香精微乳技术的应用不仅在于提升卷烟的香味质量，还在于为卷烟的风味多样性提供了广阔的可能性。通过选择和调配不同的香料和香精，能够创造出各种风格和口味的卷烟产品，以满足不同吸烟者的喜好。

第四节　多孔材料缓控释技术

多孔材料是一类具有特殊结构的材料，其特点在于拥有高度发达的孔隙系统，这些孔隙通常分布在纳米尺度的范围内。这种独特的结构赋予多孔材料独特的物理、化学性质，使其在吸附、分离、催化、药物传递等领域具有广泛的应用前景。其中，多孔材料的吸附现象很早就为人们所知，比如古时候活性炭就被用来脱色和除味。而对吸附原理及应用的研究则是在最近的几十年间才迅速发展起来，并对我们的生产生活产生了重要影响，由此开发生产了许多具有优良性能的吸附剂材料。

一、基本概念

1. 定义

多孔材料是指含有微孔、介孔或者大孔等孔隙结构的材料。与其他材料相比，多孔材料以其独特的孔隙结构和较大的比表面积等优点，成为有效吸附分子、离子以及其他微小物质的理想载体，从而被广泛应用于各个领域。通常情况下，根据孔径尺寸大小，多孔材料可以分为三类：微孔材料、介孔材料和大孔材料，具体如表 6-5 所示。三种材料各有其特点，并且很多形貌的多孔材料含有的不只是一种孔结构，通常含有微孔、介孔和大孔中的两种或者三种孔道结构。其中，微孔和介孔可以有效提高材料的比表面积，为吸附提供更多的活性位点，而大孔和孔径较大的介孔有利于大分子的通过。研究最多的是由微孔、介孔和大孔结构组成的纳米多级孔材料，这种材料通常具有较大的比表面积和孔隙率、易扩散、高稳定性、晶粒尺寸可控、化学组分可控以及形貌多样性等优点。不同孔结构之间可通过协同效应产生更优异的性能，更利于香料香精等活性物质的负载及缓释。

表 6-5 多孔材料分类

种类	孔径/nm	特征	实例
微孔材料	0.2~2	结晶化骨架结构，水热稳定性高，孔径分布窄	天然沸石，A、X、Y 型分子筛，ZSM-5，TS-1
介孔材料	2~50	有序或者无序孔道，高比表面积及孔体积	MCM-41、SBA-15
大孔材料	50~1000	孔径较大	多孔玻璃、陶瓷

2. 基本结构

多孔材料的基本结构是以其孔隙系统为核心，这个孔隙系统决定了材料的性质和应用。多孔材料的基本结构可以从以下几个关键方面进行详细描述：

(1) 孔隙分布和孔径　多孔材料孔隙分布方式多种多样，可能呈现均匀分布、分层分布等多样性。纳米级孔径尺寸通常分布在几纳米至几十纳米，这种微小尺寸导致多孔材料拥有巨大的比表面积。这样的高比表面积为多孔材料创造了丰富的活性位点，进而显著提升了其在吸附、催化以及分子传递方面的效能。

(2) 孔隙形状　孔隙可以具有多种形态，如球形孔隙、管道状孔隙、不规则孔隙等。孔隙形状的差异将直接影响多孔材料在不同应用中的表现，如影响其吸附容量、分子传输速率等。多孔材料能够根据应用需求调控孔隙形状，以实现更精确的性能优化。

(3) 孔隙连接性　孔隙系统内孔隙之间的连接性可能是连续的，也可能是非连续的。优良的连接性有助于分子在孔隙系统内的扩散和传输，从而对多孔材料的吸附和反应性能产生重要影响。合适的连接性有助于优化多孔材料在各个应用中的效能。

(4) 孔隙表面性质　孔壁表面具备特定的化学性质，这些性质可以影响材料在吸附、分子交互以及化学反应等过程中的表现。多孔材料的孔壁表面可能具有化学反应活性，也可能通过表面修饰来实现特定的功能，如选择性吸附或催化。

(5) 孔隙排列和结构　多孔材料的孔隙排列和结构对其性能同样具有显著影响。孔隙排列可以是有序的，如典型的有序介孔材料，也可以是无序的，如不规则孔洞分布。有序的孔隙排列有助于实现更加精确的分子传递和分离，从而在生物医学、催化等领域中发挥独特作用。

综上所述，多孔材料的基本结构包括孔隙分布、孔径、形状、连接性、表面性质以及排列和结构等多个方面。这些结构特征决定了多孔材料的性能和应用，为多领域的科学研究和应用提供了丰富的潜力。

3. 分类

多孔材料是一类具有特定孔隙结构和高比表面积的材料，广泛应用于吸附等领域。

以下是几种主要的多孔材料：

(1) 介孔材料　介孔材料具有有序的孔隙结构，其孔径范围通常在2~50nm，这种孔隙结构赋予了介孔材料巨大的比表面积和高孔容，使其在吸附等领域具有广泛的应用。介孔材料主要分为介孔硅材料和介孔有机材料。介孔硅材料如MCM-41、SBA-15等，其孔径可调控；介孔有机材料如介孔聚合物，可通过有机合成获得不同孔隙结构，具有良好的生物相容性。

(2) 金属有机框架材料（MOF）　MOF是由金属离子和有机配体构成的晶体材料，具有高度可调控的孔隙结构和表面性质，使其在吸附领域具有潜力。MOF的孔径和孔隙结构可根据金属和配体的选择进行调节，从而实现对不同分子的选择性吸附。例如，MIL-101具有大孔径和高孔容，适用于吸附大分子物质。

(3) 碳纳米材料　碳纳米材料包括碳纳米管和石墨烯等，具有高比表面积和优异的导电性。碳纳米材料在催化、传感、电子器件等领域应用广泛。碳纳米管可用于催化剂载体和药物传递，而石墨烯则可用于传感和电子器件。

(4) 纳米孔材料　纳米孔材料如纳米孔玻璃、纳米孔膜等，具有纳米级孔隙结构，适用于分离、过滤等领域。纳米孔膜在水处理和气体分离中具有应用潜力，通过调控孔径和表面性质实现选择性传输。

(5) 纳米多孔金属材料　纳米多孔金属材料由纳米金属颗粒组成，具有高表面积和孔隙结构。这些材料在催化、传感、吸附等领域应用广泛。纳米多孔金属材料的孔隙可以通过金属颗粒的组装获得，适用于吸附和催化反应。

二、多孔材料载体中香料香精的吸附和释放

1. 吸附

吸附是发生在固体和流动相（气体、液体）中分子之间的相互作用，是对边界附近某一组分或多组分的富集。这中间包含两种力：物理吸附力和化学吸附力。物理吸附通常发生在分子之间的短距离相互作用，如范德华力、静电力和氢键。吸附分子与吸附剂之间的相互作用是非特异性的，吸附分子与表面之间的相互作用通常较弱。而化学吸附是一种涉及分子之间的共价或离子键的吸附机制。在化学吸附中，吸附分子与吸附剂之间形成了化学键，这可能涉及化学反应或电子转移。化学吸附的吸附强度通常较高，吸附分子与表面之间的相互作用是特异性的。

物理吸附和化学吸附二者的重要区别具体如下：①物理吸附具有高的普遍度和低的特异性；②化学吸附的分子与表面的活性部分相连接，吸附只发生在单层上。而在较高的压力下，物理吸附往往发生于多层；③发生物理吸附的分子能够保持它的原有性质，当解吸发生重新回到流动相时，它能保持原有性质不变。而发生化学吸附的分子经历了反应或解离后，它会失去原有性质，不能通过解吸而复原；④化学吸附所需能量与化学变化中的能量相当。物理吸附通常为放热过程，但所涉及的能量并不比吸附的凝结能更大。不过，当物理吸附发生在窄孔中时，能量会显著增加；⑤化学吸附中通常需要活化

能，在较低温度下，体系通常没有足够的热能来维持热力学平衡。物理吸附通常能够快速达到平衡，但如果转移过程是快速步骤，平衡就慢。

2. 释放

多孔材料载体中香料香精的释放形式和机制是一个复杂的过程，受多种因素综合影响。通过调控多孔材料孔隙结构、温度、湿度和表面性质等参数，可以实现对香气释放的精确控制，从而为各种产品提供持久的香气体验。多孔材料的孔隙系统可视为储存空间，稳定地保持吸附的香料分子，从而实现逐渐释放的效果。

（1）释放形式

①逐渐释放：在多孔材料的孔隙系统中，香料分子会被吸附并存储，形成一种储备状态。随着时间的推移，香料分子逐渐从孔隙内部扩散到孔隙表面，然后进一步释放到外部环境。这种逐渐释放的机制保证了香气在一段时间内持续存在，为产品提供了长久的香味。孔隙的尺寸和连接性将决定释放速率，较小的孔隙可能导致较慢的释放，而较大的孔隙则可能导致更快的释放。

②温度控制释放：温度变化可以调控多孔材料中香料的释放速率。在升高温度的影响下，多孔材料的孔隙可能扩大，导致香料分子在载体内的扩散速率增加。这种特性可以在特定应用中实现温度控制的香气释放，并且在温度变化的影响下，香气的释放速率可以相应地增加或减缓，实现对香气释放的精准控制。

③湿度敏感释放：多孔材料的孔隙也可以受湿度的影响，从而调控香料的释放。湿度变化可能影响孔隙的大小和形状，进而影响释放速率。这种特性可以在一些环境敏感的应用中实现湿度控制的香气释放。在湿度较高的环境中，孔隙可能会扩大，从而促进香气分子的释放。而在湿度较低的环境中，孔隙可能会收缩，减缓香气的释放速率。

（2）释放机制

①扩散：多孔材料中的香料分子会通过扩散机制从载体的内部逐渐移动到孔隙表面。孔隙尺寸和孔道的连接性将在此过程中发挥关键作用，较小的孔隙可能导致较慢的扩散，而较大的孔隙则可能加速分子的移动。此外，温度和湿度的变化也可能影响扩散速率，温度升高或湿度增加可能导致分子更快地通过扩散从孔隙内部逸出。

②吸附-脱附：吸附-脱附机制也是释放过程的关键环节。当香料分子达到孔隙表面时，它们可能会与多孔材料的表面相互作用，实现物质在固体表面上的吸附。随后，香料分子通过热运动逐渐脱附并进入外部环境。这种吸附-脱附的平衡过程受温度和湿度等因素的影响，温度升高或湿度降低可能加速脱附过程，从而促使分子释放。

③表面相互作用：多孔材料的孔壁表面性质也会影响释放过程。孔壁可能具有特定的化学性质，可能对香料分子的吸附和脱附产生影响。通过调整多孔材料的表面性质，如表面修饰，可以实现对香料分子的选择性吸附和释放，从而更精确地控制香气的释放行为。

三、多孔材料的制备

1. 模板法

模板法是最常用、最有效的合成多孔结构材料的方法。它是基于模板分子的存在和移除，通过模板分子在材料合成过程中的组织和排列来获得具有特定孔隙结构的材料。这种方法能够制备出具有高度有序孔隙结构的多孔材料，被广泛应用于吸附、催化、分离等领域。模板法的基本原理是通过在合成过程中引入模板分子，使其在材料形成过程中占据特定的空间位置，从而导向多孔材料的孔隙结构。随后，通过适当的处理方法，如热解或溶解等，将模板分子从材料中移除，留下特定孔隙结构。根据需要，可以对多孔材料进行后续处理，如表面修饰、热处理等，以调控孔隙结构和表面性质。这种方法可以制备出有序和定制的孔隙材料，为各种应用提供了多样性和可控性。

该方法中常用的模板剂通常包括硬模板剂和软模板剂两种，模板剂的结构和性能严重影响到多孔材料的性质。其中硬模板剂主要包括自组装胶体晶体、多孔硅或者 SiO_2、分子筛、多孔氧化铝、碳纳米管，以及经过特殊处理的多孔高分子薄膜等。除此之外，三维含孔结构的材料也被广泛应用于合成具有可控多孔结构和形貌的金属、金属氧化物、碳和其他多孔材料。软模板剂则包括表面活性剂、聚合物、生物分子及其他有机物质等。

模板法具有高度的可控性和定制性，具体如图 6-11 所示。首先，选择合适的模板分子是制备多孔材料的关键。根据所需的孔隙结构和尺寸，精心选择适当的模板分子。这些模板分子可以是多样的，可以是有机分子、无机分子或生物分子，它们的形状和大小将直接决定最终多孔材料的孔隙结构。其次，在模板分子组织阶段将模板分子与适当的前驱体混合；前驱体可以是单体、前体化合物或金属盐等。在这一步骤中，模板分子在前驱体中有序地组织和排列，为后续的多孔材料形成奠定基础。随后，形成材料的过程涉及多种方法，如聚合、凝胶化和沉淀等。在适当的条件下，前驱体与模板分子之间发生相互作用，逐渐形成多孔材料的基本结构。模板分子的存在在这一阶段起到了导向和定向孔隙结构的作用。接着，移除模板分子是形成多孔材料孔隙结构的关键一步。通过热解、溶解或化学反应等方法，将模板分子从多孔材料中完全移除。这一步骤创造出孔隙结构，即之前由模板分子占据的空间，形成了材料独特的多孔性。最后，在制备过程的最后阶段，可以对多孔材料进行后续处理，以进一步调控孔隙结构和表面性质。例如，可以进行表面修饰、热处理等，以获得最终所需的多孔材料。

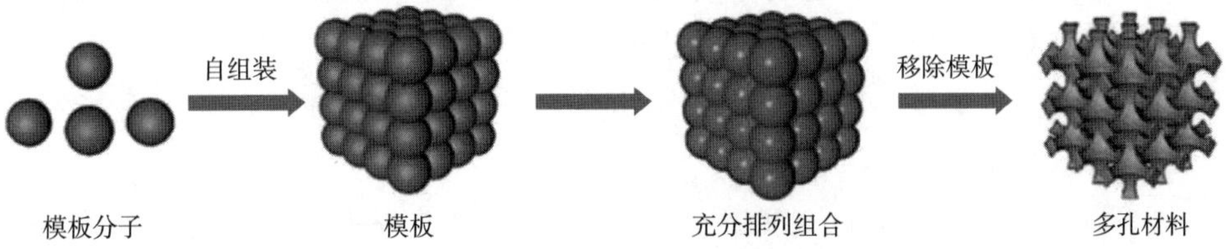

图 6-11 模板法制备多孔材料的步骤

2. 冷冻干燥法

冷冻干燥法，也称为冷冻干燥技术或冷冻干燥过程，是一种用于制备多孔材料的重要方法之一。利用物质在低温下的升华特性，冷冻干燥法将材料从固态直接转变为气态，绕过液态的过程，从而避免了材料在液相状态下的损伤。冷冻过程将材料在液态中冻结，形成冻结的水分子，然后在真空条件下进行干燥，使冰晶直接升华为水蒸气，从而实现了材料的干燥。它基于冷冻和干燥的原理，能够有效地保留材料的结构和活性，并在许多领域应用广泛，如药物传递、食品工业、生物医学等。

冷冻干燥法制备多孔材料的具体步骤如图 6-12 所示。首先，制备过程开始于冷冻。将含有溶液或悬浮物的样品置于冷冻器中，通过逐渐降低温度，水分子逐渐形成冰晶，将材料冷冻在固态状态。这个阶段的温度控制尤为重要，以避免形成过大的冰晶，从而减少材料的破坏。接下来，真空抽吸成为关键一步。将冷冻样品置于真空干燥室中，透过抽吸空气并降低压力，使冰晶在低温下直接升华为水蒸气。这一步骤有助于提高干燥效率，同时减少了液相干燥可能带来的材料损伤。随后，升温过程启动。在真空条件下，逐渐升温样品，使水分子在冰晶状态下升华为水蒸气，实现逐渐的干燥过程。这一步骤的温度升降需要精确控制，以确保水分子的顺利升华而不引起重新溶解。最终，随着水分完全升华，冷冻干燥过程结束。多孔材料在这一过程中保留了其原有的结构，成为具有高比表面积和多孔结构的材料。

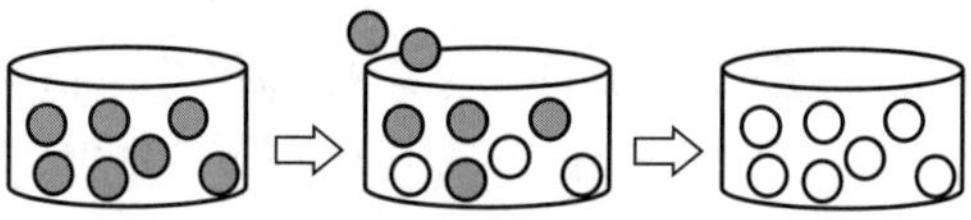

图 6-12　冷冻干燥法制备多孔材料的步骤

虽然冷冻干燥法能够在低温下进行干燥，以避免高温对材料的损伤，然而，制备过程相对耗时且设备、操作要求较高。因此，在选择适合的多孔材料制备方法时，需要根据材料的性质和应用需求进行权衡。

3. 水热（溶剂热）合成法

水热（溶剂热）法是指在一定温度和压力下，含有反应物的溶剂在密闭容器中进行反应，从而实现材料在原子或分子尺寸上的构筑或生长。首先，将含有金属前体的盐与有机配体在溶剂（水、乙醇、乙二醇等）中均匀混合形成溶液，随后将溶液转移到聚四氟乙烯材料的内胆中，并在一定的温度和压力下使多孔材料完成晶化（通常需要 12～48h），从而制备得到产物，其反应过程是通过化学传输完成的。由于反应过程处于密闭状态，因此水热条件参数、pH 和反应物用量等因素对产物的拓扑结构，以及产品的纯度和合成晶体的形态均具有一定影响。

水热（溶剂热）合成法的体系一般是处于非平衡态，溶剂处于临界或超临界状态；反应物活性提高，可制备出固相反应难以制备出的材料；中间态、介稳态以及特殊相易于生成，能合成介稳态或者其他特殊凝聚态的化合物、新化合物；能够合成熔点低、蒸气压高、高温分解的物质；低温、等压、溶液条件，有利于生长缺陷少、取向好的纳米晶；由于环境气氛可调，因此可以合成出低价态、中间价态与特殊价态化合物，并能进行均匀掺杂。水热（溶剂热）合成法的特点是纯度相对较高，分散性好，晶体形状好，生产成本相对较低。同时也存在合成周期长、产率低和反应条件苛刻等缺点。

4. 共沉淀法

共沉淀法是多孔材料的主流制备方法，可以精确控制各组分的含量，并且实现组分的原子级混合；通过调整溶液浓度、pH、反应时间、反应温度、搅拌转速等合成工艺参数，可以制备不同粒度、形貌、密度、结晶程度的材料。根据沉淀剂添加方式的不同，沉淀法可分为化学共沉淀法和均匀共沉淀法两种。

化学共沉淀法是指在含有两种或两种以上金属阳离子的溶液中加入沉淀剂，经反应后析出沉淀，沉淀经过热分解后可制备得到两种或两种以上金属元素复合氧化物的超细粉体。化学共沉淀法制备流程简单，原材料成本低，理论上较为适合工业化生产。但在反应过程中沉淀析出的速率无法控制，也就无法保证多种沉淀同时均匀析出，对于产物的质量有着较大影响。且在反应过程中需要加入沉淀剂，可能会导致产物局部成分不均一，产生团聚。为了解决化学共沉淀法中加入沉淀剂导致团聚及沉淀析出速率不可控的问题，研究人员提出在制备过程中通过化学反应使沉淀剂在溶液中缓慢生成这一策略，从而可以减少产物不均匀及团聚现象发生的可能性。目前，尿素和六亚甲基四胺多用于生产沉淀剂，它们的原理相近，均是在一定温度下水解后，利用水解产生的构晶离子 OH^- 与多种金属阳离子反应，从而生成多种金属氢氧化物沉淀，达到均匀共沉淀的目的。

四、香料香精多孔材料技术的应用

目前，多孔材料在吸附方面的应用呈现出多样化和广泛性。在环境领域，多孔材料被广泛应用于水污染物的去除。例如，MOF 和介孔材料可以用于吸附重金属离子、有机污染物等。这些多孔材料具有高比表面积和可调控的孔隙结构，使其能够高效吸附污染物，从而实现水质的净化和净化效果的提升。在能源领域，多孔材料也具有重要应用。例如，多孔碳材料被广泛应用于超级电容器和锂离子电池中，用于储能和释放电能。其高比表面积和导电性质使其能够有效吸附和储存电荷，从而实现高效能源转换和存储。在医药领域，多孔材料在药物递送和组织工程方面具有巨大潜力。纳米多孔材料可以用作药物的载体，通过吸附和控制释放药物，实现药物的靶向输送和持续释放。此外，多孔材料也可用于生物组织的修复和重建，为组织工程领域带来了新的机遇。总体而言，多孔材料在吸附方面的应用正不断拓展和深化，涵盖了环境、能源、医药等多个领域。其独特的孔隙结构和表面性质使其在吸附污染物、储能、药物递送等方面具有独特的优势。随着科学技术的不断发展，多孔材料在吸附应用中的潜力也被继续挖掘，为解决诸多社会问题提供创新解决方案。

除了已经取得显著应用成果的领域外，多孔材料在香料香精吸附方面的应用也展现出巨大的潜力。比如在卷烟中，多孔材料的应用可以考虑两个方向，即滤嘴部分和烟丝部分。首先，在滤嘴方面，多孔材料可以被纳入滤嘴的设计中，作为吸附剂来实现香料香精的缓慢释放。滤嘴作为烟气经过的通道，多孔材料的使用可以实现烟气中香精的逐层释放，从而提升卷烟的吸引力和香味效果。其次，在烟丝方面，多孔材料可以被添加到烟丝中，作为载体将香精分子包裹其中。在吸烟过程中，多孔材料逐渐释放香精，实现香气的持久性，为卷烟带来更为丰富的口感和香味。随着科学技术的不断进步，多孔材料在香料香精吸附领域的应用前景可期。通过精细设计多孔材料的孔隙结构和表面性质，可以实现对香精释放速率和持续性的精确调控，这为烟草工业带来了创新机遇，为吸烟者提供更加个性化和满意的烟草体验。

第五节　包合物缓控释技术

包合技术是指在一定条件下，一种分子全部或部分被包入另一种分子的空间结构中，从而形成了一类独特形式的络合物。这种络合物被称为包合物。1886 年 Mylius 首先观察到苯二酚与一些挥发性化合物的包合现象，20 世纪人们陆续发现大分子包合小分子形成的多种包合物，如尿素包合物、去氧胆酸和脂肪酸形成的包合物、硫脲包合物、环糊精包合物等。现如今包合技术在制药、食品、卷烟、日化等领域都有着良好的应用前景。

一、基本概念

1. 定义

包合物（inclusion compound）是一类具有空腔的分子（主体），被另一种分子（客体）的全部或部分结构能嵌入空腔中的物质。包合过程中不发生化学反应，主客体之间的作用力为静电引力、氢键和范德华力，包合后客体分子得以保护，使其化学和物理性质保持稳定，所以包合作用主要是一种物理过程，形成条件主要取决于主客体分子的立体结构和相互间作用力的大小。

包合技术广泛应用于药剂、食品和香料领域。药物、食品中的化学成分可以作为客体分子包合在特定的主体分子中，增大溶解度，提高稳定性。液体产品可被粉末化，防止挥发性成分的挥发，掩盖产品的不良气味或味道，调节释放速率，提高产品的生物利用度，降低产品的刺激性与毒副作用。包合物是一种特殊类型的化合物，是靠主客体分子间的紧密吻合，使较小的客体分子不脱离而形成的。

2. 基本结构

包合物是一种特殊类型的化合物，是靠主客体分子间的紧密吻合，使较小的客体分子不脱离而形成的。因此包合物是由主体分子和客体分子构成的。

(1) 主体分子 主体分子需要提供一定大小和形状的空间来容纳客体分子。主体分子可以是单分子，形成一个空穴或空洞，可容纳一个客体分子，如直链淀粉、环糊精等；也可以是多分子聚合而成的晶格，可使客体分子嵌入空洞中，如尿素、氢醌等；还可以是某些天然或人工合成的大分子化合物，具有多孔性结构（网状），如硅胶、蛋白质等。

(2) 客体分子 客体分子的大小、形状必须适合主体分子提供的空间。如果客体分子小，选择的主体分子较大，则包合力弱，客体分子可自由进出；若客体分子太大，则嵌入空洞内困难或只有侧链进入，包合力也弱，不易形成稳定的化合物。

只有当主客体分子大小合适时，二者的间隙小，产生足够强度的范德华力，才能形成稳定的包合物。例如尿素分子为四方晶系，晶格较松，分子间范德华力很小，当与适当的客体分子包合时，尿素变成内壁为六方晶格的管状包合物，结构紧密，尿素分子之间通过—NH_2 与 O 原子形成氢键，构成的管道直径约 0.5nm。一些体积较小的直链分子可直立插入，如尿素分子与正辛烷（直径约 0.4nm）之间靠范德华引力结合，结构紧密而形成晶形包合物。而异辛烷、甲基支链的烷烃（0.55 nm）和苯（0.59 nm）都不能包入尿素的晶格空洞内。

根据主体分子形成的空穴几何形状，包合物可以分为笼状、管道状和层状三种类型（图 6-13）。

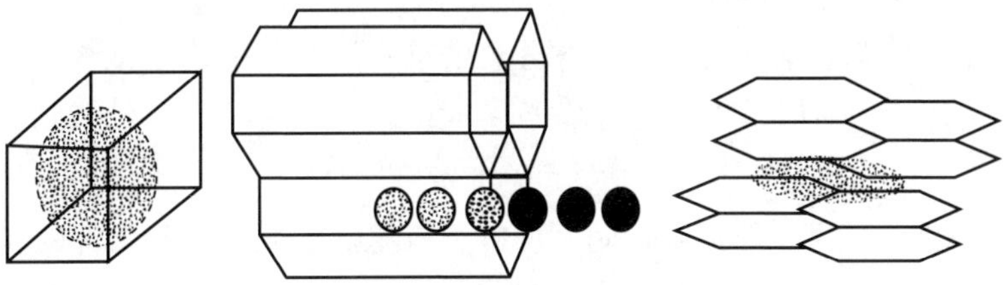

图 6-13 包合物的三种类型

①笼状包合物：由几个主体分子构成笼状晶核，客体分子根据其形状大小而进入，其空间完全闭合似笼状。目前常见的能形成笼状包合物的主体分子是对苯二酚。三个对苯二酚分子可利用氢键连在一起形成杯状结构（图 6-14），两个杯状结构一正一反则构成一个笼子。笼状包合物的主客体之间没有明显化学键，在溶解或受热时，形状会破裂放出客体分子。

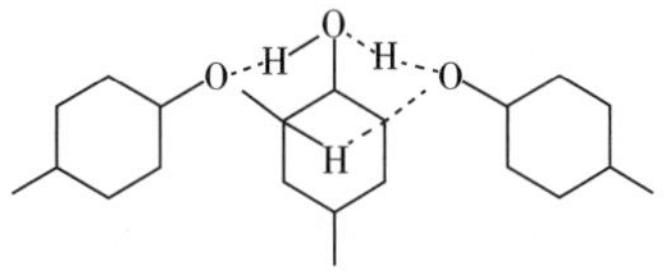

图 6-14 由三分子对苯二酚形成的杯状结构

②管道状包合物：由一种主体分子构成的管形或筒形空洞骨架，较稳定。管道状包合物在溶液中比较稳定，主体分子一般为环糊精、尿素、硫脲等。

环糊精（CD）是由 α-1,4-糖苷键连接的环状低聚糖化合物，主要包括了 α-CD、

β-CD、γ-CD。其立体结构为上宽下窄，两端开口，环状中空圆筒形。环糊精类包合物能使客体分子溶解度增加，稳定性提高等。不同的环糊精具有不同的环状结构和内径大小，给不同大小的客体分子提供了多种选择（表6-6）。

表6-6　　　　三种环糊精的分子尺寸

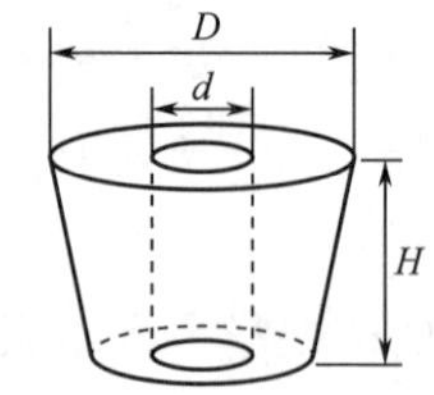

CD	D/nm	d/nm	H/nm
α	1.37	0.57	0.78
β	1.53	0.78	0.78
γ	1.69	0.95	0.78

尿素包合物的主体分子是尿素，其直径为500pm。尿素包合物中的结构紧密，化合物的稳定性增加。甲烷、乙烷等短分子直链烃不能与尿素形成包合物，只有不具有支链的烷烃及其衍生物，如醇、酮、醚、酯、一元及二元羧酸、胺、硝基化合物等，能嵌入尿素的管道中而形成结构稳定的包合物。尿素包合物的最大优点是多不饱和脂肪酸在包合物形成后，可保护双键免受空气氧化。

硫脲包合物的结构与尿素包合物类似，但是硫脲晶格中的管道直径为700pm，能包合较大的分子，如含有支链和环状的烷烃分子环己烷和氯仿等。若客体分子为直链烃，则不能将管道的空隙填满，结构不稳定。

③层状包合物：客体分子存在于主体分子的某一层之间形成的包合物，主体分子可以是表面活性剂，例如月桂酸钾使乙苯增溶时，乙苯可存在于表面活性剂亲油基的层间。

在卷烟的制造、贮藏以及抽吸期间，许多香料易挥发或因贮藏条件的变化而使香气大量损失。巴夫利（Bavley）等提出了包合物加香技术，即由主体物和客体物（香料）形成包合物，使香料能在正常温度下稳定，只在卷烟燃吸温度升高时从包合物内释放。主体物的种类很多，通常是一些具有“管道”或“笼”形晶格的物质。

3. 环糊精包合物

包合物的研究和应用受到人们广泛关注，其中最重要并且使用最广泛的一类主体分子是环糊精。维利耶（Villiers）在1891年发现了环糊精，到目前为止环糊精已经发展成为超分子化学中最重要的板块。在许多研究单位的努力下，环糊精化学在过去的几十年内获得了突飞猛进的发展。环糊精及其衍生物是主客体化学的重要研究对象，它能与有机分子、无机离子、配合物甚至惰性气体通过分子间相互作用形成包合物。根据空腔的大小，环糊精可以选择性地键合分子或离子并形成稳定的超分子结构。

环糊精是由多个葡萄糖分子通过1,4糖苷键相连形成中空筒状物，“筒”外为亲水羟基基团，“筒”内为疏水空腔，研究较多且具有使用价值的环糊精有α、β、γ三种，分别含有6、7、8个葡萄糖单元（图6-15）。

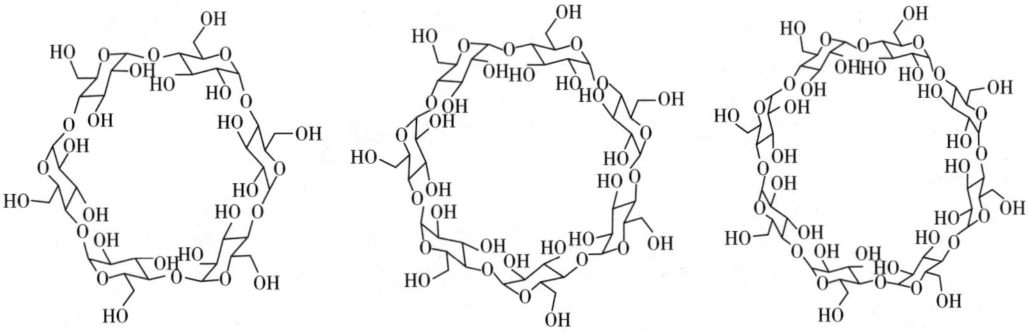

α-CD β-CD γ-CD

图 6-15 三种环糊精的化学结构

环糊精空腔内氧原子的非键合电子指向中心，使空腔内具有很高的电子云密度，具有路易斯碱的性质。C_6 位的伯羟基位于锥体外侧的窄口部分，C_2 和 C_3 位的仲羟基位于锥体外侧的宽口部分，这些羟基使得环糊精外壁具有亲水性，而位于空腔内部的 C3 和 C_5 上的氢原子覆盖了糖苷键的氧原子，使环糊精的空腔内部表现出疏水性。三种环糊精的主要理化性质如表 6-7 所示。

表 6-7 环糊精的主要理化性质

理化性质	环糊精类型		
	α-CD	β-CD	γ-CD
葡萄糖分子数	6	7	8
相对分子质量	973	1135	1297
内径/nm	0.5~0.6	0.7~0.8	0.9~1.0
高/nm	0.7~0.8	0.7~0.8	0.7~0.8
晶形（水）	针状	棱柱状	棱柱状
溶解度/（水，25℃，g/100mL）	14.5	18.5	23.2
碘显色反应	青色	黄褐色	紫褐色

（1）与小分子包合　环糊精可以与大量的小分子化合物形成包合物，如非极性的脂肪族分子、极性的胺或酸性化合物和一些溶剂分子如水、甲醇等。α-CD 的空腔尺寸较小，适合包合疏水性脂肪族和单环芳烃及其衍生物、偶氮苯及其衍生物等；β-CD 能与较大的萘环、筒状或球状的分子、金刚烷等形成稳定的包合物；γ-CD 的空腔尺寸大，能与富勒烯或蒽环类的大尺寸客体分子形成包合物。

（2）与聚合物包合　当环糊精遇到尺寸匹配的聚合物时，也能形成稳定的包合物。例如轮烷是将一个或多个环糊精单元穿在一个具有一定长度的线状分子上，接着用大体积的分子将此线性分子封端形成了超分子体系。当客体为线性聚合物的包合物时，环糊精分子也有多个，因此通常称为聚轮烷。表 6-8 列出了能与三种环糊精适配并发生包合作用的聚合物客体分子的类型。

表 6-8 能与环糊精发生包合作用的聚合物类型

环糊精类型	包合的聚合物类型
α-CD	聚氧化乙烯、聚己内酯、聚赖氨酸、聚乙烯亚胺、聚丁二烯、尼龙 6、聚四氢呋喃、聚二氧戊环、寡聚乙烯、聚己二酸丙二醇、聚己二酸丁二醇酯
β-CD	聚氧化丙烯、聚异丁烯、聚二甲基硅氧烷、尼龙 6、聚四氢呋喃、聚二氧戊环、聚苯胺、聚三亚甲氧醚
γ-CD	聚氧化丙烯、双股聚氧化乙烯、聚异丁烯、聚二甲基硅氧烷、聚乙烯醇、聚二氧戊环、聚甲基乙烯醚、双股聚乙烯亚胺、聚己二酸丙二醇、聚己二酸丁二醇酯

（3）影响工艺的因素

①投料比的选择：以不同比例的主客体分子投料进行包合，再分析不同包合物的含量和产率，计算应该选择的投料比。

②包合温度、分散力、搅拌速率、包合时间及干燥方法的选择：包合条件各因素可用正交设计，以挥发油收得率、利用率、含油率为考察指标，对提取工艺进行综合评价，通过直观分析、方差分析优选最佳工艺。例如龚慕新等以包合物苍术挥发油利用率、收得率、含油率为指标，考察了苍术挥发油与β-CD 的比例、搅拌时间、包合温度三个因素，结果最佳工艺条件是苍术挥发油：β-环糊精 1∶6，包合温度 40℃，包合时间 1h。挥发油利用率为 86.5%。

二、包合物中香料香精的释放

包合物中香料香精的释放机制是一个复杂的过程，涉及多种相互作用力的协同作用，以环糊精包合物为例，有范德华力、疏水性相互作用、氢键、环糊精空腔内高能水分子的释放和其他低能量的作用力等。从缓释性能的角度分析，一般来说，如果环糊精与香精之间相互作用力强，香精从空腔中释放出来的难度较大，那么它的缓释性较强。反之，环糊精与香精结合作用较弱，香精容易离开壁材，那么它的缓释性较弱。包合物的释放速率取决于原始客体分子对环糊精空腔的相对亲和力和客体分子的相对浓度。

1. 范德华力

范德华力是一种引力相互作用力，它是由分子间电子的不均匀分布而产生的。范德华力可以看作是一种瞬时的引力，它是由于分子内部的电子云在不断运动和变化，导致瞬时电荷分布的不均匀而产生的。当香精分子进入环糊精的空腔时，它们与环糊精分子的电子云相互作用，导致这种瞬时的引力相互作用。这一瞬时的吸引力有助于将香精分子稳定地固定在环糊精的空腔中，使其不轻易脱离。重要的是，范德华力的强度直接影响了香精释放的难易程度。如果范德华力较强，香精分子与环糊精之间的相互吸引力就更大，因此香精释放的难度也就相应增加。这意味着香精会在较长的时间内保持在环糊精的空腔中，这种情况下，缓释性能将显著提高。另一方面，当范德华力较弱时，香精分子与环糊精之间的吸引力较小，这使得香精更容易脱离环糊精的包合，导致释放速率增加，缓释性能减弱。

2. 疏水性相互作用

疏水性相互作用是一种重要的分子间力，它源于分子内非极性区域的互相排斥。当香精分子具备一定的疏水性时，它们更容易与环糊精发生相互作用，因为环糊精分子本身也具有疏水性特征。这种相互作用在多种层面上影响了包合物的性质，特别是稳定性和释放速率方面。

深入研究疏水性相互作用的机制发现，在香精分子中，通常存在一些非极性或疏水性区域，这些区域的电子云分布不均匀，导致了一种互相排斥的倾向。与此同时，环糊精分子也具有一定程度的疏水性，这使得它们能够与香精的疏水区域发生相互作用，尤其是在环糊精的空腔内。这种疏水性相互作用具有重要的稳定性作用。当香精分子进入环糊精的空腔时，它们寻求与环糊精中的疏水区域相匹配，从而形成了一种稳定的结合。这一结合通过减少分子内部的不稳定性而提高了包合物的整体稳定性，使其更耐受外部环境条件的变化。更重要的是，疏水性相互作用还对香精的释放速率产生了深远的影响。由于香精分子与环糊精之间形成了稳定的疏水性相互作用，香精释放的速率会相对减缓。这意味着包合物可以实现更持久的香味释放，从而延长其使用时间和效能。

3. 氢键

氢键是一种化学键，它涉及氢原子与氧、氮或氟原子之间的相互作用。环糊精的空腔内存在一些具有氢键受体或供体性质的位点，这些位点具有特殊的电子云结构，能够与香精中的氢原子形成氢键相互作用。这种氢键相互作用对于包合物的稳定性至关重要。当香精分子进入环糊精的空腔时，它们的氢原子可以与环糊精空腔内的氢键受体或给体位点相互作用。这种相互作用能够形成氢键，通过电子云的共享或拉力来维持包合物的结构稳定性。这样一来，香精分子不容易脱离环糊精的包合，从而增加了释放的难度。更重要的是，氢键相互作用也影响了香精的释放速率。由于氢键的存在，香精分子释放时需要克服与环糊精之间的氢键相互作用，这需要额外的能量。因此，香精的释放速率相对较慢，有助于提高包合物的缓释性能。

4. 环糊精空腔内高能水分子的释放

环糊精的空腔内存在高能水分子，它们在包合物中也扮演着重要角色。这些高能水分子不仅是包合物内部的组成部分，还对香精释放过程产生深远影响。它们通过与香精分子进行相互竞争，争夺与环糊精空腔内的位点相结合，从而直接影响了缓释性能的调控。这种竞争过程实际上是一个能量平衡的竞赛。当香精分子进入环糊精的空腔时，它们与高能水分子之间发生相互作用，争夺占据特定位点的机会。由于高能水分子具有更高的内能，当它们被驱逐或与香精分子竞争时，会释放出相对较多的能量。这额外的释放能量使得香精分子在释放过程中需要克服更大的能垒，因此释放速率相对较慢。这一现象在缓释性能方面具有积极的作用，因为它延长了香精的释放时间，使得香味能够持续较长时间地散发出来。

5. 客体分子的相对浓度

在包合物中，环糊精的空腔内存在一定数量的客体分子，这些分子可以是香精或其他物质。客体分子的相对浓度直接决定了包合物的释放动态，对于缓释性能的调节具有重要作用。当环糊精空腔内的客体分子浓度较高时，香精分子面临着更大的竞争压力。这是因为在有限的空间内，客体分子之间竞争占据环糊精空腔内的位置，导致香精分子释放变得更为困难。它们需要克服其他分子的竞争，才能够从空腔中解离出来。相反，当环糊精空腔内的客体分子浓度较低时，香精分子面临较少的竞争，因此释放速率相对较快。这是因为香精分子可以更容易地找到空闲的位置，减少了释放的难度。因此，客体分子的相对浓度直接决定了包合物的释放速率。高浓度的客体分子会降低香精分子的释放速率，而低浓度则会提高释放速率。这一概念对于包合物的设计和应用非常重要，因为它可以帮助调节香味或其他物质的释放速度，以满足特定需求和期望。深入研究客体分子浓度对包合物释放的影响，有助于更好地掌握缓释系统的性能调控。

三、环糊精包合物的制备

包合物的产生是一个简单的过程，根据环糊精主体与客体的物理化学性质不同，制备方法多种多样，但是目前还没有一种可以普遍使用的方法来制备包合物，制备方法的选择还是需要考虑主客体分子的自身性质。制备环糊精包合物的方法有共沉淀法、捏合法、超临界 CO_2 法、研磨法、微波辐射法和喷雾干燥法等（表 6-9）。

表 6-9　环糊精包合物制备方法的优缺点

方法	优点	缺点
共沉淀法	这是最常见的方法之一；简单高效	消耗大量的有机溶剂；生成环糊精溶剂包合物
捏合法	方法简单；效率高；可以扩展	—
超临界 CO_2 法	可用于商业；加工产品与超临界溶剂完全分离	—
研磨法	简单高效；避免溶解度问题；经济环保；不需要溶剂	—
微波辐射法	产率高；节省时间	—
喷雾干燥法	能应用于工业；产率高；快速干燥；适用于批量生产	限于水分散或水溶性载体基质材料；设备复杂

（1）共沉淀法　共沉淀法适用于难溶于水的客体物质。将客体物质溶于适量的有机溶剂（氯仿、苯、乙醚）中，加入环糊精溶液，含环糊精的溶液根据客体分子的性质可以改变温度和酸碱性，然后在一定的温度下搅拌使主客体均达到饱和溶液，经过静置、

过滤得到包合物晶体。晶体产物可以使用自然干燥、冷冻干燥或喷雾干燥等方法。

(2) 捏合法　又称糊状法，是一种较为简单的方法。将环糊精和少量水在研钵中混合，得到糊状物，然后通过充分搅拌将客体物加入糊状物中，接着用少量的溶剂清洗得到的固体，这种方法简单高效。

(3) 超临界 CO_2 法　将环糊精和客体物放入高压反应釜中，随后将 CO_2 引入体系，并通过施加足够的压力及设定适宜的温度，确保 CO_2 达到其超临界状态。在这种状态下，超临界 CO_2 能够有效地促进客体分子进入环糊精分子的空腔内，进而形成稳定的包合物。最终，通过逐渐降低体系的压力或调整温度，促使超临界 CO_2 回归气态，从而实现与包合物的有效分离。超临界流体广泛应用于不同的研究领域中，其中 CO_2 因其低临界点、低毒性而成为使用最广泛的溶剂。

(4) 研磨法　将环糊精和客体物放入研钵中经过机械能的研磨时，化合物被困在研磨介质之间，当化合物获得足够的强度时，导致准绝热能量的积累，从而形成了一种可转移的结构。这种研磨过程会导致晶体破裂，从而使颗粒尺寸减小，增加客体与环糊精之间相互作用的接触面积。此方法可分为手工研磨法和胶体磨法，为了工业化生产，目前多采用胶体磨法制备包合物。

(5) 微波辐射法　将客体和环糊精混合在少量乙醇/水中，放入微波炉中得到粉末，然后用乙醇清洗粉末以消除客体残留物。这种方法可以避免传统络合技术的缺点，产量更高，反应时间更短，并且不会因使用大量有机溶剂而产生残留物。

(6) 喷雾干燥法　此方法有三个步骤：液体进料雾化、使用加热气流干燥细小液滴以及将干燥颗粒与气流分离。将环糊精和客体物溶解在水中，采用喷雾干燥剂在合适的进样温度和进样速度下干燥，即可得到相应的环糊精包合物。喷雾干燥的温度相对较高，因此该技术仅用于易溶于水和耐热的客体分子。

四、环糊精包合物的应用

环糊精本身就有酶模型的特性，因此，在催化、分离、食品以及药物等领域中，环糊精得到了广泛应用。由于环糊精在水中的溶解度和包结能力，改变环糊精的理化特性已经成为化学修饰环糊精的重要目的之一。包合物具有增加药物的稳定性、除去药物的刺激性和恶臭、使油状药物固形化等特点，因此近年来包合物在化学、医药等方面取得了很大的进展。

1. 医药

环糊精具有疏水核心，可以通过形成络合物再装载各种疏水药物分子，在结构上，环糊精是一种截断的锥形结构，内部有疏水环境，通常可以通过非共价相互作用容纳疏水的小分子或者一小部分聚合物结构。空腔的外部部分由羟基组成，不仅负责水溶性，而且还允许羟基与亲水组分相互作用，使疏水药物成为水溶性复合物。近几十年来，环糊精一直被用作药物增溶剂来改善 BCS-Ⅱ类药物的溶解度（低溶解度、高渗透性），以改善药物的药代动力学。

环糊精中的仲羟基与相邻的吡喃葡萄糖单位的分子内氢键使其具有刚性，会导致仲羟基旋转受阻，而原羟基则可以自由移动，这导致了环糊精的内径空穴减少。因此环糊精的化学修饰受两个重要因素的影响：羟基的亲核性和与所用化学试剂形成络合物。在正常反应条件下，6 位羟基是有利基团，可以很容易参与到亲电基可以攻击的反应中。β-CD 具有适合封装的大量药物分子的空腔尺寸，但是它的水溶性较低，为了解决这个问题，引入了与β-CD 相关的改良形式 HP-β-CD，提高了β-CD 的溶解度和封装效力。

根据生物药剂学分类系统（BCS）分类，属于 BCS-Ⅱ和Ⅳ类的药物适合在环糊精中进行分子封装。环糊精上的官能团和电荷在改变客体分子的理化性质（溶解性、稳定性、气味）方面发挥着重要作用。阳离子环糊精与阴离子药物分子相互作用，反之亦然，这种例子的相互作用可以形成稳定的包合物。

2. 化妆品和日化品

许多化妆品含有纳米粒子，用于紫外线防护、抗衰老、美白等功能中。多酚芒果苷是一种抗氧化剂和抗菌剂，在适宜的 pH 下配制可以发挥其最大功效，α-CD、β-CD、γ-CD、HP-β-CD 和 HP-γ-CD 获得了欧莱雅公司的专利，可以作为芒果苷的载体，在任何 pH 下集中 CD 都能提高芒果苷的表观溶解度和稳定性。除此之外，环糊精还可用作防晒霜中皮肤活性的载体，减少光毒性，提高光稳定性，并抑制配方成分之间的不相容性。

环糊精在化妆品领域的最主要用途之一是制备带有芳香化合物的包合物，防止其挥发以获得持久的香味效果。例如，将含有芳香化合物的环糊精包合物用于润肤露涂抹在皮肤上时，与空气接触会导致游离馏分气化，由于游离馏分和包合物之间存在不平衡，香气就会从环糊精的空腔中释放出来，从而促进它们的控释。

3. 农业

环糊精因外部亲水，内部疏水及分子内部含有空腔的特殊结构，成为很多疏水性农药的载体，以增加水溶性、稳定性。同时利用其能形成包合物的特性，控制农药有效成分缓慢释放来延长防控时间，减少用药量，降低环境污染。

例如在杀菌剂方面，以β-CD 为载体，采用饱和溶液法成功制备了奥硝唑-β-环糊精包合物，经过考察奥硝唑与β-CD 形成的可溶性包合物，提高了奥硝唑的溶解性和稳定性，解决了奥硝唑味苦、溶解性较低及稳定性差而限制使用的缺点。利用性诱剂对农业害虫进行治理已经成为害虫种群动态监测和防治的重要手段，但其易挥发、不溶于水的缺点导致应用困难。沈文等利用饱和水溶液法制备的阿维菌素-β-CD 包合物避免了阿维菌素见光分解失活、稳定性差的缺点，极大程度地提高了阿维菌素的光稳定性，增大了阿维菌素制剂的使用范围。除了杀菌剂、杀虫剂外，环糊精还在除草剂、土壤熏蒸剂、植物生长调节剂、杀鼠剂等方面应用。

4. 食品

许多生物活性物质由于其自身具有强烈的气味，水溶性较差、稳定性较低等特点，在食品中作为添加剂使用依然存在很大的挑战，环糊精由于其特殊的两亲性，可以作为各种生物活性物质的优良包封载体，从而对客体具有增溶、屏蔽、活性保护和控制释放等功能。

（1）增加客体物质的溶解度　许多生物活性物质，如茴香、姜黄素、肉桂醛等水溶性较差，环糊精可以提高其溶解度、促进生物效应。使用饱和溶液的方法将虫草素包封在 HP-β-CD 中，提高了虫草素的热稳定性和生物环境稳定性，并且溶解度提高了 40 倍左右。

（2）提高客体物质的稳定性　环糊精可以将活性成分与外部环境隔离，从而起到保护作用。番茄红素中存在几种不饱和键，容易受到光照或温度等不同条件影响，将番茄红素包封在 β-CD 后则显著提高了番茄红素的热稳定性和光稳定性。

（3）减少客体物质的不良气味　环糊精的封装可以减少食品中的苦味、腥味或涩味而不影响食品的质量。例如，儿茶素味道苦涩，难溶于水并且稳定性低，而将其包封在 β-CD 中则可以掩盖儿茶素的苦味。

5. 环保

环糊精可以通过包结络合作用将环境污染物包结富集，同时借助载体的易回收特性，将环境污染物从环境中脱除。除此之外，在污水处理方面，β-CD 对染料分子的包合作用也可以很好地解决由于印染废水排放造成的环境污染。

6. 卷烟

目前，烟用香味物质大多具有沸点低、易挥发的特点，易受外界因素的影响，香味会逐渐变淡，品质降低。将环糊精包合的香料香精应用到卷烟中，可以克服湿度、pH、压力等外界因素的影响。在常温常压下，环糊精包合物能保持香味物质的稳定性，当温度升高时，环糊精“筒”状空腔微微扩张，克服香味物质与环糊精“筒”壁的作用力，香味得到缓慢释放。

谭国治等利用饱和水溶液法制备了 β-CD 烟用香味物质包合物，通过差示扫描量热法进行热分析，结果发现随着温度升高，烟用香料包合物能缓慢释放其空腔中的香味物质，且在常温下能有效延长香味物质的保存时间，评吸后发现烟用香料包合物不仅能增加香气量，还能降低刺激性，此结果说明了环糊精包合物能有效保持香味物质的稳定性，还具有优异的缓释性能。姬小明等制备了 β-紫罗兰酮环糊精包合物，通过热分解动力学实验发现 β-紫罗兰酮的热释放温度提高了 100~200℃，释香速率与升温速率成正比，而且，加香比对实验发现，添加了 β-紫罗兰酮包合物的烟气质和烟气量并没有改变，以上结果说明环糊精能有效保持 β-紫罗兰酮的品质。

第六节　配合物缓控释技术

配合物的发现和配位化学的研究至今已有几百年的历史。最早发现并使用的第一个真正意义上的配合物是普鲁士蓝，但是化学文献中所记载的最早的有关配合物的研究是

1798 年法国化学家贝托雷（Berthollet）所报道的橙黄色盐 $CoCl_3 \cdot 6NH_3$。经过不断的发展完善，现如今配合物广泛应用于日常生活、工业生产及生命科学中。不仅与无机化合物、有机金属化合物相关联，并且与原子簇化学、配位催化及分子生物学都有很大的重叠。

一、基本概念

1. 定义

配位化合物（coordination compound）简称配合物，其传统定义是“由可以给出孤对电子或多个不定域电子的离子或分子，与具有空轨道的原子或离子，以一定的组成和空间构型形成的化合物”。配合物中接受孤对电子或不定域电子的原子或离子统称为中心原子。能够给出孤对电子或不定域电子的分子或离子称为配位体，简称配体。

由于配合物概念的扩展，2005 年，国际纯粹与应用化学协会（IUPAC）对配合物做了新的定义：任何包含有配位实体的化合物都是配合物。配位实体可以是离子或者中性分子，配位实体中有中心原子，通常为金属，中心原子周围有序排列的原子或基团称为配体。

配合物可分为单核或多核，单核只有一个中心原子，多核有两个或两个以上中心原子。解释配位键的理论有价键理论、晶体场理论和分子轨道理论。一般来说，配位化合物的特征主要有以下三点：①中心离子或原子有空的价电子轨道；②配体含有孤对电子或 π 键电子；③中心离子或原子与配体相结合形成具有一定组成和空间构型的配位个体。

2. 基本结构

（1）配位键　在配合物中，中心原子与配位体之间共享两个电子，组成的化学键称为配位键。由一个原子提供成键的两个电子，成为电子给予体，另一个成键原子则成为电子接受体。这两个电子不是由两个原子各提供一个，而是来自配位体原子本身。

（2）中心原子　在配合物中，中心原子是指具有空的电子轨道，能接受电子的原子。几乎所有元素的原子均可作为中心原子。但经典“维尔纳”型配合物中的中心原子一般是能提供空轨道的阳离子，最常见的是金属离子，特别是过渡元素金属离子，也有很多电中性的原子，甚至极少数氧化数为负值的离子。如 $Fe(CO)_5$ 中氧化数为 0 的 Fe，$Na[Co(CO)_4]$ 中氧化数为 -1 的 Co；非金属也可以作为中心原子，如 $[SiF_6]^{2-}$ 中的 Si（Ⅳ）和 $[SiF_4]^-$ 中的 B（Ⅲ）。随着配合物范围的拓展，配位化学与主客体化学和超分子化学之间的界限越来越模糊，中心原子的定义也越来越深化。广泛意义上的中心原子还包括卤素离子、羧酸根离子、磷酸根离子、铵根离子等无机离子和有机离子以及中性分子（如苯、吡咯）等。

（3）配体　配体是指提供电子对的分子或离子。更为具体地说，提供电子对的原子又称为配位原子。配位原子主要是周期表中右上角的第Ⅴ、Ⅵ、Ⅶ三个主族元素的原子或离子，外加负氢离子和碳原子，常见的是 F、Cl、Br、I、O、S、N、C、P 等。此外，含 π 键的分子，如烯、炔、芳香烃等也可以作为配体，它们可提供成 π 键电子。表 6-10 为根据配位原子的不同，常见配体的分类。

表 6-10 常见配体分类

配位原子	配位基团
卤素	F、Cl、Br、I
氧原子	H_2O、OH^-、CO_3^{2-}、SO_4^{2-}、ONO^-（亚硝酸根）、PO_4^{2-}、$C_2O_4^{2-}$、$RCOO^-$、R_2O（醚类）等
硫原子	S^{2-}、SCN^-、RSH、R_2S（硫醚）等
氮原子	NH_3、NO、NO_2、N_2、NH_2R、R_2NH、R_2N、RCN（腈）、NCS（异硫氰根）
碳原子	CN^-、CO、RNC（异腈类）等
π 配体	C_2H_4、C_6H_6（苯）、Cp^-等

3. 类型

配合物种类繁多，结构复杂，分类方法也多种多样。例如，可根据配体与中心原子成键方式，将配合物分为经典配合物与非经典配合物；根据中心原子数目分为单核配合物、多核配合物与配位聚合物；根据配体中配位原子个数分为简单配合物与螯合物；还可以根据配体的种类分为单一配体配合物与混合配体配合物等。

（1）按成键方式分类

①经典配合物：经典配合物也称维尔纳型配合物，它是经典配体中配位原子给出孤对电子到中心原子的空轨道形成的化合物。此类配合物又可根据每个配体上配位原子的个数分为简单配合物和螯合物。

经典的单齿配体形成的配合物称为简单配合物，如［Ag（NH_3)$_2$］Cl、Na［BF_4］等，多齿配体与中心原子形成的具有环状结构的配合物称为螯合物（chelate complex），根据配体能提供配位原子的数目，又分为二齿、三齿、四齿等配体，如图 6-16 所示，常见的二齿有草酸根、联吡啶、水杨醛、8-羟基喹啉、丁二肟等。

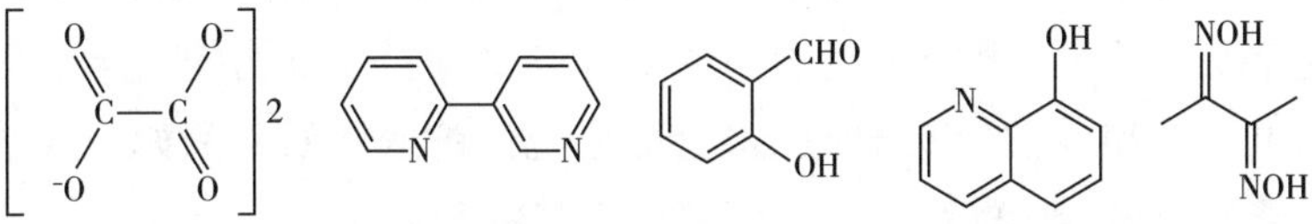

图 6-16 常见的二齿配体

②簇状配合物：含有至少两个金属，并含金属-金属键的配合物，如 Fe_3（CO)$_{12}$、Co_4（C_5H_5)$_4H_4$、（W_6Cl_{12}）Cl_6 等。能够生成簇状化合物的金属主要是过渡金属，它们的生成趋势与该金属在周期表中的位置、氧化态以及配体性质等条件有关。一般来说，第一过渡系的元素形成簇状配合物的能力比相应的第二、第三过渡系元素差。在同种元素中，低氧化态的容易形成簇状配合物。

③含不饱和配位体的配合物：金属与配位体之间形成 π-σ 键或 π-π^* 反馈键，如 K［$PtCl_2$（C_2-H_4）］。

④夹心配合物：由两个相互平行的环状共轭配位体（如环多烯和芳烯具有离域 π 键

结构），通过多中心 π 键把金属原子夹在中间形成的配合物，又称为金属-π 配合物。在此类化合物中，配位体的给予和反馈都是通过配位体的 π 轨道来实现的。所含两个平行的环状共轭配体可以是相同的，可以是不相同的。数目最多且最重要的夹心配合物是环戊二烯与金属形成的配合物，俗称二茂金属配合物。二茂铁是已知的第一个夹心配合物，分子式为 $(C_5H_5)_2Fe$，于 1951 年制得。

⑤穴状配合物：配位体属于巨环多齿的有机化合物，如具有双环结构的 $N(CH_2CH_2OCH_2CH_2OCH_2CH_2)_3N$，它们与碱金属和碱土金属形成穴状配合物。

（2）根据中心原子数目分类

①单核配合物：只含一个中心原子的配合物，如 $[Cu(NH_3)_4]SO_4$、$Ni(CO)_4$ 等。

②多核配合物：含两个或者两个以上有限中心原子的配合物。多核配合物中心原子之间可以直接键合，也可以通过单齿桥联、双齿桥联或无桥联等方式连接。

③配位聚合物：当配合物中存在无限个中心原子，并与配体通过自组装形成的高度规整的一维、二维、三维结构时，即形成了配位聚合物。在多核配合物和配位聚合物中，现在最受人们关注的是多孔金属-有机框架化合物，这种孔隙材料对金属离子与桥联有机配体的调控，设计出孔径大小不同、结构变化多样的 MOF。

二、配合物中香料的释放

控制释放速率是香料缓控释体系设计中的核心考虑因素之一，涉及配合物的结构、配位键的强度以及外部条件的影响等多种因素的作用。

1. 配合物的结构

配合物的结构对香料释放速率具有重要影响。通过调整配合物的结构，可以实现不同的释放速率。一种常见的方法是通过改变配合物的几何构型来影响香料的释放。例如，改变配合物的配体排列方式可以增加或减少香料分子与配合物之间的相互作用，从而影响释放速率。此外，选择不同的中心原子也可以改变配合物的结构。不同的中心原子具有不同的电子亲和性和电荷分布，这会影响配位键的性质。例如，选择电负性更大的中心原子可能导致较强的配位键，从而减缓香料的释放速率。

2. 配位键的强度

配位键的强度是控制释放速率的关键因素之一。较强的配位键通常意味着香料分子与配合物之间的结合更牢固，因此释放速率较慢。反之，较弱的配位键可能导致较快的释放速率。要实现香料释放速率的精确控制，可以采用多种方法来调整配位键的强度，如选择不同的配体或改变中心原子的性质。首先可以选择不同的配体，不同的配体具有不同的配位能力。一些配体，如氨或含氮的配体，通常形成较强的配位键，因为它们能够提供更多的电子密度。另一些配体，如水或氯离子，通常形成较弱的配位键。通过选择适当的配体，可以有选择性地调整配位键的强度。此外可以通过改变其电荷状态或氧化态，以改变中心原子的性质来影响配位键的强度。例如，将中心金属离子的电荷状态从+2 调整到+3 可能会导致更强的配位键，从而减缓香料的释放速率。

3. 外部条件的影响

外部条件如温度、湿度和 pH 等对香料释放速率的调节具有重要作用。利用外部条件的调节，可以根据需要改变香料释放的速率。

（1）温度　温度是一个关键的外部条件，对香料释放速率具有显著的影响。升高温度会增加分子的热运动能力，这意味着香料分子在配合物中的运动更加剧烈。因此，较高的温度通常导致香料分子更容易从配合物中解离出来，从而加快释放速率。这使得在需要快速释放香气的情况下，如烹饪或使用香水时，可以通过升高温度来实现。

（2）湿度　湿度是另一个影响香料释放速率的重要因素。湿度水分子可以与配合物中的化学键发生竞争性作用，使配合物的结构发生变化。在高湿度条件下，湿度分子的存在可能导致配合物的分解或配位键的断裂，从而释放香料。相反，在低湿度条件下，配合物通常更稳定，释放速率较低。因此，在湿度控制下，可以实现香料的持续释放或者减缓释放，以适应不同环境下的需求。

（3）pH　pH 对于香料缓控释体系同样具有重要作用。改变溶液的 pH 可以影响配合物的稳定性。在不同 pH 条件下，配合物的配位键强度可能会发生变化。酸性条件可能导致一些配合物中的金属离子溶解，从而释放香料，而碱性条件则可能增强配位键的稳定性，减缓释放速率。这为在不同酸碱环境下控制香料释放速率提供了机会，例如在食品行业中，根据不同的 pH 需求来实现香料的定向释放。

三、配合物的制备

随着配位化学涵盖的范围和研究内容的不断扩大，配合物的种类和数目也在不断增长，因此配合物的制备（合成）方法也很多，而且结构新颖、性能特殊的制备方法也不断地被开发和报道出来。

1. 经典配合物的合成

经典配合物的合成方法可分为直接法和间接法两种。直接法就是由两种或两种以上的简单化合物反应直接生成配合物的方法，而间接法则是从配合物出发通过取代、合成或消去、氧化还原等反应简洁的合成配合物的方法。

（1）加合反应　简单加合反应配制配合物即属于直接法，这种反应实际上是路易斯酸、碱反应，条件简单，多数是在常温常压的温和条件下完成。例如，由 $CuSO_4 \cdot 5H_2O$ 和 NH_3 出发合成 $[Cu(NH_3)_4]SO_4 \cdot H_2O$：

$$CuSO_4 \cdot 5H_2O + 4NH_3 = [Cu(NH_3)_4]SO_4 \cdot H_2O + 4H_2O$$

该反应就是在浓的硫酸铜水溶液中加入氨水，然后再加入适量的乙醇以降低产物的溶解度，即可得到 $[Cu(NH_3)_4]SO_4 \cdot H_2O$ 结晶。

（2）取代和交换反应　利用取代和配体交换反应来合成新的配合物也是一种常用的方法。如果将 $CuSO_4 \cdot 5H_2O$ 看成是含有 $[Cu(H_2O)_4]^{2+}$ 配体阳离子的配合物，那么前述合成 $[Cu(NH_3)_4]SO_4 \cdot H_2O$ 的反应实际上就是一个配体取代（交换）反应。发生这种反应的驱动力主要是有浓度差和交换前后配体配位能力的差别等。

(3) 加成和消去反应　加成反应通常伴随着中心金属离子配位数和配位构型的变化，而且多数情况下还同时伴有金属离子价态的变化。最为常见的是从四配位的具有平面四边形构型的配合物通过加成反应变为五配位的四方锥形或六配位的八面体形配合物。具有平面四边形配位构型的金属离子有 Ni（Ⅱ）、Cu（Ⅱ）、Rh（Ⅰ）、Ir（Ⅰ）、Pd（Ⅱ）、Pt（Ⅱ）等。例如，Wilkinson 催化剂 $[RhCKPPh_3]_3$ 就是一个具有扭曲的平面四边形配位构型的一个 Rh（Ⅰ）配合物，该配合物与 H_2 或 Cl_2 反应即可得到具有八面体构型的 Rh（Ⅲ）配合物（图 6-17）。

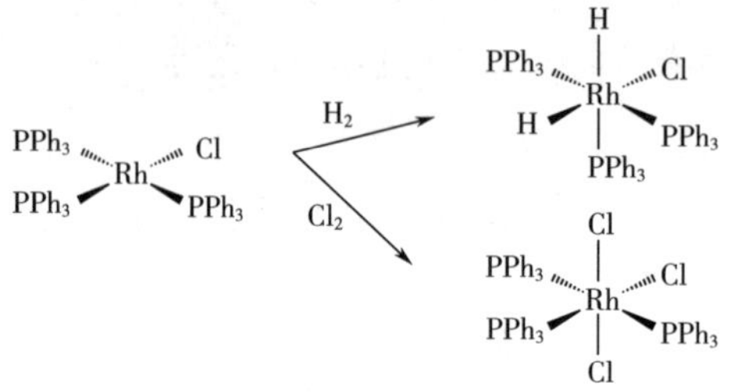

图 6-17　加成反应合成配合物

2. 特殊配合物的制备

以羰基化合物为例，来介绍特殊配合物的合成。羰基化合物按其含有的中心原子数目的多少可分为单核和多核羰基化合物。

(1) 单核羰基化合物　因羰基化合物中的中心原子多为零价的金属原子，因此这一类化合物可用直接法，即金属和一氧化碳气体在一定的条件下直接反应制得。含有不同金属的羰基化合物所需要的反应条件也不相同，但是一般情况下都要使用活化了的金属，如 RaneyNi 之类的新制备的活性金属粉末。有些羰基化合物用直接法制备时需要高温高压等苛刻条件，因此一般采用间接法来合成。对有些单核羰基化合物可以从金属盐出发，利用 CO 本身作为还原剂或者另外加入其他还原剂来还原金属盐的方法制得。常用还原剂有氢气、烷基铝、锌粉等。

(2) 多核羰基化合物　含有两个或两个以上中心原子的羰基化合物称为多核羰基化合物。而且根据含有金属原子种类的多少，又可分为同多核或异多核羰基化合物。下式代表的是从金属盐出发，利用还原剂的方法来制备多核羰基化合物。除此之外，还可以用光照的方法来合成多核羰基化合物。

$$2CoCO_3+2H_2+8CO \longrightarrow Co_2(CO)_8+2CO_2+2H_2O$$

$$2Fe(CO)_5 \longrightarrow Fe_2(CO)_9+CO$$

3. 模板法

(1) 金属离子模板剂　有些配体很难或者不能用常规的方法合成，只有在合适的金属离子存在条件下才能合成。这种方法被称为模板合成，金属离子称为模板剂。目前模板合成研究较多的是大环配体及其配合物的合成。大环配体的合成在最后环化一步往往效果不理想，因此若是在反应体系中加入合适的模板剂之后反应就能高效顺利地完成。

模板合成法反应操作简单、效率高并且选择性强，因此得到广泛应用。例如，用 Cu^{2+} 作为模板剂一步合成大环铜配合物（图 6-18）。

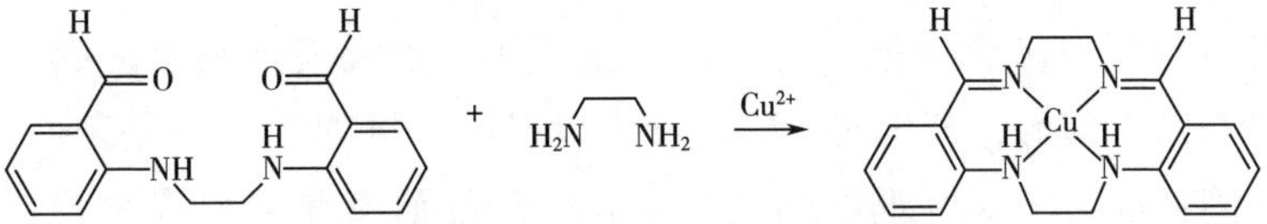

图 6-18 模板法合成大环铜配合物

（2）有机分子或离子模板剂 也可以通过加入某些有机分子或离子来合成所需配合物。这些分子或离子一般情况下不直接参与与金属离子的配位，只是起到诱导配合物形成、调控配合物结构等作用。根据分子或离子所起作用的不同，可分为：①平衡电荷；②调控配合物结构，诱导具有特定结构化合物的形成；③在多孔配合物合成中用于调控配合物孔洞的大小，如类沸石型化合物的合成等。

4. 水热（溶剂热）合成法

水（溶剂）热合成是指在一定温度和压强下，利用溶剂中物质的化学反应进行的合成。一些用常规溶液反应难于合成的化合物以及非常难溶或不溶的化合物，当反应物接触到一起时立即生成不溶于水和有机溶剂的沉淀，从而难于纯化和表征生成物，因此可以在水热的高温高压条件下增大溶解度，加快反应速度，从而促进合成反应的进行和晶体的生长。此方法通常是在不锈钢反应釜（常内衬聚四氟乙烯）内进行的（图 6-19）。

图 6-19 实验室常用反应釜

5. 溶液自组装

配位聚合物的溶液自组装是指选择的金属盐、配体溶解在适当的溶剂中，通过室温或者加热回流搅拌得到澄清溶液，静置使其自组装产生配位聚合物晶体。扩散法属于溶液自组装方式的一种。在溶液自组装过程中，分子或纳米颗粒通过非共价作用力自发地在溶液中形成有序结构，扩散法正是利用了这一特性来驱动自组装。扩散法有凝胶扩散和液层扩散两种方法。

（1）凝胶扩散 将一种组分（通常为含氮配体）配置在凝胶（硅胶）中，将另一种组分（金属盐）的溶液放置在凝胶上，两种组分通过扩散在交界面上生成产物。

（2）液层扩散　将适当的金属盐、含氮配体分别溶解在不同的溶剂中，小心地将一种溶液放置在另一种溶液上，两种溶液接触，通过扩散发生反应而产生配位聚合物。

6. 固相法

利用低热固相反应来合成配合物。低热是由于一般反应加热温度都不超过 100℃，有的固相配位反应在室温，甚至是 0℃时就可以发生。例如，4-甲基苯胺（4-MB）与 $CoCl_2 \cdot 5H_2O$ 固相混合，即可观察到颜色变化，稍加研磨就可以完全反应生成配合物 [Co（4-MB)$_2$Cl]。低热固相反应由于反应温度低，能耗少，同时因为不使用或少使用（有的反应后处理时需要使用）有机溶剂，可以减少对环境的污染，因此符合绿色化学合成方向，具有较大开发潜力。

四、配合物的应用

配位剂作为试剂参与的反应几乎涉及分析化学的各个领域，在元素分离和分析中主要利用的是配合物生成后溶解度、颜色以及稳定性等性质的差异，配位剂主要用作显色剂、沉淀剂、萃取剂等。

1. 沉淀分离

配合物在湿法冶金、金属与其他杂质离子的分离及提纯方面具有广泛应用。由于 La 系收缩的影响，使处在 La 系以后的金属元素与第五周期的同族元素在半径和性质上非常相似，并使这些元素的分离、纯化和制备有一定的难度。为了使其分离，常用方法之一就是首先将其转化为氟的配合物，如形成 K_2ZrF_6 和 K_2HfF_6。在 20℃时和 0.125mol/L 的 HF 溶液中，前者的溶解度每 100g 水中为 1.86g，后者为 3.74g，二者之比 Hf/Zr = 2.0，有较高的分离系数，故可采用分级结晶的方法使其分离。

2. 溶剂萃取分离

溶剂萃取是一种简便而快速的分离技术，尤其对痕量物质的分离和富集特别有效，对于大多数无机化合物的萃取过程，常伴随被萃物与萃取剂间的配位反应，生成的配合物进入有机相，其他一些无机物则留在水相中。例如核燃料的提取和分离，就是在硝酸溶液中加入萃取剂 TBP（磷酸三丁酯），金属离子和 TBP 生成中性配合物进入有机相与其他杂质分离。

3. 离子交换

离子交换法是利用离子交换树脂来分离和提纯物质的一种方法，也是近代化学技术领域中一种重要的分离方法。目前广泛应用于核燃料处理、高纯稀土的制备、稀有金属的回收、工业水的软化及高纯水的制备等。此方法的最大优点是可获得高纯度产品，但它的缺点是不能连续操作，生长周期长、处理量小、成本高，因此往往与萃取法结合使用。

4. 显色剂

在吸光光度分析中，不但要求选用选择性好、灵敏度高的配位剂作为显色剂，而且要求生成的配合物组成恒定、化学性质稳定，与显色剂颜色有大的差别。能作为显色剂的都是一些有机化合物配体，在这些有机分子中常存在某些不饱和基团或共轭体系，如下列有机化合物（图 6-20）：

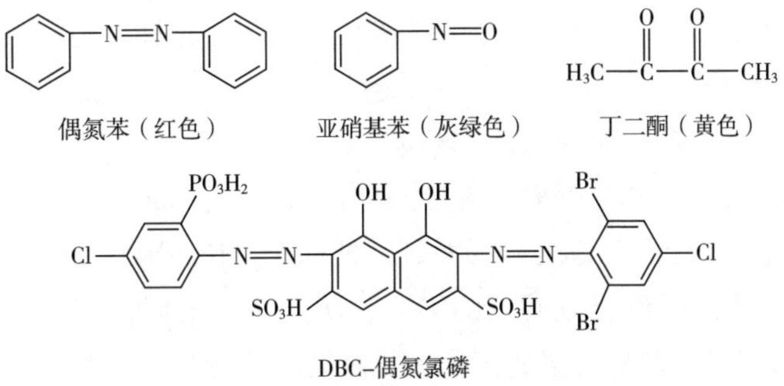

图 6-20 可作为显色剂的有机化合物配体

这些有机分子与金属离子形成配合物后，电子云发生变化，分子间的能差减小，其最大吸收波长红移，导致了颜色加深。

5. 金属指示剂和配位滴定

配位滴定与容量分析一样，必须借助指示剂以目视法来完成终点的确定。但此处的指示剂必须具有配位能力，且与被滴定的金属离子所形成的配合物的稳定性要比滴定剂所形成的相应配合物的稳定性低。除此之外，还要求在同一条件下游离指示剂与指示剂所形成的配合物的颜色有显著的差别，这样可使终点变化敏锐。此类指示剂称为金属指示剂。目前可用作金属指示剂的配位剂有几十种，常用的有铬黑 T、紫脲酸铵、酸性铬蓝 K、1-（2-吡啶偶氮）-2-萘酚（PAN）及二甲酚橙（XO）等。

6. 掩蔽剂

配合物的形成在分析化学中作为离子的定性检出和定量测定均有着非常重要的作用，例如，Fe^{3+}与Co^{2+}在 KSCN 存在下都可以生成配合物。

$$Fe^{3+}+6SCN^{-}=[Fe(SCN)_6]^{3-}\text{（血红色）}$$

$$Co^{2+}+3SCN^{-}=[Co(SCN)_4]^{2-}\text{（天蓝色）}$$

前者为血红色的溶液，后者呈蓝色，而血红色有碍于蓝色的观察，但$[Co(SCN)_4]^{2-}$在戊醇和乙醚的混合溶液中有较大的溶解度，可进入有机相并作为溶液清晰地呈现出蓝色。也可以在上述的混合溶液中加入 NaF 使Fe^{3+}形成FeF_6^{3-}呈无色，Cu^{2+}也与 KSCN 反应。为了不妨碍Co^{2+}离子的检出，可加少量硫脲。在这里，NaF 与硫脲均称作掩蔽剂。在配位滴定时，也常常使用掩蔽剂使干扰元素生成十分稳定的配合物，减少干扰元素对主反应的影响。

7. 医药

配位化学在药物上的广泛应用，主要依据是机体内的金属元素在体内的吸收、运送、储存、分布、排泄及整个代谢过程都涉及配位反应，任何能与生物配体争夺金属配位位置的外源性物质都将产生生物效应。

（1）解毒剂　外来重金属如果进入体内，则会与体内所必需的金属元素对生物配体进行竞争，这就会造成体内必需的金属平衡失调，那些金属蛋白和金属酶也会失去原有的生物活性，机体则表现出金属中毒症状。解毒也是通过引入配合剂来进行，引入的配合剂与引起中毒的重金属的配位能力更强，可以使重金属离子从蛋白和酶的活性部位中脱下来，并且与引入的配合剂形成稳定的可溶性配合物，这样就可以使引起中毒的金属离子通过机体代谢排出体内。

（2）抗肿瘤药物　常用的癌症治疗药物顺铂，即 *cis*·［$PtCl_2$（NH_3）$_2$］，可以抑制癌细胞的 DNA 复制过程，含有平面正方形的配合物构型。

（3）血液抗凝剂　配合物作为抗凝血剂和抑蚀剂，在血液中加入少量乙二胺四乙酸（EDTA）或枸橼酸钠，可螯合血液中的 Ca^{2+}，防止血液凝固，有利于血液的保存。此外，也常用 EDTA 作抑菌剂配合金属离子，用来防止生物碱、维生素、肾上腺素等药物被细菌破坏而变质。

8. 卷烟

通过香精调配的方式，利用挥发性的甜香类香料与食品添加剂（如钙盐、锌盐等）之间的弱配位作用，降低甜香类香料的挥发逃逸特性，提高其在香精和卷烟产品中的稳定性，增强其在加工过程，特别是高温受热工序中的耐加工性，有效解决该类香料实际应用问题，并为焦甜类香料的调香应用提供一种新的技术手段，以便其在卷烟产品应用中更好地发挥作用。

重点与难点

（1）缓慢释放和控制释放的概念和区别。

（2）微胶囊与微乳的概念、类型和制备方法。

（3）多孔材料的类型、吸脱附机制及制备方法。

（4）包合物和配合物区别。

思考题

1. 微胶囊的定义及其基本结构。

2. 微胶囊的常见制备方法有哪些？

3. 什么是微乳液？请描述微乳液的基本结构和组成成分以及其在化学和物理性质方面的特点。

4. 在多孔材料的制备过程中，如何选择适当的模板分子，以实现特定的孔隙结构和性能？

5. 多孔材料的吸附性能如何应用于烟用香料香精？在实现缓控释放和提升吸烟体验方面，多孔材料可能面临哪些挑战和机遇？

6. 环糊精的基本结构和性质是怎样的？

7. 按成键方式分类，配合物有哪几类？经典配合物有哪些制备方法？

第七章
香料香精指纹图谱构建与应用

课程思政点

【本章简介】

本章介绍了指纹图谱技术在判定香料香精质量是否稳定和均匀方面的应用，主要包括指纹图谱的概念及应用领域、香料香精指纹图谱的类型及应用、指纹图谱构建方法及其在配方均匀性中的应用。

香料香精质量的辨析调控始终是香料香精企业和食品、化妆品、烟草等下游工业企业共同关心的问题。大部分特色香原料都是由天然香料加工所得，其质量受原料品种、产地、生产工艺等诸多因素共同影响，因此不可避免地产生产品质量波动，同样也难以从物理或感官层面，对其内在品质进行精准的评价。所以说，香料香精的质量控制始终是香料、食品、化妆品和烟草等行业的难点、重点与焦点问题。

传统检测方法对香料香精质量的把控主要通过物性指标，如折射率、相对密度、酸值和挥发成分总量等以及人工嗅香两个环节来控制，但检测结果受待测样品的制备方法、检测溶剂的种类、浓度等因素影响，不能客观、准确地反映香精产品的内在质量，其品质的稳定性更是难以得到体现。利用感官嗅辨对香料香精进行质量控制也会受到人的主观意志、身体状况等情况的影响，从而导致辨析结果的不确定性。因此，传统的方法很难从本质上准确地把握香料香精质量特征，也难以给予香烟品牌以强有力的支撑。

指纹图谱技术是一种有效的质量控制方法，它能判定香料香精质量是否稳定和均匀。利用香料香精的香味物质指纹图谱技术能够解决这个问题。指纹图谱技术包括指纹图谱的建立和应用，首先利用色谱技术或色谱/质谱联用技术对特征性香料香精成分进行分析，并以化学计量学的方法对获得的数据进行处理，从而得到特征成分的指纹图谱。然后，把待测产品与香料香精标准指纹图谱比对，进行共有峰、相似度等指标的计算，对待测产品进行评价，确定产品的稳定性和波动性，从而判断产品是否合格。因此，指纹图谱技术在分析鉴定、评价和质量控制等方面是极具优势且应用前景广阔。

第一节　指纹图谱的概念及应用领域

一、指纹图谱概念

指纹图谱一词来源于分子生物学中的 DNA 指纹图谱。但这里提出的指纹图谱不同于分子生物学的指纹图谱，它是指一种对复杂物质体系综合的可量化分析鉴定技术。

香料香精指纹图谱是指香料香精经过诸如同时蒸馏萃取、固液萃取、固相微萃取等合理预处理技术，然后用 GC 或 GC-MS 等其他仪器分析其中的有效成分，借以化学计量学、统计学等方法，来鉴别香料香精的真伪及质量稳定性的一门技术。

指纹图谱分析只着重于整体的相似性，而抛离了对个体绝对唯一性的探索，即更多地关注共有特征性。指纹图谱分析这种综合性的看问题方式，能较为准确地表达出复杂成分重要内在质量的均一性和稳定性，也使得其质量控制指标由单一向整体转变，从而实现对香料香精内在质量的综合评价和全面控制，这也是指纹图谱分析与其他方法的核心差别所在。

二、指纹图谱应用领域

指纹图谱技术在质量控制上是一种新的技术手段，它是从整体上去研究复杂物质体系。目前，指纹图谱作为食品、中药和草药提取物等混合物质群的质量控制方法已成为国际共识与研究热点。近年来，指纹图谱技术在烟草行业的应用研究逐渐广泛，同时取得了不少的成果。

（一）指纹图谱技术在烟草领域中的应用

1. *在烟草农业方面的应用*

在提高烟叶品质的研究中，烟草遗传育种和病虫害防治是两个核心问题。利用指纹图谱技术可以在遗传育种中对作物进行鉴定和质量控制。指纹图谱技术不仅可以应用于烟草遗传育种及病虫害防治，同时还可以在判断品种稳定性及鉴别真伪品种等方面得到充分利用。黄莉莎等利用已知的烟草序列，设计出烟草简单序列重复标记库（SSR），从 62 对待选引物中筛选出 21 对多态性强、稳定性好的引物，构建了 9 份烟草品种的 DNA 指纹图谱，发现最少采用 4 对引物进行组合鉴定，即可将 9 个品种完全区分开，这种引物标记的组合鉴定法在烟草品种纯度鉴定中具有很好的应用前景。聂琼等利用插入序列重复标准库（ISSR）分子标记对23份烟草品种进行分析，从39个ISSR待选引物中筛选出8个多态性强的引物，构建了23份烟草品种的ISSR指纹图谱，发现从8个引物中选择34个扩增谱带加以组合，就能完全区分这23个品种。

2. 在卷烟工业方面的应用

卷烟的特征风格及质量品质的稳定性是由叶组配方、所加香料香精和加工工艺等诸多因素共同协同作用的。因此对于同一品牌的产品，如何保持其固有的风格特征和质量特点是卷烟生产中所面临的一个重要问题。目前对卷烟风格和质量判断主要以感官评吸为主，随着分析技术的发展，指纹图谱技术将逐渐在这方面有所应用。张丽等对成品卷烟烟丝的挥发性香味成分构建了GC-MS指纹图谱，建立了相应的GC-MS香味成分质量控制方案，并采用相关系数法、夹角余弦法、欧氏距离法和改进的Nei系数法分别评价了各种指纹图谱的相似度，给出烟丝香味成分指纹图谱相似度的合理范围，并以此作为评价与鉴别卷烟成品及半成品烟丝质量稳定性的依据。汤晓东等建立了成品卷烟烟丝的热裂解-气相色谱/质谱（Py-GC/MS）指纹图谱。采用该方法得到了卷烟烟丝的裂解指纹图谱，并从中筛选出29个共有峰；基于模式识别进行样品判别分析，较好区分了4个不同品牌的卷烟；采用判别分析法对已经建立的卷烟评价模型进行了验证，15个建模样品和5个验证样品的正确判别率为100%。

3. 在烟用香料香精方面的应用

烟用香料香精质量的稳定性对卷烟产品的质量起着关键作用。通常对香料香精质量的评价是通过一些物理指标和人工嗅香来进行的。这两种方式往往会受到外界因素的干扰而对结果造成影响，很难准确、全面、客观地表征香料香精质量的稳定性。而利用指纹图谱技术可以由原来单一的成分测定到内在质量的整体评估，可达到对香料香精质量更为全面客观的评价，进一步用于卷烟品质的稳定控制。

张富强等通过溶剂萃取法结合GC-MS指纹图谱建立的香料香精标准色谱指纹图谱数据库，以香料香精的组分相似度进行分析判定，可以有效地控制香料香精的品质，保证产品质量稳定性。刘秀明等提取了三类香精共198种不同批次样品的GC-MS指纹图谱，通过主成分分析（PCA）建立不同类样品共有模式，找出影响该类香精质量稳定性的化学成分，再对3类香精进行PCA分析，找出造成不同组香精有差异的化学成分，结合偏最小二乘-判别分析（PLS-DA）方法对香精样品进行分类，后将25批香精样品作为测试集进行基于PLS-DA算法的模式识别，3类香精识别率达到100%。研究发现该分析方法可对香精质量控制提供依据，并针对某一成品香精的质量波动，可通过对差别成分的调整进行质量稳定调节。

（二）指纹图谱技术在食品领域中的应用

食品指纹图谱作为一种综合的定性、定量分析手段，较为全面地反映了食品或原材料的物质组成及含量分布，可作为食品鉴定及质量分级的判断依据。指纹图谱技术在食品领域可用于产地溯源、营养评价、品种鉴别、加工工艺判定等方面，进而进行食品质量评价，有助于解决当下社会存在的食品安全问题，为食品市场的监管与控制提供技术支撑。

杜丽娟分别采用三维内源荧光和二维外源荧光结合计量学方法分析了生鲜乳和掺入乳粉的还原乳，结果显示两种方法均可判断还原乳的掺假情况，而后者只通过 PCA 即可得到快速准确结果，且分类模型的准确率达 100%，结果表明二维外源荧光优势更为明显。荧光光谱节能环保、无损测量，能够提供荧光基团的信息，将其与多元数据分析结合，能够实现对食品的控制和分类。鲁惠玲等建立了一种评价保健品鱼油品质的核磁共振分析方法——基于一维氢谱的核磁指纹图共振谱法，分析了 25 种不同品牌产品的核磁共振图谱，并将它们的图谱与 5 种植物油、2 种普通淡水鱼油及天然维生素 E（VE）油的核磁图谱进行比对，结果显示各图谱能够很好地表征出主要成分的特征信号，可鉴别出保健品鱼油的掺兑情况。

（三）指纹图谱技术在中药领域中的应用

中药及其复方是在中医理论指导下进行的，由于组分相对复杂，发挥药效的部位往往不是单一成分，而是群体疗效，所以任何单一成分都无法反映其复杂的整体疗效。因此，对中药及其复方进行整体分析将成为必然的趋势。中药指纹图谱依托各种光谱、色谱技术，综合地反映中药及其复方的质量信息，目前已成为国际公认的中药及其复方质量控制的重要手段。

陆顺瑶等建立了金银花和山银花药材提取物的高效薄层指纹图谱，用于二者的定性鉴别。胡婧文等建立了不同产地虎杖的薄层色谱（TLC）和 HPLC 指纹图谱，用于虎杖药材的质量评价。孙国祥等采用毛细管区带电泳法建立了金银花药材的毛细管电泳指纹图谱（CEFP），分别从金银花 CEFP 的定性相似度 S、指纹峰有效分离率 β、指纹信号均化程度 γ、δ、指纹图谱指数 F、指纹图谱信息量指数 I、含量相似度 Q、宏观含量相似度 R 和指纹图谱定量相似度 P 等多个方面，以及从各化学成分分布比例和各化学成分含量两个侧面评价各产地药材与对照指纹图谱间的相似性，实现了利用指纹图谱定性定量指标客观、全面、真实地评价金银花的药材质量。彭艳等采用拉曼光谱技术，分别建立山药对照药材、不同产地的山药片和麸炒山药饮片拉曼指纹图谱，比较山药片与麸炒山药饮片的拉曼指纹图谱差异，确定山药特征拉曼光谱谱峰位置及归属。发现山药的拉曼光谱显示出了可溶性淀粉的拉曼指纹特征，山药麸炒前后拉曼指纹图谱有明显差异，研究数据表明麸炒后的山药主成分（淀粉）有所变化，所建立的分析方法为完善山药饮片及麸炒山药饮片的质量评价体系奠定了基础。冯永辉等对 12 个半夏药材及其炮制品进行实验，获得了半夏的对照 X 射线衍射 Fourier 指纹图谱及特征标记峰值；依次将其分为药材半夏、水半夏及其炮制品法半夏、清半夏、姜半夏 5 个组，将中药材质量标准化从宏观等性状显微定性鉴别推向以图形数据表征的可量化处理的微观信息，证实了 X 射线衍射 Fourier 指纹图谱法可用于半夏的产品鉴定。

第二节 香料香精指纹图谱的类型及应用

随着科技的发展，指纹图谱已然成为香料香精行业研究和讨论的热点话题。构建指纹图谱的方法有色谱指纹图谱、光谱指纹图谱、电子鼻指纹图谱以及 X 射线衍射指纹图谱。

一、色谱指纹图谱及其应用

色谱法具有简便快速、灵敏度高和操作性强等优势，在目前检测领域中应用范围广泛，主要包括 HPLC、GC、毛细管电泳法（PCE）和 TLC。其中在烟草领域中应用最多的是气相色谱和高效液相色谱指纹图谱。现阶段未见毛细管电泳法指纹图谱和薄层色谱法指纹图谱应用于烟用香料香精的相关报道，但在食品和中药领域内已被应用于建立指纹图谱进行质量控制，给指纹图谱在香料香精行业的应用及发展开拓了序章。

（一）气相色谱指纹图谱及其应用

气相色谱主要用于检测香精中的挥发性和半挥发性成分，具有分离效率高、分析数量多、稳定性好等优点，气相色谱多与质谱联用（如 GC-MS），可在线提供指纹图谱中主要成分的化学结构信息，香料香精中多为挥发性及半挥发性物质，因此，GC-MS 是建立香料香精色谱指纹图谱的常用方法。

黄世杰等对掺兑后的和用乙醇稀释后的香精挥发性成分进行 GC-MS 分析，发现色谱指纹图谱能全面、综合、准确地反映香精的质量情况，可以成为香精质量控制的有效手段。

（二）液相色谱指纹图谱及其应用

烟用香料香精中的另一部分是沸点较高、挥发性较差或非挥发性的物质，这些物质对香料香精的整体作用也有很大的贡献，有些还是主要成分，如果在分析时不加以考虑，将会影响整个分析结果。

1. 高效液相色谱

高效液相色谱应用范围广，选择性好，分析效率高，但分析时间较长。廖堃等对 10 批次香精进行 HPLC 分析，根据相对保留值和相对峰面积建立了香精的 HPLC 指纹图谱，并通过计算指纹图谱间的相似度考察了香精的质量稳定性。

2. 超高效液相色谱

超高效液相色谱技术与传统的液相色谱技术相比，能显著改善分析的通量、检测的灵敏度及色谱峰的容量，同时大幅提高分析速度，特别适用于微量复合物的高通量分析鉴定。

李希强等采用 UPLC 法测定了 10 种烟用香精不同批次的样品、稀释品和掺兑品，而后采用相对保留值和相对峰面积法对所有成分的保留时间和色谱峰进行处理，建立了烟用香精 UPLC 指纹图谱来评价香精质量的稳定性。

（三）薄层色谱指纹图谱及其应用

薄层色谱法现已被国内外大部分学者接受并利用，其原因是其重现性较好，而且具有快速、经济、可靠、操作简单、适应范围广等特点。将通过薄层后而分开的各个斑点用特定的波长对其扫描，能够得到更加确切的扫描图谱，从而也具有更好的指纹识别作用。

（四）毛细管电泳法色谱及其应用

毛细管电泳技术是在电泳技术基础上发展起来的一种分离技术。其工作原理是使毛细管内的不同带电粒子、离子、分子或衍生物在高压电场作用下以不同的速度在毛细管缓冲液中定向迁移，毛细管电泳色谱法适用于复杂物质提取物中的有机酸类、核酸类和氨基酸类等能离解为离子的各种成分的分离和分析。高效毛细管电泳法（HPCE）指纹图谱可用于判断样品的掺假情况。

二、光谱指纹图谱及其应用

红外光谱、近红外光谱、紫外光谱、荧光光谱、拉曼光谱等均被用于食品、中药等领域中，可通过建立指纹图谱对质量进行控制。在研究烟用香料香精方面，应用较多的指纹图谱是紫外光谱指纹图谱、红外光谱指纹图谱、近红外光谱指纹图谱。利用荧光光谱建立烟用香料香精指纹图谱的研究目前还没有相关报道。

（一）红外光谱指纹图谱及其应用

红外光谱主要用于复杂有机化合物的官能团鉴定，是由于分子振动与分子转动引起的，利用红外光谱分析可以了解官能团和分子骨架情况。具有不同官能团的样品，其对应的红外光谱特征也不同，因此其光谱特征常用于定性分析，可作为区分样品种类与真假的指标。红外指纹图谱法样品用量少，检测灵敏度高，重现性好，图谱信息量大，简单便捷且易实现无损检测，已广泛应用于食品、中药、香料香精等行业的质量控制和品质鉴定。

王家俊等采集三种不同批次共 150 个烟用香精的红外衰减全反射光谱（FTIR-ATR）指纹图谱，并应用该法建立相应的分类模型。后对不同批次的烟用香精进行模式识别，将马氏距离的控制上限设定在该类平均马氏距离+3σ 范围之内，获得了正确的监控预报。

（二）近红外光谱指纹图谱及其应用

近红外光谱作为一种快速无损的检测技术，常用于化学成分的定性及定量分析，具有简便、快速、无损的优点。相较红外光谱，近红外光谱样品预处理更简便，甚至无需预处理，因此越来越多地采用该法对样品进行定性定量分析。近红外光谱的定性判别分析已经广泛在质量控制中应用。

有研究人员通过实验采集不同品牌成品卷烟烟丝的近红外光谱，利用基于主成分分析的马氏距离法建立了两个不同的近红外光谱判别分类模型，一个用于同一中烟公司生产的 3 个牌号成品卷烟的分类鉴别，另外一个用于云南省某牌号卷烟同省外同一价位的 6 个牌号卷烟的分类辨别，模型的预测效果较好，对检验集的类归属的正确率为 100%。

（三）紫外光谱指纹图谱及其应用

紫外光谱是由分子的外层价电子从低能级跃迁到较高能级的反键轨道时吸收能量而产生的，主要用于对某种特定的结构（尤其是共轭结构）进行研究，具有简便、快速等优点。紫外光谱指纹图谱技术可通过分析样品的结构进行产地及种类的鉴别。

黎洪利等借鉴中药紫外指纹图谱的建立方法，利用紫外图谱相似度来确定不同牌号卷烟香精的阈值。通过不同添加量的香精掺兑实验可以看出，当香精质量波动大于 5% 时，紫外指纹图谱能在一定程度上反映烟用香精所含成分的异同，可作为监测烟用香精质量稳定性的快速、简便方法。

（四）荧光光谱指纹图谱及其应用

荧光是基态分子吸收能量后跃迁到激发态，激发态分子返回基态时以辐射跃迁的方式将其能量释放而产生的再发射光。荧光光谱能非常灵敏地反映分子中不饱和基团的性质。复杂物质的荧光光谱是由所有待测组分的各种结构信息的重叠荧光光谱带组成的。由于不同物质所含荧光物质的分子结构或含量会有差异，因此其荧光光谱具有指纹特征，可用于质量评价。

（五）拉曼光谱指纹图谱及其应用

拉曼光谱是基于拉曼效应即分子散射效应的一种散射光谱，通过散射峰的位置和强度得到极性分子和非极性分子的分子振动、转动方面的信息，并应用于分子结构分析，进而为分析物提供特有的光谱指纹图谱。由于不同的化学成分具有不同的拉曼光谱，因此可根据特征峰分析复杂样品中的化学成分进行质量控制与分析评价。

黄天雄等把 120 个烟草样品用 50%（体积分数）甲醇溶液萃取后注入拉曼光谱液体池中，在 325nm 激发波长下采集 800~2000cm^{-1} 内的拉曼光谱，采用 Savitzky-Golay 卷积平滑法预处理所得原始拉曼光谱，并在 1555.8~1652.9cm^{-1} 波段内建立偏最小二乘法（PLS）多元校正模型，结果表明基于拉曼光谱和 PLS 所建模型，可以对烟草中多酚类化合物绿原酸和芸香苷含量实现准确可靠的预测。

三、电子鼻指纹图谱及其应用

电子鼻是用来分析、识别和检测复杂嗅味和大多数挥发性成分的传感器阵列，又称气味指纹扫描仪，与人类嗅觉判断相比，它是根据仿生学原理，由自动化模式识别的传感器阵列所组成，不受主观因素的影响，因此其测定更客观。它是一种新颖的分析、识别和检测复杂气味和大多数挥发性成分的仪器。与普通的化学分析仪器如色谱仪、光谱仪等不同，分析得到的不是被测样品中某种或某几种成分的定性与定量结果，而是给予样品中挥发性成分的整体信息，也称“指纹”数据。该技术在复杂介质和成分之间具有协同作用的样品气味分析方面具有较为明显的优势。目前，电子鼻在食品品质评价、疾病诊断、环境检测等方面已得到广泛应用，在烟草行业也有一些相关应用报道，如鉴别卷烟真伪、烟叶品种区分、烟用香料香精质量评价等。

蒋健等利用电子鼻对 9 种不同的烟用香精样品进行了测试，采用主成分分析以及判别因子分析多元统计方法对所获得的数据进行了分析，构建了质量控制模型并对样品的质量稳定性进行了评价。研究发现电子鼻可以分辨有一定相似性及不同香型的烟用香料香精，通过对电子鼻进行某产品不同样品的模型训练并建立相应的质量控制模型，可成功识别出质量异常的产品。

四、X 射线衍射指纹图谱及其应用

X 射线测定的基本原理是当对一定厚度的某一物质进行衍射分析时，该物质不同原子散射的 X 射线相互干涉，在某些特殊方向上产生强 X 射线衍射图谱。物质的组成、晶型、分子内成键方式、分子构型等决定该物质产生特有的衍射图谱。如果该物质是一种混合物，则所得衍射图谱是各组分衍射效应的叠加。只要混合物的组成是恒定的，其衍射图谱就可以作为该混合物的特征图谱。

利用 X 射线衍射建立烟用香料香精指纹图谱的研究目前未见相关报道。在中药方面，高夏红等用 X 射线粉末衍射法建立了野生和栽培天麻及伪品羊角天麻固体粉末的指纹图谱，通过数字信号处理技术提取天麻样品的特征信息，按 2θ 进行相似度计算和分析，发现野生与栽培天麻的差异主要是 2θ 在 $5°\sim10°$ 和 $30°\sim50°$，通过数字信号处理技术提取低频信号，能有效鉴别野生和栽培天麻。据此可以表明，利用 X 射线衍射法去建立固体香料指纹图谱是可行的。

第三节　指纹图谱构建方法

指纹图谱的建立是对仪器分析所得到的数据进行适当的处理，将复杂难辨的图谱转为直观的数字，建立相对应数据参数和规则的计算公式，使复杂组分样品的分析、鉴定、区分成为可能，它所依据的是同种样品其化学成分的相似性和差异性。

一、指纹图谱重要的参数

前人在色谱指纹图谱的研究中总结了一些比较重要的参数，在这些参数的基础上建立的指纹图谱具有较高的可信度。这些参数包括：

（1）共有峰　共有峰是指香料香精指纹图谱中多个样品所具有相同的相对保留值的

色谱峰。

（2）重叠率　标准样品与供试样品二者的共有峰数乘以 2，除以二者出峰数之和。重叠率反映指纹图谱的相似度，重叠率越大，指纹图谱越相似。

（3）n 强峰　n 强峰是指在众多的色谱峰中，按其面积的大小选择的前 n 个峰面积之和占总峰面积的比例>70%的色谱峰。它反映香料香精中各主要成分相对含量的情况。

（4）特征指纹峰　特征指纹峰是一系列共有色谱峰的集合，即样品间的共性，反映了香料香精品种的特性，可实现用多组分来表征香料香精内在特征。

（5）特征指纹峰的相似率与差异率　特征指纹峰的相似率是指供试样品与标准样品图谱中某特征指纹峰的面积之比，通过它可显示出两种样品在特征指纹上的相似性。差异率是指供试样品的每个特征指纹峰与标准样品相应的特征指纹峰面积之差的绝对值与标准样品特征指纹峰面积的比值，用来表示二者的差异程度。相似率与差异率是表示供试香料香精样品图谱与其标准样品指纹图谱相似程度的数值，它集定性信息与定量数据于一体，是最终鉴定的重要依据。

二、构建指纹图谱的主要步骤

（1）样品采集　标准样品数据采集是构建指纹图谱的关键。由于不同批次样品所存在的差异，只有在相当数量的样本中，才能清楚地显现出其特征，所以至少要收集 6 个批次的标准样品进行检测，平均全部图谱，才能得出标准指纹图谱，用于进行各样品指纹图谱与标准图谱之间的相似度比较。

（2）方法选取　方法选取是指挑选合适的指纹图谱建立方法并加以考察。构建指纹图谱的主要方法有色谱法和光谱法，目前香料香精指纹图谱的建立多采用 GC-MS 法。GC 法分离效率高，分析速度快，受外界的影响较小，稳定性较好，加上质谱在线提供指纹图谱中主要成分的化学结构信息，快捷而灵敏。因此，GC-MS 是现阶段建立香料香精指纹图谱最优质的方法。

（3）数据分析　数据分析是对检测数据进行处理，找出共性和差异点，确定评价指标。常用的数据分析方法如下：

①直观比较法：根据图谱外观和所得数据，对供试样品与标准样品指纹图谱的特征进行直观分析、比较、判断。此法适用于样品定性的快速鉴别或图谱中数据比较少的情况。

②量化数据比较法：即引入共有峰、重叠率等量化数据，对供试样品与标准样品指纹图谱进行分析、比较、判断。此法较为客观、准确，具有一定实用性。

③化学模式识别法：是根据物质所含化学成分用计算机对其进行分类或描述。香料香精指纹图谱相当复杂，人工比较难免影响结果的准确性。若将其与数学统计学、计算机图谱解析和识别技术结合起来，其应用会更为准确可靠、快速方便。目前，该法已开始运用于香料香精指纹图谱的研究。

④计算机软件分析：基于化学模式识别技术，开发计算机分析软件，如王玉等以 C++语言作为开发语言，BorlandC++Builder 作为集成开发平台，开发出烟用香料香精控

制体系 RS-04 系统的计算机辅助软件。香料香精指纹图谱质量控制的关键在于最终数据的处理和归类，也是该项研究的难点和关键。

（4）样品评价　样品评价是指按所确定的指标对样品进行品质评价。

（5）方法检验　方法检验是指在确定方法后，对更多样本进行检验，进一步考察方法的可行性和实用性。

三、指纹图谱算法

（一）相似度简介

通过光谱或者色谱的方法分别获取两个样品的指纹图谱，如果这两个样品的物质基础成分基本相同，则两张指纹图谱应该基本相同；如果绝大部分相同，两张指纹图谱应该很相似；如果差异比较大，那么两张图谱的相似性差。如果一张图谱能够用一组代表图谱特征的数字来代替，将代表两张指纹图谱的两组指标进行定量计算，并且该计算值能表示两张指纹图谱之间的相似性，这个值就称为相似度，是衡量两张指纹图谱之间相似度的一个重要指标。

（二）相似度评价的四个步骤

（1）对照指纹图谱的建立　当获取一批指纹图谱样品后，如果准备分析指纹图谱样本的相似度，那么就需要生成对照图谱，以便待测样品与对照指纹图谱相比较得到相似度。

（2）保留时间校正　保留时间相同的色谱峰被认定是同一物质的色谱峰，如果色谱峰的保留时间发生小量漂移，匹配可能发生错误，从而相似度计算结果不准确。所以，保留时间必须校正。

（3）峰位匹配　由于在获取指纹图谱时会发生一定的偏差，可能会导致同一色谱峰在两张指纹图谱中的保留时间不一致，所以需要对色谱峰的同一性进行鉴定。也就是说，对某两个保留时间不一致但属于同一化学成分的共有峰进行计算机识别，这就是色谱峰匹配。

（4）相似度计算　相似度计算是将指纹图谱向量化，即将一张指纹图谱看成一个维向量，两张指纹图谱之间的相似度就是其对应的两个向量之间的计算，所使用的计算公式就称为相似度的计算方法。

（三）相似度计算方法

可供选择的相似度算法很多，包括相关系数法、夹角余弦法、距离系数法（马氏距离、欧氏距离）、Nei 系数法等。目前比较倾向的算法主要是夹角余弦法和相关系数法，这两种方法有一定的相似之处：①二者都可以提供一个 0~1 的数值作为计算结果，并且值越接近 1，表明相似度越大，便于质量控制人员对结果的理解；②二者都没有具体的单位，其计算结果便于标准的制定，例如，可以指定一个界限 0.9，相似度大于 0.9 的认为产品合格，否则认为产品不合格。

假设代表两张香料香精指纹图谱的向量分别为 $X=(x_1, x_2, \cdots, x_n)$，$Y=(y_1, y_2, \cdots, y_n)$

1. 相关系数法

$$R=\frac{\sum_{i=1}^{n}(x_i-\bar{x})(y_i-\bar{y})}{\sqrt{\sum_{i=1}^{n}(x_i-\bar{x})^2\sum_{i=1}^{n}(y_i-\bar{y})^2}} \tag{7-1}$$

式中 R——相关系数；

x_i——x 变量的第 i 个样本数据值（i=1，2，3……）；

y_i——y 变量的第 i 个样本数据值（i=1，2，3……）；

$\bar{x}$——x 变量中各样本值的平均值；

$\bar{y}$——y 变量中各样本值的平均值。

如式（7-1）所示，相关系数法是以指纹图谱的两组向量的相关系数来反映样品间的相似性。当相关系数的值越接近 1，表示相似度越大。

2. 夹角余弦法

$$C_r=\frac{\sum_{i=1}^{n}(x_iy_i)}{\sqrt{\sum_{i=1}^{n}x_i^2\sum_{i=1}^{n}y_i^2}} \tag{7-2}$$

式中 C_r——夹角余弦值；

x_i——x 变量的第 i 个样本数据值（i=1，2，3……）；

y_i——y 变量的第 i 个样本数据值（i=1，2，3……）。

如式（7-2）所示，夹角余弦法是以两组向量的夹角余弦大小来反映两种样品之间的相似性。当夹角余弦的值越接近 1，表示相似度越大。

3. Nei 系数法

$$N_r=\frac{2N_{xy}}{N_x+N_y} \tag{7-3}$$

式中 N_r——Nei 系数；

N_{xy}——指纹图谱共有特征峰的个数；

N_x——x 样本中特征峰的个数；

N_y——y 样本中特征峰的个数。

$$NI_r=\frac{2N_{xy}}{N_x+N_y}-\frac{2}{N_x+N_y}\sum\left|\frac{h_{1xy}-h_{2xy}}{h_{1xy}+h_{2xy}}\right| \tag{7-4}$$

式中 NI_r——改进 Nei 系数；

h_{1xy}、h_{2xy}——共有峰强度量化的指标；

N_x——x 样本中特征峰数个数；

N_y——y 样本中特征峰数个数。

Nei 系数法又称峰重叠率法，是早期提出的一种相似度计算方法，主要利用两个指纹图谱峰的重叠比例来反映二者的相关性，这种方法特点是只强调了图谱峰数，但是没有考虑峰的强度信息，不能很好地反映指纹图谱量上的信息变化情况，所以这种方法已经不再单独使用，只是作为现有的评价方法考虑因素之一。改进 Nei 系数法是对系数法的一种改进，在它的基础上加入了共有峰强度信息，以此弥补其不足。

4. 距离系数法

距离系数法常用于解析样品间的亲疏程度，系数越大，表示二者之间的差异性越大。在指纹图谱中应用较多的是欧式距离 d_{ij} 和马氏距离 D^2，见式（7-5）和式（7-6）。

$$d_{ij} = \sqrt{\sum_{k=1}^{n}(x_{ik} - x_{jk})^2} \tag{7-5}$$

式中 d_{ij}——欧氏距离；

x_{ik}——x 样本集中第 i 个样本点的第 k 个特征取值（$i=1$，2，3……；$k=1$，2，3……）；

x_{jk}——x 样本集中第 j 个样本点的第 k 个特征取值（$i=1$，2，3……；$k=1$，2，3……）。

$$D^2 = (x_{ik} - x_{jk})^T s^{-1}(x_{ik} - x_{jk}) \tag{7-6}$$

式中 D^2——马氏距离；

x_{ik}——x 样本集中第 i 个样本点的第 k 个特征取值（$i=1$，2，3……；$k=1$，2，3……）；

x_{jk}——x 样本集中第 j 个样本点的第 k 个特征取值（$i=1$，2，3……；$k=1$，2，3……）；

T——变换矩阵；

s^{-1}——协方差矩阵的逆矩阵。

欧氏距离系数法以几何中两点间的距离大小，对应在指纹图谱中便是两图谱相应峰面积的绝对差异（不区分大小峰差异）来反映两图谱间的相似性。在一定范围内，无论峰高或低，都表现出较高的灵敏性，在某种程度上适用于总量有关质量相关分析。

马氏距离的原理与欧氏距离基本相同，通常与聚类分析、主成分分析等数据分析联合运用以评价质量。

第四节 指纹图谱在配方均匀性中的应用

一、基于化学特性值的掺配均匀性近红外模型

为确定评价烟丝掺配均匀性的指标，通过测定某牌号卷烟配方中不同种类烟丝具有

代表性的常规化学成分含量，分析其差异性和稳定性，初步确定烟丝掺配均匀性的评价指标。

对不同种类烟丝按照不同比例掺配，然后测定各个比例样品的所选定化学指标含量并扫取样品的近红外光谱信息，然后将不同比例掺配样品近红外光图谱通过均值法得到其近红外指纹图谱，并以化学指标含量作为参比值，结合对应的近红外光谱，建立各评价指标的近红外分析模型。通过对比各指标近红外模型的预测效果，从而确定最终利用近红外技术评价烟丝掺配均匀性的指标。

（一）材料与方法

1. 材料与仪器

样品：某牌号雪茄型卷烟叶丝、梗丝（由安阳卷烟厂提供）。

仪器：AA_3 连续流动分析仪（英国 Seal Analytical 公司）；DHG-9023A 型电热鼓风干燥箱（上海一恒公司）；YP 型电子天平（感量：0.01g，余姚市金诺天平仪器公司）、SQP 天平（感量 0.0001，德国 Sartorius 公司）；ST-07B 型 400g 多功能粉碎机（上海树立仪器仪表公司）；HZQ-F160 全温振荡培养箱（太仓市实验设备厂）。

2. 实验方法

（1）不同种类烟丝化学成分含量的检测　分 5 次重复取叶丝和梗丝各 100g 分别进行粉碎，粉碎时间均为 1.5min，然后分别依据《烟草及烟草制品　试样的制备和水分测定　烘箱法》（YC/T 31—1996）、《烟草及烟草制品　钾的测定　连续流动法》（YC/T 217—2007）、《烟草及烟草制品　水溶性糖的测定　连续流动法》（YC/T 159—2019）、《烟草及烟草制品　总植物碱的测定　连续流动（硫氰酸钾）法》（YC/T 468—2013）、《烟草及烟草制品　氯的测定　连续流动法》（YC/T 162—2011）规定测定叶丝和梗丝中的含水率，以及钾、水溶性糖、总植物碱、氯的干基含量。

（2）不同化学指标近红外模型的建立

①样品制备

a. 单一烟丝种类样品制备：将叶丝或梗丝平铺在烘箱中，在 39℃ 烘烤 4h，放入密封袋中，每个样品总质量为 50g，重复制取 5 组。然后通过粉碎机粉碎 1.5min，放入密封袋中封存。

b. 叶丝梗丝参配样品制备：将叶丝和梗丝平铺在烘箱中，在 39℃ 烘烤 4h，放入密封袋中。在梗丝比例 40%~10%范围内，以 2%的梯度与叶丝掺配，制得不同梗丝掺配比例的烟丝样品，每个样品总质量为 50g。重复制取 5 组，每组 16 个比例，共 80 个样品作为校正集。然后通过粉碎机粉碎 1.5min，放入密封袋中封存。

②化学成分检测：分别依据 YC/T 31—1996、YC/T 217—2007、YC/T 159—2002、YC/T 160—2002、YC/T 162—2011 规定测定叶丝和梗丝中的含水率，以及钾、水溶性糖、总植物碱、氯的干基含量。

③光谱采集：将制备好的样品各取 15g 放入 5cm 石英杯中压实，在波长的波数范围

为 10000~4000cm^{-1}，分辨率为 8cm^{-1}，扫描频率为 64 的工作参数下，通过近红外分析仪的积分球漫反射模块，将每个样品重复扫描 3 次获得单张光谱，取平均光谱构建烟丝掺配样品的近红外指纹图谱，然后结合偏最小二乘法将其应用于模型的建立。

（二）结果与分析

1. 不同种类烟丝化学成分含量的差异性分析

表 7-1 所示为叶丝和梗丝五种化学成分含量检测结果。对两种烟丝的五种化学成分含量进行单因素方差分析，结果如表 7-2 所示，叶丝和梗丝间的五种化学成分含量均达到极显著的水平。其中，叶丝的总植物碱含量较梗丝的含量高，总糖、还原糖、钾和氯的含量较梗丝的低。方差分析结果表明五种成分均满足作为评价烟丝掺配均匀性特性值的基本条件。

表 7-1　两种烟丝中各化学指标检测结果　单位:%

烟丝种类	总植物碱	总糖	还原糖	钾	氯
梗丝	0.67	18.77	10.77	4.39	2.92
	0.75	16.31	8.85	4.74	2.93
	0.75	18.89	10.16	4.35	3.31
	0.74	17.96	9.86	4.49	3.01
	0.65	18.32	—	4.89	3.13
叶丝	3.79	9.57	5.01	3.01	0.66
	4.00	9.60	6.51	2.89	0.74
	4.09	9.67	5.89	3.25	0.78
	4.10	10.08	6.48	3.24	0.74
	3.59	9.58	5.94	3.20	0.80

表 7-2　常规化学成分在不同种类烟丝间的方差分析表

指标	来源	偏差平方和	自由度	方差	F 值
总植物碱	组间	25.632	1	25.632	1012.123
	组内	0.203	8	0.025	
	总计	25.835	9		
总糖	组间	174.306	1	174.306	308.561
	组内	4.519	8	0.565	
	总计	178.825	9		

续表

指标	来源	偏差平方和	自由度	方差	F 值
还原糖	组间	34.567	1	34.567	70.985
	组内	3.409	7	0.487	
	总计	37.976	8		
钾	组间	5.285	1	5.285	131.655
	组内	0.321	8	0.040	
	总计	5.606	9		
氯	组间	13.410	1	13.41	909.745
	组内	0.118	8	0.015	
	总计	13.528	9		

2. 基于单一化学成分的掺配均匀性近红外模型

(1) 近红外模型的建立　烟丝掺配的不同会使其在物理化学成分具有独特性，导致不同种类烟丝按照不同比例掺配的光谱曲线会有明显的区别，因此会具有一定的特征性和指纹性。表 7-3 所示的是比例掺配样品的五种化学成分含量，表明不同比例掺配样品中五种化学成分含量存在差异性。将不同比例掺配样品对应的近红外光谱通过均值法得到不同比例掺配样品近红外指纹图谱，然后利用 PLS，采用不同的光谱预处理方式，在全光谱和局部光谱范围内分别选择不同的因子数，通过 TQ Analyst 软件建立各自的近红外模型，并验证模型的预测效果。并最终以模型的验证效果结合模型的性能参数确定每种化学成分近红外模型的光谱预处理方式、建模的光谱范围、最佳因子数。

表 7-3　　比例掺配样品的五种化学成分含量　　单位:%

分组	梗丝比例	总植物碱	总糖	还原糖	钾	氯
第 1 组	40	2.35	13.50	11.34	3.61	1.64
	38	2.39	12.25	8.66	3.61	1.55
	36	2.48	13.01	11.30	3.55	1.51
	34	2.52	12.43	10.78	3.52	1.48
	32	2.58	11.59	10.44	3.58	1.42
	30	2.62	12.02	10.16	3.48	1.36
	28	2.75	11.89	10.04	3.44	1.31
	26	2.79	11.13	9.17	3.37	1.25
	24	2.89	11.09	8.83	3.41	1.22
	22	2.94	11.04	8.45	3.42	1.19
	20	2.99	10.82	7.70	3.33	1.16

续表

分组	梗丝比例	总植物碱	总糖	还原糖	钾	氯
	18	3.05	10.48	7.41	3.33	1.06
	16	3.15	10.79	7.56	3.29	1.07
	14	3.21	10.78	7.08	3.22	0.99
	12	3.35	10.82	6.85	3.17	0.95
	10	3.51	10.49	6.39	3.14	0.94
第2组	40	2.68	12.96	10.70	3.71	1.65
	38	2.86	12.02	10.10	3.66	1.59
	36	2.85	10.98	9.45	3.58	1.55
	34	2.88	12.49	10.33	3.55	1.79
	32	2.97	12.08	10.36	3.54	1.59
	30	3.09	11.33	9.57	3.52	1.62
	28	3.12	10.52	8.19	3.49	1.51
	26	3.21	10.18	8.45	3.44	1.54
	24	3.22	10.80	8.80	3.33	1.45
	22	3.27	11.21	8.83	3.38	1.3
	20	3.40	10.56	8.23	3.40	1.23
	18	3.44	9.90	7.96	3.20	1.25
	16	3.48	9.53	7.16	3.12	1.16
	14	3.47	9.43	6.48	3.23	1.10
	12	3.63	8.80	6.86	3.03	1.16
	10	3.69	10.17	7.20	3.07	0.96
第3组	40	2.74	12.00	8.42	3.51	1.77
	38	2.92	11.83	8.26	3.44	1.74
	36	2.97	11.33	7.71	3.31	1.74
	34	2.98	12.42	8.12	3.70	1.63
	32	2.97	11.88	8.08	3.91	1.59
	30	3.01	11.88	7.79	3.85	1.52
	28	3.07	12.16	7.79	3.84	1.50
	26	3.09	10.86	6.72	3.72	1.44
	24	3.32	11.41	7.45	3.77	1.39
	22	3.39	11.44	7.00	3.75	1.35
	20	3.35	9.91	7.16	3.30	1.31
	18	3.47	10.09	6.54	3.18	1.27
	16	3.59	10.71	6.95	3.17	1.21

续表

分组	梗丝比例	总植物碱	总糖	还原糖	钾	氯
	14	3.69	10.53	6.82	2.98	1.10
	12	3.63	9.60	6.19	2.88	1.07
	10	3.82	9.67	6.17	2.93	1.02
第4组	40	2.61	12.24	8.44	3.56	1.71
	38	2.68	12.19	8.81	3.50	1.66
	36	2.79	11.36	6.58	3.34	1.59
	34	2.89	11.80	7.55	3.37	1.57
	32	2.93	11.64	7.52	3.59	1.50
	30	3.08	11.23	7.33	3.25	1.45
	28	3.11	11.58	7.31	3.23	1.40
	26	3.28	11.37	7.12	3.28	1.39
	24	3.28	10.58	6.6	3.25	1.32
	22	3.32	10.36	6.46	3.68	1.12
	20	3.34	9.99	5.44	3.64	1.23
	18	3.47	10.29	6.65	3.64	1.17
	16	3.53	10.44	6.40	3.56	1.08
	14	3.70	10.14	6.21	3.53	1.04
	12	3.85	10.10	6.24	3.48	1.03
	10	3.89	9.73	5.38	3.43	0.99
第5组	40	2.42	12.27	9.47	3.92	1.78
	38	2.47	11.89	8.48	3.87	1.67
	36	2.54	11.65	8.32	3.85	1.60
	34	2.62	12.39	8.89	3.79	1.57
	32	2.65	11.13	7.62	3.72	1.53
	30	2.74	11.37	7.59	3.68	1.49
	28	2.84	10.66	7.09	3.65	1.44
	26	2.86	11.11	7.05	3.61	1.33
	24	2.98	11.21	7.09	3.60	1.37
	22	2.99	11.84	7.76	3.60	1.35
	20	3.08	11.13	7.09	3.52	1.23
	18	3.18	11.09	7.18	3.51	1.22
	16	3.21	10.23	6.52	3.47	1.17
	14	3.30	10.73	6.48	3.39	1.09
	12	3.32	10.58	6.73	3.36	1.01
	10	3.39	10.70	6.60	3.28	0.98

①总糖模型：当光谱范围为 10000~4000cm^{-1}、光谱预处理方式为一阶导数结合 Norris 平滑、最佳因子数为 6 时，总糖含量的建模效果最好。如图 7-1、图 7-3 所示，校正集真实值与预测值的相关系数为 0.9468、内部交叉验证真实值与预测值的相关系数为 0.9222；如图 7-2、图 7-4 所示，校正集样品真实值与预测值线性关系良好，样品具有代表性，残差图分布随机且无明显异常点。

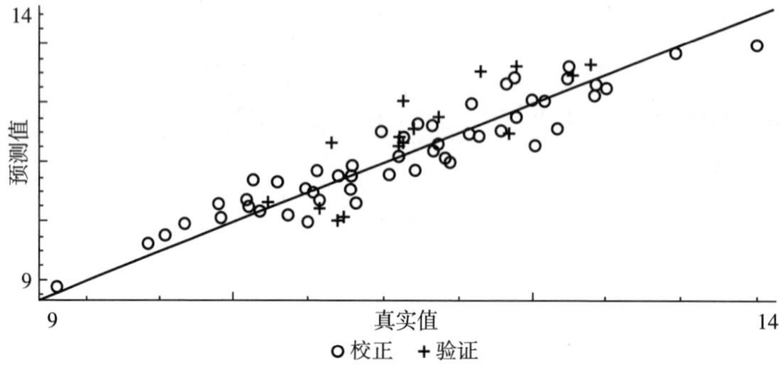

图 7-1　总糖校正集真实值与预测值的散点图

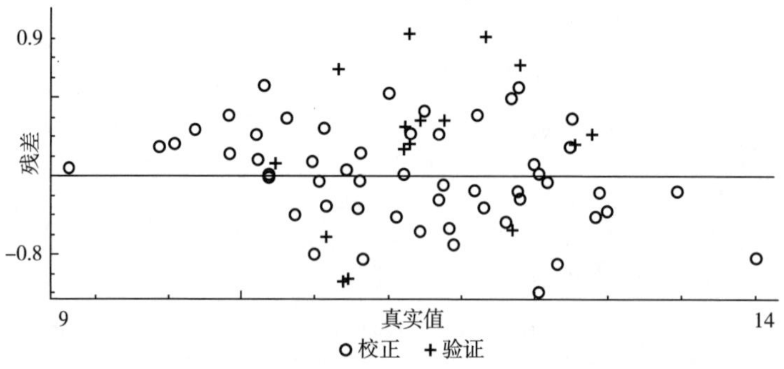

图 7-2　总糖校正集真实值与预测值的残差分布图

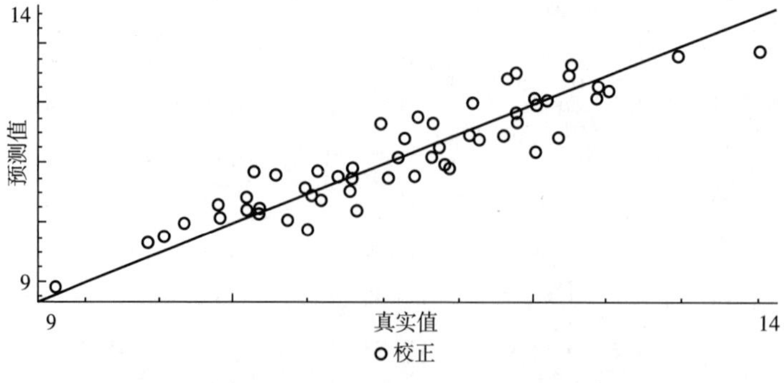

图 7-3　总糖交叉验证真实值与预测值的散点图

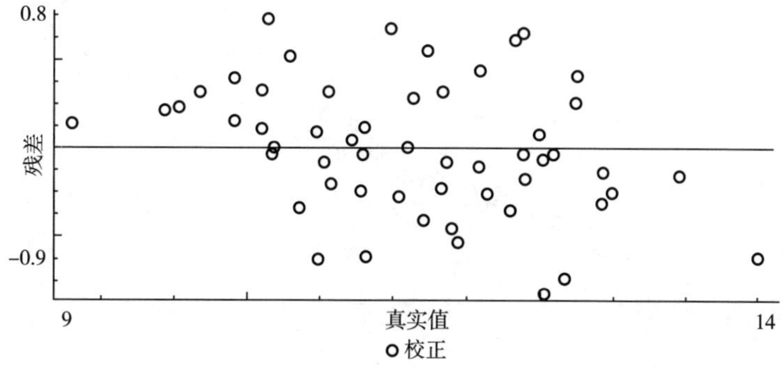

图 7-4 总糖交叉验证真实值与预测值的残差分布图

②还原糖模型：当光谱范围为 10000～4000cm^{-1}、光谱预处理方式为一阶导数结合 S-G 平滑、最佳因子数为 8 时，还原糖含量的建模效果最好。如图 7-5、图 7-7 所示，校正集真实值与预测值的相关系数为 0.9939、内部交叉验证真实值与预测值的相关系数为 0.9551；如图 7-6、图 7-8 所示，残差图分布随机且无明显异常点。

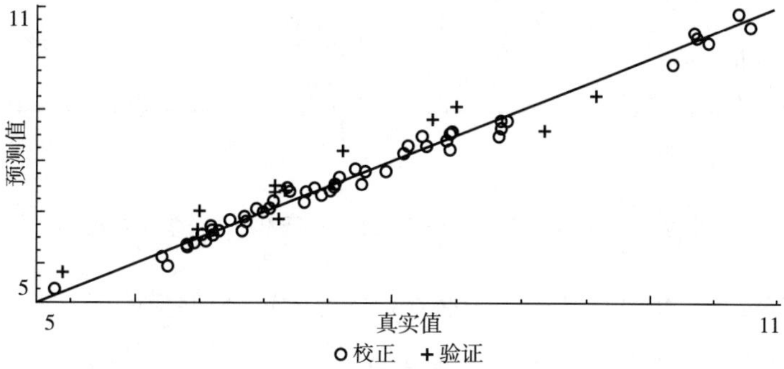

图 7-5 还原糖校正集真实值与预测值的散点图

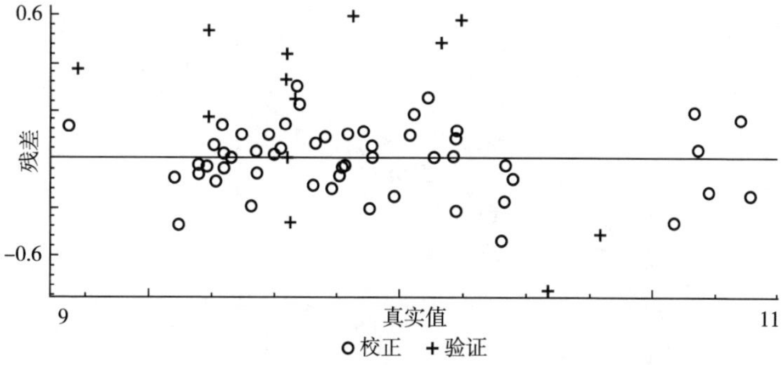

图 7-6 还原糖校正集真实值与预测值的残差分布图

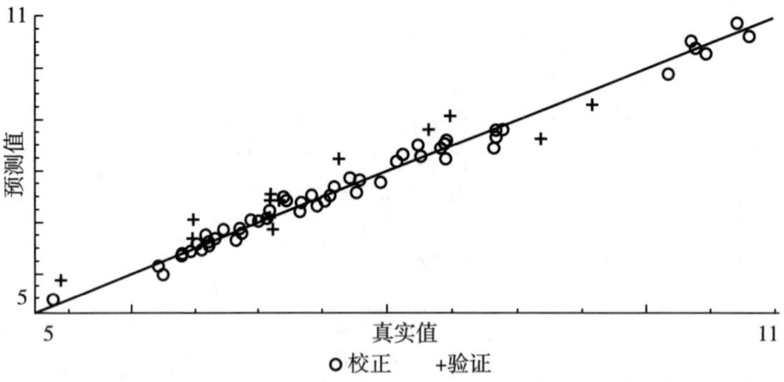

图 7-7　还原糖交叉验证真实值与预测值的散点图

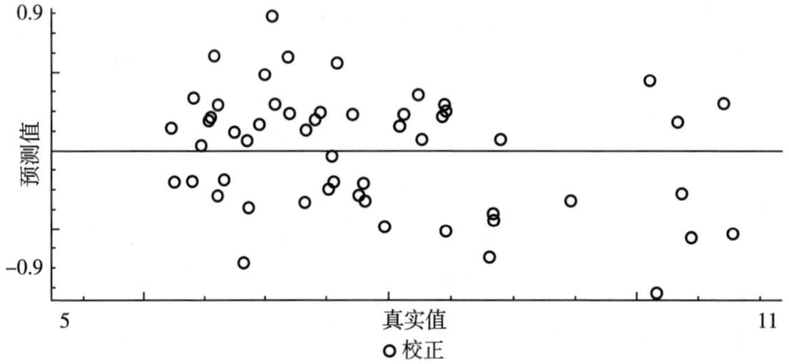

图 7-8　还原糖交叉验证真实值与预测值的残差分布图

③总植物碱模型：当光谱范围为 10000~4000cm^{-1}、光谱预处理方式为一阶导数结合 S-G 平滑、最佳因子数为 8 时，总植物碱含量的建模效果最好。如图 7-9、图 7-11 所示，校正集真实值与预测值的相关系数为 0.9852、内部交叉验证真实值与预测值的相关系数为 0.9447；如图 7-10、图 7-12 所示，残差图分布随机且无明显异常点。

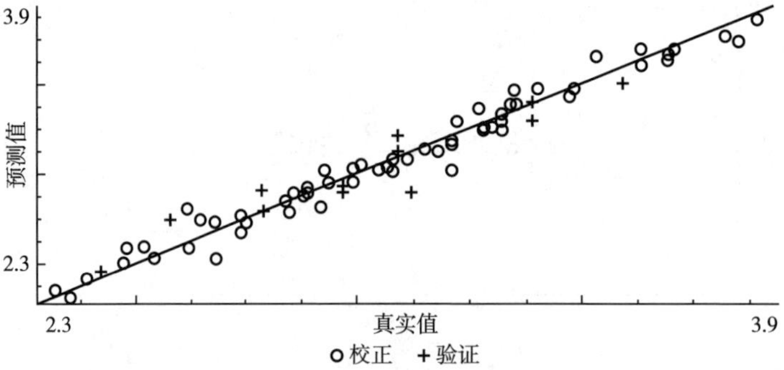

图 7-9　总植物碱校正集真实值与预测值的散点图

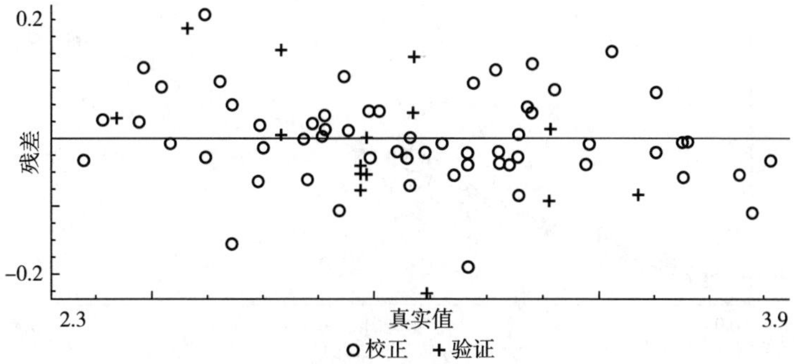

图 7-10 总植物碱校正集真实值与预测值的残差分布图

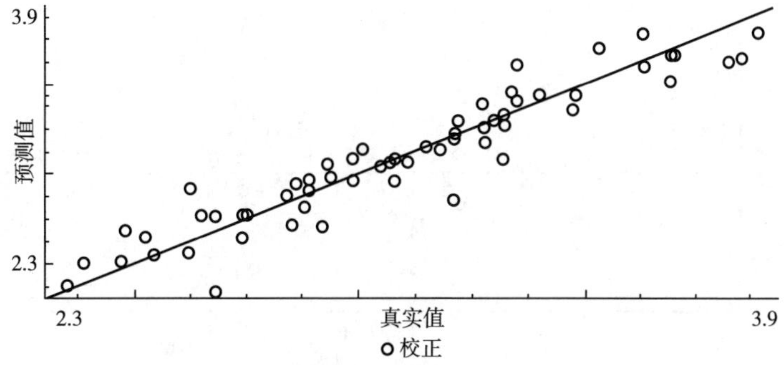

图 7-11 总植物碱交叉验证真实值与预测值的散点图

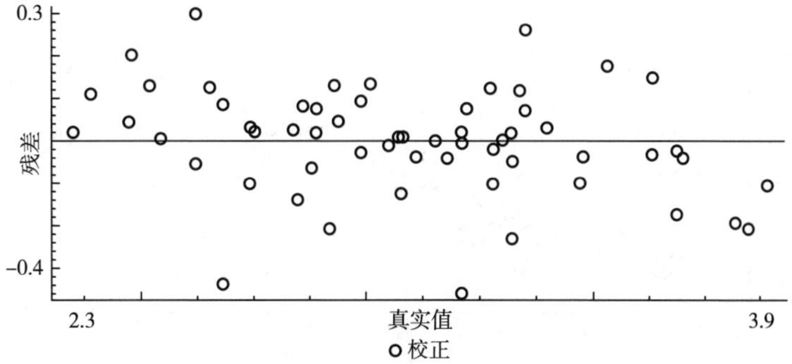

图 7-12 总植物碱交叉验证真实值与预测值的残差分布图

④氯含量模型：当光谱范围为 10000～4000cm^{-1}、光谱预处理方式为二阶导数结合 Norris 平滑、最佳因子数为 6 时，氯含量的建模效果最好。如图 7-13、图 7-15 所示，校正集真实值与预测值的相关系数为 0.9915、内部交叉验证真实值与预测值的相关系数为 0.9436；如图 7-14、图 7-16 所示，残差图分布随机且无明显异常点。

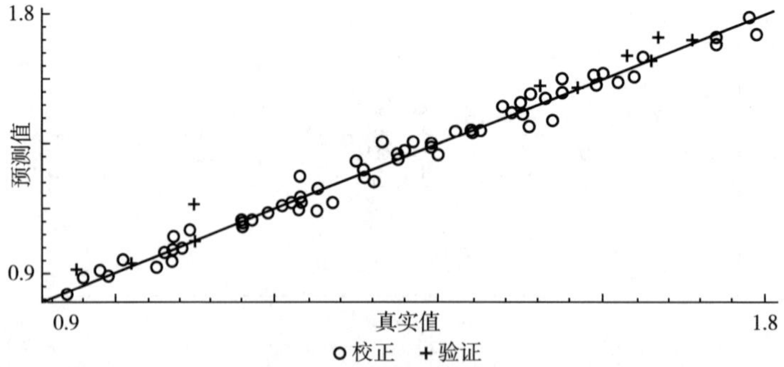

图 7-13　氯含量校正集真实值与预测值的散点图

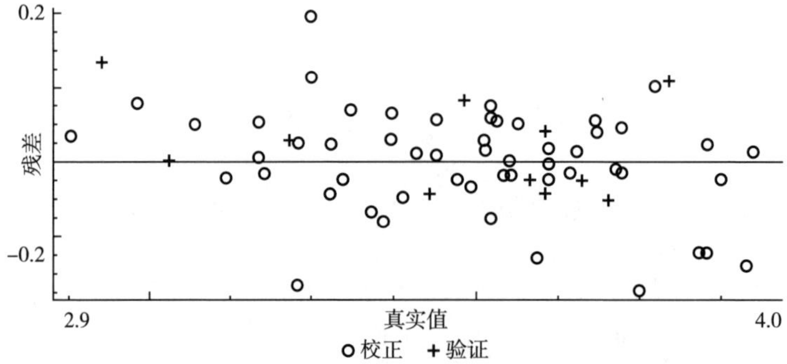

图 7-14　氯含量校正集真实值与预测值的残差分布图

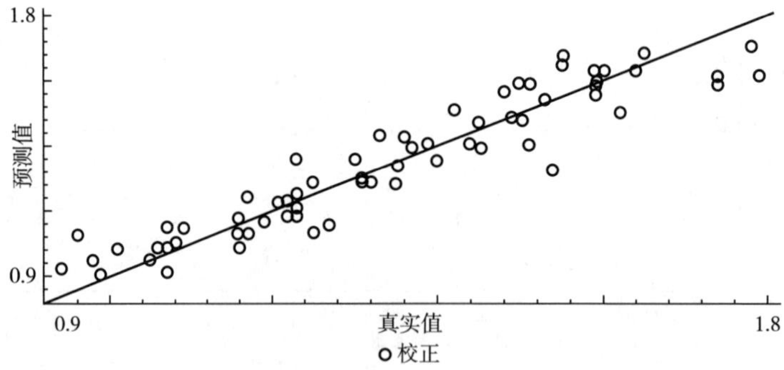

图 7-15　氯含量交叉验证真实值与预测值的散点图

⑤钾含量模型：当光谱范围为 10000～4000cm^{-1}、光谱预处理方式为一阶导数结合 S-G 平滑、最佳因子数为 8 时，钾含量的建模效果最好。如图 7-17、图 7-19 所示，校正集真实值与预测值的相关系数为 0.9574、内部交叉验证真实值与预测值的相关系数为 0.6570；如图 7-18、图 7-20 所示，残差图分布随机且无明显异常点。

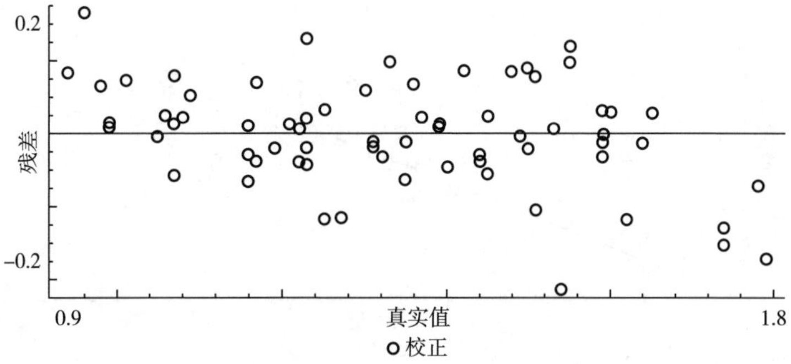

图 7-16 氯含量交叉验证真实值与预测值的残差分布图

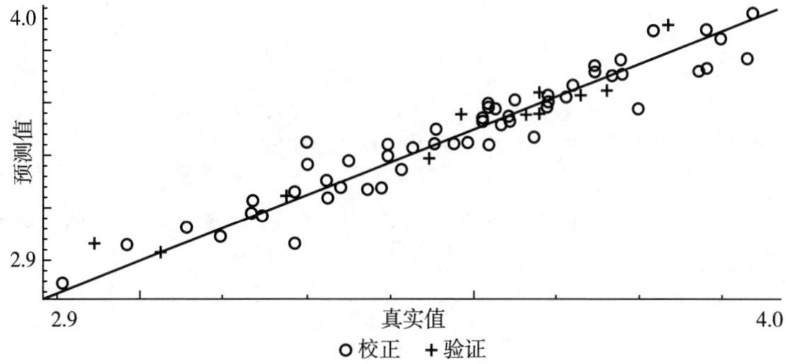

图 7-17 钾含量校正集真实值与预测值的散点图

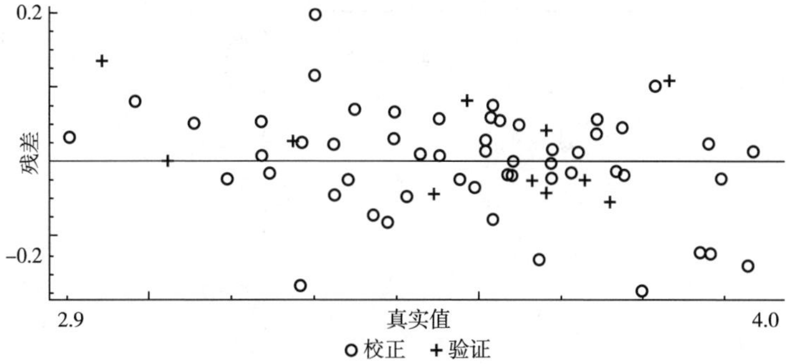

图 7-18 钾含量校正集真实值与预测值的残差分布图

（2）近红外模型的外部验证 通过将验证集光谱代入各个模型，对模型的预测效果进行验证，结果如表 7-4～表 7-8 所示，其中，总糖、还原糖、总植物碱、氯、钾的平均绝对偏差分别为 0.45%、0.4%、0.07%、0.03%、0.05%，平均相对偏差分别为 4.01%、5.39%、2.48%、2.48%、1.49%。

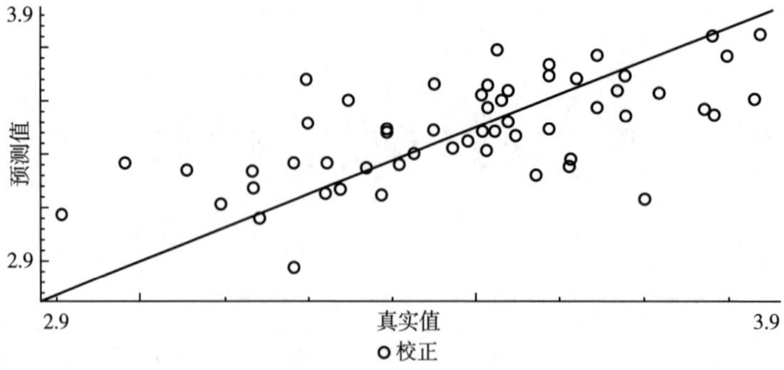

图 7-19 钾含量交叉验证真实值与预测值的散点图

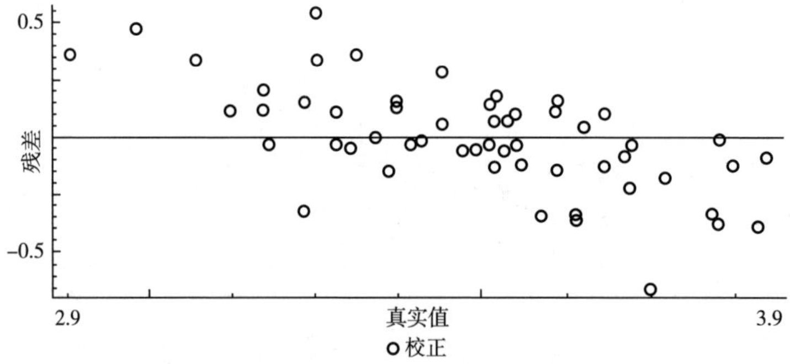

图 7-20 钾含量交叉验证真实值与预测值的残差分布图

表 7-4 总糖近红外模型的外部验证结果 单位:%

真实值	预测值	绝对偏差	相对偏差
12.27	12.47	0.20	1.63
11.89	12.60	0.71	5.97
11.65	12.53	0.88	7.55
12.39	12.66	0.27	2.18
11.13	12.03	0.90	8.09
11.37	11.73	0.36	3.17
10.66	11.34	0.68	6.38
11.11	11.43	0.32	2.88
11.21	11.56	0.35	3.12
11.84	11.49	0.35	2.96
11.13	11.33	0.20	1.80
11.09	11.27	0.18	1.62
10.23	10.32	0.09	0.88

续表

真实值	预测值	绝对偏差	相对偏差
10. 73	10. 08	0. 65	6. 06
10. 58	10. 19	0. 39	3. 69
10. 70	10. 03	0. 67	6. 26
均值		0. 45	4. 01

表 7-5 **还原糖近红外模型的外部验证结果** 单位:%

真实值	预测值	绝对偏差	相对偏差
9. 17	8. 63	0. 54	5. 89
9. 57	9. 28	0. 29	3. 03
7. 16	7. 41	0. 25	3. 49
6. 48	7. 03	0. 55	8. 49
7. 12	6. 86	0. 26	3. 65
5. 44	5. 82	0. 38	6. 99
8. 48	9. 14	0. 66	7. 78
8. 32	8. 89	0. 57	6. 85
7. 62	8. 29	0. 67	8. 79
7. 09	7. 46	0. 37	5. 22
7. 09	7. 57	0. 48	6. 77
7. 09	7. 10	0. 01	0. 14
6. 48	6. 67	0. 19	2. 93
均值		0. 40	5. 39

表 7-6 **总植物碱近红外模型的外部验证结果** 单位:%

真实值	预测值	绝对偏差	相对偏差
3. 39	3. 40	0. 01	0. 29
2. 58	2. 74	0. 16	6. 20
2. 79	2. 80	0. 01	0. 36
2. 97	2. 90	0. 07	2. 36
3. 09	3. 13	0. 04	1. 29
3. 12	2. 89	0. 23	7. 37

续表

真实值	预测值	绝对偏差	相对偏差
2.97	2.93	0.04	1.35
2.98	2.93	0.05	1.68
2.97	2.92	0.05	1.68
3.09	3.21	0.12	3.88
3.39	3.30	0.09	2.65
3.59	3.51	0.08	2.23
2.79	2.92	0.13	4.66
2.42	2.45	0.03	1.24
2.98	2.98	0.00	0.00
均值		0.07	2.48

表 7-7　　氯含量近红外模型的外部验证结果　　单位:%

真实值	预测值	绝对偏差	相对偏差
1.66	1.66	0.00	0.00
0.95	1.01	0.06	6.32
1.10	1.10	0.00	0.00
1.63	1.67	0.04	2.45
1.52	1.58	0.06	3.95
1.10	1.21	0.11	10.00
1.02	1.03	0.01	0.98
1.71	1.72	0.01	0.58
1.57	1.57	0.00	0.00
1.67	1.72	0.05	2.99
1.57	1.57	0.00	0.00
均值		0.03	2.48

表 7-8　　钾含量近红外模型的外部验证结果　　单位:%

真实值	预测值	绝对偏差	相对偏差
3.22	3.25	0.03	0.93

续表

真实值	预测值	绝对偏差	相对偏差
3.66	3.64	0.02	0.55
3.58	3.56	0.02	0.56
3.03	3.03	0.00	0.00
3.70	3.65	0.05	1.35
2.93	3.06	0.13	4.44
3.48	3.56	0.08	2.30
3.43	3.39	0.04	1.17
3.79	3.90	0.11	2.90
3.60	3.64	0.04	1.11
3.60	3.56	0.04	1.11
均值		0.05	1.49

（3）对烟丝中梗丝比例的预测效果　分别建立如式（7-7）~式（7-11）所示的总糖（x_1）、还原糖（x_2）、总植物碱（x_3）、氯（x_4）、钾（x_5）与梗丝比例（y）的线性回归方程，式（7-7）~式（7-11）的决定系数分别为0.677、0.495、0.760、0.901、0.372。利用所建立的近红外模型预测验证集样品的各项化学成分含量，并根据回归方程预测梗丝比例，结果见表7-9~表7-13。结果表明总糖、还原糖、总植物碱、氯、钾得分对梗丝比例预测效果的平均绝对偏差为3.49%、4.57%、4.04%、2.01%、7.34%，平均相对偏差为19.67%、20.07%、16.73%、10.63%、48.29%。通过对比可知，依据准确度从高到低依次排序为氯>总糖>总植物碱>还原糖>钾。

$$y = -61.637 + 7.800x_1 \quad (7-7)$$

$$y = -20.801 + 5.741x_2 \quad (7-8)$$

$$y = 88.658 - 20.760x_3 \quad (7-9)$$

$$y = -25.102 + 36.944x_4 \quad (7-10)$$

$$y = -45.540 + 20.462x_5 \quad (7-11)$$

表7-9　基于总糖预测模型的梗丝比例验证结果　单位：%

真实值	预测值	绝对偏差	相对偏差
40	35.63	4.37	10.93
38	36.64	1.36	3.57
36	36.10	0.10	0.27
34	37.11	3.11	9.15

续表

真实值	预测值	绝对偏差	相对偏差
32	32.20	0.20	0.62
30	29.86	0.14	0.48
28	26.82	1.19	4.23
26	27.52	1.52	5.83
24	28.53	4.53	18.88
22	27.99	5.99	27.20
20	26.74	6.74	33.69
18	26.27	8.27	45.94
16	18.86	2.86	17.87
14	16.99	2.99	21.34
12	17.85	5.85	48.71
10	16.60	6.60	65.97
均值		3.49	19.67

表 7-10　　基于还原糖预测模型的梗丝比例验证结果　　单位:%

真实值	预测值	绝对偏差	相对偏差
26	28.74	2.74	10.55
30	32.48	2.48	8.25
16	21.74	5.74	35.87
14	19.56	5.56	39.70
26	18.58	7.42	28.53
20	12.61	7.39	36.94
38	31.67	6.33	16.65
36	30.24	5.76	16.01
32	26.79	5.21	16.28
28	22.03	5.97	21.33
24	22.66	1.34	5.59
20	19.96	0.04	0.20
14	17.49	3.49	24.94
均值		4.57	20.07

表 7-11 基于总植物碱预测模型的梗丝比例验证结果 单位:%

真实值	预测值	绝对偏差	相对偏差
10	18.07	8.07	80.74
32	31.78	0.22	0.70
26	30.53	4.53	17.42
32	28.45	3.55	11.08
30	23.68	6.32	21.07
28	28.66	0.66	2.36
36	27.83	8.17	22.69
34	27.83	6.17	18.14
32	28.04	3.96	12.38
26	22.02	3.98	15.31
22	20.15	1.85	8.41
16	15.79	0.21	1.31
36	28.04	7.96	22.11
40	37.80	2.20	5.51
24	26.79	2.79	11.64
均值		4.04	16.73

表 7-12 基于氯预测模型的梗丝比例验证结果

真实值/（mg/g)	预测值/（mg/g)	绝对偏差/%	相对偏差/%
38	36.23	1.77	4.67
12	12.21	0.21	1.76
14	15.54	1.54	10.97
34	36.59	2.59	7.63
30	33.27	3.27	10.90
14	19.60	5.60	40.00
10	12.95	2.95	29.50
40	38.44	1.56	3.90
34	32.90	1.10	3.24
38	38.44	0.44	1.16
34	32.90	1.10	3.24
均值		2.01	10.63

表 7-13 基于钾预测模型的梗丝比例验证结果

真实值/（mg/g）	预测值/（mg/g）	绝对偏差/%	相对偏差/%
14	20.96	6.96	49.73
38	28.94	9.06	23.84
36	27.30	8.70	24.15
12	16.46	4.46	37.17
34	29.15	4.85	14.28
10	17.07	7.07	70.74
12	27.30	15.30	127.54
10	23.83	13.83	138.26
34	34.26	0.26	0.77
24	28.94	4.94	20.59
22	27.30	5.30	24.11
均值		7.34	48.29

3. 基于综合化学因子得分的掺配均匀性预测模型

（1）近红外模型的建立　对五种化学成分含量进行主成分分析，结果如表 7-14 所示，将特征根大于 1 的第一个主成分作为综合化学因子，其方差贡献率为 72.7%。表 7-15 为综合化学因子得分系数矩阵，通过综合化学因子得分矩阵换算得到综合化学因子得分，结果如表 7-16 所示。通过对比确定以综合化学因子得分作为参比值，光谱范围为 10000~4000cm^{-1}，对原始光谱进行一阶导数结合 S-G 平滑预处理，最佳因子数为 5，利用 PLS 建立近红外分析模型。结果如图 7-21~图 7-24 所示，校正集真实值与预测值的相关系数为 0.9898、内部交叉验证真实值与预测值的相关系数为 0.9674，表明校正集样品具有代表性，光谱信息拟合充分且没有过度拟合；两个残差图均表现为分布随机且无明显异常点。

表 7-14 常规化学成分主成分分析结果

主成分	初始特征值			提取平方和		
	特征根	方差贡献率/%	累积方差贡献率/%	特征根	方差贡献率/%	累积方差贡献率/%
1	3.635	72.7	72.7	3.635	72.7	72.7
2	0.667	13.348	86.049			
3	0.312	6.241	92.29			

续表

主成分	初始特征值			提取平方和		
	特征根	方差贡献率/%	累积方差贡献率/%	特征根	方差贡献率/%	累积方差贡献率/%
4	0. 205	4. 103	96. 393			
5	0. 18	3. 607	100			

表 7-15　　综合化学因子得分系数矩阵

化学指标	系数	化学指标	系数
总植物碱	-0. 253	钾	0. 196
总糖	0. 254	氯	0. 239
还原糖	0. 225		

表 7-16　　综合化学因子得分结果

梗丝比例/%	第一组	第二组	第三组	第四组	第五组
40	2. 14	1. 76	1. 03	1. 17	1. 85
38	1. 24	1. 18	0. 75	1. 07	1. 40
36	1. 73	0. 68	0. 38	0. 19	1. 17
34	1. 4	1. 44	0. 96	0. 41	1. 33
32	1. 06	1. 06	0. 94	0. 45	0. 66
30	0. 97	0. 66	0. 75	-0. 13	0. 58
28	0. 74	0. 05	0. 76	-0. 13	0. 16
26	0. 24	-0. 08	0. 05	-0. 30	0. 12
24	0. 11	-0. 04	0. 15	-0. 70	0. 11
22	-0. 03	-0. 06	-0. 02	-0. 65	0. 36
20	-0. 35	-0. 48	-0. 81	-0. 85	-0. 19
18	-0. 63	-0. 89	-1. 08	-0. 72	-0. 28
16	-0. 61	-1. 30	-0. 99	-0. 92	-0. 73
14	-0. 88	-1. 40	-1. 41	-1. 21	-0. 8
12	-1. 08	-1. 73	-1. 84	-1. 37	-0. 92
10	-1. 39	-1. 51	-1. 96	-1. 73	-1. 06

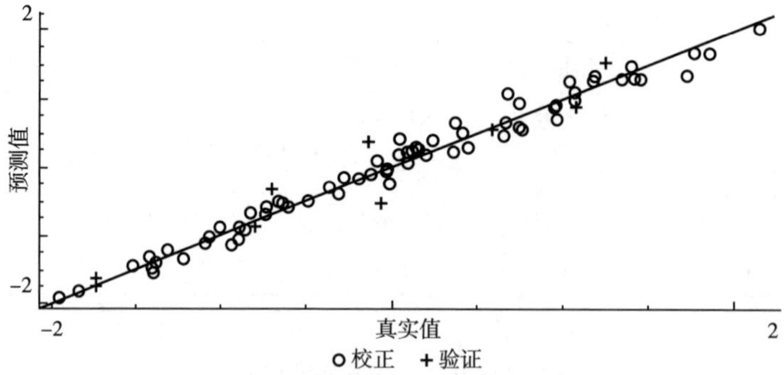

图 7-21 综合化学因子得分校正集真实值与预测值的散点图

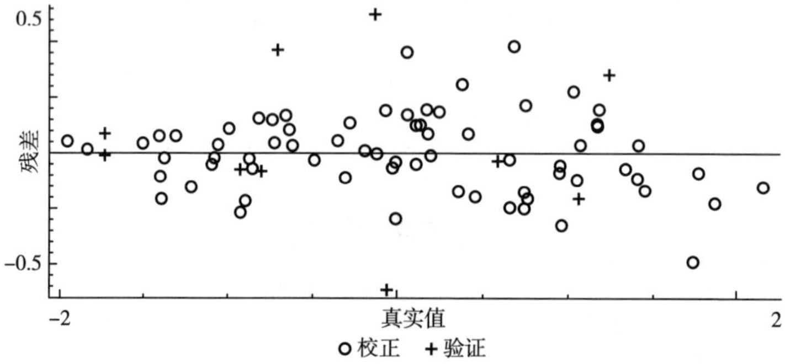

图 7-22 综合化学因子得分校正集真实值与预测值的残差分布图

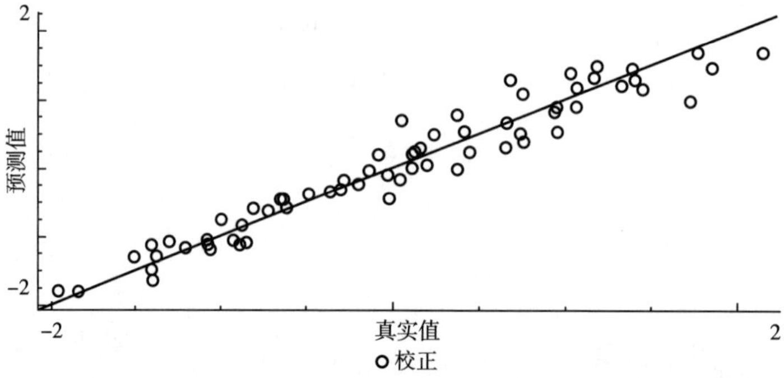

图 7-23 综合化学因子得分交叉验证真实值与预测值的散点图

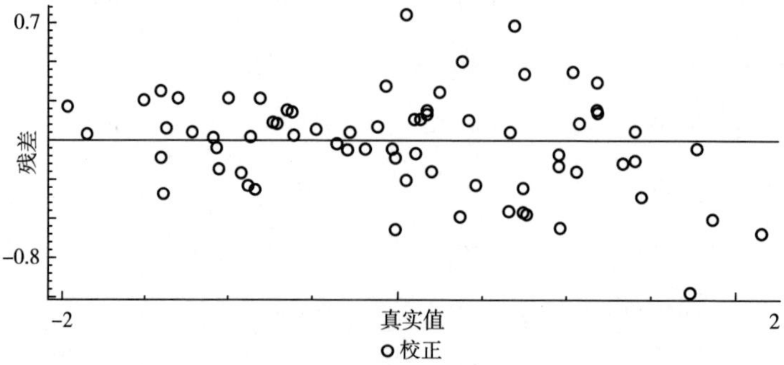

图 7-24 综合化学因子得分交叉验证真实值与预测值的残差分布图

（2）近红外模型的外部验证　通过对综合化学因子近红外模型进行外部独立验证，结果如表 7-17 所示，从表中可知，预测值与真实值的平均绝对偏差为 0.20%，平均相对偏差为 39.52%。

表 7-17　　综合化学因子得分近红外模型的外部验证结果　　单位:%

真实值	预测值	绝对偏差	相对偏差
-1.73	-1.73	0.00	0.12
1.24	1.52	0.28	18.37
1.06	0.90	0.16	18.11
-0.06	-0.56	0.50	89.29
-1.73	-1.66	0.07	4.22
-0.13	0.37	0.50	135.85
-0.70	-0.33	0.37	111.72
0.58	0.56	0.02	4.23
-0.80	-0.87	0.07	7.58
-0.92	-0.98	0.06	5.69
均值		0.20	39.52

（3）对烟丝中梗丝比例的预测效果　通过对校正集的参比值与对应梗丝比例进行线性回归法分析，并将近红外模型外部验证的预测值代入回归方程，得到梗丝比例的预测值，从而验证梗丝比例的预测效果。

建立式（7-12）所示综合化学因子（x）与梗丝比例（y）的线性回归方程，决定系数为 0.874，并根据综合化学因子得分预测值计算外部验证样品的梗丝比例，结果见表 7-18，预测效果的平均绝对偏差为 1.42%，平均相对偏差为 7.72%。

$$y = -24.976 + 8.669x \tag{7-12}$$

表 7-18　　梗丝比例-综合化学因子得分回归方程的验证结果　　单位:%

真实值	预测值	绝对偏差	相对偏差
38	38.15	0.15	0.4
32	32.78	0.78	2.43
30	28.18	1.82	6.05
24	22.12	1.88	7.85
22	20.12	1.88	8.54
14	17.43	3.43	24.53
12	10.50	1.41	11.79
10	9.98	0.02	0.21
均值		1.42	7.72

4. 基于不同化学特性值的预测结果对比分析

对比 5 种化学成分和综合化学因子得分作为特性值所建立的近红外模型，其预测结果的平均绝对偏差以及绝对偏差的变化范围见表 7-19。以综合化学因子作为特性值时，预测结果的平均绝对偏差最小，绝对偏差的变化范围最窄，因此将综合化学因子作为特性值将优于单一化学成分作为化学特性值。

表 7-19　不同化学特性值对梗丝比例预测结果的绝对偏差　单位:%

化学特性值	最小绝对偏差	最大绝对偏差	平均绝对偏差
总糖	0.10	8.27	3.49
还原糖	0.04	7.42	4.57
总植物碱	0.21	8.17	4.04
钾	0.26	15.30	7.34
氯	0.21	5.60	2.01
综合化学因子	0.02	4.48	1.60

（三）小结

（1）通过对叶丝和梗丝的总糖、还原糖、总植物碱、氯、钾进行差异性比较，结果表明 5 种化学成分均存在极显著的差异性，说明这 5 种化学成分均具备作为烟丝掺配均匀性评价指标的基本条件。

（2）将不同比例烟丝掺配样品的近红外光谱，通过均值法得到近红外指纹图谱，然后将其应用于以总糖、还原糖、总植物碱、氯、钾为化学特性值建立近红外模型时，梗丝比例预测值的平均绝对偏差分别为 3.49%、4.57%、4.04%、2.01%、7.34%，氯的预测效果最好，其次是还原糖、总植物碱、总糖和钾。

（3）将综合化学因子得分作为特性值建立近红外模型时，对梗丝比例的预测效果优于单一化学成分，平均绝对偏差为 1.42%。

二、基于烟丝形态的在线掺配均匀性近红外模型构建

本部分主要对烟丝形态的近红外预测模型进行研究，从而为将近红外技术应用于烟丝掺配均匀性的在线实时监测和评价的可行性进行论证。

（一）材料与方法

1. 材料与仪器

材料：由安阳卷烟厂提供的某牌号雪茄型卷烟的叶丝和梗丝。

仪器：KBF240 恒温恒湿箱（德国 Binder 公司）；SQP 天平（感量 0.0001g，德国 Sartorius 公司）；DHG-9023A 型电热鼓风干燥箱（上海一恒公司）；Antaeis Ⅱ 型近红外分析仪；铝盒。

2. 实验方法

（1）样品制备

①水分调整：称取叶丝 500g，依据 YC/T 31—1996 测量当前水分（10.64%），通过喷施一定量的水将水分调节至（13.2±0.5）%，标准偏差≤0.17%。称取梗丝 300g，测量当前水分（12.00%），通过喷施一定量的水将水分调节至（13.0±0.5）%。然后常温下密封放置 4h 平衡水分。

②比例掺配：在梗丝比例 10%~50%范围内，以 2%的梯度与叶丝掺配，制得不同梗丝掺配比例的烟丝样品，每个样品总质量为 2g，然后放入铝盒中振荡摇匀。重复制取 2 组、每组 21 个比例，共 42 个样品作为校正集。

（2）参数采集　将制备好的 2g 样品放入 5cm 石英杯中压实，在波长为 10000~4000cm^{-1}，分辨率为 8cm^{-1}，扫描频率为 64 的工作参数下，通过近红外分析仪的积分球漫反射模块，将每个样品重复扫描 5 次获得单张光谱，取平均光谱参与近红外指纹图的构建，然后将其作为校正集建立预测模型。

（二）结果与分析

1. 模型建立

将得到的不同梗丝掺配比例的烟丝样品光谱取平均值后构建近红外指纹图谱，然后通过 TQAnalyst 分析软件对不同比例掺配样品的近红外光谱进行多种方式的预处理，并通过 PLS 方法在全光谱区域分别建立对应的预测模型。对比预测模型的校正均方根误差（RMSEC）、校正相关系数（R_c）、交叉验证均方根误差（RMSECV），交叉验证相关系数（R_v）、预测均方根误差（RMSEP），预测相关系数（R_p）、最佳主因子数，从而选择最佳的光谱预处理方式。

如表 7-20 所示为不同预处理方式下模型的性能参数，从表中可知，通过一阶导数结合 S-G 平滑预处理所建模型的校正均方根误差和预测均方根误差最小，校正相关系数和预测相关系数最大，且大小均相近。这说明光谱的信息线性拟合效果良好，准确度较高。此外，交叉验证均方根误差最小，交叉验证相关系数最大，表明校正集在此预处理方式下的代表性较强。最佳主因子数最大，说明该预处理方式对光谱的信息提取最为充分。因此，选择一阶导数结合 S-G 平滑对光谱进行预处理。

表 7-20　不同预处理方式的模型性能参数

预处理方式	RMSEC	R_c	RMSEP	R_p	RMSECV	R_v	最佳主因子数
原光谱	4.00	0.9445	2.34	0.9856	4.86	0.9182	5
一阶导数 S-G 平滑	1.29	0.9945	1.84	0.9884	4.16	0.9412	7
一阶导数 Norris 平滑	2.87	0.9723	2.07	0.9917	4.26	0.9397	5
二阶导数 S-G 平滑	1.95	0.9873	3.76	0.9326	5.79	0.8960	4
二阶导数 Norris 平滑	2.74	0.9748	2.81	0.9872	4.33	0.9373	6

如图 7-25、图 7-26 分别为基于一阶导数结合 S-G 平滑预处理方式所建模型的预测值与真实值的散点图和残差分布图，从图中可知，模型预测值与真实值一致性较好，残差随机分布且无异常点。

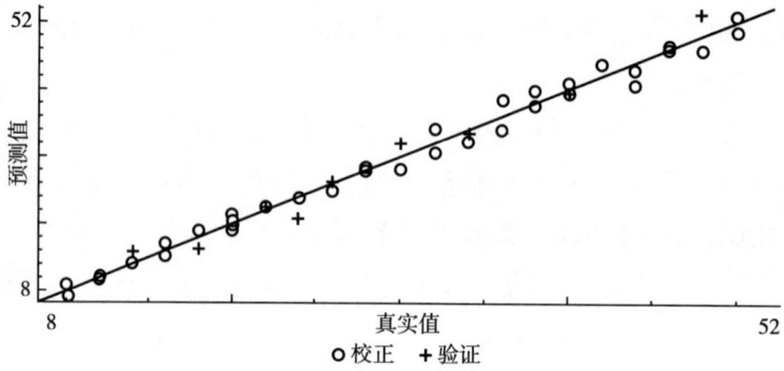

图 7-25　模型预测值与真实值的散点图

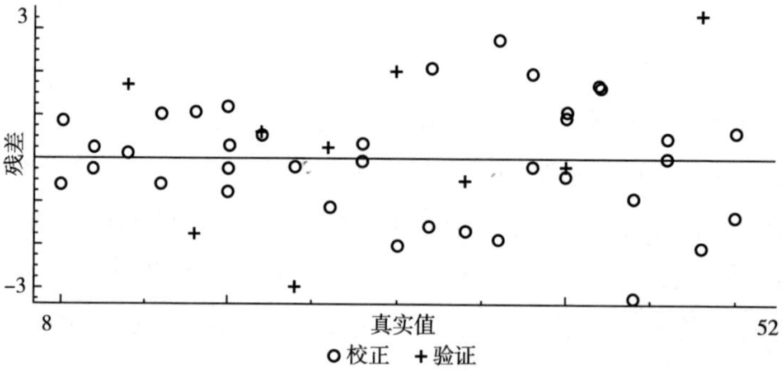

图 7-26　模型预测值与真实值的残差分布图

2. 模型的验证

（1）内部交叉验证　通过“留一法”对校正集进行内部交叉验证，结果如图 7-27 和图 7-28 所示，校正集样品线性关系良好，具有代表性，且残差随机分布，无明显异常点。

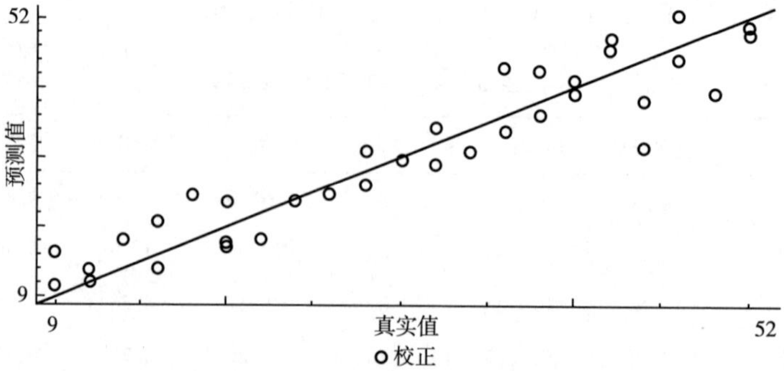

图 7-27　交叉验证预测值与真实值的散点图

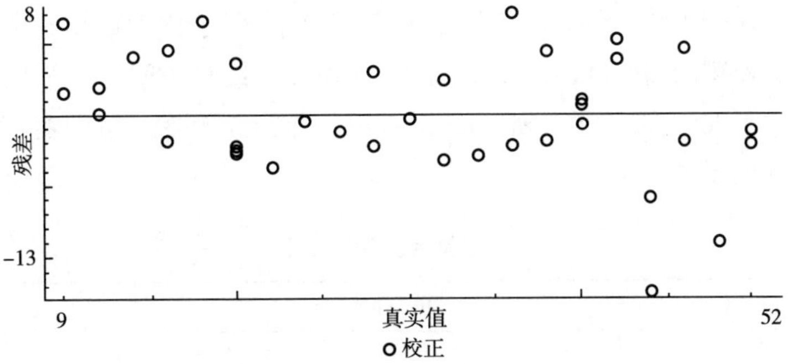

图 7-28 交叉验证预测值与真实值的残差图

（2）外部验证 通过与校正集样品相同的制备方法在 10%~50%范围内，随机制备 10 个不同比例的样品作为验证集，并以相同的扫描参数获取平均光谱。将光谱代入模型，结果如表 7-21 所示，预测结果的绝对偏差为 0.34%~4.81%，平均绝对偏差为 2.26%；相对偏差因真实值的变化而表现出较大的波动，分布为 1.03%~27.07%，平均相对偏差为 9.88%。对真实值与预测值进行配对 t 检验，结果如表 7-22 所示，真实值与预测值间不存在显著的差异。因此，模型对预测烟丝中梗丝的比例具有较高的准确度。

表 7-21 外部验证真实值与预测值的结果 单位：%

样品编号	真实值	预测值	绝对偏差	相对偏差
1	28.41	25.24	3.17	11.14
2	15.59	18.85	3.27	20.95
3	14.08	17.89	3.81	27.07
4	35.25	40.06	4.81	13.65
5	30.88	33.67	2.79	9.03
6	33.42	33.76	0.34	1.03
7	22.90	20.92	1.98	8.65
8	29.91	30.65	0.74	2.48
9	47.25	46.34	0.91	1.93
10	26.35	25.60	0.75	2.84
均值			2.26	9.88

表 7-22 外部验证真实值与预测值的配对 t 检验结果

均值	标准差	标准误	95%置信区间		t	自由度	p
			下限	上限			
-0.894	2.669	0.844	-2.80	1.02	-1.059	9	0.317

3. 精密度验证

通过在梗丝比例 10%~50%范围内任选三个比例，每个比例重复 5 次制备样品并扫取光谱，以检验模型的精密度，结果如表 7-23 所示。结果表明，三个比例的相对标准偏差为 4.16%、9.76%、2.77%，平均相对标准偏差为 5.56%。精密度良好，满足评价烟丝掺配均匀性的要求。

表 7-23 模型精密度验证结果

比例样本	重复样本					相对标准偏差/%
	1	2	3	4	5	
1	28.88	30.51	30.14	31.90	28.93	4.16
2	32.62	37.15	37.33	38.24	42.94	9.76
3	37.81	37.89	39.59	39.90	37.72	2.77
均值						5.56

4. 基于叶/梗比的烟末模型和烟丝模型的对比

表 7-24 为基于叶/梗比的烟末和烟丝近红外模型预测结果的统计结果，从准确度和重复性的角度对比两个模型外部验证结果的绝对偏差和精密度验证结果的相对标准偏差，结果表明烟末模型的各项统计结果均明显优于烟丝模型，即烟末模型的可靠性、预测效果的准确性和重复性均优于烟丝模型。导致这一结果是多方面的原因，主要包括颗粒的尺寸、含水率的差异、均一性的差异等。但由于烟丝模型的应用过程省去了烟末模型中的烘烤和粉碎的过程，可大幅简化操作步骤，缩短检测周期，以及其相对高的准确性和重复性，因此基于叶/梗比的烟丝近红外模型具备在线应用的可行性。

表 7-24 两种模型预测效果的统计结果 单位:%

统计量	烟末模型	烟丝模型
最小绝对偏差	0.00	0.34
最大绝对偏差	0.94	4.81
平均绝对偏差	0.35	2.26
最小相对标准偏差	0.38	2.77
最大相对标准偏差	3.46	9.76
平均相对标准偏差	1.34	5.56

（三）小结

（1）将不同梗丝掺配比例的烟丝样品的近红外光谱取平均光谱构建近红外指纹图谱，然后在全光谱范围内，选择一阶导数结合 S-G 平滑对光谱进行预处理，通过 PLS 法建立基于烟丝形态的叶/梗丝近红外预测模型。结果表明，校正均方根误差为 1.29，校正相关系数为 0.9945，预测均方根误差为 1.84，预测相关系数为 0.9884。外部验证结果表明，预测样品的平均绝对偏差为 2.26%，平均相对偏差为 9.88%。精密度验证结果表明，样品的平均相对标偏为 5.56%。

（2）梗丝比例预测结果的平均绝对偏差（2.26%）小于控制域的允差水平（±3%），说明所建模型基本满足在线评价烟丝掺配均匀性的要求。

（3）对比基于烟末形态的近红外分析模型的准确度和重复性，基于烟丝形态的近红外预测模型的准确度和重复性稍差。这可能是因为省去了样品烘烤和粉碎过程后，测量对象相对于烘干、粉碎后的烟末而言为非均匀相造。因此，为了提高近红外预测模型用于在线检测时的精准度，实际应用时有必要进一步研究水分及取样次数的影响。

重点与难点

（1）指纹图谱的类型及其区别。

（2）香料香精指纹图谱的构建步骤。

（3）构建指纹谱图分析技术手段选择。

（4）香料香精指纹图谱相似度的计算方法。

思考题

1. 什么是指纹图谱技术？指纹图谱有哪些类型？

2. 在指纹图谱技术中，共有峰、相似度是如何用于评价待测产品的稳定性和波动性的？这些指标如何帮助判断产品是否合格？

3. 构建指纹图谱的具体步骤有哪些？

4. 指纹谱图的相似度表示什么意思？有哪些计算方法？

5. 在烟草行业中，香料香精的质量波动对产品有何影响？这种质量波动可能导致什么样的问题？

6. 指纹图谱技术在烟草领域中有哪些应用？

第八章
香料香精数据库建立

课程思政点

【本章简介】

本章主要介绍了香料香精标准色谱指纹图谱数据库的建立、嗅香定量指标描述数据库的建立、数字化调香的策略技术流程以及烟草香韵香型指标的建立方法。

香料香精是由多种化学成分组成的、具有高度复杂体系的且含有特殊风味的产品，单体香料的物质种类极其庞大，由单体香料组成的混合香料种类则更复杂，如何将香料香精的化学成分、气味特征与调香经验有机结合为实用的数据库则十分重要，事实上，香料香精分析技术与计算机信息技术结合而成的香料香精数据库已成为香料工业发展的重要基础，也是各个国家香料行业之间制定行业标准、产品质量控制以及科学研究的信息来源。基于香料香精的特点，重要的两个数据库有香料香精的标准色谱指纹图谱数据库以及嗅香定量指标描述数据库，两个数据库的应用为香精配方评价、数字化调香以及香韵香型指标的建立奠定基础。

第一节　香料香精数据库概述

一、香料香精数据库简介

香料工业是国民经济中不可或缺的行业，香料香精与人们的日常生产、生活密切相关，是食品工业、日化工业、烟酒行业、医药卫生工业等行业重要的原料。随着经济的发展，香料香精从产品数量到产品类别都有了巨大的增长，香料香精的使用量也成为衡量一个国家经济实力和发达程度的指标。随着现代科技的不断进步，新的分析分离技术的使用使得越来越多的香料分子被发现，迄今为止已有5000多种单体香料分子从天然产物中分离提取或者人工合成获得，2000多种复杂的天然香料（精油、浸膏、香膏等）的化学成分被精确地解析，而由这些香料按不同配方生产的香精更是不计其数。因此，香料工业所面临的数据信息量极大又极为复杂，对这些海量信息的有效挖掘和利用是香料工业所面临的巨大机遇和挑战，如何将这些数据资源整合成便利可用的数据库显得十分重要。

数据库技术简单说来是以一定方式储存在一起、能为多个用户共享、具有尽可能小的冗余度、与应用程序彼此独立的数据集合，通过对文件的管理，即可对文件中的数据进行新增、截取、更新、删除等操作，以实现对数据的有效管理的现代信息技术。数据库里面数据清晰的逻辑、完整的结构、全面的数据是整个系统所需要的。其中清晰的逻辑能帮助人们快速地提取到相关信息，完整的结构能保证信息的关联性，全面的数据能确保检索结果的可靠性。而且数据库里面所保存的信息都还是进行下一步数据挖掘的对象。目前全球已有几百家香料企业，由于各个国家允许使用的香料香精目录不尽相同，已经有不少企业为了提高竞争力，从香料香精生产管理规格、质量指标、产品安全性等方面建立自己的数据库。显然，香料香精的分析技术与数据库等计算机信息技术相结合已成为香料企业开发新型产品、提高核心竞争力必不可少的条件。

二、主要的香料香精数据库介绍

香料香精数据库在香料香精的发展中起到了十分重要的作用，所以在国际上受到了广泛关注，各国的政府管理机构和香料香精公司都在发展自己的香料香精数据库，以下分别对目前国际流行的数据库和香料香精数据手册做简要介绍。

Flavor-Base是由Leffingwell & Associates公司开发的一款香味物质与食品添加剂数据库，为香料、食品、饮料和烟草等相关企业提供香料指标及监管数据。至2012年，该数据库共包含了来自美国食品与药物管理局与联邦应急管理局公认安全物质清单（FDA& FEMA GRAS Lists）和欧盟委员会注册列表（EC Register List）上的约4230种香味化学物质。用户可以通过FEMA号、CoE号、CAS号、物质名称等对香味化合物进行搜索，Flavor-Base除了给出物质的闪点、物质来源、分子式、相对分子质量、相对密度、在水及乙醇中的溶解度、香味阈值、香气强度等性质，还提供了部分香味物质的香气感官描述。第9版的Flavor-Base数据库在原有数据库基础上还新添加了1000多种物质的香味感官描述。此外，数据库还包含了FDA与欧盟委员会注册列表允许使用的添加剂名录、天然化合物的来源、香味物质市场供应等信息。用户还可在“Your Data Base”模块建立和管理自己的数据库。

LRI & Odour Database是一个免费的香料香精网络数据库，该数据库收录了9000多个线性保留指数数据以及5000多个不同化合物的气味信息，包括香气特征描述以及气味阈值。数据库分为线性保留指数和气味信息两个独立的部分，以香料化合物为媒介可以实现二者信息的交互调用，所有数据来源于文献与手册报道，数据库内容也一直保持持续更新。此外，其他香料香精网络数据库包括：香精知识系统 Flavor Knowledge System，一个研究香料香精、食品添加剂以及香精配方化学组成的商业数据库，该数据库还提供调香工作学习资料；香味分子数据库 OdorDB，提供了数百种香料化合物的分子式、CAS 号，尤其重要的是该数据库包含了部分香料化合物的嗅觉受体信息；气味数据库提供了香料化合物的天然存在信息、香韵特征以及化合物的 3D 模型等。

在网络数据库与商业化的香料香精数据库软件外，香料香精数据手册也是重要的信息资源。例如，《调香术》（第二版）中共列出了 4000 多种常用香料的“三值”和“气味 ABC 值”。“三值”表中依次列出了香料的香比强值、香品值、留香值和综合分。“气味 ABC 值”是一套香气描述值，将各种香气归纳为 26 种香型，按英文字母从 A 到 Z 排列。《调香术》（第二版）的作者在此基础上又加了 6 个气味，总共 32 个字母表示自然界“最基本”的 32 种气味。此书中按 C（橘）、F（果）、I（鸢）、R（玫）、M（铃）、J（茉）、O（兰）、G（青）、B（冰）、N（麻）、Ca（樟）、K（松）、W（木）、L（芳）、S（辛）、H（药）、T（焦）、P（酚）、Y（土）、Br（苔）、Mo（霉）、D（乳）、Ac（酸）、E（食）、Ve（菜）、Z（溶）、Fi（腥）、u（臊）、X（麝）、Q（膏）、A（脂）、V（豆）对各种香料的气味进行了“量化”描述。《调香术》（第二版）还列出了一些常用香料在特定实验条件下在不同色谱柱上的保留时间或保留指数，此外该书还提供了多种天然香料的色谱指纹图谱，以供读者参考。

《香料香精辞典》共收集了有关香料香精方面的词目 5200 余条。概念性条目着重解释其含义。例如，阿登过江藤花油（African peppermint flower oil）又名非洲薄荷花油，天然香料，由阿登过江藤花蒸馏而得，资源不多，用于日化香精的配制；“巴黎”（Paris）一种名牌香水的商品名，现已成为一种经典香型，头香为含羞草、天竺葵、山楂、金合欢；体香为玫瑰、紫罗兰、鸢尾花；基香为檀香、琥珀、麝香。性质条目介绍了中文名、英文名、分子式、结构式、香气、味道、性质、制法和应用等内容。例如，氨基苯甲酸环已酯（cyclohexylanthranilate）又名 2-氨基苯甲酸环已酯，FEMA 编号 2350，苍黄色液体，微弱橙花样香气，有甜的葡萄样的水果味道，分子式为 $C_{13}H_{17}O_2N$，相对分子质量为 219.28，沸点为 318℃，相对密度 d_{28} 为 1.018。不溶于水，溶于乙醇。

《香精配方手册》分为三部分，第一部分以表格的形式集中简要地介绍了 1630 余种常用香料的香味特性和应用建议。例如，甲氧基吡嗪，香味特征为咖啡、坚果香味，应用建议为烤香、水果、坚果、咖啡、可可等食用香精。结合作者多年从事香料、香精教学科研的经验，在广泛调研的基础上，第二部分和第三部分根据香型分类，分别汇集了日用香精和实用香精配方共约 2300 个。

《新合成食用香料手册》收录了 FEMA 专家组 1975~2002 年公布的“公认安全”物质 FEMA3445~FEMA4023 的合成香料和其他单体物质 572 个，2003 年公布的 FEMA4024~FEMA4068 作为附录收入。作者以 FEMA 公布的数据为基础，并以美国

《Fenaroli's 食用香料手册(第四版）》（*Fenaroli's Hendbook of Flavor Ingredients*, *Fourth Edition*、美国 Gerard Moscinno 等四位调香师发表在 *Perfume & Flavorist* 杂志上的《食用香料的感官特征》和荷兰 TNO 营养和食品研究部门编辑的《食品中的挥发物（定性和定量数据）》为主要参考资料，广泛收集了世界许多香料公司的产品规格和其他资料，介绍了这些化合物的理化规格、香气特征、味觉特征、天然存在、应用范围、安全用量和其他相关信息。

《香精概论——生产、配方与应用》一书对 1600 多种常用香料的名称、香味特征、应用建议和安全管理情况进行列表。例如，名称：1,1-二甲基苯丙醇；香味特征：清甜花香；应用建议：花香型香精协调剂，风信子、铃兰、茉莉、紫丁香等日用香精。同时，此书还列出了《食品安全国家标准 食品添加剂使用卫生标准》[1]（GB 2760—1996）允许使用的食品用香料品种名单共 574 种（其中包括天然香料 140 种和合成香料 434 种）和暂时允许使用的香料 163 种，以及 1997—2005 年依次新增的允许使用的食品用香料共 705 种。列表包括，序号、中文名称和 FEMA 号。此外，此书还收录了 286 种香料在水中的香气/香味阈值。列表包括 FEMA 号、中文名称、香气阈值和香味阈值（单位：μg/kg）。例如，FEMA：2127，中文名称：苯甲醛，香气阈值：350~3500，香味阈值：1500。

第二节 标准色谱指纹图谱数据库的建立

GC-MS 技术是香料香精定性定量分析中使用最广泛的方法，尤其是在香料色谱指纹图谱的质量控制以及香精的仿香创香中发挥着巨大作用，是现代调香技术的主要分析工具。色谱指纹图谱数据含有大量有用信息，如香味分子的保留时间、色谱指纹的总离子流图、主要成分的特征峰、质谱信息等，这些信息是进行香料香精分析研究的重要基础数据。随着信息时代的到来，数据库技术以其高效的数据处理能力被广泛应用于各个研究领域，并取得了不少成果。鉴于此，中南大学梁逸曾团队利用 GC-MS 分析技术和化学计量学方法建立了数百种常用香料的标准色谱指纹图谱数据库。数据库包含了混合香料的色谱指纹图谱库以及单体香料的色谱指纹图谱库等。

由于香原料样本数量多，且量测实验周期长，在此过程中由于仪器信号漂移所带来的背景干扰、基线漂移等问题都会影响色谱指纹图谱数据库的可靠性。而且，某些天然香料组成复杂，GC-MS 无法对所有的香料香精色谱指纹图谱中的色谱峰实现基线分离，色谱峰重叠的现象很常见，因此难以获取香料成分的纯质谱信息，为特征峰识别带来了不少困难。针对以上问题，在 GC-MS 实验数据录入香原料色谱指纹图谱数据库后，首要工作就是进行必要的数据预处理，主要包括以下三个方面：①色谱指纹图谱的背景扣

[1] GB 2760—1996 已经废止，现行有效标准为《食品安全国家标准 食品添加剂使用标准》(GB 2760—2014)。《食品安全标准 食品添加剂使用标准》(GB 2760—2024) 于 2024 年 2 月 8 日发布，2025 年 2 月 8 日即将实施。——编者注

除；②色谱指纹图谱的谱峰漂移校准；③色谱指纹图谱的重叠谱峰解析。经背景扣除、漂移校准、重叠峰分辨等数据预处理之后，能够得到香原料的纯色谱信息与纯质谱信息，这些信息将作为进行模式识别分析的主要依据。最终构建了一个超过 800 种香原料的标准色谱指纹图谱库，包括醇类 55 个、醛类 47 个、醚类 16 个、酯类 202 个、杂环类 42 个、酮类 64 个、有机酸类 41 个、酚类 17 个、精油 143 个、净油 16 个、浸膏 38 个、提取物 34 个、酊剂 18 个、浓缩物 3 个以及其他化合物 23 个。

一、单体香料的色谱数据

单体香料指具有某种香韵特征的一个纯化合物，通过天然分离与人工合成两种方式获取，目前已在自然界发现和通过人工有机合成的单体香料有 2000 多种，涵盖了酯类、醇类、醛类、醚类、烯烃类等多种化学结构。单体香料的分析是整个香料香精研究的基础，实际上所有的混合香料都可看成是由单体香料构成的混合体系。大多数香料香精的特征风味来自这些特定的化学成分，其含量一般在 μg/kg～mg/kg。对单体香料的分离和定性，是整个香料科学的基础，是认识香料本质的必然手段。正如著名香味化学家 PhilipR. Ashurst 所言，“从香味分析之初追踪一种新的化合物直到最后将其单离并用光谱数据阐明它的化学结构，是一次迷人的经历”。单体香料分析的重要性体现在三个方面：①它是发现香味化合物的主要途径，如从香茅油中分离得到的香叶醇，从有机合成工作中发现的己酸戊酯等；②它为香味化合物的结构-气味关系研究提供依据；③它为合成新的香料物质提供方向。

目前，单体香料分析主要包括结构定性、物化性质测定以及气味特征描述，如溶解度、折射率、沸点、气味阈值、香韵等。色谱分析和波谱分析是研究单体香料最主要的手段，其他仪器分析技术和经典化学分析方法也发挥着巨大作用。现有统计显示，已有大约 2000 种单体香料被用于香精配方，另有 3000 多种物质被用作香精生产的中间体，这些物质一起构成了整个香料香精研究的基石。单体香料分析的主要工作是通过质谱与保留指数联合定性，确定其化学结构，尤其是对于结构相似化合物和同分异构体的准确识别。

二、混合香料的色谱指纹图谱

混合香料指含有两种或两种以上化合物的香料混合物，混合香料因其中各种香料化合物的协同作用具有更圆和自然的香韵特征，但是其化学组成往往高度复杂，给准确的定性定量分析带来了困难。迄今为止，在实验室中还无法通过对天然精油进行解析复配达到完全模拟自然界气味的地步。由于混合香料的气味特征有其有效致香成分表达，因此混合香料的解析工作一直是调香领域至关重要的问题。此外，色谱指纹图谱在精油的真伪识别、质量控制方面也发挥重要作用。例如，绝大多数精油都是通过一定的手段提取自植物体内，这必然受到植物品种、气候条件、土壤环境、采集时间、采集部位、制造工艺等多方面的影响，类似于中药材的“道地性”和“最佳采集时间”之说，因此严格来讲，世界上没有两种精油是完全相同的，这些都为精油的真假鉴别、质量评价等问题带来了挑战。类似于中药色谱指纹图谱的理论基础，植物精油化学成分的指纹图谱分析数据来源于该植物物种后天的代谢遗传，且大多为植物的次生代谢物，它对后天的生长环境的依赖性很强，远比纯先天性遗传的“指纹”脆弱得多。然而，植物的代谢过程仍受其物种先天遗传的影响。因此，精油的化学物质组成谱（即色谱图上的物质分布）具有“整体性”与“模糊性”的双重属性。所以，利用精油化学成分的色谱指纹图谱是完全可以对不同的精油类别进行鉴别，对同类精油的质量优劣进行评价的。混合香料因其组分复杂，在色谱分析过程中谱峰重叠的现象较为常见，需要利用化学计量学方法进行校正和分辨，最终可解析出天然香料的主要特征化学成分。

三、标准色谱指纹图谱的特点及样品预处理方法

标准色谱指纹图谱实际上反映的是复杂样本的整体性化学表征，具有“整体性”和“模糊性”。标准色谱指纹图谱具有如下基本特征：

（1）整体性　复杂样本的所有可检测的成分组成了一个可供复杂样本鉴别的不可分割的整体特征分子分布。

（2）模糊性　色谱指纹图谱相似性构成了复杂样本质量控制的定量指标。作为天然的香料香精，由于生长环境的不同，其化学组成及其分子的浓度分布不可能完全一致，只能采用相似度进行度量。因此，在这里分析化学中对单个化合物测量规定的“精确度”和“精密度”的使用是建立在具有模糊性的相似度之上的。

（3）特异性　色谱指纹图谱的特异性应由其整体分子分布特征所决定，即任何单一标志化合物或很少几个香气化合物都很难表征复杂样本的质量指标。需采用整个色谱指纹图谱中的色谱峰数、峰位置以及峰与峰的比例一起来整体性表征其特异性，来进行香料香精色谱指纹图谱的比较和质量评价。

（4）适应性　由于复杂的香料香精含有成百种的化学成分，同时也由于目前色谱仪器检测灵敏度和分辨率的局限以及人们自身对香料香精色谱指纹图谱的科学认知的局限，使其使用适应性也具有其时代的局限。实际上，香料香精色谱指纹图谱具有两个水平的意义，即基础水平和精深水平的质量控制。在目前即使人们对香料香精化学成分并不是完全清楚的前提下，前者主要可用于香料香精市场中的各类产品常规鉴定质量指标。这点类似于在没有其他各种有用信息情况下，而只使用照片来识别一个人的来源。而对于精深水平的质量控制，不但需要有关香料香精产品的更多信息，其中包括它们的香气化学成分的鉴别；同时，还需采用不同的基于多变量分析的模式分析和模式识别的技术，如主成分分析、聚类或判别分析的手段和工具，进一步对谱效关系进行了解和比较分析，以达到质量控制或是质量提高的目的。特别值得提出的是，实际上某药材或成品的香料香精色谱指纹图谱还可以作为一种“质量数据库”，以比较其不同年份、不同地点以及不同工艺条件的药材或成品的变化规律。从这一角度来说，香料香精色谱指纹图谱确实是一种可以用于不同阶段、不同目的、不同用途的香料香精质量控制、质量保

证以及提高的有用工具。

（5）实用性 无论从经济或是技术的角度，通过 TLC、HPLC 或 GC 所得的香料香精料色谱指纹图谱均可作为工业规范所使用的质量基础标准。

值得注意的是，香料香精标准色谱指纹图谱是依赖于香料香精的预处理方法的，即不同的预处理方法所得的色谱指纹图谱将不尽相同，所以有必要对香料香精的预处理方法进行必要的介绍。在香料香精的分析中，常用的预处理方法分为直接进样法和间接进样法。直接进样法是用乙醇、二氯甲烷或正己烷等对待测物按一定比例进行稀释后直接进样，这种方法适合浓度高、杂质含量低的液体样品，但是对于一些黏稠的液体粉状或膏状的香料香精，则不可直接进样，因为这样会造成气相色谱柱的堵塞、出峰的峰型差等问题。间接进样就是在进样前选择合适的方法对样品进行处理，提取出目标物质，使其适于仪器检测。一般而言，可采用以下四种提取方法测定香料香精的标准指纹图谱。

①溶剂萃取：溶剂萃取是一种经典的液-液萃取方法，它是利用化合物在两种互不相溶（或微溶）的溶剂中溶解度或分配系数的不同，进行分离制备的方法。影响溶解度的因素包括亲脂性、极性、温度、pH、相对分子质量、压力、混合的彻底性等。最简单的溶剂萃取装置是分液漏斗，即将被分离物与萃取溶剂加入分液漏斗，进行振荡，达到分离平衡后将萃取相分出，干燥后则可进行随后的分析操作。用分液漏斗进行萃取最大的优点就是操作简单方便，但在对香料香精进行预处理过程中，会造成香气成分的损失。实例操作：分别使用二氯甲烷、正己烷作为萃取剂。移取 10g 样品，加饱和食盐水，用 50mL 分两次取，合并萃取液，并用无水硫酸钠干燥，每种萃取剂平行测三次，然后用旋转蒸发仪浓缩至 1mL。在进行色谱测定前低温保存。

②水蒸气蒸馏：水蒸气蒸馏法是在共水蒸馏的基础上发展起来的一种蒸馏方法，它的特点是不将水与原料直接接触，而是将水蒸气蒸出，让其以渗透形式扩散和传质，将挥发性成分随水蒸气一并馏出，经冷凝得到目标成分。它可避免香气成分长时间在高温下发生破坏性分解、水解或聚合反应，使提取效率得到一定的提高。水蒸气蒸馏法适用于沸点较高（多在 100℃以上），难或不溶于水、在 100℃左右有较高的蒸气压，能随水蒸气蒸馏而不被破坏的成分。对于含有大量脂质、树胶果胶等物质的天然类香料香精，一般的溶剂萃取很难对其香气成分进行有效萃取，因为其中的脂质等成分也会随之一并被萃取出来，从而影响随后的分析工作。如采用水蒸气蒸馏对溶剂萃取物进行进一步处理，则可以取得良好提取效果。实例操作：在 1000mL 的圆底烧瓶中注入 300mL 蒸馏水，称取 10g 样品，加入 1g NaCl 来促使可溶性挥发性成分溶出。将正己烷提取液浓缩至 1mL。每一样品平行试验三次（根据药典的挥发油提取标准方法提取其挥发性成分）。

③同时蒸馏萃取（SDE）：同时蒸馏萃取是通过同时加热样品液相与有机溶剂至沸腾来实现的，它是把样品的浆液置于一瓶中，连接于仪器的右侧，以另一烧瓶盛装溶剂，连接于仪器左侧，两瓶分别水浴加热，水蒸气和样品瓶中含挥发性成分的有机溶剂一同蒸出，蒸气在冷凝装置中被冷凝下来，挥发性成分转入有机相，由于水和有机溶剂不相混溶，在仪器 U 形管中被分开来，分别流回样品瓶两侧的烧瓶中。同时蒸馏萃取是将水蒸气蒸馏和

溶剂萃取两步结合为一体的一种挥发性和半挥发性成分的提取水浴锅方法，作为一种预处理技术，它的溶剂可以循环使用，减少了溶剂的利用率，这种方法本身是在相对密封的条件下进行的，因此也减少了易挥发性成分的损失，可将挥发性成分从水介质中浓缩数千倍，大幅增加了萃取率。实例操作：实验采用同时蒸馏萃取装置，萃取剂使用二氯甲烷。在1000mL 容量瓶中加入 10g 样品和 250mL 蒸馏水及 1gNaCl，用可控制电压的电热套进行加热；在另一 100mL 圆底烧瓶中加入 30mL 二氯甲烷，水浴加热的温度保持在 60℃，加热2h。二氯甲烷萃取物用无水硫酸钠干燥过夜，浓缩至 1mL。在进行 GC 测定前低温保存，每一样品连续做三次平行试验来评估同时蒸馏萃取法的稳定性。

④固相微萃取：固相微萃取技术是将纤维头浸入溶液中或顶空气体中一段时间，根据相似相溶的原则，待测物不断进入萃取头上固定相上的液膜，搅拌溶液以加速两相间的平衡速度。达到平衡后将纤维头取出插入气相色谱气化室，热解吸涂层上吸附的物质，而对于液相色谱，则是通过溶剂进行洗脱，然后靠流动相将其导入色谱柱，进行分析。实例操作：石英纤维头在使用前在 250℃氦气下预热 1h，移取 lg 香精，置于 5mL 样品瓶中，加入 1mL 饱和 NaCl 溶液，轻轻摇匀，盖上塞子，在 70℃水浴中平衡 15min，然后将 SPME 注射头穿过样品瓶的薄膜在样品溶液上进行 30min 的顶空吸附。吸附完毕后首先将石英头收回，然后将注射头抽出容器，将玻璃纤维插入色谱仪进样口，脱附1min，不分流进样，其他色谱条件与同时蒸馏萃取相同。每次实验平行进行三次。特别需要注意的是使用 SPME 法时，保证石英纤维每次都位于溶液上方的同一位置。

实验数据表明，不同提取方法对香料香精有效成分的提取效果不同，以及不同提取方法所能提供的香料香精中化合物的指纹特征不同，因此，如何合理地评价一个色谱指纹图谱是否具有足够信息量十分重要。为评价所得的色谱指纹图谱的所得信息，目前国际上已有不少这样评价色谱指纹图谱的方法，但值得注意的是，这些方法由于需要一些烦琐计算，如简单计算峰数目，进行峰识别继而计算峰面积等，难于进行直接快速计算而未能得到广泛应用。实际上，任何色谱指纹图谱都可看成一个由多个色谱峰形成连续的时序分析信号。因此，借用时序分析信号的信息量的计算方法，可容易地得到计算任何色谱指纹图谱的信息量（ϕ），即：

$$\phi = - \sum \left(\frac{x_i}{\sum x_i} \right) \lg \left(\frac{x_i}{\sum x_i} \right) \tag{8-1}$$

式中　x_i——色谱指纹图谱在保留时间的响应值。

在式（8-1）中对响应值 x_i 进行标准化，主要目的是色谱指纹图谱在保留时间的响应值具有概率密度性质，即其和都等于 1。这样得到的色谱指纹图谱信息量实质上就是仙农熵（Shannon entropy）。在信息理论中，当且仅当具有不变方差分布的时序分析信号 x_i 的信息量在其服从正态分布时达到最大这样一个规律。所以，在理想情况下，只要所得色谱指纹图谱中，每个组分色谱峰都完全分离且服从正态分布时，其信息量将达到最大。所以，一个具有最大信息量的色谱指纹图谱应是一个具有完全高斯峰分离，且其峰数也是最多的一个色谱指纹图谱。但实际上，任何一个色谱指纹图谱都很难达到这一状态，由于色谱分离中色谱峰重叠而使之失去正态分布的峰形，从而也使得其信息量相应变小。当采用式（8-1）中所示的这种计算方法时，只需对色谱指纹图谱的响应值进行简单的标准化处理即可。通过计算可以判断哪种提取方法所得的色谱指纹图谱的仙农信息熵最大，与实际观察结果对比，能获取香料香精中最多有用化学组成信息的提取方法即为最优提取方法。

四、标准色谱指纹图谱分析方法

指纹图谱是一种综合的、宏观的、可量化的鉴别手段，它不强调个体的绝对唯一性，而是强调整体的相似性，即共有特征性，是以各种光谱、波谱、色谱等技术为依托的又一种质量控制模式。整体性和模糊性是指纹图谱的基本属性，指纹图谱的相似性是通过其基本属性来体现的，其分析强调准确的辨认而不是精密的计算，比较图谱强调的是相似性，而不是相同。在不能将复杂样品成分都搞清楚的情况下，虽然对其图谱中每个特定峰的成分并不了解，但这并不影响对物质群一致性的判断。可见运用色谱指纹图谱质量控制与传统质量控制模式的区别在于：色谱指纹图谱分析是综合地看问题，也就是强调色谱指纹图谱的完整面貌即整体性，反映质量信息是综合的，使其质量控制指标由原有的单一成分的测定上升为对整个品质的检测，实现对香料香精内在质量的综合评价和全面控制，从而确保香料香精品质的稳定。

（一）标准指纹图谱的预处理方法

1. 等长处理

在打开多个色谱指纹图谱之后，常常会发现多条色谱指纹图谱所取得数据点数相互之间并不一致，这将导致无法对它们进行比较和运算，色谱指纹图谱数据等长处理就是为了解决这个问题而提出的。这里采用了线性插值的方法对色谱指纹图谱向量数据进行插值，以使它们都成为具有相同长度的向量数据，但不破坏原始色谱曲线的形状。图 8-1 示出了经过插值处理后的色谱，从图中可以看出，它们虽点数发生了变化，但所表达的整体性质是完全一致的。

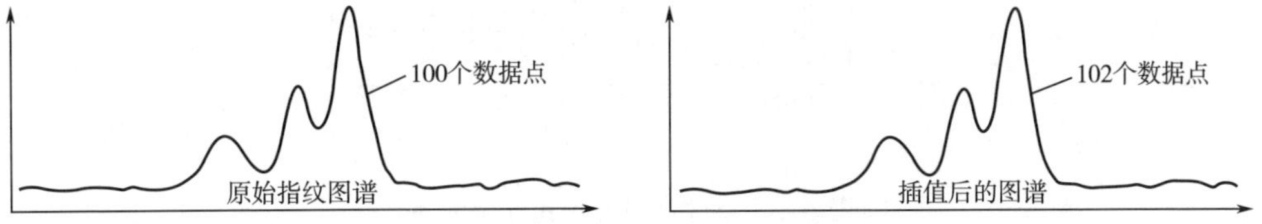

图 8-1　指纹图谱等长处理示意图

2. 数据平滑

数据平滑是对那些有较大噪声的色谱指纹图谱进行一定程度的去噪处理。通常可采用两种平滑方法，移动窗口多项式最小二乘拟合平滑法以及移动窗口中位数平滑法。前者通过多项式来对窗口之内的色谱点进行多项式最小二乘拟合，然后计算出多项式窗口内中心点的新值；后者则是用稳健的中位数来代替平均数和最小二乘估计，然后取色谱点的中位数作为平滑后的中心点。且对于一些存在有奇异点的色谱，移动窗口中位数平滑法可给出更满意的结果。图 8-2 显示出了处理含有奇异点时，移动窗口中位数平滑法与移动窗口多项式最小二乘拟合平滑法的对比结果。

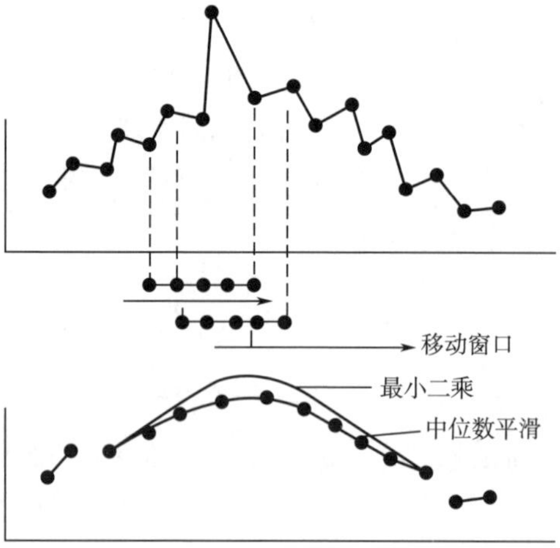

图 8-2　指纹图谱数据平滑示意图

3. 背景扣除

色谱的背景漂移是一个很常见的现象，重复多次实验发现，每次色谱背景都有差异，这就为以后指纹图谱相似度计算和模式识别带来了很大的干扰，因此非常有必要对色谱背景进行扣除。由于色谱在各个保留时间段内的背景漂移大都不相同，而且变化趋势也不一样，因在较短保留时间范围内背景漂移又可以认为是成线性变化的，因此这里采用了分段线性扣除背景的方法。具体色谱背景识别方法是在色谱峰的两边找到合理的一系列点代表这个色谱峰簇两边的背景点，而中间的背景值采用线性插值估计（线性插值方法与指纹图谱等长处理所采用的线性插值方法一样）办法来扣除。最后扣除背景的色谱曲线是原始的色谱曲线值减去估计的背景值后剩下的那部分。图 8-3 展示了背景扣除前后色谱指纹图谱的区别。

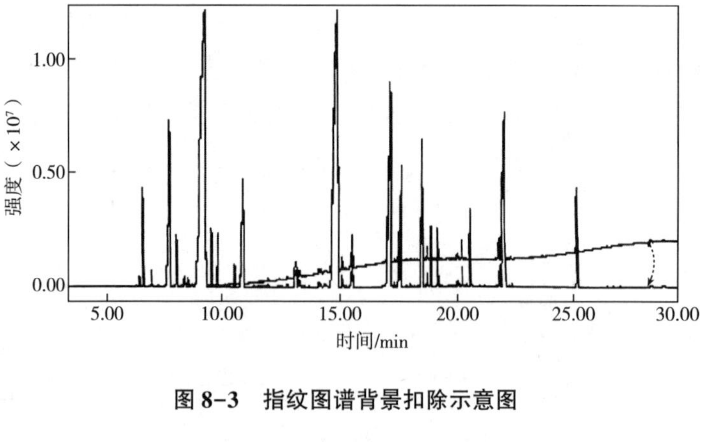

图 8-3　指纹图谱背景扣除示意图

4. 数据归一化法

由于实验时提取效率或进样误差引起的色谱峰高和峰面积大小有差异，给质量控制带来一定的不利，常可以采用数据归一化的方法能在一定程度上消除这些误差。数据归一化方法常采用峰面积归一化和内标峰归一化两种方法。

①峰面积归一化：首先识别出每个峰，计算出每个峰的面积，然后把所有的峰面积数值加和，最后用原始的色谱指纹图谱向量数据除以这个总面积得到新的色谱指纹图谱数据。这样就使得新的色谱指纹图谱的总的峰面积为1，因此称峰面积归一化。

②内标峰归一化：和峰面积归一化很相似，首先识别出内标峰，计算出内标峰的面积，最后用原始的色谱指纹图谱向量数据除以内标峰的面积值得到新的色谱指纹图谱数据。这样就使得新的色谱指纹图谱的内标峰的面积为1，因此称内标峰归一化。

5. 峰校准

由于实验仪器条件的微小变化，常常会引起色谱峰的保留时间发生漂移，实践表明色谱峰的保留时间漂移是影响指纹图谱质量判断最大因素，为了正确进行指纹图谱建模和质量控制，就需要对色谱峰的漂移进行校正。在以往报道中，色谱峰漂移校正仅仅用到色谱方向上的信息来人为确定谱峰的对应关系，而忽略了更为重要的光谱或质谱方向信息，在最新系统中，光谱或质谱来确定色谱峰的对应关系，这样准确性和可信度会高很多，而且可以运用计算机自动识别色谱峰的对应关系。在最新系统中色谱峰漂移校正步骤如下：

①自动识别各个色谱峰。

②根据各个色谱峰所对应的质谱来确定色谱峰对应关系。比如在图 8-4 所示的示意图中，参考图谱和待校准图谱 1 号色谱峰相似，并且其质谱相似度达到 0.998，说明这两峰应归属于同一成分，即存在对应关系，但是它们有保留时间的漂移，应该被校准到相同保留时间位置。2 号色谱峰质谱相似度达到 0.998，存在对应关系，也应该被校准到相同保留时间位置。

③色谱峰漂移校正：当色谱峰对应关系找到之后，就很容易对色谱峰漂移进行校正，在最新系统中采用分段局部最小二乘法进行校正。

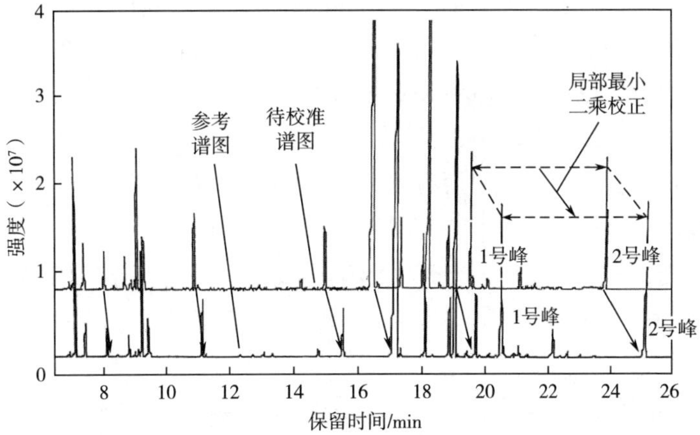

图 8-4　色谱峰保留时间漂移矫正示意图

（二）标准色谱指纹图谱中重叠峰定性定量分析

基于 GC 或者 GC-MS 分析技术建立的标准色谱指纹图谱，在极大程度上方便利用质谱、色谱保留指数以及化学计量学方法对指纹图谱中的各个色谱峰进行定性定量分析，其中包括对指纹图谱中重叠峰的解析。一般采用了直观推导式演进特征投影算法（HELP）和子窗口因子分析方法（SWFA）来对重叠色谱峰进行分辨，可得到各组分的纯色谱和纯质谱，然后对各组分采用峰面积定量和质谱库检索定性。

（1）直观推导式演进特征投影算法　直观推导式演进特征投影算法是一种基于二维色谱/光谱矩阵数据的解析方法，它充分利用了二维矩阵数据所包含的色谱/光谱的选择性信息，基于局部因子分析，分辨出各组分的纯色谱曲线和光谱，可得到具有真实物理意义的唯一解。该法还具有从背景扣除到满秩分辨一整套分析程序，适合于对“黑色”分析体系直接进行定性定量解析，最终获得各组分的色谱浓度轮廓和光谱。对色质联用仪产生的二维数据的具体解析步骤简述如下：

①将整个色谱按照峰簇分段，从一个个峰簇入手，首先利用零组分区域的信息来检验每一保留时间段内是否存在背景干扰，如果有，即作相应的背景扣除。

②利用演进特征投影图（evolving latent projections）和特征结构跟踪分析（eigenstructure tracking analysis）与秩图（rank map）确定该峰簇的组分数、各组分的选择性区域和零浓度区域。

③利用各组分的选择性区域和零浓度区域，采用局部因子分析和组分剥离技术求出各组分的纯色谱曲线和质谱。

④将得到的各纯色谱和质谱乘积的线性加和与实际数据比较，验证解析结果的可靠性。

（2）子窗口因子分析方法　子窗口因子分析方法（SFA）的关键是定义并找出左、右子窗口，在左边的子窗口中，先于被分析物流出的干扰物质将会出现在被分析物的色谱图的左边，在右边的子窗口中另外一个干扰物会在被分析物停止流出时继续流出。秩分析可以得出左右子窗口的化合物数 $m1$ 和 $m2$ 以及左右窗口背景中的化合物数目等。本法与前述分辨方法不同的地方在于，它不是求纯组分的色谱而以求组分物质的纯光谱为目标，所以，可为联用色谱的二维数据的解析带来新内容，将此法与前述的正交投影分辨法结合起来，就可直接同时求得任意感兴趣组分的纯光谱和纯色谱，从而可对该组分直接进行定性定量分析，而不必对所有组分进行全部分辨。

现以色谱峰簇 p 为例，对本方法的解析步骤加以说明。图 8-5 为色谱峰簇 p 的总离子流图，如果直接检索标准质谱库，不仅匹配度很低，而且会导致错误的结果。但是如果利用 SFA 法通过以下的步骤可以容易而有效地将此重叠峰分辨开来并获得可以接受的精确度。

①估计化合物的流出次序，并利用固定尺寸移动窗口渐进因子分析方法（FSMWEFA）确定所选峰中隐含的纯化合物数。由 FSMWEFA 法得到的秩图（演进特征值图），可以获得每一保留时间段的组分数和浓度谱的流出信息。

②为了提取组分 1 的光谱，确定左子窗口为 438~444 扫描点范围（即保留时间为 5.34~5.37min），右子窗口为 446~464 扫描点范围（即保留时间为 5.38~5.48min），这样获得组分 1 的光谱。同样地，组分 2 和组分 3 的光谱也可以得到，分辨结果如图 8-6 所示。

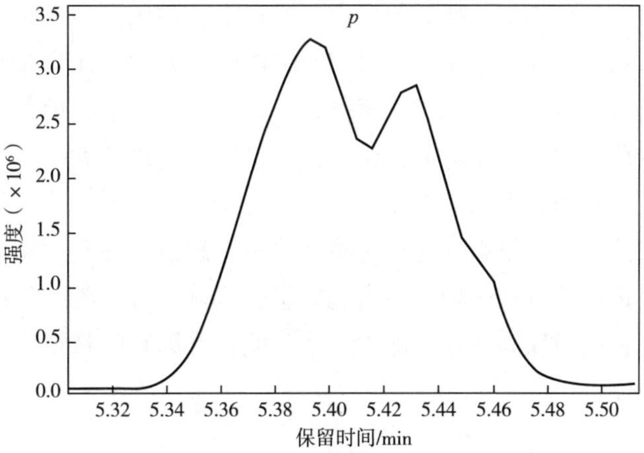

图 8-5 色谱峰 *p* 的总离子流图

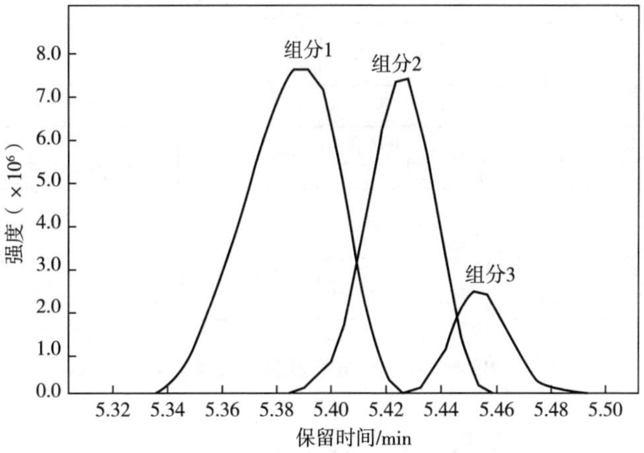

图 8-6 色谱峰 *p* 通过分辨后得到的纯色谱

③当各组分的纯光谱均得到后，三个组分的色谱图也就可以得到了，然后通过搜索 NIST02 质谱库和保留指数对每一组分进行定性，这样相对于直接搜索谱库而言，匹配度大幅增加。

（三）标准色谱指纹图谱中特征化合物的选取

特征峰是香原料色谱指纹图谱中可以代表某种香原料的一个峰或是一组峰，而由于香料香精组分复杂，其中很大部分是许多香原料中的共有组分，为了正确选取香料香精的特有组分，在建立特征色谱指纹图谱数据库之前，首先需要确定哪些为所需的特征峰。

特征峰的选取方法是，首先通过相关文献，找出香原料物质的主要特有成分，并结合 NIST 库定性香原料物质 GC-MS 图谱中每个峰的信息；其次在香原料物质的 GC-MS 总离子流图中找出其主要特有成分对应的峰，定为特征峰；每个香原料物质的特征峰选

3~5 个或更多些。另外，由于单体香料数据量足够大，采用了一种相互检索的技术来确定混合香原料物质的特征峰。主要思想是用数据库中所有的单体化合物来搜索那些混合香原料物质，通过将搜索得到的单体物质进行分析比较，标定此种精油中含有但可以据其区分其他精油的单体物质来作为此种精油的特征峰。值得注意的是，对特征峰的解析方法是首先进行数据剪切、采用移动窗口多项式方法进行平滑、分段线性扣除背景，其次运用直观推导式演进特征投影法对所选特征峰进行解析，并利用演进特征投影图与秩图确定其组分数，选取其特征区域和左右端零组分区域，得出各组分的纯色谱和质谱信息，将所得到的解析结果存储到数据库中，作为此种香原料的特征成分。具体选取方法和解析方法见图 8-7。

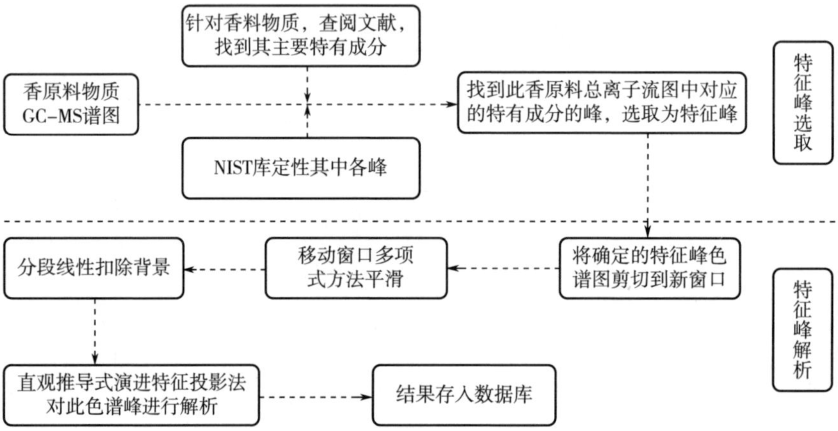

图 8-7 特征峰选取及解析过程示意图

五、标准色谱指纹图谱整谱评价方法

色谱指纹图谱可以全面反映整个色谱所含内在化学成分的种类和数量，是一种综合的、可量化的鉴别手段，可用于评价香料香精的真实性、稳定性和一致性，是香料香精质量控制的有效手段。目前，可采用相似度比较法和模式识别法来进行比较，以区分鉴别不同或相同的香料香精。

（1）相似度比较法　采用两个指纹图谱向量 x 和 y 的夹角余弦和相关系数来表征两张指纹图谱相似程度。夹角余弦在区间［0~1］变化，即当夹角余弦为 1 时，则表示两个色谱指纹图谱完全一致；而当两个色谱指纹图谱矢量正交，即当夹角余弦为 0 时，则表示两个色谱指纹图谱完全不同。因此，两个色谱指纹图谱越相似，其夹角余弦值越大。相关系数与夹角余弦计算方法十分相近，不同的地方在于相关系数计算时在分子分母中均减去了均值，而夹角余弦没有减均值，即中心化处理。一般说来，如两组数据样品越相似，其相关系数越大。相关系数法也是目前应用很多的一种相似度计算方法。值得指出的是，相关系数在统计学中常用于变量之间的相关性考察，主要比较两组数据的变化趋势，也有负相关之说，且此指标的变化范围在｛-1，+1｝，用它来进行相似度评价似有一定缺陷。

（2）模式识别法　模式识别是指对表征事物或现象的各种形式的（数值的、文字的和逻辑关系的）信息进行处理和分析，以对事物或现象进行描述、辨认、分类和解释的过程，是信息科学和人工智能的重要组成部分，它与统计学、计算机科学、人工智能、生物学、控制论等都有关系。模式识别法是用给定的有限数量样本集，在已知研究对象统计模型或已知判别函数类条件下，根据一定的准则，通过学习算法把 d 维特征空间划分为 c 个区域，每一个区域对应一类。模式识别系统在进行工作时只要判断被识别的对象落入哪一区域，就能确定它所属的类别。由噪声和传感器所引起的变异性，可通过预处理而部分消除；而模式本身固有的变异性则可通过特征抽取和特征选择得到控制，尽可能使模式在该特征空间中的分布满足上述理想条件。因此，一个统计模式识别系统应包含预处理、特征抽取、分类器等部分。模式识别的主要方法有：主成分分析（PCA）和分层聚类分析（HCA）两种无监督模式分类算法，以及主成分-马氏距离（PCA-MD）、偏最小二乘-判别分析（PLS-DA）、软独立建模分类法（SIMCA）、支持向量机分类法（SVM）四种有监督模式识别的方法。下面就简单地介绍经常使用的一些模式识别方法。

①主成分分析（PCA）：对所采集的任意一个样本 x_i，均可用一组参量来表征，这些参量其实就是原始的光谱数据，可用矢量表示为 $x^T=[x_{i1}, x_{i2}, \cdots, x_{in}]$。那么，对 m 个样本构成的样本集，就可表达为 $m \times n$ 阶的光谱数据矩阵。基于主成分分析的投影判别法 PCA 采用多元统计学中的主成分分析方法，先对样本量测矩阵 X 直接进行分解，只取其中的主成分来投影，然后进行判别分析，故有主成分分析的投影判别法之称。对样本矩阵进行直接分解在数学上有几种方法。一种方法是非线性迭代偏最小二乘算法。另一种方法是线性代数中常用的奇异值分解法（SVD），现对 SVD 分解方法进行简要介绍。奇异值分解法可将任意阶实数矩阵分解成为三个矩阵的积，即 $X=USV^T$，式中，S 为对角矩阵，它收集了 X 矩阵的特征值，U 和 V^T 分别为标准列正交和标准行正交矩阵，收集了这些特征值所对应的列特征矢量和行特征矢量，在多元统计的主成分分析中，一般被称为得分矩阵和荷载矩阵。$T=US$（T 也称非标准化的得分矩阵）的每一行元素实际是每一个样本向量 $x^T=[x_{i1}, x_{i2}, \cdots, x_{in}]$ 在特征空间 V 上的投影，它反映了样本与样本之间的相互关系；通过绘制主成分投影图（图 8-8），会发现样本集中点的分布规律是“物以类聚”，即不同特征的样本点位于模式空间中不同的区域，具有相似性质或是相似特征的样本在模式空间中处于相近的位置，聚集为一类，特征的集合就构成了

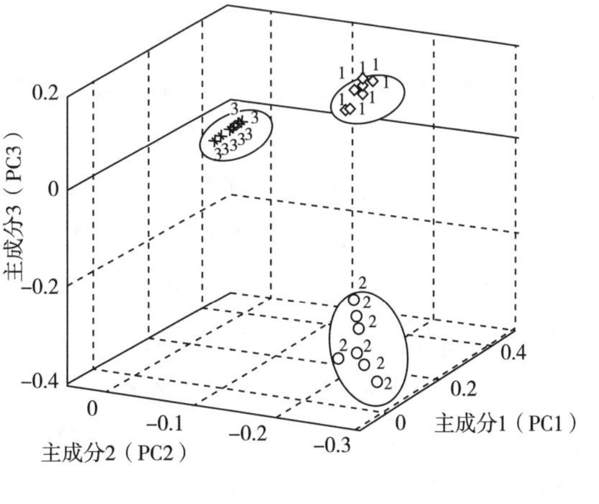

图 8-8　在三维模式空间中样本的分布示意图

模式。

②分层聚类分析（HCA）：分层聚类分析是多元统计中的一种实用性很强的分类方法，其主要思路就是利用同类样本应彼此相似，即常说的“物以类聚”。相类似的样本在多维空间中彼此的距离应小些，而相似的样本在多维空间中彼此的距离应大些。聚类分析即为如何使相似的样本“聚”在一起，从而达到分类的目的。一般说来，聚类分析方法可分为凝聚法与分离法两类，凝聚法开始时将每个样本认作一个类，然后由这些类逐步凝聚成较大的类；而分割法则与之相反，开始时将所有的样本认作一个大类，再逐步分割为较小的类。下面就凝聚法做简要说明：凝聚法的基本思想是先将两个或几个相隔最近的样本看成一类，然后规定样本之间的距离和类与类之间的距离继续聚类。具体计算过程为：开始时每个样本自成一类，类与类之间的距离与样本之间的距离是等价的，然后选择距离最小的一对并成一个新类，并计算新类与其他类的距离，再将距离最小的两类并成一类，这样每次减少一类，直至所有的样本都成为类为止。

③主成分-马氏距离（PCA-MD）方法：与主成分分析原理相似，用奇异值分解法对样本矩阵 X 进行奇异值分解，$X=USV^{T}$，同时得到非标准化的得分矩阵 $T=US$。然后在得分矩阵 T 的基础上通过马氏距离来表征样本点的聚集程度，马氏距离变异越小，样本性质或特征的相似程度就越高，反之变异越大，其相似程度就越低，或是归属其他类别。因此，应用马氏距离可以表征在分组加工过程或配方过程中模块质量的均匀性和稳定性，应用建立的类模型可进行辅助模块的替代性研究，以寻求品质特征相似的模块互换。

④偏最小二乘判别分析（PLS-DA）方法：偏最小二乘法本质上是一种基于特征变量的回归方法，在多元校正中得到了广泛的应用。偏最小二乘法与主成分分析的不同之处在于它不但对量测矩阵 X 进行正交分解，而且在分解 X 的同时对响应矩阵 Y 也进行正交分解。如果将模式识别中已知类别的响应变量设为 0 或 1（对两类模型而言），或其他整数，如 1、2、3……（对多类模型而言），则偏最小二乘法也可用于模式识别。特别地，因偏最小二乘法也是一个特征变量法，所以，它也同时可用于特征投影以得到投影图，而将高维空间的样本点投影到低维空间进行人眼判别。由于 PLS 可同时对样本数据矩阵 X 和响应变量进行分解，并力图建立它们之间的回归关系，因此常常可得到比 PCA 分类效果更好的投影图。在得到投影图之后，常采用线性判别（LDA）的方法进行模式分类，所得结果如图 8-9 所示。

⑤软独立建模分类法（SIMCA）：SIMCA 判别分析法是基于每一个类别训练集的 PCA 而建立的模型。它首先对每一个类别训练集建立 PCA 模型，然后计算未知样本点与各类训练集 PCA 模型的距离（SIMCA 方法中常使用马氏距离来表征新样本到各类训练集的 PCA 模型的距离），根据距离判别方法判别未知样本的类别。在化学计量学中，通常用样品间的距离来描述样本间的差异，而判别分析的基本思想就是比较样本到各类总体的距离寻找最近距离的类，比如：如果新样本距 A 类总体的距离比 B 类总体的短，则新样本判属于 A 类。

⑥支持向量机分类法（SVM）：SVM 是一种新颖的小样本学习方法，它与神经网络

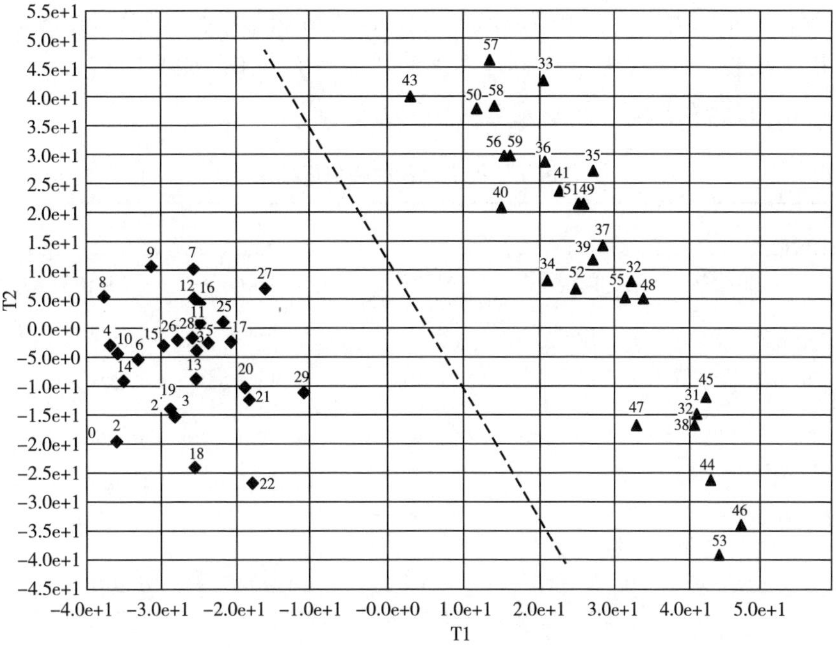

图 8-9 PLS-DA 投影示意图

注：T1—第一主成分；T2—第二主成分。

所基于的经验风险最小化原理不同，SVM 遵循了有严格理论基础的结构风险最小化原理。其基本思想是：通过用非线性映射 φ 将输入的低维空间变换到一个高维空间，在这个高维空间中寻找输入变量和输出变量之间的一种非线性关系。且该算法仅使用高维空间中的内积，通过引入核函数 φ，高维空间的内积运算就可用原空间中的函数来实现，甚至没有必要知道 φ 的形式。通过采用适当的核函数就可实现某一非线性变换后的线性分类，而计算复杂度并没有增加，从而在一定程度上避免了维数灾难问题。

六、标准色谱指纹图谱的应用

在所有的质量控制评估体系中，已经广泛应用于植物提取物质量控制分析的标准色谱指纹图谱技术赢得了越来越多的关注。这是因为通过色谱指纹图谱技术，进一步结合化学模式识别和化学计量学多元分辨的方法，不但可对不同植物的香料香精进行整体定性鉴别，同时，结合质谱库检索，还可对标准色谱指纹图谱进行快速定量分析。

（一）可快速实现未知样品的识别

采用化学识别的方法，可对已获得的色谱指纹图谱进行定性分析。在这里，主要采用主成分和相似计算法对不同香原料色谱指纹图谱进行模式识别分析。具体方法为：将未知样本的指纹图谱分别与已建立的样本库中的数据组成新的矩阵，再进行主成分投影，若未知样本与已知样本聚类效果较好，则可以初步认定它可能与已知样本属同类产品。为了进一步证实结果的可靠性，分别计算未知样本数据与已知香精数据的相似度，如表 8-1 为六个不同类样本的色谱流出曲线彼此之间的相似度，以及未知样本与它们之间的相似度，从表中可以看出，不同样本之间相差较大，不能归为同一品种，未知样本与 A6 样本相似度为 0.9234，可认定它与 A6 为同类产品。

表 8-1　色谱指纹图谱之间的相似度结果

项目	A1	A2	A3	A4	A5	A6
A1	1.0000	0.0876	0.0955	0.1467	0.1854	0.0764
A2		1.0000	0.1324	0.0986	0.1234	0.1341
A3			1.0000	0.1243	0.1325	0.1012
A4				1.0000	0.2435	0.2467
A5					1.0000	0.2546
A6						1.0000
未知样	0.1098	0.1543	0.1467	0.2678	0.2867	0.9234

（二）可快速实现未知香精成分解析

标准色谱指纹图谱集成了最先进的化学计量学数据处理技术，能较好解决基移以及背景噪声等带来的影响。例如，有些香精中 GC-MS 定出的成分较少，是因为一些浓度较小的成分因噪声和基线，匹配出的物质相似度不高，此外，以丙二醇作为溶剂峰，对一些小峰也出现了包埋，使得 GC-MS 无法鉴定。标准色谱指纹图谱通过化学计量学手段在一定程度上解决了这些问题。而且 GC-MS 检索只能得到香精的合成香料，无法检出天然香料。通过本数据库的重叠峰解析技术以及特征峰识别技术可检索出香精中的天然香料。一般来说，对一个未知香精成分分析包括以下几步：①对未知香精总离子流图进行数据预处理（背景扣除、数据平滑、漂移校正等）；②利用移动窗口正交投影算法进行成分定性搜索；③进行定量分析，其中主要包括四个参数的优化，即允许保留时间偏差、移动窗口大小、主成分数目和投影接受阈值。

（三）可实现“混合物混配的复杂混合体系”成分解析

基于化学计量学的多元分析策略，将目标物的含量信息与色谱指纹图全谱联系起来，混合物混配的复杂混合体系的指纹图谱应由各混合物（也就是精油）的指纹图谱以浓度线性叠加而成。首先，采用色谱指纹图谱方法测得混合香精的色谱，同时，也将采用相同实验条件下测得相应的组成香料的色谱指纹图谱，以构成校正集。在此值得提出的是，由于是采用整个色谱来进行定量，为保证定量的准确性，必须要求不同样本中的同一种物质的保留时间高度一致，即在进行校正计算之前，必须通过现有的一些保留时间校准算法来完成色谱的谱峰校准，同时，也要对色谱指纹图谱的基线漂移进行扣除，以减少由色谱基线漂移带来的定量误差。最后，再由一个多元回归模型完成定量分析。此定量分析过程由以下步骤构成：①对原始色谱图进行基线扣除，即图中显示的采用自适应迭代加权惩罚最小二乘进行背景扣除；②分别用快速傅立叶变换递归校准方法和基于质谱信息的色谱校准算法分别对待测混合样本色谱和组成校正矩阵的单个复杂物色谱进行保留时间校准；③将经过处理的待测物色谱向量 d 和校正集矩阵 C 输入非负最小二乘回归模型中，得到回归系数向量 x，其中的回归系数分别代表每一个纯组分对混合物的浓度贡献。为保证所得结果具有代表性和可靠性，通过测试由均匀设计安排的混合物的浓度组成来验证此策略的可行性。

第三节 嗅香定量指标描述数据库的建立

一、嗅香定量指标数据库建立背景

香料化合物是一切调香产品的物质基础，充分了解香料化合物的性质，就能有效地促进调香工作快速、科学地开展，能为优质的调香产品开发提供重要的指导信息。长期以来，调香工作由于特殊的行业背景而蒙上了一层神秘的面纱，调香知识甚至基本的香料特征信息都鲜有人知。随着香料产业和香料化学的发展以及信息时代的到来，越来越多的调香知识和香料化合物性质的获取成为可能。如何通过数理统计、数据挖掘、人工智能等手段管理与开发这些香料化合物的信息并使之为调香工作服务，正成为现代调香技术发展的一个新的机遇。

即使是一个经验丰富的调香师，也不可能对成百上千种香料的各项指标信息了如指掌，更不可能从大量的指标信息中发掘出有价值的规律。尽管目前已出版的香料化合物手册上可查阅到部分指标信息，但是，这些信息一般分布零散且不完整，查阅费时，更难以实现数据分析与数据挖掘功能。因此，建立一个全面的香料化合物的指标信息数据库，将有利于现代调香技术的发展。

①便于香料企业对香料化合物的管理、贮藏、采购及运输。

②便于提供香料的行业标准、物化性质、安全指标及香韵特征等方面的信息。

③便于实现香原料的规范化管理和质量监管。

④便于从理论上深入探索和剖析香味产生以及化学成分协同作用的本质。

⑤便于在调香工作中提供指导。

二、嗅香定量指标数据库建设内容

香料化合物的指标信息的收集是一个烦琐耗时的过程，尚无免费的香料化合物指标信息数据库或者软件。目前，包含有香原料参数的资料主要有手册、化合物数据库、国外香料信息软件以及文献等。香料化合物手册包括《调香术》《加香术》《辨香术》，主要提供了部分香原料的理化和感官数据。化合物数据库包括 Nist Chemistry Book 、Odour Database、Ichemistry 、The Pub Chem Project、Leffingwell & Associates 等，主要提供了 CAS 号等编号信息、气味、保留指数、生物活性、安全性、价格、气味阈值等信息。此外，全球各个国家批准使用的香原料范围也不尽相同，其中国家烟草专卖局确定的 797 烟草添加剂目录包括了 517 种单体香料和 280 种天然香料。结合香原料的生产管理要求与卷烟调香工作需要，从行业数据、理化性质以及感官数据三个方面初步拟定了 22 种香味定量描述指标，包括中文名称、英文名称、结构式、分子式、相对分子质量、FEMA 号、CAS 号、熔点、沸点、闪点、折射率、相对密度、溶解性、嗅香、外观、香比强值、留香值、香品值、综合分、香韵等。其中，理化性质常用于香料香精的定性定量分析测试、质量控制和调香工作。化学数据的特征是经实验测得，具有很高的准确性，能全面地反映香料化合物物理化学性质的各个方面。感官数据是调香工作者通过嗅觉系统对香料香精气味特征的描述，最能反映香料香精的气味属性，如气味类别、气味强度等。然而值得指出的是，感官数据往往具有较大的主观性，对于一些相似的气味特征无法准确表达，且不同的资料对同一香料的描述还经常存在差异。行业数据是由权威机构如 FDA 和美国食品香料和萃取物制造者协会（FEMA）等所制定的行业标准，规范了香料香精在注册、生产和使用中的重要问题。以上采集到的指标信息进行数据核查与校正后录入香原料嗅香定量指标数据库（表 8-2）。

表 8-2　　香原料嗅香定量指标

数据类别	数据指标	实例（以乙酸苄酯为例）
化学数据	沸点、熔点、溶解性、折射率、相对密度、色谱特征（保留时间、保留指数、指纹图谱等）、质谱特征、光谱特征、化学式、分子结构信息、化学组成、配方信息等	分子式 $C_9H_{10}O_2$；熔点-51℃；折射率 1.501～1.503；外观为无色液体；相对密度 1.055；溶解性为微溶于水，溶于乙酸
感官数据	香韵、留香值、香比强值、香品值、气味 ABC 值等	嗅香：茉莉花带水果香型；香韵：花香韵；留香值 12；香比强值 120
行业数据	FDA 号、FEMA 号、CAS 号、CoE 号等	FEMA 号 2135；CAS 号 140-11-4

数据库中收录的定量描述指标说明如下。内容示例见表 8-3。

（1）CAS 号　CAS Registry Number 又称 CAS Number 或 CAS 登录号，是美国化学文摘服务社（CAS）为出现在文献中的每一种化学物质制订的登记号，该号是检索有多个名称的化学物质信息的重要工具，是某种物质（化合物、高分子 材料、生物序列）、混合物或合金的唯一数字识别号码。CAS 号存在目的是避免化学物质多种名称的麻烦。仅通过物质名称，有时候很难定位准确的物质，因此需要 CAS 号。CAS 号相当于人的身份证一样，使数据库的检索更为方便。如今几乎所有的化学数据库都允许用 CAS 号检索。但是 CAS 号不是唯一的，有可能是同一种物质 2 个 CAS 号或是同一个 CAS 号为 2 种物质，但是其准确性也要大于物质名称。对于单体香料，不同的分子有不同的 CAS 号。如月桂烯和柠檬烯，虽然具有同样的分子式，但因结构不同显然具有不同的 CAS 号。对于像（-）-柠檬烯和（+）-柠檬烯这类物质，也因为空间结构的差异具有不同的 CAS 号(分别为 5989-54-8 和 5989-27-5)。但偶尔也有一类混合香料分子或同一类物质使用一个 CAS 号，如松油醇是一种调香香料，它是 α、β、γ 三种同分异构体组成的混合物，CAS 号是 8000-41-7。秘鲁油和秘鲁香膏的 CAS 号为 8007-00-9。

（2）CoE 号　CoE 号是 *Council of Europe Blue Book*（称为《CoE 蓝皮书》）“Flavoring Substances and Natural Source of Flavorings”（中文译作“香味物质和天然来源香料”）对每种食用香料的一个编号，目前共有 1700 余种。欧盟并没有真正国家法规意义上的食用香料名单，但它包括一份可用于天然食品香料的天然资源表。天然资源中活性成分的暂时限制已有所规定，它指出了使用于饮料和食品的最高浓度。蓝皮书还包括一份可加到食物中而不危及健康的香味物质表和一份暂时能加到食物中的物质表。欧盟对天然和天然等同香料是采用“否定表”（NegativeList）形式加以管理，即只规定哪些天然和天然等同香料不准用或限量使用。对人造食用香料才用“肯定表”（Positive List）的形式加以管理，即只有列入此表的人造食品香料才允许使用。但是这一蓝皮书不是法律文件，而是一批专家的准备报告。此专家组于 20 世纪 90 年代初就已停止工作。

（3）FDA 号　FDA 是美国政府在健康与人类服务部（DHHS）和公共卫生部(PHS）中设立的执行机构之一。FDA 认证是为了确保美国本国生产或进口的食品、化妆品、药物、生物制剂、医疗设备和放射产品的安全，确保消费者的权益。自 1958 年开始，美国根据新的食品法将食品香料列入食品添加剂范围并进行立法管理。他们根据人们长期的使用经验和部分毒理学资料将允许使用的食用香料列入联邦法规的有关章节，当时他们仅将香料分为天然和合成香料两大类。在法规的第二部分共列入约 1200 种允许使用的食用香料，对使用范围和使用量未作规定。但这毕竟确定了用“肯定表”（Positive List）的形式为食用香料立法，即只允许使用列表中的食用香料，而不得使用列表以外的其他香料。但是随后 FDA 发现新的食用香料层出不穷，用量又是那么小，仅靠国家机构来从事食用香料立法简直是不可能的。这一任务随之落到了美国 FEMA。美国 FDA 及 FEMA 的名单不仅适用于美国，它在世界上有广泛的认可度。

（4）FEMA 号　美国食品香料和萃取物制造者协会（FEMA）成立于 1909 年，它是一个行业自律性组织。多年以来，FEMA 专家组成员致力于食用香料的评估，将结果编录成文献供 FDA 使用。随后，专家组将所有公开文献作为继续进行“公认安全”(GRAS）评估数据的一部分发表于《国家技术信息咨询杂志》（NTIS)。截至 2024 年，FEMA 的 GRAS 名单已经公布到 31 版，它对每个经专家组评价为安全的食用香料都给予一个 FEMA 号，编号从 2001 号开始，目前已达 5029 号，即允许使用的食用香料香精已达 3000 多种。FEMA 的 GRAS 得到了 FDA 的认可并作为国家标准执行，而已通过的 3000 多种食用香料也以“肯定表”的形式进行公布。

（5）GB　强制性国家标准（GB）是国家标准化管理委员会为保障人体健康与人身、财产安全而制定的标准和法律以及行政法规规定强制执行的国家标准。GB 编号是由国家标准的代号、国家标准发布的顺序号和国家标准发布的年号（发布年份）构成。《食品安全国家标准　食品添加剂使用标准》（GB 2760—2024）中列入的2100多种允许食用的食品添加剂中，有1900多种属于食用香料香精。用于配制食用香精的食用香料应符合GB 2760的规定。

（6）InChI　国际化合物标识（InChI）编码是国际纯粹与应用化学联合会（IUPAC）给出的每种化合物化学结构的唯一识别码。InChl编码是一串由斜杠（/）隔开的有层级关系的数字组成的。每个InChI编码都是由InCh版本号开始，接着一个主层号。主层下包括含化学分子式层、原子关系层和固定氢原子子层。基于分子结构的主层后往往接着一个附加的层，如电荷层、立体化学层、同位素信息层。如香兰素InChI = 1S/C8H8O3/c1-11-8-4-6（5-9）2-3-7（8）10/h2-5，10H，1H3。

（7）外观　外观是指对某种香精或香料外观上的描述，一般是对颜色和形态等加以描述。如脂檀油是淡黄色透明黏稠状液体，而独活酊是淡黄色至深琥珀色液体。有经验的调香师往往可从香料香精的颜色、形态、透明度等初步判断出香精或香料的品质或得到是否变质等信息。

（8）天然存在　天然存在是对香料来源的描述。天然香料大多是从动植物体内提取所得，如麝香就是从成熟雄性麝鹿下腹部皮层下的腺囊里获得，薰衣草油是从薰衣草植株中提取。单体香料一般也会存在于自然界的某种物质。如异戊酸苄酯，存在于菠萝蜜、覆盆子、香蕉、无花果中。事实上，很多单体香料都通过合成得到。

（9）嗅香　嗅香是人通过嗅觉器官对香精或香料气味特征的感官评价。如玫瑰木油具有青滋（清）香，清甜新鲜的木香香气，似芳樟醇，但带有木质气息，更有些微似肉豆蔻的辛香和似玫瑰、橙花及木樨草样花香。而小豆蔻仔油具有清香气息，微辛，略有暖和之感，香气留长，开始有樟脑、桉叶素样药凉气，后来有新鲜温膏木香、甜香及辛花香，具有小豆蔻的浓烈扑鼻芳香和樟脑似气味，略带苦辣味。由于嗅香是人的感官描述，具有很强主观片面性，描述时常因人而异。

（10）香韵　香韵是用来描述某一香料或香精或加香制品中带有某种香气韵调而不是整体香气的特征，如玫瑰、茉莉、动物、木香香韵等。香韵这个术语，在英语当中相当于“Note”。有时也可用感觉上的特征来表达，如甜韵、鲜韵、清香韵等。

（11）评香用途　评香用途是指依据各种香料在辨香纸上挥发留香的时间长短将香料分成头香、体香和基香三大类。头香也称顶香，是对香精（或加香制品）嗅辨中最初片刻时的加香印象，也就是人们首先嗅感到的香气特征，一般由香气扩散力较好的香料所形成，这个术语，相当于英语中的“Top Note”。体香也称中段香韵，是香精主体香气，体香应在头香之后，立即被嗅感到的香气，且能在相当长的时间内保持稳定和一致，体香是香精的主要组成部分，在英语中相当于“Body Note”或“Middle Note”。基香也称底香，是香精的头香和体香挥发后，留下的最后的香气，这个一般由挥发性很低的香料或某些定香剂组成，相当于英语中的“Basic Note”。

（12）主要成分　对于天然香料来说，组成极为复杂，其主要成分是指它的组成中含量较大的成分。如中国肉桂皮油的主要成分是桂醛、苯甲醛、水杨醛桂酸、水杨酸、丁香酚、香兰素、乙酸桂酯等。主要成分往往影响香料的气味特征。

（13）应用建议　应用建议是指根据香料和香精的特征和功效，在调香或产品加香时，推荐使用的应用范围，以获得某种特定的香味气息或达到某种效果。譬如2-乙酰吡啶，具有烟草的特征香气，一般用于卷烟中，使用可增浓烟味，增强坚果、烘烤香韵。又如3-羟基-2-丁酮，具有强烈的奶油、脂肪、白脱样香气，高度稀释后具有令人愉快的乳香气，可用于调制黄油、焦糖、奶油、干酪、咖啡、巧克力、黄油硬糖、草莓、烤坚果、覆盆子、朗姆酒香精等。

（14）沸点　液体沸腾时的温度被称为沸点。浓度越高，沸点越高。不同液体的沸点是不同的。沸点随外界压力变化而改变，压力低，沸点也低。香料的香气阈值、香比强值、留香值往往与其所含香料的沸点有关。一般来说，沸点低的香料香气阈值较低，香比强值较高，而混合香料的留香值主要决定于其中沸点较高、蒸气压较低的香料单体含量。

（15）熔点　熔点是指在一定压力下，物质的固液两相蒸气压相等时的温度，也就是固相与液相共存时的温度。固态物质在一定的压力下，加热到近熔点时，固液两相之间的变化非常灵敏，由开始熔融到全部熔融，温度变化一般不超过1.0℃。含有杂质的物质的熔点较纯物质的低，而且熔融过程中温度的变化也较大，可以利用这一现象来鉴别物质的纯度，因此，熔点可为香料的质量控制提供依据。此外，了解香料的熔点对于香料的保存也有一定的意义。

（16）溶解度　单离或合成香料在乙醇中的溶解度是指在规定的温度下，1mL或1mg的香料全部溶解于一定浓度的乙醇水溶液时所需该乙醇水溶液的体积。通过测定香料在乙醇水溶液中的溶解度，可以判断精油中萜类含氧化合物和萜烯的相对比例，进而可以判断精油的质量。此外，调配香精的过程也需要调香师对香料的溶解度有大致的了解，从而更好地根据需要选择溶剂、香料和把握用量等。

（17）折射率　折射率定义为$n=c_1/c_2$，其中c表示在不同介质里的光速。物质的折射率因温度或光线波长的不同而改变，透光物质的温度升高，折射率变小；光线的波长越短，折射率越大。折射率是有机化合物最重要的物理常数之一，它能精确而方便地测定出来，作为液体物质纯度的标准，它比沸点更为可靠。利用折射率，可鉴定未知化合物。几乎所有的香料香精公司都需要对他们的原材料、半成品和成品进行纯度和一致性测试，通常采用相对密度和折射率进行测试，因此折射率对香料香精质量控制非常重要。

（18）闪点　闪点是在规定的条件下，加热试样达到某温度时，试样的蒸气和周围空气的混合气，一旦与火焰接触，即发生闪燃现象的最低温度。闪点低的可燃性液体，挥发性高，容易着火，安全性较差。闪点是香料香精贮藏、运输和使用的一个安全指标。

（19）相对密度　物体的相对密度是指在给定条件下某一物体的密度与另一参考物体的密度之比。相对密度的表示方法为$d_{T_2}^{T_1}=m_2/m_1$。式中，m_1为水的质量；m_2为物质的质量；T_1表示水温；T_2表示物体的温度。各国药典和各种芳香油的检验对温度规定各不相同。如15℃/15℃、20℃/20℃或25℃/25℃，原轻工业部颁布标准香料实验方法规定为25℃/25℃。相对密度是芳香油检验的重要项目之一，对于纯度的评价有一定的作用。芳香油相对密度通常为0.692~1188（15℃），一般药典规定为0.842~1182（25℃）。

（20）气味阈值　人们把开始闻不到香气时香料物质的最小浓度作为表示香气强度的单位，称作阈值（单位 g/m^3）。从阈值的定义可以看出，阈值越小的香料香气越强，反之，阈值越大的香料香气越弱。气味阈值的导数一般认为就是该看料的香气强度值，但往往事情并没有这么简单，阈值并不具有普遍性，而是根据稀释溶剂发生微妙的变化。并且单体香料的阈值会因为加入某些其他单体香料而发生变化，微量杂质的影响也很大。香气强度与阈值并不存在确定的数学关系，如水杨酸甲酯在水中的阈值是40μL/L，石竹烯在水中的阈值是64μL/L，而二者的香气强度一般认为相差10倍。

（21）香比强值　香比强值是香料或香精的香气强度用数字表示的一种方式。把极纯净的苯乙醇的香气强度定为10，其他各种香料和香精都与苯乙醇比较，根据其各自的香气强度给予一个数值，如香叶醇的香气强度大约是苯乙醇的15倍，就把香叶醇的“香比强值”定为150。香比强值的应用是多方面的。对于调香师来说，在试配一个新的香精时，准备加入的每一个香料都要先知道它的香比强值，以初步判定应加入的量。

（22）留香值　留香值是对香气持久性的一种数据表达形式。一个香精或香料留香持久性是调香师和厂家特别关心的问题。Poucher在1954年把香气不到1d就闻不出的香料系数定为1，100d及100d之后才闻不出的系数定为100，并获得了330种香料的“嗅闻系数”（留香天数）。《调香术》的作者林翔云等在此基础上扩大了实验，增加了2000多种常用香精，直接将Poucher的“嗅闻系数”当作“留香值”收录在第一版《调香术》和《日用品加香》（林翔云编著，化学工业出版社出版）中。然而，香料单独存在时与在香精体系里的留香性能是不一样的，对于调香师来说，后者更重要。

（23）香品值　香品值是指在一定的香气范围内对某种香料的气味“表现”进行评价的方式。例如，乙酸苄酯常用来调配茉莉香精，若其本身接近茉莉花香，给分就较高，若不像，则分数就较低。“香品值”的概念就是按这个思路创造出来的。各种香料的香品值列于“常用香料三值表”中，表中的“香品值”指的是该香料在调配香精时，利用的是它的“主体香气”时的“品味值”，如果是利用其“次要香气”，得自己根据该香料的香味给它一个“香品值”。如乙酸苄酯在用来调配茉莉香精时“香品值”是80，而用来配制果香香精时，香品值只有10~30。香品值分为计算香品值和实际香品值，调香的目的在于“极大地提高香料的香品值”，一般实际香品值大于计算香品值可认为调香成功，反之则认为失败。

（24）综合分　综合分（Z）是对香料香精实用的综合评价，使用香比强值、计算留香值、计算香品值算出来的。只有将这三个值都放在一块，才能反映这个香料或香精的整体轮廓。如玫瑰香精的三值分别为150、60、50，那么其BLP❶ = 150×60×50 =

❶ BLP：B表示香比强值，L表示留香值，P表示香品值。——编者注

450000，这个数太大，BLP/1000=450，定义 Z=BLP/1000 为香料香精的综合分。若玫瑰香精的实际香品值是 60，则 $Z=150\times60\times60/1000=540$。香料香精的综合分越高则其价值越高。

表 8-3 "嗅觉定量指标数据库" 内容示例

编号	定量指标	示例
1	中文名称	乙酸苄酯
2	英文名称	benzyl acetate
3	结构式	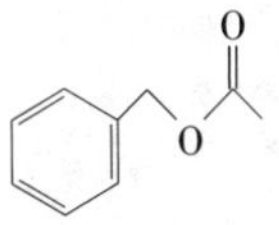
4	分子式	$C_9H_{10}O_2$
5	相对分子质量	150. 17
6	FEMA 编号	2135
7	CAS 号	140-11-4
8	熔点	-51℃
9	沸点	206℃
10	闪点	102℃
11	折射率	1. 501 ~ 1. 503
12	相对密度	1. 055
13	外观	无色液体
14	嗅香	有茉莉花带水果香
15	溶解度	1mL 试样溶解于 5mL 60%乙醇中
16	综合值	14
17	香比强值	120
18	留香值	12
19	香品值	10
20	主体香韵	花香韵
21	天然存在	存在于苦橙花油、丁香、茉莉、红茶等
22	应用建议	调制鲜果香和清花香精，也用于烟用香精中

三、嗅香定量指标描述数据库的应用

嗅香定量指标描述数据库既是智能辅助调香系统的重要组成部分，同时也是一个具有独立功能的子分析系统。它的主要功能是对数量庞大、品种繁多的烟用香料香精进行高效的管理和处理。数据库的功能主要包括四个方面：①数据的添加、删除和修改功能；②数据的搜索、排序和分类功能；③基于调香经验的辅助解析功能；④香精配方的管理及调配功能。其工作界面如图 8-10 所示：

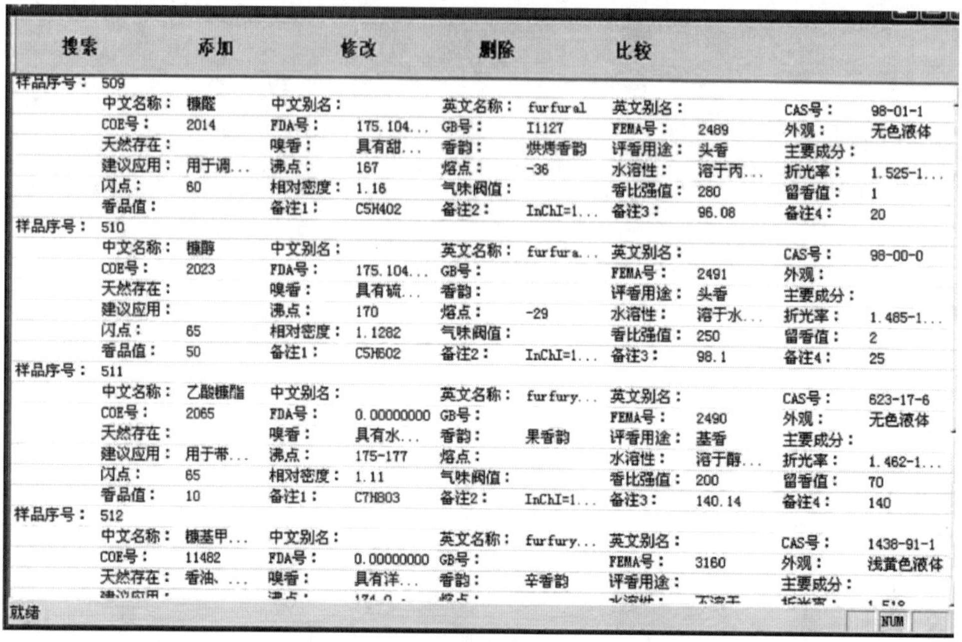

图 8-10 嗅香定量指标描述数据库界面示意图

通过与“香原料标准色谱指纹图谱数据库”的化学组成解析相结合，“香原料香味定量描述指标数据库”在烟用香精解析和调配工作中具有一定的指导作用。它的主要作用包括两个方面：

（1）香原料特征指标智能分析　通过设定候选香料特征指标如主体香韵、外观、嗅香以及应用建议等对候选香料进行筛选，以便快速得到目标香料，为调香过程中香原料成分分析缩小范围。此外，根据“香原料香味定量描述指标数据库”保存了香原料的香韵信息，根据系统内部集成的香韵“相邻补强，对角补缺”原理，可优选出合适的其他候选香料。通过设定特定香韵查询或者对单个香原料右击“香韵信息比较查询”，可得到对此香料香韵起增强作用和补缺作用的其他候选香料。

（2）香精配方数字模拟　通过调香知识从定量描述数据库中选择相应香料快速地进行“数字调香”，可不通过实验就能粗略获得所调出“数字香精”的一些基本信息，如香比强值、留香能力、香韵特征及外观性状等。此外，还可将实践中配制香精配方的化学定性定量组成、香韵分析结果等具体信息存储到定量描述数据库中，这有利于对不同香精配方进行比较，以及在现有配方的基础上进行进一步的仿香和创香工作，同时能实现两个数据库的结合，为调香问题提供解决方案。

第四节 香精配方评价及数字化调香方法的建立

一、香精配方评价方法的建立

香精，也称调和香料，是由人工调配出来的多种香料的混合体。香精的香气香味检验通常是使用感官评价完成的，感官评价包括多种方法，最常用的为分别描述评分法。分别描述评分法是根据香精香气、强度等特性加以综合考虑，分别描述其特性并予以评分。这个评价过程的特点是，无论是香精整体香气的强弱好坏，还是特征香气的强弱好坏，它们之间都没有严格的界限。因为香精香气的组成是复杂的，最终的评分只是对香精部分信息的描述。然而，最优配方选择是香料香精研制过程中一个关键性的环节。传统的做法是，评香人依靠经验和主观感觉对各配方做一些定性判断。实际上，最优配方的选择问题是一个多目标决策问题，只有对所有评价指标进行定量综合评价后，才能找到一个既符合实际要求又兼顾各项指标的最理想配方。黄晓萍等将层次分析法（AHP）作为综合评价香精配方的方法运用到美拉德（Maillard）反应配方和肉香基配方，得到与人工评分基本一致的结果。AHP 法是美国运筹学家、匹兹堡大学教授萨迪（T·L. Saaty）于 20 世纪 70 年代中期提出来的一种实用多目标决策分析方法。它的精髓在于将表征决策方案的相关指标值之间的、带有一定主观性的两两相对重要性判断，转化为这些指标相对于决策目标的权重，再分别求取各决策方案的指标值与其权重乘积的和，根据和值的大小确定决策方案的优劣。不仅如此，AHP 法的这一变换过程，具有极强的抗干扰性，即在这些指标中，个别指标的变化或部分指标间相对重要性判断的失误，对这些指标相对于决策目标的权重的影响是收敛的，这使得 AHP 法成为一种相当优秀且易于应用的决策方案。此外，黄晓萍等利用四元评价（DHGF）方法来处理分别描述评分法所得数据，建立了一种香精配方的评价方法。DHGF 是将改进的 Delphi 法、AHP 法、灰色关联及模糊评判的成功之处集合而成的。其思路是运用改进的 Delphi 法匿名讨论及统计，拟定出综合评价指标体系；建立评价指标递阶层次结构；计算指标体系底层元素的组合权重；给出评价指标评估值矩阵；运用灰色系统理论确定评估灰类；计算灰色评估系数，得出灰色评估权向量和权矩阵；取得专家评判数据，依据模糊数学理论形成评判矩阵；进行模糊运算，得出综合评价结果。

二、数字化调香方法的建立

（一）调香理论

香精是由几种乃至上百种香原料（天然香料或者合成香料）调和而成的香料混合物。据统计，目前世界上可用于香精调配的天然香料大约两千多种，合成香料七千余种。将几十种以上的香原料调和成一个好的香精产品，不仅需要拥有坚实的专业知识，进行无数次的调和配方实验，而且必须具备娴熟的调香经验，能鉴赏理解各种香原料的香气、韵调，并加以艺术地运用。开发一个良好的香精配方并不是由调香人员将各种香原料随机组合而成，而是需要经验丰富的调香师，在满足一定调香基础理论的条件下，根据各香原料的基本特性及其在香精配方中的作用，经过反复验证来确定。传统的调香过程主要依靠调香师的经验和喜好，没有一个量化的标准可以遵循。每一个配方的适用性，都需要通过反复多次实物添加和评吸验证，这不但对调香师水平要求较高，而且调香过程实验量大，周期长。为了简化烟用香精调香流程，提高调香效率，国内调香技术人员在利用调香理论辅助调香方面进行了一些尝试。目前最常用的调香理论有以下几种。

（1）香韵环渡理论　又名八花香味轮。我国调香师叶心农、张承曾、汪清如等在1959年创立的一种理论。他们把常见的35种花香归入8个香韵：清（青）韵——正香韵，以梅花为代表；清（青）甜香韵——双香韵，以香石竹花为代表；甜韵——正香韵，以玫瑰花为代表；甜鲜香韵——双香韵，以风信子花为代表；鲜韵——正香韵，以茉莉花为代表；鲜幽香韵——双香韵，以紫丁香花为代表；幽韵——正香韵，以水仙花为代表；幽清（青）香韵——双香韵，以金合欢花为代表。它们的环渡是：清（青）→清（青）甜→甜→甜鲜→鲜→鲜幽→幽→幽清（青），然后再回到清（青），成为花香韵辅成环。该理论可以让初学者通过对香花实物的辩香实践取得相应的嗅感印象。

（2）三值理论　指的是香原料的香比强值、留香值和香品值。我国调香师林祥云在2008年创立的一种理论。其定义在香原料嗅香数据库中已有详细介绍。三个值完整反映一个香料或者香精整体的轮廓，在香精配方调制和评价上提供实验支撑。

（3）分维理论　我国调香师林祥云在2005年创立的一种理论。它是把一团具有一个明确主题的香气看作是混沌体系中一个奇怪吸引子，基于分形数学理论，利用“全部香料对主体香料的贡献值之和”以及“香料个数”计算香精主题香气奇怪吸引子的分维。大量实践经验表明，分维越接近1，香精的主题香气就越突出；带有相关香韵的香料种类越多，主体香气就越突出。

（4）香气共振理论　我国调香师林祥云在2013年创立的一种理论。它是把各种香料按蒸气压大小分为“头香香料”“体香香料”和“基香香料”三组，计算香精和香水中三组香料的总蒸气压。如果以“头香香料”与“体香香料”蒸气压之比为A，“体香香料”与“基香香料”蒸气压之比为B，“基香香料”总蒸气压为C，当$A:B:C=m^2:m:1$时，则认为该香精或香水符合共振结构。具有共振结构的香精香气比较和谐、稳定。香水香精的m值一般为4~6，m值小的留香时间较长；香水的m值一般为500~2000。

结合以上调香理论，许式强等基于香原料和香基香气贡献值数据库建立了一套卷烟辅助调香模型。该模型以香味轮廓法为基础，建立了以香气贡献值为依据的卷烟辅助调香模型，通过香原料的香气贡献值预测所调香料香精最终的香气表现，减少了实验次数，简化了调香过程，可为提高卷烟调香的效率提供方法参考。孔波等基于非支配排序遗传算法（NSGA-Ⅱ）最优解的多目标最优化遗传算法，利用计算机的强大计算能力，通过充分挖掘香原料数据特征，并结合现有调香理论以及调香师经验成果，成功地进行烟用香精配方的创作。

（二）调香策略

香料香精与中药复方很类似，都是一种具有特殊功能的复杂混合物系，中药复方是不同的活性化合物协同作用产生一定的药效，而香料香精则是不同的致香成分协同作用产生一定的风味特征。因此，香料香精研究的根本是如何剖析和重现某种风味特征。由于香料香精的化学组成是其风味特征的物质基础，任何一种独特的风味特征均需要通过某种特定的化学组成来表现。大量的研究表明，香料化合物的浓度变化不仅会影响其气味强度，还可能导致气味性质的根本改变。例如，化合物吲哚在低浓度时具有优雅的花香味，但在高浓度时却表现出恶心的粪便味。反-2-壬烯醛在浓度为 0.1μg/L 时表现出木香，在 8μg/L 时表现出脂肪气味，而在高于 30μg/L 时则出现不愉快的恶心味道。关于香料的浓度与其风味特征之间的这种不确定性，有研究者从嗅觉生理机制角度给予了解释。也正是由于这一特点，使得香料香精的解析不能止于要求进行化学组成定性分析，同时还要求弄清各个组分的配比。完全相同的若干香料化合物，其配比的改变将引起香精整个气味特征的根本变化。

此外，不同的香料具有不同的香比强值，某些香料能在极低的浓度条件下表现出显著的香味，例如葡萄果汁中的1-对孟烯-8-硫醇，当其在葡萄果汁中含量为 10ng/L 的时候就能表现出明显气味，因为其阈值低至 0.0001μg/L。在气相色谱-嗅觉测量法（GC-O）分析中，很多研究者发现，在分析过程中即使没有任何色谱信号产生，也能感知到明显的气味，这说明很多香料化合物能被人的嗅觉所感知但却远低于现代分析仪器的检测限。对于这类香料化合物的分析要极为重视，不能单从分析化学的角度来解决问题，要结合调香实际经验对缺失或不足的风味特征进行补充。例如，在气相色谱分析中，许多沸点极低的做头香使用的香料化合物，如乙酸乙酯，出峰时间早，就容易被溶剂峰掩埋。

因此，对于香精样本而言，它兼具了复杂的化学属性与模糊的气味属性的双重性质，这样的双重性质为香精的解析既带来了挑战，同时也带来了机会。从一个化学家的角度出发，任何一个香精样本都可视为一系列的含量各异的香料化合物的组合，通过对每个香料化合物的准确定性定量能够精确地解析并复制该香精。相反，从一个调香师的角度出发，香精样本不只是香料化合物的简单组合，更是不同的香韵之间的有机协调。因此，调香师要解析和复制该香精，不需要列出包括所有香料化合物的清单，而是确定主体香韵之后，再通过合适的香料化合物，根据气味特征与调香经验进行修饰，从而达到理想的效果。

从产品开发的观点来看，更看重的是产品的品质属性，例如，对于烟用香精而言，即是某种能满足产品消费者需要的气味特征。因此，香精配方解析的根本目的并不是要求精确的化学组成模拟，而是要求气味特征模拟，即仿香的根本目的并不是完全地重现香精的化学组成，而是重现其气味特征，尽管香精的化学组成对气味特征具有不言而喻的重要性。但是，基于不同的化合物可能表现出相似的气味特征这一特点，以及香精化学组成的高度复杂性，使得彻底的化学剖析既不可能，也无必要。基于此，对于仿香创香工作而言，仿香味比仿物质更为重要，“仿物质”是手段，“仿香气”是目的。

基于以上构思，提出一种仿香气的方法，即首先对待分析香精进行 GC-MS 分析，同时结合 NIST 数据和香原料色谱指纹图谱数据库确定待测香精中部分的香原料（这些香原料有很大可能性是存在待测香精中的，不过由于分析手段以及待分析香精本身的复杂性，并不能完全地确定出所有的香原料），然后根据已建立的香原料香味数据库对已确定的部分香原料进行香味分析，主要包括香韵分析、香原料香气的理化性质的具体描述分析等，依据香原料的香韵分析可以大致反推出待测香精的整个香韵组成，从而整体上对待测香精进行把握，同时结合调香师对待测香精品鉴得到的香味特征及其经验信息进行对比和分析，最终确定出更为可靠的香韵组成。一旦获得较为准确的香韵组成以及已确定的部分物质和它们的香气理化参数，就可以通过反复调试以及一些气味活性关系所提供的信息，大致上确定出待测香精中未通过 GC-MS 分析出但具有重要气味特征的香味化学成分。在此过程中可能要用到诸多的信息来对这些化学成分进行准确标定。比如调香师在长期调香过程中积累的宝贵经验（可以首选那些常用或者有代表性的具有此种香韵的化学物质来尝试），依据待测香精整体上的圆滑丰满程度来确定加何种物质等。一旦确定了待测香精中具有香气贡献的香原料单体的组成，就可以对待测香精进行更加细致的分析，也可以结合已有的调香理论配制出具有类似香气的香精。

调香工作被普遍认为是一门兼具技术与艺术的创造性活动，一个显著的特征就是对于同一款风味特征的香精，可以通过不同的化合物组成调配而成。从一些已经使用的配方清单可以看出，尽管清单上的香料化合物存在差异，但是表达主题香韵的化合物基本相似，而其他香料化合物起到修饰、调和的作用。因此，调香工作的基本方法是利用分析化学找到其物质基础的主体，然后运用调香经验以及香料信息进行尝试修正的过程。即从香精产品的功能出发，继确定主体香韵之后，再通过合适的香料化合物的气味特征与调香经验，并结合香精产品的色谱指纹图谱进行解析，通过对香精产品的色谱指纹图谱定性定量的分析结果，再利用调香经验和文献知识，如香韵环渡理论、三值理论等，继续解析香精的香韵分布、头香、基香及体香组成等，还可组织专业的评香小组进行嗅辨评香，不断调整仿制香精的化学组成，继而形成“实践—理论数据分析—实践—再理论数据分析—再实践”的调香策略。

（三）数字化调香技术与流程

随着科学技术的发展与新香料品种的日益增加，各种调香原料的相关技术信息正在迅速膨胀。调香师们长期积累的各种成熟香精产品的配方、化学分析家们剖析确定的各种天然香气的主体成分以及各种香原料的释香性能等信息资料构成了仿香、创香的科学基础。调香过程中，调香师运用积累的调香专门知识和技巧进行调香，但由于香原料数据资料过于庞大，调香师记住这些数据会耗费不少的时间和精力，且容易发生混淆模糊。计算机技术的出现完美地填补了调香中数据资料庞大的问题。计算机没有自发的创造性思想，但能准确、迅速反馈输入的信息。即将上述大量繁杂的信息资料以计算机语言有序地编辑成软件程序，输入存储于计算机中，这样就能轻而易举地帮助调香师快速检索出所需的各种资料，写出较为理想的配方，并随时调阅、打印出配方报表。此外，计算机数据库技术还可轻松实现香原料数据资料如市场价格、规格产地和最新公布的安全性数据等的更新和补充。目前有关卷烟目标化智能化调香研究报道较多，主要是通过建立香味定量描述数据库，并利用 GC-MS 联用技术、色谱指纹图谱技术和化学计量学方法建立智能辅助调香系统，为计算机辅助调香提供依据。孙伟等采用中西文 foxbase+开发了香料香精配方系统 Per，该系统包含了两个基本方面：程序和原料数据库。该系统能辅助调香师完成调香工作并打印出理想的配方，而且操作简便，原料数据库中常用的近 400 种香原料都用四位阿拉伯数字编码起来，即一个编码对应于一个香原料名。原料数据库按化学结构被分成八个种类。只要把光带移到所需的种类上，按 Enter 键，这一类香原料包括它们的各自编码就出现在屏幕用户窗口内的左边。调香师只需从数字键盘上键入四位数编码，就可把所选的香原料中文名自动写入配方中。随着 Windows 平台的不断发展，熊远钦等在前期开发 Per 软件的基础上，在 Windows 平台上重新开发了适合我国使用的辅助调香软件 XFlavor。该系统软件是由香原料数据库、香精资料数据库以及配方帮助数据库组成，其中香原料数据库包括了香料名称、香气类型、应用性能、挥发时间、规格产地、参考价格等 1048 种产品信息；香精资料数据库则收集了 380 多种香精配方，并列出了这些配方的香型、应用、成本价格等信息；配方帮助数据库则是一个创拟配方工作区，在该工作区内，可依据要配制的香精类型选定某些香料，系统则会自动给出该香料的基本信息、参考用量及市场价格。该软件是国内设计较早的香精配方计算机辅助软件，能有效辅助调香人员调配出香气、价格等方面更趋合理的香精产品。

基于数字化调香技术，中南大学梁逸曾团队在标准香原料色谱指纹图谱数据库的基础之上，通过计算机和数据库技术，结合现代化学计量学方法，利用 C++编程建立了“基于色谱指纹图谱技术的烟用香精智能辅助调香系统”。该系统利用色谱指纹图谱、化学计量学、多元统计模式识别技术，在企业经验丰富调香师的指导下，对供应方产品进行详尽的剖析，并采用计算机辅助调香技术，以特征峰搜索、指纹图谱相似度比较和保留指数辅助定性为指导，实现了在生产中部分替代现有烟用香料香精，同时企业也获得自身仿香、调香、创香技术能力，部分拥有自己的核心技术，降低对香料香精供应商的依赖程度，保障生产正常运转。“基于色谱指纹图谱技术的烟用香精智能辅助调香系统”可在对未知香精进行化学成分及主体香韵解析的基础上进行香精配方仿制和创制。其基本流程如下（图 8-11）。

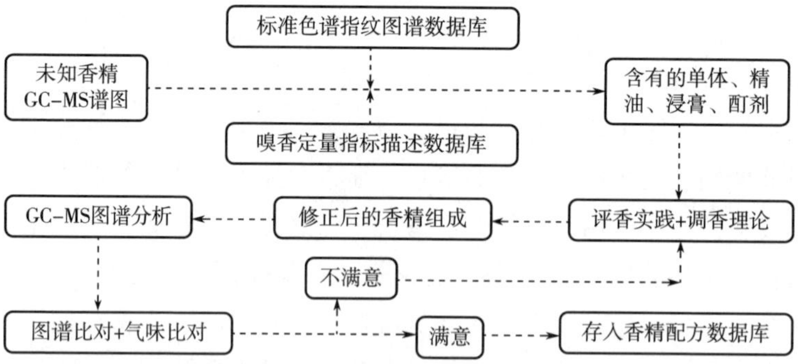

图 8-11　香精配方数字化调香示意图

（1）按一定方法进行样品预处理，并通过 GC-MS 获取香精的色谱质谱信息。

（2）利用香原料标准色谱指纹图谱数据库进行一次检索，输出未知香精中可能含有的单体、精油、浸膏、酊剂等。

（3）利用“香原料香味定量描述指标数据库”对一次检索得到的香料进行特征描述，即到香味描述数据库中去调用对应的指标信息，如相对分子质量、沸点、折射率、香比强值、留香值、香韵等。

（4）从调香理论与评香实践两个方面对一次检索结果进行分析评价，一方面利用调香经验和文献知识，如香韵环渡理论、三值理论等，分析解析香精的主体香韵、香韵分布、头香基香体香组成等情况；另一方面，组织专业的评香小组进行嗅辨评香。根据两方面的综合分析，对一次检索结果在气味空间进行合理修饰，得到修正后的香精组成。

（5）由于从气味空间修饰得到的结果具有一定的主观性与模糊性，不能完全把握香精的组成信息，因此还需要从化学空间、物质组成上进行深入剖析，即将修正后的香精进行 GC-MS 分析，将其色谱指纹图谱与原始香精的色谱指纹图谱进行严格比对，从定性和定量角度进行调配。

（6）第（4）步和第（5）步交替进行，从化学空间和气味空间双向渐进模拟，直到得到满意的仿香结果。

（7）将解析香精配方储存到计算机，建立香精配方数据库，用于进一步的比较、调整和基于配方特征的数据挖掘工作。

（四）数字化调香系统的基本架构及基本功能

以“基于色谱指纹图谱技术的烟用香精智能辅助调香系统”为例来说明智能辅助调香系统的基本架构及功能。

据需求以及业务流程分析得到该系统体系架构包括（图 8-12）：系统公共访问层，香料香精质量控制、成分解析和辅助调香应用层，可视化操作层，网络层，数据层，系统支撑层。其中，系统公共访问层根据不同访问策略、不同用户权限定制不同的用户界面和提供个性化用户界面。香料香精质量控制、成分解析及辅助调香应用层由一系列的质量控制应用服务、香料香精配料识别和配比计算组成，它们分布在各个服务器和终端用户上，是终端用户与系统中心交互的接口，该层主要包括：用户管理、用户个性化服务、指纹图谱管理、指纹图谱数据导入导出、模式识别建模服务、模式识别预测服务、多元分辨服务、香料香精配料识别、配比计算、差异性分析服务、图文报表服务、标准质谱库检索服务等，所有的应用由用户按其特定的权限进行定制和组合。可视化操作层为应用层提供原子接口和服务，如海量数据的可视化、视图缩放、视图平移、选择指纹图谱、选择谱峰、选择背景区域、选择选择性区域、选择零浓度区域等，为用户操作提供极大的方便。系统支撑层包括 C++矩阵运算库和化学计量学算法库，这些提供了系统实施过程中的最底层功能。数据层是基于 XML 语义的指纹图谱数据库，它为存储和检索指纹图谱原始数据、相关属性、模型信息等提供了保障，并且它还具有语义的自描述性，非常有利于系统的扩展，比如可以在不对数据库结构做任何修改的情况下保存不同类型模型。网络层采用客户/服务器形式，使得整个企业内部数据可以高度共享，同时通过对用户加以权限控制，也为数据的安全性提供了保障。

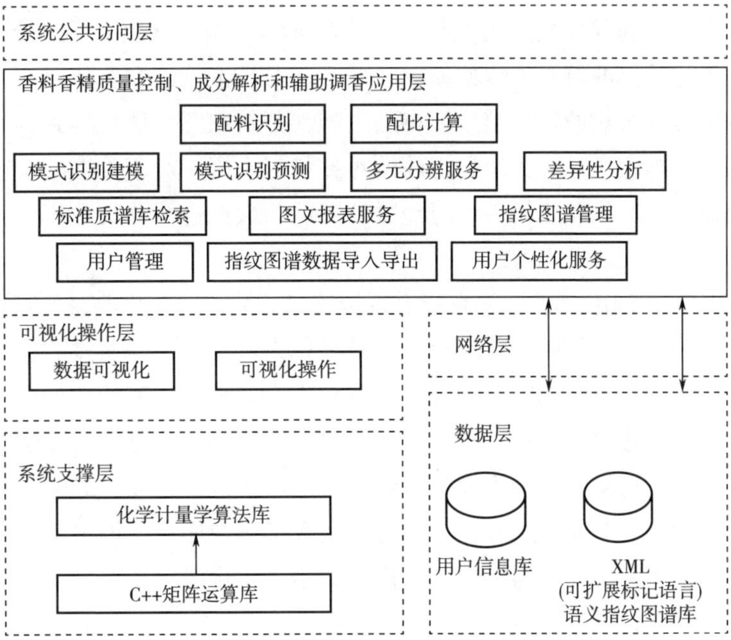

图 8-12 数字化调香系统体系架构

该系统包含各种标准香原料样品的化学信息和气味信息，即“香原料标准色谱指纹图谱数据库”和“香原料香味定量描述指标数据库”，还可在指纹图谱处理技术、化学计量学、多元统计模式识别技术的指导下实现以下功能：

（1）数据库管理 主要保存各种标准香原料样品的化学信息和气味信息，有两个数据库，“香原料标准色谱指纹图谱数据库”负责管理香原料的化学信息，包括色谱数据和质谱数据及特征峰信息；“香原料香味定量描述指标数据库”主要保存香原料的气味信息和经过定性定量后的配方信息。

（2）图谱分析 采用指纹图谱处理技术负责数据的预处理，包括数据的裁剪、背景扣除、数据平滑和等长处理等。因为采集的数据存在着一些由于仪器引起的噪声信号或者实验条件改变带来的波动，需要通过图谱分析处理这些误差。

（3）多元分辨 这个模块的功能主要是针对标准样本数据。标准样本数据经过图谱分析处理后导入多元分辨模块中，多元分辨模块主要有三个功能：单质荷比预处理、子窗口因子分析和直观推导式演进特征投影算法（HELP）解析。经过这些方法处理后获得标准样本数据的色谱指纹图谱特征峰信息并保存到相应的数据库中。

（4）配料分析 主要是对未知样本数据进行定性分析，其核心为化学计量学正交投影算法，即通过导入待测样本数据和香原料色谱指纹图谱特征数据库中标准样本的特征峰数据，进行匹配计算得到符合匹配度的组分信息并将组分信息保存到数据库中。在配料分析模块中，除智能检索功能外，本系统还添加了搜索过程进度条显示功能、定性识别结果报告生成功能、香原料的化学信息与气味特征相互关联功能、人机交互学习系统等。

（5）配比分析 基于定性后的结果，将待测样本数据和定性后的组分的特征峰数据导入模块中，配比计算的核心为快速傅立叶变换递归校准算法和非负最小二乘算法，通过校准和计算后得到可靠的定量结果。将经过配料分析和感官评价得到的香精配方组分信息确定后即可进行配比计算。通过之前的对比研究发现，对于数据的校准采用快速傅立叶变换递归校准算法比较可靠，再将经过校准后的数据进行非负最小二乘算法计算得到定量结果。

（6）智能调香 利用“香原料香味定量描述指标数据库”中收录的指标信息，结合调香经验和调香师的感官体验，可对目标香精进行初步品评，并通过数据库信息以及程序化的专家系统知识实现智能辅助调香。调香解决方案辅助本系统中引入了调香师的感官体验参与调香，通过鼠标右键点击“人为感官描述”可以选择通过嗅香得到的感官评价描述项，利用系统里录入的专家知识提供合适的解决方案，并能通过定量描述数据库迅速筛选出合适的候选香料。此外，系统可在调香工作中逐步增加更丰富更细致的感官评价描述项，不断积累，通过与配方信息模块的结合，构建一个信息丰富、功能齐全的调香学习与实践平台。

此外，针对系统中的两个重要数据库，还可实现数据的搜索、添加、修改、删除以及香韵比较等操作。其中“数据搜索”可使用户方便地查看数据里面特定的数据信息，“数据添加”可在数据库中添加更多的标准样品信息，“数据修改”可使数据库中错误的信息得到及时的更新，“数据删除”可对一些重复或者过时的数据进行删除，而“香韵比较”可使用户根据香原料香韵的相生相克原理查询与香原料香韵相生相克的其他香原料信息。

在本系统中，用户能自动实现香原料色谱质谱数据的背景扣除、基线校正等数据预处理工作，配料分析模块可完成香精中香料化合物的自动识别、检索报告生成与保存、定量描述指标调用等功能。同时，还在定性识别的基础上开发了基于非负最小二乘法的定量配比计算功能。“香原料香味定量描述数据库”中可实现目标香料的快速检索，并集成了部分调香实践中的问题与解决方案，内嵌了香韵关系的知识，可在调香过程中部分代替感官系统进行计算机辅助调香。目前该系统已成功应用在企业调香系统中，并在企业经验丰富的调香师的指导下，对供应方产品进行详尽的剖析，以期在生产中能够部分替代现有烟用香料香精，获得企业自身仿香、调香、创香技术能力，从而拥有自己的核心技术，降低对香料香精供应商的依赖程度，保障生产的正常运转。

第五节 烟草香韵香型指标的建立

香韵作为香料香精和烟叶风格特征的一项重要指标，主要是指香料香精或烟叶所表现出的某种香气韵调，是人的主观意识对客观香气的一种反应和测度。由此，引入香料、烟草行业经常用到的一种香韵分类法，将香韵大致分为以下 20 类，包括酒香韵、花香韵、果香韵、柑橘香韵、辛香韵、药草香韵、薄荷香韵、青香韵、苔香韵、木香韵、干草香韵、烟草香韵、烟熏香韵、焦糖香韵、烘烤香韵、坚果香韵、奶及奶油香、膏香韵、动物及琥珀香、甜香韵。而对于香型分类，朱尊权则对烤烟烟叶香型依据香气特性划分为浓香型、中间香型以及清香型 3 类。其中浓香型烤烟的主体香韵有干草香（本香）、焦甜香、焦香；中间香型烤烟以干草香（本香）、醇甜香、蜜甜香为主体香韵；清香型烤烟以干草香（本香）、清甜香、青香为主体香韵。目前国内烟草行业对烟叶香型定位主要依靠感官质量和风格特色进行评价，易受评吸主观影响，尤其是风格特色捕捉难度较大，评价结果往往存在差异。由于烟草致香成分对烟叶的风格特色有重要影响，因此开展不同产区烤烟致香成分对烤烟香型的定位具有重要的意义。现对已构建的烟叶香型香韵指标模型做下介绍。

许洪庆等以三种香型 90 份烤烟烟叶样品为研究对象，通过解析烟叶样品 1533 份 GC-MS 指纹图谱的特征信息，获得了影响烤烟不同香型的致香成分，并构建烟叶香型香韵和致香成分的分类模型。结果表明：对不同香型分类具有重要贡献的化合物包括 16 种，分别为面包酮（X_1）、糠酸（X_2）、^1H-吡咯-2-甲醛（X_3）、2-甲氧基苯酚（X_4）、芳樟醇（X_5）、茄酮（X_6）、β-二氢大马酮（X_7）、β-紫罗兰酮（X_8）、二氢猕猴桃内酯（X_9）、巨豆三烯酮 A（X_{10}）、巨豆三烯酮 B（X_{11}）、巨豆三烯酮 C（X_{12}）、巨豆三烯酮 D（X_{13}）、新植二烯（X_{14}）、西柏三烯二醇（X_{15}）、金合欢基丙酮 B（X_{16}）。将 16 项指标先后引入判别模型中，可得判别模型如下：①中间香型：$Y_1=-88.152+43.884X_1+44.615X_2+28.043X_3+10.448X_4+62.865X_5+0.157X_6-20.503X_7+1.903X_8+15.224X_9+10.313X_{10}+7.881X_{11}-29.799X_{12}-1.293X_{13}+0.135X_{14}-0.060X_{15}-1.812X_{16}$；②浓香型：$Y_2=-86.091+36.054X_1+13.425X_2+50.683X_3-0.787X_4+47.63X_5+0.040X_6-18.372X_7+1.426X_8+22.825X_9+10.080X_{10}+11.485X_{11}-14.358X_{12}-5.342X_{13}+0.118X_{14}+0.266X_{15}-$

$0.449X_{16}$；③清香型：$Y_3=-89.243+27.765X_1+49.277X_2+21.787X_3+26.903X_4+70.331X_5-0.135X_6-18.78X_7-0.967X_8+16.506X_9+11.233X_{10}+5.766X_{11}-25.292X_{12}-0.500X_{13}+0.135X_{14}+0.812X_{15}-5.038X_{16}$。从上述模型中可以看出，影响中间香型主体香韵（醇甜香、蜜甜香）的致香成分主要有面包酮、^1H-吡咯-2-甲醛、β-紫罗兰酮和茄酮；影响浓香型主体香韵（焦香和焦甜香）的致香成分主要有糠酸、β-二氢大马酮、二氢猕猴桃内酯、巨豆三烯酮 A、巨豆三烯酮 B、巨豆三烯酮 C、巨豆三烯酮 D 和金合欢基丙酮 B；影响清香型主体香韵（青香和清甜香）的致香成分主要有 2-甲氧基苯酚、芳樟醇、新植二烯和西柏三烯二醇。

张婷等以湖北烤烟为研究对象，确定了湖北烤烟香型风格为中间香型风格，香韵有干草香、醇甜香、蜜甜香、木香、焦香、青香、辛香、清甜香、焦甜香和树脂香，其中干草香和醇甜香、蜜甜香为主要香韵。并通过 GC-MS 指纹图谱分析、方差分析、逐步回归分析建立了香型与 14 种关键香气成分指标的线性回归方程：香型 T=2.590+0.898×2-乙基己醇-0.028×苯甲醛-0.660×邻甲基苯甲醛-0.020×藏红花醛+0.326×2-庚烯醛+0.011×巨豆三烯酮+0.001×3-甲基-2,5-呋喃二酮+3.210×甲基环戊烯醇酮-6.051×1,4-环己二酮+5.663×3-甲基-2（5H）呋喃酮-4.075×己酸甲酯-5.053×α-当归内酯-0.141×还原糖+3.458×氮碱比。该回归模型可用于烟叶香型风格预测，且对烟叶原料精细化、多样化的生产与开发具有重要参考价值。

冯斌等通过香韵指标的评价和量化建立烤烟原料香型判别模型。香型判别模型步骤为：①由评吸人员对不同香型烟叶原料的香韵指标进行评价和量化，其中烤烟香韵指标包括：烟草香、清香、甜香、果香、花香、辛香、木香和焦香；所述各香韵指标分为 6 个档次：突出、较突出、明显、较明显、有和无，并分别对应赋予分值 10 分、8 分、6 分、4 分、2 分和 0 分；②基于上述香韵指标的评价与量化数据，采用逐步判别法对香韵指标筛选并进行 Bayes 判别分析，构建烤烟香型判别模型。其表达式如式（8-2）：

$$
\begin{aligned}
F_{\text{浓香}} &= -2.703y_2+21.561y_3+2.319y_7+7.094y_8-62.881\\
F_{\text{中间香}} &= 8.494y_2+14.239y_3+7.340y_7+1.767y_8-60.158\\
F_{\text{清香}} &= 11.696y_2+15.889y_3+5.268y_7+3.092y_8-84.124\\
F_{\text{清甜香}} &= 11.764y_2+20.719y_3+6.050y_7+3.574y_8-113.497
\end{aligned}
\qquad (8\text{-}2)
$$

③将待鉴别样品相应的香韵指标量化数据分别代入判别模型中计算样品各判别函数值，进而确定样品的香型。

陈芝飞等报道了一例基于活性阈值指标的浓香型烤烟鉴别方法，其步骤包括：①通过吸烟机、同时蒸馏萃取、GC-MS 指纹图谱分析单料烟烟气中致香成分，并筛选阈值≤1.0×10^{-3} 的致香成分作为代表性致香物质；②依据代表性致香成分的含量计算其活性阈值，并将具有相同香韵归属的致香物质的活性阈值进行加和；③依据加和数值大小判定烤烟香气的主体香韵特征：如果以焦糖香为主体香韵，则可判定为浓香型烤烟。

武怡等确立一种基于 8 种特征香韵量化值的烤烟香型鉴定方法。其步骤包括：①根据香韵强弱，将待评烤烟中的烟草香、清香、甜香、果香、花香、辛香、木香和焦香 8 种特征香韵组分进行评价与量化；并将每种香韵分为 6 个档次：突出、较突出、明显、较明显、有和无，并分别计分值 10 分、8 分、6 分、4 分、2 分和 0 分。②以香气风格特征数据为基础，绘制待评烤烟的香气风格特征轮廓图。③以轮廓图为基础，按照公式 $S=1/2\times\sin C\times a\times b$ 计算求出待评烤烟香韵面积指数 S；式中，a、b 为相邻两个香气风格特征值，C 为 a、b 的夹角。④根据计算出的香韵面积指数 S 值进行烤烟烟叶香型判定，若 $S<25.0$，则为浓香型烤烟；若 S 为 25.0~30.0，则为中间香型烤烟；若 $S>30.0$，则为清香型烤烟。

重点与难点

（1）香原料标准色谱指纹图谱的特点及应用。

（2）标准色谱指纹图谱整谱评价方法及特点。

（3）嗅香定量指标描述数据库的各项指标及内涵。

（4）实现数字化调香技术的调香策略及流程。

思考题

1. 现有的香料香精数据库有哪些？并列举其特征。
2. 标准指纹图谱数据库建立的依据是什么？包括哪些模块？
3. 简述标准指纹图谱的分析方法。
4. 嗅香定量指标描述数据库中物质的指标有哪些？
5. 香精配方评价方法有哪些？
6. 简述常用的调香理论。

第九章
香料香精及加香产品目录管控

课程思政点

【本章简介】

本章主要介绍了日用、食用和烟用三种不同用途香料香精质量管控的标准、流程及其在安全性和法律法规等方面的相关规定。

香料香精的用途很广，与人们的日常生活息息相关。香料香精是食品、烟酒、化妆品、洗涤剂、牙膏、塑料、橡胶、饲料等的添加剂，它们与产品的质量有着密切的关系。通常的加香产品中仅含有 0.2%~2%的香精，用少量的香精便能生产出大量的为人们所喜爱的加香产品。如 1kg 香精能用于生产 200kg 糖果或饼干、1500 瓶汽水、20000 包香烟、67kg 牙膏、100kg 香皂或膏霜、500kg 合成洗衣粉等。由此可见，香料香精的好坏关系着许多加香产品的质量，更关系到人们使用或食用这些加香产品的安全卫生问题。随着人们物质生活水平的逐步提高，香料香精的需求量也在不断增大，其用途迅速扩大，同时人们的安全保障意识也逐渐增强，对它们的质量要求也将越来越严格。特别是近几年来，一些不法厂家违反相关法律法规，将工业原料用于食品的生产制造，对人们的健康造成了极大的危害，也使人们对食品香料香精的使用安全性产生了担忧。香料香精的安全卫生质量引起人们的极大关注，也引起了各国有关部门的高度重视。针对该问题，我国相关部门相继采取了一系列的措施，如食品用香料香精生产采用生产许可证、卫生许可证制度，生产品种上报相关部门备案；国家技术监督部门定期现场巡视、监督抽查检验、制定相关的标准法规等，确保食品香料香精的安全、卫生。作为食品香料香精生产企业，控制其产品质量、安全卫生质量是一个严肃、重要的问题，必须严格按照国家相关法律法规要求，组织食用香料香精的生产、制造、销售；提高产品质量的稳定性和安全性，为人们提供安全、可靠的高品质食品用香料香精，对于企业尤为重要，也应成为企业追求的永恒目标之一。

第一节 不同用途香料香精质量管控

一、日用香料香精

根据香料香精的用途，一般可分为食用香料香精、烟用香料香精和日用香料香精。在世界香料香精工业中，日用香料香精占有重要地位，其销售额约占全世界香料香精销售额的50%。日用香精是一类重要的日用工业产品，它是由日用香料以及辅料组成的混合物，代表了一定的香精配方。日用香精不仅用于化妆品、个人和家庭卫生护理用品中，而且纺织品、纸张、塑料和涂料等加香型产品用的也为日用香精。由于日用香精是一种混合物，因应用场合不同，流行趋势也不相同。日用香精的配方千变万化，因此，日用香精的安全性取决于所用香料以及辅料的安全性。只要构成日用香精的原料经过安全评价，品种和质量符合法规标准要求，则其安全性是有保证的。目前，人们发现天然存在的香气或香味物质已达数万种，并对其中的食用香料的安全性进行了评价，制定了相应的法规和标准。世界上允许使用的食用香料品种每年还以相当快的速度增长，而对于日用香料的安全性评价虽不如食用香料量大而面广，但也早已为人们所关注。如何来评价日用香料的安全性，日用香料行业如何实行自律以维护消费者和行业利益，一直是世界各国行业组织考虑的重点问题。

（一）国际主要安全性研究机构

1. 美国日用香料香精研究所

出于对日用香料安全使用的关注，早在20世纪60年代，美国日用香料香精企业就出资成立了日用香料香精研究所（RIFM），后来该组织还吸收了世界上的跨国公司为其成员。目前，该组织已经成为一个国际性的评价日用香料安全性的科学权威机构。RIFM的工作主要有以下几个方面：

（1）从事日用香料的研究和评价。该工作由RIFM内的一个独立专家组完成。所谓独立专家组是指由独立于行业之外的世界上知名的化学家、生物学家和毒理学家等组成的团体。目前的专家组由10人组成，分别来自美国俄勒冈健康科学大学、美国亚利桑那大学、密苏里大学、哥伦比亚大学、波士顿大学药学院、日本Tohoku大学药学院、瑞典Malmo大学医院、丹麦Roskilde大学、德国Neuherberg毒理学研究所和瑞士日内瓦大学。

（2）评价日用香料的安全性。

（3）收集、分析和发表有关日用香料的科学信息。

（4）向 RIFM 会员、工业协会和其他团体分发科学资料和安全评价结果。

（5）保持与官方的国际机构的积极对话。

RIFM 收集和评价的结果公开发表于权威杂志上。自 1974 年以来，RIFM 发表了 1000 余种日用香料的安全性资料。RIFM 自 1983 年开始建立香料数据库，通过广泛的研究、实验和不断关注有关的科学文献，使其成为世界上有关日用香料资料最为完整的数据库。目前该数据库存有 5000 余种香料信息、5000 种以上的参考资料以及 111000 项以上有关人体健康和环境的研究报告。RIFM 对日用香料安全评价的结果不是法规，但它是国际日用香料香精协会制定的行业法规和标准的科学基础。

2. 国际日用香料香精协会

国际日用香料香精协会（IFRA）成立于 1973 年，注册地在瑞士日内瓦，现总部办公地在比利时的布鲁塞尔。其会员均来自世界各个国家级或地区级的日用香料香精协会，从 2007 年开始吸收大的日用香料香精制造商成为它的直接会员，目前已变为一个混合型协会。2008 年的会员状况是：正式会员为新西兰、巴西、欧洲、日本、墨西哥、新加坡和美国；观察会员为阿根廷、中国和哥伦比亚。其成员国所生产的日用香料香精约占整个世界份额的 90%，因此，可以说它代表了全球日用香料香精工业的组织。自 IFRA 成立以来，一直把工作的重心放在通过制定有关的日用香料香精法规和标准，实现行业自律上，它所制定的《实践法规》（*Code of Practice*）已经成为行业自律的基础。IFRA《实践法规》涉及的范围很广，内容很多。有关涉及日用香料安全性方面的相关条款中规定，日用香料的使用必须始终符合使用国的法规要求；任何日用香料必须经过适当评价，并有足够信息证明它对人体健康和环境不存在危害时方可使用。当进行毒理测试时，尽量采用有效的可接受的非动物实验方法。日用香料的安全性评价由 RIFM 负责开展。IFRA 负责收集并向 RIFM 提供待评的日用香料的有关信息，包括该香料的使用量（指总量）、在日用香精配方中的含量以及从科学期刊所取得的所有实验结果（包括香料对人体和环境的不良作用）。日用香料制造商对以商业化生产的产品必须向 RIFM 提供安全资料，并录入日用香料数据库。制造商还要向 RIFM 提供产品的质量规格、使用水平、测试报告副本以及有关安全性的信息，供 RIFM 独立专家组讨论。当制造商改变生产工艺或改变质量标准时也应通知 IFRA，并向 RIFM 补充资料。RIFM 对日用香料的安全性进行评价后，对禁用物质和限用物质等提出建议，然后由 IFRA 讨论，经同意后以 IFRA《实践法规》的形式公布。

（二）我国日用香料香精标准制定情况

为规范日用香精的生产和使用，1992 年轻工业部制定了行业标准《日化用香精》（QB/T 1507—1992），该标准于 2006 年修订。随着我国日用香精种类和用途的不断扩大，香精中香料品种的快速增加，该标准已不适应我国香料香精行业的发展。为此，借鉴 IFRA 标准，在原行业标准《日化用香精》（QB/T 1507）基础上起草了国家标准《日用香精》（GB/T 22731—2008），于 2008 年发布，于 2017 年进行修订。《日用香精》

（GB/T 22731—2017）规定了日用香精的定义、要求、实验方法、检验规则、标志、包装、运输、贮藏、保质期，日用香精中限用的香料及其在11类加香产品中的最高限量以及日用香精中的禁用物质。随着IFRA标准第49次修订的发布，我国参考IFRA标准第49次修订的相关内容，对GB/T 22731—2017进行修订，于2022年12月30日发布《日用香精》（GB/T 22731—2022），并于2024年7月1日实施，代替GB/T 22731—2017。与GB/T 22731—2017相比，GB/T 22731—2022除结构调整和编辑性改动外，主要技术变化在于：

（1）删除了验收单位的内容和对产品质量发生异议时的内容（见GB/T 22731—2017的6.2和6.5）。

（2）将应用日用香精的11类产品更改为应用日用香精的12类。

（3）增加了26种限用的香料及其在12类加香产品中的最高限量；更改了原99种限用香料在12类加香产品中的最高限量；增加了表注的内容（见表B.1，GB/T 22731—2017的表B.1）。

（4）增加了禁用物质万寿菊精油和净油、薄荷内酯、苏合香提取物（粗胶）、马鞭草精油；增加了表注的内容；删除了1，2，3，4-四氢-4-甲基喹啉（见表C.1，GB/T 22731—2017的表C.1）。

（5）增加了来自植物的物质的植物学学名（见GB/T 22731—2017的附录B和附录C）。

二、食用香料香精

（一）食用香料香精的定义与分类

食品用香料是指添加到食品中以产生香味、修饰香味或提高香味的物质。从广义上说烟用香料、内服药香料等也可看作为食品用香料一类。食品用香料应在GB 2760—2024允许使用的列表中。

食品用香精是由食品用香料或食品用热加工香味料与食品用香精辅料组成的用来起香味作用的浓缩调配物（只产生咸味、甜味或酸味的配制品除外），它含有或不含有食品用香精辅料。通常它们不直接用于消费，而是用于食品加工。

（二）食用香料香精的使用原则与注意事项

1. 使用原则

GB 2760—2024中规定了食品用香料、香精的使用原则，具体内容如下：

（1）在食品中使用食品用香料、香精的目的是使食品产生、改变或提高食品的风味。食品用香料一般配制成食品用香精后用于食品加香，部分也可直接用于食品加香。食品用香料、香精不包括只产生甜味、酸味或咸味的物质，也不包括增味剂。

（2）食品用香料、香精在各类食品中按生产需要适量使用，GB 2760—2024表B.1（表9-1）中所列食品没有加香的必要，不得添加食品用香料、香精，法律、法规或国家食品安全标准另有明确规定者除外。除表 B. 1 所列食品外，其他食品是否可以加香应按相关食品产品标准规定执行。

表 9-1 不得添加食品用香料、香精的食品名单（GB 2760—2024 表 B. 1）

食品分类号	食品名称
01. 01. 01	巴氏杀菌乳
01. 01. 02	灭菌乳和高温杀菌乳
01. 02. 01	发酵乳
01. 05. 01	稀奶油
02. 01. 01	植物油脂
02. 01. 02	动物油脂（包括猪油、牛油、鱼油和其他动物脂肪等）
02. 01. 03	无水黄油、无水乳脂
04. 01. 01	新鲜水果
04. 02. 01	新鲜蔬菜
04. 02. 02. 01	冷冻蔬菜
04. 03. 01	新鲜食用菌和藻类
04. 03. 02. 01	冷冻食用菌和藻类
06. 01	原粮
06. 02. 01	大米
06. 03. 01	小麦粉
06. 04. 01	杂粮粉
06. 05. 01	食用淀粉
08. 01	生、鲜肉
09. 01	鲜水产
10. 01	鲜蛋
11. 01	食糖
11. 03. 01	蜂蜜
12. 01	盐及代盐制品
13. 01	婴幼儿配方食品[a]
13. 02	婴幼儿辅助食品[a]
14. 01. 01	饮用天然矿泉水
14. 01. 02	饮用纯净水

续表

食品分类号	食品名称
14.01.03	其他类饮用水
16.02.01	茶叶、咖啡

注：[a]较大婴儿和幼儿配方食品中可以使用香兰素、乙基香兰素和香荚兰豆浸膏（提取物），最大使用量分别为5mg/100mL、5mg/100mL和按照生产需要适量使用，其中100mL以即食食品计，生产企业应按照冲调比例折算成配方食品中的使用量；婴幼儿谷类辅助食品中可以使用香兰素，最大使用量为7mg/100g，其中100g以即食食品计，生产企业应按照冲调比例折算成谷类食品中的使用量；凡使用范围涵盖0~6个月婴幼儿配方食品不得添加任何食用香料。

（3）用于配制食品用香精的食品用香料品种应符合本标准的规定。用物理方法、酶法或微生物法（所用酶制剂应符合本标准的有关规定）从食品（可以是未加工过的，也可以是经过了适合人类消费的传统的食品制备工艺的加工过程）制得的具有香味特性的天然香味复合物可用于配制食品用香精（注：天然香味复合物是一类含有食用香味物质的制剂）。

（4）具有其他食品添加剂功能或其他食品用途的食品用香料，应配制成食品用香精用于食品加香，在食品中发挥其他食品添加剂功能时，应符合本标准相应规定，发挥其他用途时应符合相应标准的规定。如苯甲酸、肉桂醛、瓜拉纳提取物、双乙酸钠（又称二醋酸钠）、琥珀酸二钠、磷酸三钙、氨基酸类等。

（5）食品用香精可以含有对其生产、贮藏和应用等所必需的食品用香精辅料（包括食品添加剂和食品）。食品用香精辅料应符合以下要求。

①食品用香精中允许使用的辅料应符合《食品安全国家标准 食品用香精》（GB 30616—2020）的规定。在达到预期目的的前提下尽可能减少使用品种。

②作为辅料添加到食品用香精中的食品添加剂不应在最终食品中发挥功能作用，在达到预期目的的前提下尽可能降低在食品中的使用量。

（6）食品用香料、食品用香精的标签应符合《食品安全国家标准 食品添加剂标识通则》（GB 29924—2013）的规定。

（7）凡添加了食品用香料、香精的预包装食品应按照《食品安全国家标准 预包装食品标签通则》（GB 7718—2011）进行标示。

（8）食品用香料质量规格应符合《食品安全国家标准 食品用香料通则》（GB 29938—2020）及相关香料产品标准的规定。

2. 注意事项

食品用香精具有挥发性、易氧化变质、“自我限量”等特点，因此在使用食品用香精过程中，应注意以下几点：

（1）多种香精混合使用时，要有正确的添加顺序　做到先加香味较淡的，后再加香味较浓的，以免较淡的香味被掩盖。

（2）选择合适的时机添加食用香精　食品用香精都具有挥发性，应尽可能在食品加热后且冷却时或在加工处理的后期添加，以减少食用香精的挥发损失，食用香精在敞开的体系中，易挥发损失，食品添加食用香精后，应尽快密封包装，以免长时间曝露在空气中。真空脱臭处理的食品，香精应在脱臭处理后再添加。

(3) 选择合适的香精类型　有些食品在加工过程中，无法避免要跟大量的空气接触(如充气棉花糖、冰淇淋等)，如果加入液态香精，赋香物质就易氧化变质或挥发，因此可选用微胶囊香精。在含油量较高的食品中添加香精，应选用油溶性香精，能更好地与食品混合均匀。在碱性食品中，要防止碱性物质与香精发生反应，从而影响食品的香味、色泽等。

(4) 准确掌握合适的添加量　食品生产中，香精要在 GB 2760—2014 允许范围内选择适当的添加量。添加量过少，必然影响食品的风味；添加量过多，也会带来不良的效果。因此应在达到预期效果的前提下尽可能降低在食品中的使用量。液体香精用质量法比用量杯、量筒计量要准确，使用时应尽可能使香精在食品中分布均匀。

(5) 禁止违法、违规使用香精、香料　食用香精、香料使用后，不能对人体产生任何健康危害；不应掩盖食品腐败变质的气味；不掩盖食品本身或加工过程中的质量缺陷或以掺杂、掺假、伪造为目的而使用香精、香料；0~6 个月的婴儿配方食品中不得添加任何香精、香料。

三、烟用香料香精

烟用香料香精是卷烟生产中不可缺少的原料，其配方也是烟草工业企业的核心技术之一，香料香精及添加剂的应用同卷烟品牌的树立与发展密切相关。它是构成卷烟品牌风格的重要因素，因而烟草工业企业的核心技术之一就是拥有独特的烟用香料香精配方。通过加香加料，可以达到强化烟草香味、改善烟叶品质、提高烟叶的使用率的目的。随着吸烟与健康的高度关注，全球范围内降焦减害已成为卷烟生产的一个重要课题，而烟草中的许多香味物质却存在于焦油之中，伴随着焦油量的降低，烟味变淡，香气减弱，难以被消费者所接受。所以在降低卷烟焦油的同时，增进和提高烟气浓度和香味，也只有借助于加料加香技术才能得以补偿。由此可见，在改善烟草自身品质、稳定卷烟质量、满足个性化需要、提高安全性等诸多方面，加料加香都具重要作用。

(一) 世界烟用香料香精安全性评价与管控

近几年来，由于法律约束的不断增强，相当一部分的香料配料已在烟草产品中禁止使用。烟草行业必须尊重这一现实，并积极采取措施研发出更好的香料产品。从毒理学的观点来说，对配料的限制将促使香料产品朝无害方向发展。大多数国家对烟草香料的法律法规存在差异。美国要求应符合 FEMA 的 GRAS 名单以及 FDA 关于食品安全方面的数据库和文件的要求，欧洲理事会对允许进口的香料产品列出了名单。除此之外，大多数烟草公司也都有各自的内部配料表，这些都是香料工业所必须面对的现实。面对如此众多的要求，当务之急是对烟草香料进行协调一致的立法，目前欧盟正在朝着这一方向努力。香料制造商必须根据消费市场的具体法律规定来调整它们的香料产品。随着吸烟与健康的问题的争论，发展低焦油卷烟已成为烟草工业发展的方向，但是在降低焦油量的同时，造成了烟气的香味损失，这就必须通过增香、补香等手段，恢复和提高卷烟的香气。

多年来，受国际反吸烟浪潮的冲击，全球各大烟草工业公司都十分重视卷烟和烟用香料香精安全性评价研究。自20世纪90年代开始，雷诺烟草公司以Eclipse卷烟为实验样品，相继开展了2个方面的卷烟生物安全性评价研究工作：一是毒理学实验，如体外毒理学实验测定细胞毒性和遗传毒性、核酸加合物分析、小白鼠皮肤外致瘤涂布试验，以及小白鼠呼吸道系统（鼻子、喉咙、肺叶）的病理解剖分析；二是吸烟试验，检测分析志愿者的呼吸曲线，血液、尿液中的羟基血色素和尼古丁含量变化，观察记录肺部发炎症状。英美烟草公司的生物学分析检测方法为染色体畸变分析、中性红细胞毒性分析、体外烟气短期细胞毒性分析、细菌基因突变与回变——Ames分析、烟气混合物中Hofifllann产物定量分析和微核彗星试验。菲利普·莫里斯烟草公司的生物学检测分析方法为周围环境卷烟烟气释放量测定与分析、90d亚慢性毒性分析、体外遗传毒性及细胞毒性测定、临床试验和烟气混合物代表性危害成分定量测定分析等。

2002年，国际烟草科学研究合作中心（CORESTA）成立了烟用香料香精体外生物学评价工作组，依据国际公认的体外生物学实验测定程序并加以优化。通过广泛的文献阅读分析和近4年的研究工作，工作组建立了3种评价烟草制品毒理学指标的实验方法：一是推荐使用鼠伤寒沙门氏菌突变试验进行细菌诱变试验；二是推荐使用小鼠淋巴瘤细胞试验或染色体畸变试验或彗星试验进行哺乳动物细胞遗传毒性分析；三是推荐使用中性红细胞法检测细胞毒性。从国际上正在开展的烟气化学生物学评价方法研究来看，重点关注的3项生物学活性测定指标：一是细菌诱变能力；二是染色体致畸变能力；三是细胞毒性大小。

（二）我国烟用香料香精安全性研究

近年来，国内一些科研院校与卷烟工业企业合作，初步开展了一些有关安全性研究的生物学实验。中国预防医学科学院医学研究与检测中心（上海）已经公开发布了低焦油低危害卷烟制品（PREP）的某些实验结果，主要有烟气组分中巴豆醛和芳香胺含量分析，以及彗星试验、Ames试验、急性亚急性细胞毒性试验、中性红细胞试验、总过氧化物酶检测和小鼠3个月吸烟亚慢性体内毒性试验。云南烟草科学研究院逐步探索出了一系列灵敏、快速且适用于卷烟烟气组分生物安全性评价的实验方法，确定了几个烟气毒理学评价的安全性指标，建立了5种实验方法用于研究卷烟烟气混合物的3个重要毒理学活性指标，即卷烟烟气急性毒性、细胞毒性和遗传毒性。由其自行设计并制造成功的小白鼠被动吸烟装置，可用于进行烟气混合物对被动吸烟小鼠所造成的急性、亚急性生物学实验。郑州烟草研究院先后建立了一系列卷烟安全性评价体系，构建了卷烟主流烟气冷凝物的Ames试验方法，挑选对烟气混合物敏感的TA98和TA100作为受试体，使用5%S9混合液作为活化系统，这一新方法更加适用于复杂的卷烟烟气混合物组分致回突变性的分析。中国军事医学科学院朱茂祥等完成了生物学评价技术研究，建立了烟草制品生物学评价体系，实现了卷烟烟气混合物中代表性危害成分和一些添加剂等的细胞活性检测，开发研制出的卷烟烟气动物染毒装置和卷烟体外毒理学主流烟气曝露装置，用于评价卷烟烟气的急性和长期毒性、致突变能力、致畸变能力和致癌作用。

第二节　香料香精质量管控流程

一、香料香精产品质量抽检

香料香精质量安全关乎人们的身体健康。因此，无论是天然香料香精还是合成香料香精，都必须进行严格的质量检验。香料香精质量检验的项目包括以下几个方面。

（1）感官检验　包括对香料香精的香气、香味和外观的鉴定。

（2）物理常数测定　包括对香料香精的相对密度、折射率、旋光度、熔点、凝固点、闪点、沸点、在介质中（通常为乙醇）的溶混度、蒸发后残留物的定量测定等。

（3）化学常数测定　包括对香料香精的酸值、酯值、含醇量、羰值（含醛量和含酮量）、含酚量等。

（4）毒理检验　包括对香料香精的急性毒性、亚急性毒性、慢性毒性的临床检验。

此外，为了精确鉴定香料香精的质量，有时还要做食用卫生指标检验，如重金属含量测定、微生物含量测定、有毒化学物含量测定等；而为了精确鉴定香料香精的纯度，还要做气相色谱分析、气质联用分析等。

二、香料香精产品检验入库与安全贮藏

香料产品的基本属性有两条，一是有效性，即应能改善香精产品的品质，彰显香精产品的风格特征；二是安全性，即不得引入附加风险性。因此，香料产品的安全贮藏具有非常重要的意义。首先是香料产品具有危险性，生产香精产品的香原料主要是由天然香料和合成香料组成，其中大部分是具有易燃、易爆、有毒、有腐蚀性的危险品，这就给生产使用和运输过程提出了较高的安全要求。其次是由于香料香精的易挥发性，贮藏不当会造成很大的损失，有的性质不稳定，容易串味，影响品质。

香料香精生产企业必须制定香料产品安全贮藏管理规程，规程的制定必须遵守《危险化学品安全管理条例》和国家有关安全生产的法律、行政法规等规定。明确制定规程的目的与适用范围，指定企业安全生产责任人及职责，以及实施细则等。安全贮藏管理规程必须由企业负责人审核确认，记录到企业档案，分发到相关部门并由专职部门监督实施，做好相关记录。香料产品仓库进行物料进出时，必须严把“三关”，即入库验收关、在库关和出库平衡关。落实安全贮藏管理规程不仅要措施配套，更要专人专责。

（一）产品入库

（1）制订仓储计划　根据产品的具体情况，对将要入库的产品制订相应的计划，需要考虑的因素主要有：出库时间、剩余仓位的安排、产品在库时的维护计划等。

（2）入库前检查　整理仓库剩余仓位、检查相关基础设施是否正常、制作与该批产品相关的标识卡等物品、根据产品性质对库位进行温湿度控制。

（3）接运产品　商定接货地点、办理预收相关手续、选择合适的运输工具。

（4）入库产品的验收　入库产品的验收工作主要包括数量验收、质量验收和包装验收三个方面。在数量和质量验收方面应分别按产品的性质、到货情况，来确定验收的标准和方法。检查外箱是否完整，是否有被拆开、破坏的痕迹；检查相关标签是否具备；随机开启一到两箱产品，检查箱内产品的质量；核对单据，包括数量、型号、尺寸、质量。

（5）验收发现问题的处理　验收中出现的问题，大体有如下几种情况：数量不符；质量问题；包装问题；单货不符或单证不全。

（6）办理产品入库　仓库管理员记录入库情况，仓储管理系统显示对应产品的信息（产品批次、牌号、等级和数量等），库管核对系统数据和实物数据，如果一致则允许叉车进入后续入库门。如果不一致则允许重置信息。

（7）货位引导　系统按照录入系统的入库单引导货位。

（8）产品上架　成品码放货位完毕后，仓储管理系统中产品信息与货位关联完毕，产品状态由入库状态写为上架状态，库存从收货区移到贮藏产品上。

对于有国家标准、行业标准、企业标准的产品要严格执行相关标准；对于没有相关标准的产品，应当根据生产实际和产品设计的质量要求，按照相关的法律法规制定原料验收标准，规范产品接受的安全卫生要求、感官质量、理化指标、验证方法、包装、标识、贮藏最佳使用期等。引用标准要适当，测定方法要科学，理化指标确定要严格正确。

对产品产地、进货时间等相关资料详组记录，坚持定期对库存产品质量监督检查，及时掌握产品质量状况，防止不合格产品流入生产，确保产品质量稳定。应制定严格的企业标准，科学确定产品的各个技术指标。合理制定行使指标的检验周期，保证产品质量符合国家法律法规、安全卫生、质量标准要求。所有的企业标准都应报技术监督部门进行审查，批准后方可执行。

（二）产品贮藏管理分类

产品的性质包括安全管理状况、基本理化特性、感官特性、制备方法和用途用量等多个方面。安全管理状况是产品的重要性质之一，是基于其基本理化特性的，也就是产品的相对密度、熔点、凝固点、沸点、折射率、旋光度、闪点和溶解性等。由于大多数产品是由醇类、醛类、酮类、酚类、内酯类等有机化合物组成，日光、温度、湿度等环境因素对其质量影响较大，对于一些特殊的、易挥发氧化、稳定性差的产品还应低温避光贮藏。产品所盛容器应选择质量稳定、最好使用如食品专用等包装材质盛装，以减少污染。否则，容器中的金属离子、塑料制品的填充剂等易于引起产品变质。产品应该进行分类贮藏，贮藏区域要有明确清晰的标识，产品贮藏分类一般包括以下几种：

（1）常温贮藏　产品的常规原料、常用溶剂等非易燃易爆及受控产品，可以分类存放于常温原料仓库，控制库区温度不超过35℃，相对湿度应在85%以下为宜，避免阳光直射，远离火源、热源、电源，无产生火花的环境条件。

（2）冷藏或防爆贮藏　根据《危险化学品安全管理条例》和国家有关安全生产的法律、行政法规的规定，对于闪点等原料化学性质有要求的，应该存放在冷藏仓库内或者是具有防爆或者耐火的建筑库房内。如三甲胺、硫醇、硫醚等产品，必须进行冷藏存放。

（3）受控贮藏　对于易制毒或其他受控的产品，如洋茉莉醛、苯乙酸等，应该贮藏于受控原料库，并配备双人双锁等管理措施，使用时必须按规定申报，经企业相关负责人审核签字方可领用，领用前后均需要采取双人现场称量确认并签字留档，以确保受控产品的使用安全。

（三）产品风险规避与安全管理

（1）废料管理　香料香精生产企业在生产过程中，必不可少地会产生工业垃圾和废料。对于生产过程中产生的报废物料和废弃物，应该进行有效管理。香精产品的单个包装使用完后，包装材料不能随意丢弃，应该将废弃的原料包装桶分类存放在废料区，依照分类规定标识清楚，联系专业回收公司上门回收。对于生产或销售环节产生的报废香料香精等化工废液，应该根据当地的环保法规进行收集处理，不可随意排放及丢弃。

（2）环境卫生安全　产品库区和库房内要经常保持整洁，定期清洁。应在阴凉通风、无异杂气味的场所存放，防止串味污染。对贮藏环境的要求是通风良好，具有消防、防潮、防鼠、防虫措施；对散落的产品、包装材料应及时清除，擦干净。用过的工作服等用品必须放在库外安全地点，妥善保管或及时处理。更换贮藏原料品种或者更换库位时，要将库房清扫干净。换班工作时，应注意检查通风、水电设备的开关状态是否正常。

（3）建立产品的风险评价资料库　产品的风险评价是基于香料香精生产企业长期以来所积累的对于众多产品潜在风险的评价，主要是来自标准化动物实验与统计学方法的毒理学数据以及直接针对人类的行为、职业、地域等社会性因素的流行病学数据。产品的风险评价数据可以通过在采购产品时向供应商索取或者从网上下载的化学品安全说明书（MSDS）获得。MSDS 中一般阐明了产品的理化特性（如 pH、闪点、易燃度、反应活性等）以及对使用者的健康（如致癌、致畸等）资料，香料香精生产企业可以将相关资料整理成可供查询的资料库文件。产品安全数据卡可包括九个部分：品名、危害物成分、物理性能数据、着火和爆炸危害的情况、健康损害情况、活性数据、飞溅和渗漏措施、特别保护措施以及特殊注意事项等，以供企业相关部门的人员查阅使用，也可作为安全培训的资料定期向相关工作人员讲解。

(4) 防护措施与人员管理　产品贮藏仓库是香料香精生产企业的工作重地，仓管人员必须树立安全意识，遵守各项规章制度和操作规程。因此，一方面要对工作人员进行保健管理，对工作人员进行定期体格检查、医疗追踪、工业卫生方面的监视，如尘埃、受热、噪声、化学原料损害、职业病筛查等，并且要为仓管人员配备必要的防护用品，如手套、眼罩、头盔、工作服和工鞋等；另一方面，开展安全知识教育，掌握基本安全知识和技能，引导使用个人保护装备，指导急救和应急处理程序。加强物料用后归位存放，做好使用记录造册，仓存文件妥善保管等工作。

三、香料香精成品配制

一个香精产品的配方结构可分为头香、体香与基香三个相互关联的组成部分，也可视之为香精香气的三个相互衔接的层次。这三个层次中所用的全部香料品种及其配比，构成了香精的整体配方。在创拟香精配方过程中，如何去拟配香精的初步整体配方，可概括为两类方法：

(1) 层次配制法　该法是先通过试配去取得香精体香部分的配比，随后以此体香试样为基础，进行加入基香或头香香料的试配，最后取得香精的初步整体配方。在试配体香部分时，可从少数几个体香核心香料品种开始，先找出最适宜的配比（也就是先去形成香精体香的“谐香”），然后再逐步尝试加入其他的组成体香的香料品种，去取得体香部分的配方。如果是创拟性的香精，这就要求体香部分的香型符合原构思设想的要求，而且应该有与众不同的香气特征。体香部分的香料从质量配比来衡量，一般宜占整个香精的一半以上。在确定体香部分的配比后，先在其中尝试加入基香部分的香料，最后再尝试加入头香部分的香料，去取得香精的初步整体配方。当然，在取得体香部分配比后，在试加入基香和头香香料的过程中，也有可能对已初步确定的体香中香料的配比，略做调整以期求得在香气上的和谐、持久和稳定。

(2) 直接配制法　该方法是直接进行香精初步整体配方的试拟与配制试样。虽然在试拟配方时，也包括头香、体香和基香三个组成部分所需的香料（包括品种与用量），但不同于第一类方法分阶段进行三个组成部分的试配过程。在采用直接配制法时，调香工作者在处方时是根据仿制或创拟对象的香型与香气质量的要求，经过仔细思考后，在配方单上，依次写出所用的香料品种与其配比用量，一般是先写下头香部分，其次是体香部分，最后是基香部分。当然，其中应包括有关和合、修饰、定香的香料或辅料。经过小样试配，评估，修改配方，再试配，再评估，直到认为满意后，确定为香精的初步整体配方。

以上两类处方方法的采用，调香工作者可按具体情况自由选定。就初学调香者来说，以用第一类方法较为适宜。一方面是由于初学者对不同香料之间香气和合、修饰与定香的效应，以及它们之间的相互抵触或损伤作用还不太熟悉，而且对香料香气记忆积累也比较少，采用分层（体香、基香、头香）分步试配、评估，可以取得比较殷实而深刻的体验。尤其是刚开始从事创拟性配方工作，会有更多的机会去发现和锻炼如何取得新颖而独特的香韵组合。另一方面，用这类方法进行处方，还有助于调香初学者培养有条不紊的处方方法，减少盲目性。对于已获得一定香精处方经验的调香工作者来说，特别是在进行配制精油处方时，或在已定型的香精基础上进行部分格调改变或增加香韵的处方时，或在仿制一个已有大体成分分析结果的香精配方时，一般多偏于采用第二类方法。

四、产品跟踪与市场反馈

（一）市场反馈的定义

市场反馈是指市场信息反馈流程前后衔接形成的一个完整的闭环管理体系，也就是生产经营在市场产生的信息，要返回生产经营中去。在激烈的市场竞争中，只有充分的搜集、整理、归纳、分析、总结这些所掌握的信息资源，才能为产品研发提供可靠依据，企业才能确定发展的目标和方向。

建立和完善市场信息反馈机制不是一项简单的工作，它关系到行业的生死存亡，其重要性不言而喻。因此，我们可以利用产品跟踪和市场调查进一步完善产品的生产，建设一条信息高速通路，为行业的快速发展提供信息保障。

市场上的香料香精产品，都凝聚着企业从研发、生产到销售的智慧与心血，我们需要考虑如何正确跟踪香料香精产品在产品生命周期中的每一个发展阶段，这对企业推进产品研发、市场营销具有非常现实的意义。首先，通过对产品的跟踪评估，可以找出产品在市场竞争中的短板，有针对性地制定优化措施；其次，通过对产品质量指标的跟踪评估，可以研究市场消费趋势的变化，为新产品研发提供借鉴；最后，通过市场跟踪评估，可以了解行业的发展现状，把握市场的整体竞争态势，抢占市场先机。对产品而言，其在市场中的表现会涉及方方面面。从本质属性的维度上看，既包括产品品质方面的内容（如产品的口味、包装等），也包括产品外延方面的内容（如市场宣传、品牌推广等）；从产品发展的时间维度上看，既包括产品当前的表现，也包括产品未来发展的潜力。因此，评估产品上市后的市场运营状况，需要综合考虑品牌指标、市场销售指标、产品品质指标等各种因素及其未来的发展潜力。

（二）产品跟踪

产品跟踪是指对产品在供应链中的历史和控制信息进行记录的方法。对产品进行跟踪，必须对其进行唯一性的标识。在香料香精行业中，通常采用“批号”来标识同一批次的产品。通过批次关联将不同的批次联系起来，在综合各种影响因素的基础上，根据产品标识，利用合适的跟踪技术，就可以建立起覆盖全部业务流程的市场跟踪评估系统，来量化评价一款产品的市场表现。

跟踪技术是实现跟踪的必要手段，现在主要的跟踪技术有全球定位系统（GPS）、射频技术（RFID）和条形码。

（1）条形码跟踪技术　条形码跟踪是产品进入配送系统的起点，在分拣产品、途中运输、终点配送等环节，为方便快捷地识别和跟踪产品，实行“精益物流”、零库存管理和供应商自动补货而广泛使用的一种自动识别技术。这种识别跟踪技术广泛用于配送中心、智能仓库和连锁商店。

目前，条形码不仅用于商品流通领域，而且广泛应用于生产自动化管理、图书管理、交通运输、邮政业务等，已成为现代化管理不可缺少的信息技术手段。商品条码是快速、准确地进行物流控制的现代化手段。推广应用商品条形码技术，可以提高商品的档次和商品在国际市场上的竞争力。普及商品条形码不仅可以实现销售、仓储、运输、订货等的自动化管理，而且通过产、供、销信息系统，可做到产供销一条龙服务。

（2）全球定位系统（GPS）技术　GPS 是当今用于对车辆进行实时定位跟踪的一个关键技术。GPS 即全球定位系统（global positioning system）在智能交通系统（ITS）中广泛用于智能车辆的定位和导航，它是美国的第二代卫星导航系统，它利用同时收到四颗定位卫星的信号，可得到所测目标的位置、速度以及时间，而且同时可以有无限个用户使用，全天候地实现全球导航、定位和授时。

GPS 主要由三大部分组成，即空间段、控制段和用户段。空间段是指卫星的组成；控制段是对 GPS 系统的工作进行管理，由美国国防部负责；用户段则是指 GPS 用户接收机，与 GPS 用户研究、生产和服务有关。随着我国经济的不断发展，全国许多城市都建成了 GPS 基站，GPS 的应用已经在交通、货运车辆的跟踪监控上取得了很大进展。

（3）射频技术（RFID）　RFID 广泛用于电子收费系统，产品、车辆的通过式运输跟踪和识别。射频跟踪是利用射频识别技术及时获取有关车辆、产品运输的状态信息。无线射频识别技术是一种非接触的自动识别技术，其基本原理是利用射频信号和空间耦合（电感或电磁耦合）传输特性，实现对被识别物品的自动识别。射频技术的基本原理是电磁理论，利用无线电波对记录媒体进行读写。射频识别与条形码等技术与同期或早期的识别技术相比，具有非接触、工作距离长、适用于恶劣环境、多目标识别、运动目标识别等优点。此后，随着超大规模集成电路技术、计算机技术以及信息安全技术的发展，射频识别技术在近几年获得了极为迅速的发展。目前，射频识别技术广泛应用于工业自动化、商业自动化、交通运输管理等众多领域。

GPS 主要解决的是定位以及精度问题，RFID 和条形码把标签贴于产品上，能够对产品的生产、仓储和销售进行跟踪管理。香料香精产品跟踪系统多用后两种。

（三）市场调查

市场调查是指用科学的方法，有目的、系统地搜集、记录、整理和分析市场情况，了解市场的现状及其发展趋势，为企业的决策者制定政策、进行市场预测、做出经营决策、制订计划提供客观、正确的依据。市场调查的内容如下。

（1）市场环境的调查　市场环境调查主要包括经济环境、政治环境、社会文化环境、科学环境和自然地理环境等。具体的调查内容可以是市场的购买力水平、经济结构、国家的方针政策和法律法规、风俗习惯、科学发展动态、气候等各种影响市场营销的因素。

（2）市场需求调查　市场需求调查主要包括消费者需求量调查、消费者收入调查、消费结构调查、消费者行为调查等内容，同时也包括消费者为什么购买、购买什么、购买数量、购买频率、购买时间、购买方式、购买习惯、购买偏好和购买后的评价等。

（3）市场供给调查　市场供给调查主要包括产品生产能力调查、产品实体调查等。具体为某一产品市场可以提供的产品数量、质量、功能、型号、品牌以及生产供应企业的情况等。

（4）市场营销因素调查　市场营销因素调查主要包括产品、价格、渠道和促销的调查。产品的调查主要有了解市场上新产品开发的情况、设计的情况、消费者使用的情况、消费者的评价、产品生命周期、产品的组合情况等；产品的价格调查主要有了解消费者对价格的接受情况，对价格策略的反应等；渠道调查主要包括了解渠道的结构、中间商的情况、消费者对中间商的满意情况等；促销活动调查主要包括各种促销活动的效果，如广告实施的效果、人员推销的效果、营业推广的效果以及对外宣传的市场反应等。

（5）市场竞争情况调查　市场竞争情况调查主要包括对竞争企业的调查和分析，了解同类企业的产品、价格等方面的情况，他们采取了什么竞争手段和策略，做到知己知彼。通过调查帮助企业确定企业的竞争策略。

对产品进行跟踪评估和市场调查，可以建立起合适的市场反馈模型。市场反馈模型是一种处理过量信息的有效方法，可以帮助人们进一步认识和理解信息资料。反馈模型还提供了一个制定战略和决策的分析结构，它代表的是以事实为依据的反馈机制，是不断改进市场营销功能的有效工具。总之，市场反馈模型给企业决策者提供了一个检验市场营销决策效果的手段，以便使企业领导者做出更科学的判断。

第三节　香料香精法律法规

一、日用香料香精的安全性与法规标准

日用香料香精行业是国民经济中科技含量高、配套性强、与其他行业关联度高的行业，其产品已经广泛应用于日用品（如化妆品、洗涤剂）、医药、纺织、皮革、油墨等众多领域。日用香料香精的安全性对下游加香产品十分重要。对于日用香料香精的管理，目前全球主要国家和地区采取的是法规监管与香料香精行业自律相结合的模式，其中行业自律更为主要，是管理的重要基础。如何来评价日用香料的安全性，日用香料行

业如何实行自律以维护消费者和行业利益，一直是世界各国行业组织考虑的重点问题。随着科技不断发展和认知水平的提高，消费者对化妆品及个人护理用品等加香产品的安全性要求越来越高，同时也对日用香料香精致敏等安全性问题越来越关注。由于其广泛应用于各类日用消费品中，加强日用香料香精的安全管理对于保障消费者健康具有重要意义。

（一）国际日用香料香精的立法和管理概况

日用香料的立法和管理比较简单，到目前为止没有一个国家对日用香料进行立法。但这并不是说对日用香料没有管理。在对日用香料的管理方面，仍是 IFRA 发挥主要作用。关于日用香料香精的安全卫生管理工作，目前国外只有民间组织在进行，实行的是“行业内自己管理自己”的办法。在 1966 年由世界上 43 家具有一定规模的香料香精企业出资在美国设立了 RIFM，从事有关香料（包括合成、单离与天然香料，但不包括香精）的安全问题研究。后来该组织还吸收了一些跨国公司成为其成员，与 IFRA 合作制订对日用香料安全评价的程序、办法以及评价计划。该组织内的专家组人员有化学家、生物学家、毒理学家等。该所的主要任务是：①收集香料及有关原料样品并进行分析测定；②向成员企业提出香料的测试（包括有关安全性的）方法和评估方法；③与政府或有关部门合作进行香料安全性测试工作并评估结果；④推动统一测试方法的实施等。

该所的工作程序是：由美国精油协会（EOA）或有关单位提供试样，进行毒理学方面的测试。测试的项目有：①大白鼠的急性经口毒性 LD_{50} 试验；②家兔的急性经皮毒性 LD_{50} 试验；③家兔皮肤刺激性试验；④人体皮肤刺激性试验；⑤人体过敏试验；⑥在动物（大白鼠、豚鼠或大白兔）皮肤上进行光敏毒性试验；⑦在动物上进行代谢作用的试验；⑧药理学试验；⑨吸入毒害试验。

上述实验结果提交给研究所的专家小组（由药理学家、药物学家、皮肤学家等组成）审评。如专家小组认为实验结果可行时，就登记告知所有成员企业。如认为实验不完善，则再安排补充实验，但 RIFM 并不做出“肯定可用”或“不准使用”的决定，只是按期对被测试香料，写出专论刊载于《食品与化学毒理学》（*Food and Chemical Toxicology*，原 *Food and Cosmetics Toxicology*）期刊内，迄今为止该所已公布了 1000 多个品种的专论报告。

IFRA 设有技术顾问委员会（Technical Advisory Committee），收集有关日用香料的安全性的文献资料，与 RIFM 协作相互交换有关这方面的资料，并随时向各成员组织提出限制应用于日用香精的香料品种或建议。

IFRA 向各成员组织提出，凡是没有充分应用经验的香料品种都必须经有资格的毒理学家做出认为可以安全应用的评估后方能在香精中使用。对于安全性实验的项目与内容，至少为以下六个方面。①急性经口毒性试验；②如果急性经口毒性试验的 $LD_{50} \leq$ 50mg/kg 时，要进行急性经皮毒性试验；③皮肤刺激性试验；④眼睛刺激性试验；⑤皮肤接触敏化作用试验；⑥光敏中毒和皮肤光敏化作用试验。

(二) 美国日用香料研究所 (RIFM)《实践法规》

随着时代的进步以及传媒的广泛介入，人们对化学品（包括日用香料香精）的安全问题越来越关注，因而对日用香料香精的安全性评价也从对人体的危害评价（刺激、过敏、光毒性和系统毒性）上升到对环境的危害评价（日用香料的持久性、生物体内的累积性及对水生生物的毒性等）；从接触皮肤的危害评价到通过呼吸道的安全评价；从较为定性的评价到完全定量的评价。为此，从 2005 年起 RIFM 对日用香料的安全评价体系发生了许多变化。2007 年 3 月，RIFM 公布了《日用香料的皮肤过敏定量危险评估》文件（QRA）。

日用香料能否引起皮肤接触过敏，首先决定于该香料的化学结构。目前，日用香精中的日用香料多达几千种，在评价日用香料的安全性时，不可能也没必要对每一种日用香料都进行毒理学实验，其中包括动物实验、局部淋巴结试验以及人体试验（包括临床试验）等。根据化学结构与毒理学的关系，人们常常将日用香料分成不同的结构类别，如芳樟醇及其酯类、无环萜醇类、乙酸环醇酯类、芳基烷基醇类、环戊酮类、芳香醛类以及支链醇类等。根据同一类别中一种或几种化合物的毒理学数据就可预测同类别中其他化合物的毒性。另一方面，皮肤对香料的过敏是一种临界现象，即一种日用香料即使是过敏性香料，其使用并不都会产生过敏现象，只有超过一定的使用量（指单位面积皮肤上的曝露量）后才会产生过敏现象。

在此之前，RIFM 根据对日用香料的安全评价结果，将加香产品分为 2 类，即接触皮肤的产品和不接触皮肤的产品，并规定过敏性香料在这两类产品中使用的最高限量。这种做法是基于定性的科学原则，但相对较笼统。

现在 RIFM 则根据 QRA 进行评估。其具体做法是，首先对以前某种过敏性香料所进行过的实验数据（动物实验、鼠局部淋巴结试验和人体斑贴试验等）加以正确评价，确定其证据的权重，并从实验中得到预期不引起过敏的量；其次要考虑其曝露量，即它在各类加香产品中的用量、消费者如何使用该加香产品及最终导致消费者单位面积皮肤上存在量的多少等；再考虑到消费者的个体差异、加香产品的基质差异和使用条件差异，即在安全评价时还要考虑一个不确定因子或称为过敏评价因子，从而计算得出可接受的曝露水平。目前 RIFM 建议将加香产品分为 11 类，并对每一种过敏性香料在 11 类产品中的安全使用浓度也提出了建议。这些建议已被国际日用香料香精协会《实践法规》所采纳。

(三) 国际日用香料香精协会 (IFRA)《实践法规》

1. IFRA《实践法规》的产生

IFRA《实践法规》涉及的范围很广，内容很多。有关涉及日用香料安全性方面的相关条款中规定，日用香料的使用必须始终符合使用国的法规要求。任何日用香料必须经过适当评价，并有足够信息证明它对人体健康和环境不存在危害时方可使用。当进行毒理测试时，尽量采用有效的可接受的非动物实验方法。

RIFM 根据 IFRA 给出的香料使用情况，对日用香精进行安全性实验，包括动物实验、局部淋巴结试验以及人体试验（包括临床）等，得出实验安全数据提交独立的专家委员会评价决定其安全性。IFRA 据此制定《实践法规》，并告之其成员单位遵照执行，同时 IFRA 还定期对其标准进行修订更新。到目前为止，IFRA 公布了 1000 余种日用香料的安全资料，约有 174 种日用香料属于禁用、限用范围。2013 年 IFRA 和国际食用香料工业组织（IOFI）还公布了《IFRA/IOFI 的 GHS 标签指南（2012）》，《指南》中涵盖了《全球化学品统一分类和标签制度》（GHS）工作组认可的自 2008 年第一次制作《指南》以来的所有分类，主要涉及使用的日用和食用香料的 GHS 危险分类。

IFRA 标准对日用香料香精的管理主要采用否定列表和限制列表的方式，分为禁用物质标准、限用香料标准和质量规格标准 3 类。属于日用香精禁用物质，是由于该物质对人体或环境有害或由于缺乏足够的资料证明它们可安全使用。被禁止作为日用香料使用与限用香料标准，对限用日用香料的使用范围以及在最终消费品中的最高允许浓度做出限制规定。2006 年以前，IFRA《实践法规》中对限用的日用香料只规定它们在两大类最终产品（即接触皮肤的产品和不接触皮肤的产品）中允许使用的最高浓度。而自 2006 年以后，由于 QRA 的引入，目前已将使用日用香精的最终产品分为 11 类，IFRA《实践法规》对限用的日用香料在这 11 类产品中的限量分别做出规定。由于一些香料可能含有某些有害杂质，会对人体造成不良影响，只有当它们的纯度或其他指标达到一定要求后，方可作为日用香料使用；凡 IFRA 未做出禁用、限用或质量规格规定的日用香料，一般视为可以安全使用。由此可以说，IFRA《实践法规》提供的是一种否定表，而不是肯定表，这与食用香料完全不同。

IFRA 不仅制定《实践法规》，还对《实践法规》的实施进行监督。自 2006 年以后，IFRA 执行一个所谓的遵循计划，每年从若干个国家的市场上抽取一定数量和类别的加香产品，交第三方实验室进行分析，测定其是否添加了禁用物质或限用香料，或是否超过允许使用量。若是，IFRA 则要求加香产品生产商提供香精供应商名单，由 IFRA 直接与香精生产商联系，要求其限期修改配方，使新的配方符合 IFRA《实践法规》要求。如香精生产商在规定时间内未予纠正，IFRA 就会将香精生产商名单公布在 IFRA 网站上，香精生产商就会失去市场，甚至会被市场淘汰，这是一种真正意义上的行业自律。

IFRA 标准的制定是为了确保日用香料的有效风险管理，其制定过程中的关键步骤以及每个阶段涉及的利益相关方如图 9-1 所示。

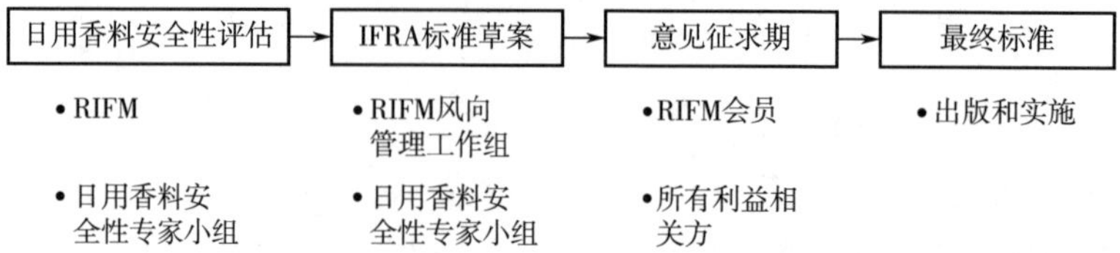

图 9-1　IFRA 标准制定过程中的关键步骤以及每个阶段涉及的利益相关方

2. IFRA 标准第 49 次修订的主要内容

2019 年 12 月，IFRA 发布《实践法规》和 IFRA 标准第 49 次修订的通知，2020 年 2 月 IFRA 官网公布第 49 次修订的内容。由于 RIFM 安全评估方法进行了调整，引入了“日用香料定量风险评估的修订方法（QRA2）”，因此此次修订的内容与以往相比，除了禁、限用物质的变化以外，还包括加香产品分类的调整，限用香料在各类加香产品中限量的变化等。主要修订内容如下：

（1）加香产品分类的调整　此次修订引入了 QRA2，在原有评估方法（QRA）基础上，通过将定量风险评估、光毒性和全身毒性评估相结合的新方法。IFRA 标准中的加香产品类别数量从原有的 11 类调整为 12 类。而且在 12 类中的第 5 类、第 7 类、第 10 类和第 11 类又分别增加 2~4 小类。另外，加香产品分类是依据功能类型以及消费者习惯和实际中使用的主要因素来实现的，例如使用部位（头部、面部、腋下等）以及使用方式（淋洗型或驻留型）。调整后的加香产品类别详见表 9-2。

表 9-2　调整后的加香产品分类

类别	产品类型
1	涂在嘴唇上的产品
2	应用于腋下的产品
3	用指尖涂抹在面部/身体上的产品
4	与香水有关的产品
5	用手（手掌）涂在脸部和身体上的产品，主要用于驻留型产品
5A	用手（手掌）涂抹在身体上的润肤露产品，主要用于驻留型产品
5B	用手（手掌）涂抹在脸上的面部保湿产品，主要是驻留型产品
5C	用手（手掌）涂在手上的护手霜产品，主要是驻留型产品
5D	婴儿膏霜，婴儿油和滑石粉
6	与口腔和嘴唇接触的产品
7	会与手接触的发用品
7A	会与手接触的发用品，淋洗型
7B	会与手接触的发用品，驻留型
8	明显接触阴部的产品或明显曝露于肛门与生殖器的产品
9	曝露于身体和手的产品，主要是淋洗型产品
10	大多与手接触的家用护理产品
10A	家庭护理品，不包括气雾剂产品（不包括气溶胶/喷雾产品）
10B	家用喷雾剂/气溶胶

续表

类别	产品类型
11	拟与皮肤接触的产品，但香料从惰性底物中转移到皮肤的可能性极小
11A	拟与皮肤接触，但不曝露于紫外线下的产品，香料从惰性底中转移到皮肤的可能性极小
11B	拟与皮肤接触且可能曝露于紫外线下的产品，香料从惰性底物转移到皮肤上的可能性极小
12	不直接与皮肤接触的产品，香料转移到皮肤上的概率极小或不明显

（2）标准数量情况　经过第 49 次修订，IFRA 标准共有 214 个。其中禁用物质标准 84 个、限用香料标准 130 个、质量规格要求的标准 30 个。需要注意，3 类标准相加总数大于 214 个，是因为有的标准同时涉及多方面，例如禁用/质量规格的标准、限用/质量规格的标准等。具体情况如下：

①新增标准：此次修订新增标准 25 个，包括因皮肤致敏而新增的 6 个限用标准，分别是：柏木烯、长叶烯、4-苯基-3-丁烯-2-醇、*α*,2,2,3-四甲基环戊-3-烯-1-丁醛、2,6,10-三甲基-5,9-十一碳二烯醇和 5-(2,2,3-三甲基-3-环戊烯基)-3-甲基戊烷-2-醇。因皮肤致敏和全身毒性而新增的 16 个限用标准，分别是：*α*-红没药醇、香茅醛、2,4-二甲基环己甲醇、4,8-二甲基-4,9-癸二烯醛、5,9-二甲基-4,8-癸二烯醛、3,7-二甲基-2,6-壬二烯醛、3,7-二甲基-3,6-辛二烯醛、3,3-二甲基-5(2,2,3-三甲基-3-环戊烯-1-基)-4-戊烯-2-醇、金合欢醛、4-羟基-2,5-二甲基-3(2*H*)-呋喃酮、对异丙基苯甲醇、顺，反-4-异丙基环己基甲醇、4-异丙基-*β*-甲基环己基乙醇、2-甲氧基-4-丙基苯酚、1-乙氧基-2-羟基-4-丙烯基苯和对甲基苯甲醇。因光毒性、皮肤脱色、神经毒性而新增的各 1 个限用标准分别是：*N*-甲酰基邻氨基苯甲酸甲酯、4-(4-羟苯基)丁-2-酮和侧柏酮。

②修订的限用标准：因皮肤致敏而修订的 42 个限用标准分别是：肉桂醛二甲缩醛、肉桂腈、枯茗醛、二甲基环己-3-烯-1-甲醛（异构体混合物）、2-庚叉基环戊-1-酮、*α*-己叉基环戊酮、羟基香茅醛、异环柠檬醛、异环香叶醇、大花茉莉净油、小花茉莉净油、香蜂花精油、孟-二烯-7-甲醇甲酸酯、邻甲氧基肉桂醛、2-甲氧基-4-甲基苯酚、*α*-甲基肉桂醛、6-甲基-3,5-庚二烯-2-酮、庚炔羧酸甲酯、辛炔羧酸甲酯、3-甲基-2-戊氧基环戊-2-烯-1-酮、2-壬炔醛二甲缩醛、1-辛烯-3-醇乙酸酯、红没药（香树脂、胶、油、精油、酊剂）、1-(2,4,4,5,5-五甲基-1-环戊-1-烯-1-基)乙-1-酮、紫苏醛、3-丙叉基苯酞［3-亚丙基-1-异苯并呋喃酮，3-丙叉基-2-苯并（*c*）呋喃酮］、玫瑰酮类、苏合香、茶叶净油、邻、间、对-甲基苯甲醛及其混合物、2,6,6-三甲基环己-1,3-二烯基甲醛藏花醛、马鞭草（*Lippia citriodora* Kunth）精油和净油、依兰依兰提取物、水杨酸苄酯、香茅醇、金合欢醇、香叶醇、*α*-己基肉桂醛、甲基紫罗兰酮（异构体混合物）、［3 和 4-(4-羟基-4-甲基戊基）-3-环己烯-1-甲醛］、橡苔提取物和树苔提取物。

因皮肤致敏和全身毒性而修订的 44 个限用标准，分别是：乙酸、乙酸酐与 1,5,10-三甲基-1,5,9-环十二碳三烯反应产物、乙酰化香根草精油、苯氧乙酸烯丙酯、α-戊基肉桂醇、α-戊基肉桂醛、大茴香醇（对甲氧基苯甲醇）、苯甲醛、苯甲醇（苄醇）、苯甲酸苄酯、肉桂酸苄酯、α-丁基肉桂醛、3-(间-叔丁基苯基)-2-甲基丙醛（m-BMHCA）、对叔丁基-α-甲基氢化肉桂醛（铃兰醛）、对叔丁基二氢肉桂醛、香芹酮、肉桂醇、肉桂醛、柠檬醛、香豆素、兔耳草醛、十五内酯、二苄醚、6,7-二氢-1,1,2,3,3-五甲基-4(5H)-茚满酮（开司米酮）、二氢香豆素、1-(5,5-二甲基-1-环己烯-1-基)-4-戊烯-1-酮(α-王朝酮)、2,2-甲基-3-(3-甲基苯基)-丙-1-醇、草蒿脑、2-乙氧基-4-甲基苯酚、对乙基苯甲醛、丁香酚、反-2-己烯醛、水杨酸己酯、2-甲基-3-[4-(2-甲基丙基)苯基]丙醛（对异丁基-α-甲基氢化肉桂醛）、异丁香酚、对甲氧基苯甲醛、甲氧基二环戊二烯醛、4-甲氧基-α-甲基苯丙醛、新洋茉莉醛（MMDHCA）、甲基丁香酚、1-(1,2,3,4,5,6,7,8-八氢-2,3,8,8-四甲基-2-萘基）乙酮（龙涎酮）、秘鲁香膏、苯乙醛、3-苯基丁醛和 2-苯基丙醛。

因光毒性而修订的 2 个限用标准分别是：万寿菊精油和净油、柑橘属精油及其他含呋喃并香豆素的精油。内容无变化，仅格式修订的 12 个限用标准，分别是：5-乙酰基-1,1,2,3,3,6-六甲基二氢化茚、欧白芷根精油、香柠檬精油（压榨）、苦橙皮精油（压榨）、枯茗精油、糠醛、圆柚精油（压榨）、柠檬精油（冷榨）、白柠檬精油（压榨）、N-甲基邻氨基苯甲酸甲酯、β-萘乙酮和芸香精油。

③修订的有质量规格的标准：修订 3 个有质量规格的标准，分别是：柠檬烯、芳樟醇和松科衍生物。这 3 类物质对其过氧化物含量建立了纯度要求，标准中用于分析过氧化物值的方法已更新为当前 IFRA 测定过氧化物值的分析方法。仅格式改变，3 个由限用标准调整为有质量规格的标准分别是：2-（甲氨基）苯甲酸异丁酯、1,2,3,4-四氢-6-甲基喹啉和 1,2,3,4-四氢-4-甲基喹啉。在亚硝基化体系中，已将这 3 种物质确认为具有生成亚硝胺可能性的物质。这些物质的使用受到限制，下游用户应知道这些物质的存在，以便能够考虑恰当的防护措施。这与限用标准不对应，与有质量规格的标准相对应，因此将这 3 个标准由限用标准调整为有质量规格的标准。

④修订的禁用标准和禁用/有质量规格的标准：修订 8 个天然存在物质的禁用标准，分别是：异佛尔酮，顺,反-细辛脑，苄氰，7-甲氧基香豆素，黄樟素、异黄樟素和二氢黄樟素，异硫氰酸烯丙酯，2,4-二烯醛，甲基丙烯酸甲酯。修订 2 个关于更新其他名称和允许痕量水平措辞的禁用标准分别是：香叶腈和二甲苯麝香。修订 2 个关于对质量规格实用性的措辞进行澄清的禁用/有质量规格的标准，分别是：桦木热裂解产物和刺柏焦油。修订 2 个含质量规格的禁用标准（仅格式改变，即由禁用标准调整为禁用/有质量规格的标准），分别是：苯和甲苯。仅格式改变，24 个增加关注的毒理学终点（即临界效应）的禁用标准，分别是：辛炔酸烯丙酯、异硫氰酸烯丙酯、2-戊基-2-环戊烯-1-酮、3-溴-1,7,7-三甲基双环[2.2.1]-庚烷-2-酮、溴代苯乙烯、土荆芥精油、肉桂叉基丙酮、2,2-二氯-1-甲基环丙基苯、2-辛炔酸酯类（除庚炔羧酸甲酯外）、

2-壬炔酸酯类（除辛炔羧酸甲酯外）、糠叉基丙酮、香叶腈、异佛尔酮、香厚壳桂皮油、对甲基氢化肉桂醛、甲基丙烯酸甲酯、3-甲基-2(3)-壬烯腈、α-麝香、2,6-二溴-3-甲基-4-硝基苯甲醚（KS 麝香）、伞花麝香、西藏麝香、苯基丙酮、苯甲酸苯酯和山道年精油。

⑤实施日期：香精配方往往含有几十种香料，虽然每个香料的用量很低，但其特征香气在配方中都发挥了重要作用。调整香精配方中的任何一个香料，都会对香气造成改变，从而影响加香产品的品质。企业进行香精配方的调整，必须开展大量的实验工作，如找到合适的、安全的替代物，开展配方兼容性、稳定性、应用效果研究等需要较长周期。IFRA 进行标准修订过程中，充分考虑行业和产品特点，以及配方调整对行业企业的影响，一般都给予充分的过渡期。根据 IFRA 发布的通知，原计划针对日用香精新配方的实施日期为 2021 年 2 月 10 日，对于现有日用香精配方的实施日期为 2022 年 2 月 10 日；后因疫情影响，新配方实施时间延长至 2021 年 5 月 10 日，现有配方延长至 2022 年 5 月 10 日。

（3）IFRA 标准第 50 次修订　2021 年 6 月，IFRA 发布标准第 50 次修订的通知，仅新增一个禁用标准，即禁止薄荷内酯（CAS：13341-72-5）作为日用香料使用；第 49 次修订的内容保持不变。针对日用香精新配方的实施日期为 2021 年 8 月 30 日，对于现有日用香精配方的实施日期为 2022 年 7 月 30 日。

（四）欧盟日用香料香精相关法规

对于化妆品中禁止使用的日用香料，《欧盟化妆品指令》及其后来的数次修改（76/768/EEC）均对某些日用香料在化妆品中的使用做出某种限制，基本全部采纳了 IFRA 禁用标准中的物质名单。

2003 年 3 月，《欧盟化妆品指令》做了第 7 次修订（2003/15/EC），将欧盟化妆品和非食品科学委员会（原 SCCNFP 现 SCCS）鉴别的 26 种公认的、可能引起接触性过敏的日用香料致敏物收录于附录Ⅲ（即化妆品限用物质清单），并规定在驻留类化妆品中的浓度高于质量分数 0.001%、淋洗类化妆品中高于质量分数 0.01%时，应在化妆品标签成分列表中标注这些物质名称。事实上，欧盟化妆品指令只要求标示这些香料，而 IFRA 的《实践法规》要求它们在 11 类产品中的使用浓度不超过一定限量，以保证其安全性。由此看来，IFRA 标准是从源头上把关，以保护消费者的健康，这样做更为有效。

2009 年 11 月，欧盟委员会在《欧盟化妆品指令》的基础上制定发布了《欧盟化妆品法规》（2009/1223/C），保持了对这 26 种日用香料致敏物的规定，26 种日用香料致敏物信息见表 9-3。

表 9-3　欧盟规定的 26 种日用香料致敏物

序号	INCI 名称	中文名称
1	amyl cinnamal	戊基肉桂醛
2	benzyl alcohol	苯甲醇

续表

序号	INCI 名称	中文名称
3	cinnamyl alcohol	肉桂醇
4	citral	柠檬醛
5	eugenol	丁香酚
6	hydroxycitronellal	羟基香茅醛
7	isoeugenol	异丁香酚
8	amylcinnamal alcohol	戊基肉桂醇
9	benzyl salicylate	水杨酸苄酯
10	cinnamal	肉桂醛
11	coumarin	香豆素
12	geraniol	香叶醇
13	hydroxyisohexyl 3-cyclohexenecarb oxaldchyde	羟异己基 3-环己烯基甲醛
14	anise alcohol	茴香醇
15	benzyl cinnamate	肉桂酸苄酯
16	farnesol	金合欢醇
17	butylphenyl methypropional	丁苯基甲基丙醛
18	linalool	芳樟醇
19	benzyl benzoate	苯甲酸苄酯
20	citronellol	香茅醇
21	hexyl cinnamal	己基肉桂醛
22	limonene	苎烯
23	methyl 2-octynoate	2-辛炔酸甲酯
24	alpha-isomethyl ionone	α-异甲基紫罗兰酮
25	evernia prunastri extract	橡苔提取物
26	evernia furfuracea extract	树苔提取物

随着对日用香料致敏性知识的积累，2012 年 6 月欧盟科学委员会（现 SCCS 原 SCCNFP）发布关于化妆品中日用香料致敏物的意见，对原 SCCNFP 的意见进行了更新。SCCS 认为，据统计 1%~3%的欧洲人对某些日用香料过敏。根据现有资料，有 82 种物质被视为可能引起接触性过敏的日用香料致敏物（含表 9-2 中的 26 种物质），其中 20 种物质为高风险致敏物。由于存在争议，且考虑到社会经济影响，目前该意见仅停留在科学评估结论阶段，未作为管理规定列入《欧盟化妆品法规》中。此外，为满足《欧盟

化妆品法规》要求，欧盟化妆品协会和 IFRA 共同制定了《香料香精供应商和化妆品制造商信息交流指南》，指导上下游就产品有关的安全信息相互交流。

（五）我国日用香料香精相关法规

1. 我国日用香料香精相关法规的形成过程

中国是一个面向全球的香料香精生产国和使用国，身为 IFRA 的观察员，有义务也有责任尽可能遵循 IFRA《实践法规》的相关规定。为尽快解决这一问题，经过充分调查和研究国际上相关法规和标准的立法背景及工作内容，鉴于目前我国行业实际情况，不可能也没有必要对日用香料的安全性进行完全独立的评价，因此可借鉴国际上的评价结果及相关法规、标准制定我国的法规或标准。根据这一原则，在原行业标准的基础上起草了《日用香精》（GB/T 22731）国家标准。该标准不但规定了日用香精的质量要求，还根据日用香精发展趋势以及市场需求，参考 IFRA《实践法规》，提出了日用香精的安全性要求。该标准中还规定了日用香料的定义、要求、实验方法、检验规则、标志、包装、运输、贮藏及保质期，适用于对日用香精的质量进行分析评价，已修订数次，对于稳定产品质量和协调供求双方的利益起到良好的作用。

2022 年，GB/T 22731—2022 明确列出 85 种在日用香精中禁用的香料，这既符合 IFRA《实践法规》的规定，也符合中国《化妆品卫生规范》的相关规定。同时将使用日用香精的最终产品分为 12 类（表 9-4），并规定了 125 种限用香料在这 12 类产品中的最高使用量，其中被限用的香料有：α-戊基肉桂醇、α-戊基肉桂醛、大茴香醇、苄醇（苯甲醇）、苯甲酸苄酯、肉桂酸苄酯、水杨酸苄酯、对叔丁基二氢肉桂醛、对叔丁基-α-甲基氢化肉桂醛（铃兰醛）、肉桂醇、肉桂醛、柠檬醛、香茅醇、丁香酚、金合欢醇、香叶醇、反-2-己烯醛、α-己基肉桂醛、水杨酸己酯、羟基香茅醛、异环柠檬醛、异环香叶醇、异丁香酚、甲氧基二环戊二烯醛、2-甲氧基-4-甲基苯酚、α-甲基肉桂醛、甲基紫罗兰酮（异构体混合物）、1-辛烯-3-醇乙酸酯、秘鲁香膏（提取物和蒸馏物）、苯乙醛、玫瑰酮类（又称异突厥酮、γ-突厥酮）、茶叶净油、香豆素、甲基铃兰醇［2,2-二甲基-3-（3-甲基苯基）-丙醇］、1-（1,2,3,4,5,6,7,8-八氢-2,3,8,8-四甲基-2-萘基）乙酮（龙涎酮）、2-乙氧基-4-甲基苯酚、香芹酮、依兰依兰各种提取物、大花茉莉净油、小花茉莉净油、肉桂腈、2-己叉基环戊酮、新铃兰醛［3-和4-（4-羟基-4-甲基戊基）-3-环己烯-1-醛］、对蒂-1,8-二烯-7-醛（紫苏醛）、盖二烯-7-甲醇甲酸酯［2-（4-异丙基环己二烯）乙醇甲酸酯］、庚炔羧酸甲酯、辛炔羧酸甲酯、橡苔提取物［含脱氢松香酸≤0.1%、苔黑醛≤0.01%、氯化苔黑醛≤0.01%］、树苔提取物［含脱氢松香酸≤0.8%、苔黑醛≤0.1%、氯化苔黑醛≤0.1%］、苯氯乙酸烯丙酯、苯甲醛、α-丁基肉桂醛、肉桂醛二甲缩醛、枯茗醛、兔耳草醛、十五内酯、二苄醚、二氢香豆素、二甲基环己-3-烯-1-醛（异构体混合物）、α-王朝酮［1-(5,5-二甲基-1-环己烯-1-基）-4-戊烯-1 酮］、对乙基苯甲醛、糠醛、2-庚叉基环戊-1-酮、对异丁基-α-甲基氢化肉桂醛、香蜂花精油、对甲氧基苯甲醛、邻甲氧基肉桂醛、4-甲氧基-α-甲基苯丙醛、新洋茉莉醛（α-甲基-3,4-二氧亚甲基氢化肉桂醛）、甲基丁香酚（天然香料含有的除外）、6-甲基-3,5-庚二烯-2-酮、3-甲基-2-戊氧基环戊-2-烯-1-酮、2-壬烯醛二甲缩醛、红没药（香树脂、胶、油、净油、酊剂）、1-（2,4,4,5,5-五甲基-1-环戊-1-烯-1-基）乙-1-酮、3-苯基丁醛、2-苯基丙醛、乙酰基六甲基二氢茚、苏合香提取物（树脂、精油、精制精油、裂解蒸馏精油）、邻、间、对-甲基苯甲醛及其混合物、2,6,6-三甲基环己-1,3-二烯基甲醛（藏红花醛）、柠檬马鞭草净油（防臭木净油）、乙酰化香根精油、6,7-二氢-1,1,2,3,3-五甲基-4（5*H*）-茚满酮（开司米酮）、3-间叔丁基苯基-2-甲基丙醛、乙酸，乙酸酐与1,5，10-三甲基-1,5,9-环十二碳三烯反应产物、圆叶当归根精油（欧白芷根精油）、压榨香柠檬精油、压榨苦橙皮精油、柑橘属精油及其他含呋喃并香豆素的精油［以5-甲氧基呋喃并香豆素（5-MOP）为代表］、枯茗精油（孜然精油）、压榨圆柚精油、冷榨柠檬精油、压榨白柠檬精油、芸香精油、孔雀草和小万寿菊精油和净油、β-萘乙酮、*N*-甲基邻氨基苯甲酸甲酯、2-甲氧基-4-丙基苯酚、3,3-二甲基-5-(2,2,3-三甲基-3-环戊烯-1-基)-4-戊烯-2-醇、3,7-二甲基-2,6-壬二烯醛、4-异丙基-β-甲基环己基乙醇、4,8-二甲基-4,9-癸二烯醛、顺和反-4-异丙基环己基甲醇、3,7-二甲基-3,6-辛二烯醛、α-红没药醇、对异丙基苯甲醇、1-乙氧基-2-羟基-4-丙烯基苯（浓馥香兰素）、2,6,10-三甲基-5,9-十一碳二烯-1-醇、对甲基苯甲醇、香茅醛、2,4-二甲基环己基甲醇、草蒿脑、金合欢醛、4-苯基-3-丁烯-2-醇、5-(2,2,3-三甲基-3-环戊烯基)-3-甲基戊-2-醇、柏木烯、长叶烯、α，2，2,3-四甲基环戊-3-烯-1-丁醛、4-(4-羟苯基）丁-2-酮（覆盆子酮）、*N*-甲酰基邻氨基苯甲酸甲酯、侧柏酮等。

表9-4　　应用日用香料的12类产品

类别	产品
第1类	应用于嘴唇部的产品[a]：所有类型的唇部用品（固体和液体唇膏、脂，澄清的，着色的）
第2类	应用于腋下的产品：各类祛臭和抑汗产品，包括拟用于或合理的可预见的用于腋下的或这样标示的产品（喷雾的、棒状的、滚珠的、腋下的除臭古龙水等）；体用喷雾产品（包括body mist，体用喷雾剂）
第3类	用指尖涂抹于面部和身体的产品：所有类型的眼部用品［眼影、睫毛油/膏、眼线膏（笔）、眼部彩妆、眼膜、香味眼罩（eye pillows）等］，包括眼部护理和保湿用品；面部美容品和底霜；面部和眼部卸妆用品；鼻孔条（毛孔清洁鼻贴）（nose pore strips）；脸、颈、手、体用的擦拭品或清新纸巾；儿童和成人的体用和脸用彩绘品；面部和眼部用的面膜
第4类	与香水（fine fragrance）相关的产品（一般用于颈部、面部和腕部）：各种类型的水醇型和非水醇型香水［淡香水（盥洗水）、浓香水、古龙水、固体香水、芳香膏霜（fragrancing cream）、各种类型的须后用品等］；加香手镯；香水套装组件和成套化妆品用的日用香精（ingredients of perfume kits and fragrance mixtures for cosmetic kits）；香水取样用香味垫和铝箔包装香片（scent pads，foil packs）；水醇产品香条（scent strips for hydroalcoholic products）

续表

类别	产品
第5类	用手（手掌）涂抹于脸部和身体的产品，主要为驻留类产品
5A类	用手（手掌）涂抹于身体的乳液（body lotion），主要为驻留类产品：所有类型的体用膏、霜、油、露；护足用品（膏霜、粉）；拟用于皮肤上的昆虫驱避剂；所有粉类和滑石粉（不包括婴儿用粉和滑石粉）
5B类	用手（手掌）涂抹于脸部的润湿保水产品，主要为驻留类产品：脸部化妆水［爽肤水（facial toner）］；面部保湿品和膏霜
5C类	用手（手掌）涂抹于手上的膏霜产品，主要为驻留类产品：手用膏霜；指（趾）甲护理品，包括指（趾）甲油等；手部清洁剂（hand sanitizers）
5D类	婴幼儿用膏、霜、露、油，婴儿粉和滑石粉
第6类	曝露于口腔和嘴唇部的产品[a]：牙膏；漱口剂，包括口腔清新喷雾剂；牙粉、牙条；漱口片（口腔清洁片）（mouthwash tablets）
第7类	应用于头发的产品，多少会与手接触
7A类	应用于头发的淋洗类产品，多少会与手接触。长效烫发剂或其他头发化学处理剂（淋洗类），如直发剂，包括淋洗类染发剂
7B类	应用于头发的驻留类产品，多少会与手接触：所有类型的喷发用品（泵式、喷雾式等）；非喷雾型头发成型助剂（摩丝、凝胶、驻留类护发素）；长效烫发剂和其他头发化学处理剂（驻留类）（如直发剂），包括驻留类染发剂；干香波（无水香波）；头发除臭剂
第8类	明显曝露于肛门与生殖器的产品（显著接触肛门与生殖器的产品）：私密处擦拭品（intimate wipes）；卫生棉条（tampons，止血塞）；婴幼儿擦拭品（baby wipes）；卫生纸（巾）（湿的）
第9类	曝露于身体和手的产品，主要为淋洗类产品：块皂/香皂；所有类型香波；脸用清洁剂（淋洗类）；淋洗类调理剂（conditioner）；液皂；所有类型的体用洗涤用品和淋浴凝胶；婴儿洗护品、沐浴用品、香波；加到浴缸水中的浴用凝胶、起泡剂、摩丝、浴盐、油类和其他产品；护足产品（将足浸泡在浴盆中）；所有类型的剃须膏霜（棒状、凝胶、泡沫等）；机械除毛用的所有类型的脱毛剂（包括脸部用）和蜡；宠物用香波
第10类	大多与手接触的家庭护理用品
10A类	不包括气雾产品（气溶胶/喷雾品）的家庭护理用品：手洗衣物洗涤剂（包括浓缩品）；所有类型的洗衣预处理剂；手洗餐具洗涤剂（包括浓缩品）；所有类型硬表面清洁剂（浴室和厨房清洁剂、家具上光剂等）；与皮肤接触的机洗衣物洗涤剂（如液体、粉末），包括浓缩物；干洗成套用品；厕所座位擦拭剂（toilet seat wipes）；所有类型的织物柔软剂，包括织物柔顺片（softener sheets）；其他类型的家庭清洁用品，包括织物清洁剂、软表面清洁剂、地毯清洁剂、皮革清洁用擦拭剂、污渍去除剂、织物香氛喷雾（fabric enhancing sprays）、织物处理剂（如淀粉喷雾剂、洗涤后织物加香处理品、织物除臭剂）；地板蜡；灯圈用芳香油（fragranced oil for lamp ring），香熏藤条（reed diffusers），房间熏香用的干花和叶的混合品（pot-pourri），液体空气清新剂替换装、非替芯包装（liquid refills for air fresheners，non-cartridge systems）等；熨烫用水（加香蒸馏水）

续表

类别	产品
10B 类	家庭用气溶胶/喷雾品：动物用各类喷洒产品；空气清新喷洒用品，手动的，包括气雾剂型和泵式；气雾剂型/喷洒型杀虫剂
第 11 类	拟与皮肤接触的产品，但香料从惰性底物转移到皮肤的概率极小
11A 类	拟与皮肤接触但不与紫外线接触的产品，香料从惰性底物转移到皮肤的概率极小：妇女卫生用品（常规的月经衬垫、阴唇垫）；尿布（婴儿和成人）；成人尿失禁裤、垫；厕所用纸（干的）
11B 类	拟与皮肤接触且可能曝露于紫外线的产品，香料从惰性底物转移到皮肤的概率极小：含保湿剂的连袜裤（tights）；加香的袜子、手套；干面巾；餐巾；纸巾；芳疗用麦袋（wheat bags）；面膜（纸质的/保护性的），如不当作医药用品的外科面膜；固态肥料（片状或粉状）
第 12 类	不与皮肤直接接触的产品，香料转移到皮肤上的概率极小或不明显：所有类型的蜡烛（包括盒装的）；与皮肤极少接触的洗衣机用洗涤剂（如液体的、片状的、颗粒状的）；自动的空气清新剂和各种类型的加香油［具有计量剂量的浓缩的气溶胶（范围为 0.05~0.5mL/喷），插件（plug-ins），密闭体系，固态底物，膜输送的，电动的，粉末状的，发香的香袋（sachets），燃香（盘香、线香），再充装液体墨盒（liquid refills cartridge），清新空气香珠（Air freshening crystals）］；空气输送体系；猫砂（cat litter）；手机外套；与皮肤不接触的除臭剂/气味掩盖剂（如织物干燥机用除臭剂、地毯粉）；燃料；除虫剂（如盘形蚊香、驱蚊纸，电动的，服装上用的），不包括气溶胶/喷雾产品；拜佛用的香；机用餐具洗涤剂和除臭剂；芳香桌面（棋、牌）游戏用品（olfactive board games）；涂料；塑料制品（不包括玩具）；一刮即嗅品（scratch and sniff）；香水盒（scent pack）；香气输送系统（用于空气技术）；鞋油；洁厕剂（rim blocks，toilet）

注：[a]唇用产品及接触口腔的产品，除符合本文件规定外，其所用的香料还应同时符合 GB 2760—2024 及其增补公告中允许使用的香料的规定，其所用辅料应符合 GB 30616—2020 中允许使用的辅料及最终产品中允许使用的原料的规定。

对于存在于天然香料中的某些日用香精中的禁用成分，这些成分可能是某一天然产物或合成香料中的一个成分，在使用这些天然产物或合成香料时，它们会以杂质的形式带入日用香精中。GB/T 22731—2022 规定了这些禁用成分作为带入物质在最终加香产品中的最高量。该标准中对于日用香料安全性的要求采用的是“否定表”形式，即列出了日用香精中禁用香料（表 9-5）和限用香料，而对于标准中未禁用或限用的香料则视为可安全使用。

表 9-5　　我国现已禁用的日用香料（截至 2022 年）

编号	中文名称	英文名称	CAS 号
1	万山麝香 （乙酰基乙基四甲基萘满）	versalide （acetyl ethyl tetramethyltetralin）	88-29-9
2	乙酰异戊酰 （5-甲基-2,3-己二酮）	acetylisovaleryl （5-methy-2,3-hexanedione）	13706-86-0

续表

编号	中文名称	英文名称	CAS 号
3	土木香根油	allantroot oil(elecampane oil)	97676-35-2
4	庚炔羧酸烯丙酯	allylheptine carbonate	73157-43-4
5	异硫氰酸烯丙酯	allylisothiocyanate	57-06-7
6	2 戊基-2-环戊烯-1-酮	2-pentyl-2-cyclopenten-1-one	25564-22-1
7	茴香叉基丙酮 [4-(对甲氧基苯基)-3-丁烯-2-酮]	anisylidene actone [4-(*p*-methoxyphenyl)-3-butene-2-one]	943-88-4
8	顺和反-细辛脑[a]	*cis*- and *trans*-asarone	2883-98-9 5273-86-9
9	苯[b]	benzene	71-43-2
10	苄氰[c]	benzyl cyanide	140-20-4
11	苄叉丙酮 (4-苯基-3-丁烯-2-酮)	benzylidene acetone (4-phenyl-3-buten-2-one)	122-57-6
12	桦木裂解产物[d]	birch wood pyrolysate	8001-88-5 84102-15-7 85940-29-0 68917-50-0
13	3-溴-1,7,7-三甲基双环[2.2.1]庚烷-2-酮	3-bromo-1,7,7-trimethyl bicyclo[2.2.1]-heptane-2-one	76-29-9
14	溴代苯乙烯 (溴代苏合香烯)	bromostyrene	103-64-0
15	对叔丁基苯酚	*p*-*tert*-butylphenol	98-54-4
16	刺柏焦油[e]	cade oil (*Juniperus oxycedrus* L.)	90046-02-9 8013-10-3
17	香芹酮氧化物	carvone oxide	33204-74-9
18	土荆芥油	chenopodium oil (*Chenopodium ambrosiodes* L.)	8006-99-3
19	肉桂丙酮	cinnamylidene acetone	4173-44-8
20	松香	colophony	8050-09-7
21	广木香根油、浸膏、净油	costus root oil、absolute、concrete	8023-88-9
22	兔耳草醇[f] [3-(4-异丙苯基)-2-甲基丙醇]	cyclamen alcohol [3-(4-isopropylphenyl)-2-methylpropanol]	4756-19-8

续表

编号	中文名称	英文名称	CAS 号
23	1,3-二溴-4-甲氧基-2-甲基-5-硝基苯	1,3-dibromo-4-methoxy-2-methyl-5-nitrobenzene	63697-53-0
24	1,3-二溴-2-甲氧基-4-甲基-5-硝基苯	1,3-dibromo-2-methoxy-4-methyl-5-nitrobenzene	62265-00-0
25	2,2-二氯-1-甲基环丙基苯	2,2-dichloro-1-methylcydo-propylbenzene	3591-42-2
26	马来酸二乙酯	diethyl maleate	141-05-9
27	2,4-二羟基-3-甲基苯甲醛	2,4-dihydroxy-3-methyl benzaldehyde	6248-20-0
28	4,6-二甲基-8-叔丁基香豆素	4,6-dimethyl-8-*tert*-butyl coumarin	17874-34-9
29	3,7-二甲基-2-辛烯-1-醇	3,7-dimethyl-2-octen-1-ol	40607-48-5
30	顺-甲基丁烯二酸二甲酯	dimethyl citraconate	617-54-9
31	二苯胺	diphenylamine	122-39-4
32	2-辛炔酸酯类 (庚炔羧酸甲酯除外)	esters of 2-octynoic acid (except methyl heptine carbonate)	10031-92-2
33	2-壬炔酸酯类 (辛炔羧酸甲酯除外)	esters of 2-octynoic acid (except methyl octine carbonate)	10484-32-9 10519-20-7
34	丙烯酸乙酯	ethyl acrylate	140-88-5
35	乙二醇单乙醚及其乙酸酯	ethylene glyvol monoethyl ether and its acetate	110-80-5 111-15-9
36	乙二醇单甲醚及其乙酸酯	ethylene glyvol monomethyl ether and its acetate	109-86-4 110-49-6
37	无花果叶净油	fig leaf absolute oil	68916-52-9
38	糠叉基丙酮	furfurylideneacetone	623-15-4
39	香叶腈	gernayl nitrile	5146-66-7 5585-39-7 31983-27-4
40	反-2-庚烯醛	*trans*-2-heptenal	18829-55-5
41	六氢香豆素	hexahydrocoumarin	700-82-3
42	反-2-己烯醛二乙缩醛	*trans*-2-hexenal diethyl acetal	67746-30-9
43	反-2-己烯醛二甲缩醛	*trans*-2-hexenal dimethyl acetal	18318-83-7

续表

编号	中文名称	英文名称	CAS 号
44	氢化枞醇、二氢枞醇	hydroabietyl alcohol、dihydroabietyl alcohol	13393-93-6 26266-77-3 1333-89-7
45	氢醌单乙醚 (4-甲氧基苯酚)	hydroquinone monoethyl ether (4-ethoxyphenol)	622-62-8
46	氢醌单甲醚 (4-甲氧基苯酚)	hydroquinone monomethyl ether (4-methoxyphenol)	150-76-5
47	异佛尔酮	isophorone	78-59-1
48	6-异丙基-2-十氢萘酚	6-isopropyl-2-decalol	34131-99-2
49	香厚壳桂皮油	massoia bark oil	85085-26-3
50	马索亚内酯 (5-羟基-2-癸烯酸内酯)	massoia lactone (5-hydroxy-2-decanoic acid lactone)	54814-64-1 51154-96-2
51	7-甲氧基香豆素[g]	7-methoxy coumarin	531-59-9
52	1-(4-甲氧基苯基)-1-戊烯-3-酮	1-(4-methoxyphenyl)-1-penten-3-one	104-27-8
53	6-甲基香豆素	6-methylcoumarin	92-48-8
54	7-甲基香豆素	7-methylcoumarin	2445-83-2
55	巴豆酸甲酯	methyl crotonate	623-43-8
56	4-甲基-7-乙氧基香豆素	4-methyl-7-ethoxycoumarin	87-05-8
57	对甲基氢化肉桂醛	*p*-methyl hydrocinamic aldehyde	5406-12-2
58	甲基丙烯酸甲酯	methyl methacrylate	80-62-6
59	3-甲基-2(3)-壬烯腈	3-methyl-2(3)-nonenenitrile	53153-66-5
60	伞花麝香 (1,1,3,3,5-五甲基-4,6-二硝基茚满)	moskene (1,1,3,3,5-pentamethyl-4,6-dinitroindane)	116-66-5
61	葵子麝香	musk ambrette	83-66-9
62	西藏麝香 (1-叔丁基-2,6-二硝基-3,4,5-三甲基苯)	musk tibetene (1-tert-butyl-2,6-dinitro-3,4,5-trimethylbenzene)	145-39-1
63	二甲苯麝香	musk xylene	81-15-2
64	硝基苯	nitrtobenzene	98-95-3
65	2-戊叉基环己酮	2-pentylidene cyclohexanone	25677-40-1

续表

编号	中文名称	英文名称	CAS 号
66	秘鲁香膏粗品	peru balsam crude	8007-00-9
67	苯基丙酮 [甲基苄基(甲)酮]	phenyl acetone (methyl benzyl ketone)	103-79-7
68	苯甲酸苯酯	phenyl benzoate	93-99-2
69	假性紫罗兰酮 (2,6-二甲基十一碳-2,6,8-三烯-10-酮)[h]	pseudoionone (2,6-dimethylundeca-2,6,8-trien-10-one)	141-10-6
70	假性紫罗兰酮 (7,11-二甲基-4,6,10-十二碳三烯-3-酮)[i]	pseudo methylionone (7,11-dimethyl-4,6,10-dodecatrien-3-one)	1117-41-5 26651-96-7 72968-25-3
71	黄樟素、异黄樟素、二氢黄樟素[j]	Safrole、isosafrole、dihydrosafrole	94-59-7 120-58-1 94-68-6
72	山通年油	santolina oil	84961-58-0
73	甲苯[k]	toluene	108-88-3
74	马鞭草油	verbena oil	8024-12-2
75	博尔多油	boldo oil	8022-81-9
76	2,4-二烯醛(一组物质)	2,4-dienals	764-40-9 80466-34-8 5910-85-0 30361-28-5 6750-03-4 2363-88-4 13162-46-4 21662-16-8 142-83-6 25152-84-5 30361-29-6 4313-03-5
77	糠醇	furfuryl alcohol	98-00-0
78	喹啉	quinoline	91-22-5
79	桧精油[l]	savin oil (*Juniperus sabina*)	8024-00-8 90046-04-1
80	1,2,3,4-四氢-4-甲基喹啉	1,2,3,4-tetrahydro-4-methyl quinoline	19343-78-3

续表

编号	中文名称	英文名称	CAS 号
81	2,4-己二烯-1-醇	2,4-hexandine-1-ol	111-28-4 17102-64-6
82	(反,反)-2,4-十二碳二烯-1-醇	(*E*,*E*)-2,4-dodecadine-1-ol	18485-38-6
83	薄荷内酯	mintlactone	13341-72-5
84	苏合香提取物(粗胶)	styrax (*Liquidamber styraficula* L. var. *Macrophylla*; *Liquidamberorientalis* Mill.)	101227-15-0
85	马鞭草精油	verbena essential oil (*Lippia citriodora*、*Aloysia triphlla*、*Lippia triphylla*、*Verbena triphylla*、*Zappania citrodora*)	8024-12-2 85116-63-8

注：[a]因香精中使用顺式和反式细辛脑的精油而带入最终加香产品的此化合物含量应不大于 100mg/kg。

[b]在日用香精中，苯的含量应不大于 1mg/kg。

[c]因香精中使用含苄氰的天然原料而带入最终加香产品的此化合物含量应不大于 100mg/kg。

[d]允许使用经精制的多环芳烃（苯并芘、苯并蒽）含量不大于 1 μg/kg 的桦木裂解产物。

[e]允许使用经精制的刺柏焦油。当它被单独使用时，或与精制的桦焦油（birch tar oil）、精制的红没药油（opo-pona oil）、或精制的苏合香油（styrax oil）一起使用时，带入最终加香产品的多环芳烃（以苯并芘和 1，2-苯并蒽为标志物）的含量应不大于 1μg/kg。

[f]兔耳草醇可能作为杂质存在于兔耳草醛中，但其含量应不大于 1.5%。

[g]因香精中使用含 7-甲氧基香豆素的天然原料而带入最终加香产品的此化合物含量应不大于 100mg/kg。

[h]假性紫罗兰酮可能作为杂质存在于紫罗兰酮中，但其含量应不大于 2%。

[i]假性甲基紫罗兰酮可能作为杂质存在于甲基紫罗兰酮中，但其含量应不大于 2%。

[j]因香精中使用含黄樟素的天然原料而带入最终加香产品的此化合物含量应不大于 100mg/kg，加香产品中黄樟素、异黄樟素和二氢黄樟素的总量应不大于 100mg/kg。

[k]日用香精中甲苯的含量越低越好，但应不大于 100 mg/kg。

[l]禁用桧油（juniperus sabina oil），而腓尼基桧油（juniperus phoenicea oil）可用，但要符合如下质量规格：相对密度（20℃/20℃）0.864~0.873；折射率（20℃）1.4700~1.4720；旋光度（20℃）-1~+4；酸值 0.4~1；酯值 2.5~7；乙酰化后酯值 10~23；溶解度：1 倍体积油溶于 0.5~6 体积 96%乙醇，进一步稀释，会产生乳光。

值得注意的是，某些限用香料常常是日用香精中常用的原料，有些还是普遍存在于许多天然香料（精油、浸膏和净油等）中的成分，如柠檬醛、香叶醇、香茅醇和丁香酚等。因此，调香师在设计日用香精配方时，除了考虑直接加入的某个限用香料的量，还要考虑因使用其他含该限用香料的天然香料所带入的该物质的量，以使限用香料的总量不超过标准要求。另外还应注意，尽管大多数香料既可食用又可日用，但也有不少香料只能食用不能日用。

GB/T 22731—2022 修订实施后，要求生产企业对原有的日用香精配方逐一进行确认或调整，这对调香师提出了更高的要求。另外，对于香料产品标准，特别是天然香料产品标准提出了更高的要求，必须对其成分做出明确界定，并提供相应含量，以使调香师掌握足够的信息。

2. 部分加香产品对日用香料香精的要求

（1）化妆品中香料香精的管理 GB/T 22731—2022 涉及的 11 类加香产品中包含了不同类型的化妆品产品，规定了化妆品所用香精中禁止使用的香料以及限用香料的最高允许使用量。《化妆品安全技术规范》（2015 年版）作为我国化妆品行业重要的技术支撑文件，从化妆品安全通用要求、禁限用组分、检验评价方法等方面做了详细规定。关于化妆品中禁止使用的日用香料，与《欧盟化妆品法规》相似，基本采纳了 IFRA 提出的禁用物质名单。

（2）牙膏中香料香精的管理 牙膏属于 GB/T 22731—2022 中 11 类加香产品的第 6 类，该标准规定了牙膏香精中禁止使用的香料以及限用香料的最高允许使用量。同时，标准还要求："接触口腔的产品，除符合本标准规定外，其所用的香料还应同时符合 GB 2760 标准［即《食品安全国家标准 食品添加剂使用标准》（GB 2760—2024）］中允许使用的香料的规定，其所用辅料应符合 GB 30616 标准［即《食品安全国家标准 食品用香精》（GB 30616—2020）］中允许使用的辅料及最终产品中允许使用的原料的规定"。

（3）餐洗产品中香料香精的管理 《食品安全国家标准 洗涤剂》（GB 14930.1—2022）将香精分为 A 类产品和 B 类产品两类。其中，A 类产品是指直接用于清洗食品的洗涤剂，B 类产品是指用于清洗餐饮具以及接触食品的工具、设备、容器和食品包装材料的洗涤剂。根据 GB 14930.1—2022 要求，对于 A 类产品原料的要求包括：①A 类产品使用的原料应符合 GB 14930.1—2022 附录 A 及相关公告的规定；②列入 GB 2760—2024、《食品安全国家标准 食品接触材料及制品用添加剂使用标准》（GB 9685—2016）的物质，我国允许使用的食品用消毒剂辅助成分，列入《牙膏用原料规范》（GB 22115—2008）的着色剂和防腐剂，食品原料、食品提取物，以及相关公告中批准使用物质也可用于 A 类产品的生产；③A 类产品所用香精应符合 GB 30616—2020 的规定。对于 B 类产品原料的要求包括：①B 类产品使用 A 类产品允许使用的原料时，应符合对于 A 类产品原料要求的第①条规定；所用防腐剂和着色剂仅能使用符合对于 A 类产品原料要求第①条规定的物质；②B 类产品所用香精应符合 GB/T 22731—2022 中相应产品类别的规定；③洗涤剂生产企业使用其他原料生产 B 类产品时，应对所用原料进行安全性评估和控制，确保产品符合要求。

（六）日用香料香精安全管理的思考

日用香精是由多种日用香料和辅料（如溶剂、载体、抗氧剂、乳化剂等）调配而成的混合物，其安全性主要取决于所用香料的安全性，因此加强日用香料的安全评估和安全性管理具有重要意义。日用香料品种众多，在绝大部分加香产品中用量极低，通常为 mg/kg 级别，对其安全性应实行有针对性的管理。随着科学技术的发展与进步，应及时修订和调整日用香料香精安全管理的相关法规与标准，实现禁/限用物质规定的动态管理。

目前对日用香料香精主要采取的是法规监管与行业自律相结合的管理模式，其中行业自律是日用香料香精管理的重要基础。行业应进一步加强自律，充分发挥企业主体责任，加强香料香精生产企业与下游加香产品生产企业间的沟通与交流，香料香精生产企业应向加香产品企业提供必要的日用香料香精技术支持和安全性数据，加香产品生产企业及时向香料香精企业反馈加香产品研发以及销售过程中遇到的与日用香料香精安全性有关的问题。

日用香精是配方型产品，其调配是科学与艺术的结合，配方是产品和企业的核心竞争力，但目前的知识产权保护手段对日用香精配方的保护效果极为有限，目前全球普遍采取的、行之有效的方式是将香精配方作为商业机密，不强制要求揭露香精配方及其全部成分。建议在确保日用香料香精安全性的基础上，进一步注重保护香料香精生产企业的知识产权与商业机密。

二、食品用香料香精的安全性与法规标准

随着社会经济的发展和人们生活水平的提高，人们对食物香味也提出了更多更高的要求。为了满足人们对食物的嗅觉以及味觉的要求，加香技术也在食品中应用越来越广泛，添加少量的食品用香料香精就能使食品的香味有较大的提升。食品用香料香精具有“自我限量”的特性，因而不像合成甜味剂、防腐剂、色素那样受到人们的强烈关注，但是食品用香料香精并不是绝对安全的，大部分香料香精的危害要经过长期的积累才能表现出来，有些物质长期积累后可危害人类的生殖系统，同时多数具有潜在的致癌性。因此，世界各国和地区都对香料香精的使用制定了严格的法规和标准加以管理。

食用香精研发者和生产者应该了解和熟悉《国际食用香料香精工业组织的实践法规》(Code of Practice IOFI) 和政府有关食用香料生产的法规，严格按照法规组织生产。本书所涉及的食用香精安全方面的内容仅作为参考，不能作为法律依据。影响食用香精安全性的因素主要是食用香料。食用香料属于重要的食品添加剂之一，它的安全性和食品香精中使用的添加物的安全性决定了食品香精的安全性。食用香精所用的原料都是经过长期、严格的毒理学实验后才批准使用的，其中大部分香料是天然食物的香成分，在其使用范围内是安全的，调香师和食用香精生产者必须只使用被允许的原料，每一种原料的质量必须符合食用香精要求，每一种原料的用量必须在允许的范围内。常用香料的用量是调香师必须熟识的，文献中公布的香料参考用量一般是指其在食品中的用量，不是指其在香精配方中的用量。表 9-6 列举了部分香料在食品中的参考用量。

表 9-6　部分香料在食品中的参考用量（平均用量/平均最大用量）　单位：mg/kg

FEMA 编号	名称	焙烤食品	软饮料	肉制品	乳制品	软糖
3825	乙硫醚	1~6	0.2~2	4~44	—	0.2~2
3876	硫代乙酸甲酯	0.1~5	0.1~5	0.1~5	0.1~5	0.1~5

续表

FEMA 编号	名称	焙烤食品	软饮料	肉制品	乳制品	软糖
3898	1-吡咯啉	—	0.005~0.0025	0.0001~0.001	—	—
3949	2-甲基-3-甲硫基呋喃	0.02~0.2	—	0.005~0.05	0.005~0.05	—
3964	2-乙烷基-3-甲基吡嗪	1.3~3.4	0.3~0.6	1.3~5	0.3~3	1.0~4
3968	二异丙基三硫醚	5~15	0.5~4	1.2~5	0.8~4	1.4~6
3979	丙基糠基二硫醚	0.5~1	0.2~0.4	0.4~0.8	—	0.3~0.6
4003	甲硫基乙酸甲酯	4~8	2~4	2~4	—	2~4
4004	2-甲硫基乙醇	8~16	3~6	3~6	3~6	3~6
4005	12-甲基十三醛	35~70	0.7~7	3.5~35	0.7~7	—
4014	异硫氰酸苯乙酯	8~80	0.15~4	0.75~7.5	0.3~3	1.5~15
4021	2,3,5-三硫杂己烷	2~10	0.1~0.8	0.4~5	0.2~1	0.5~3
4023	香兰素苏和赤-2,3-丁二醇缩醛	200~400	60~120	4~44	60~120	120~240

从事食用香精生产的人员必须身体健康、无传染性疾病、穿戴合适并保持清洁。

食用香精生产的环境必须整齐、清洁、通风，符合食品卫生要求。应有适当的清洁设备和材料，并有相应的清洁规定。在生产区域不允许吃东西、抽烟和进行其他不卫生行为。生产工艺必须保证不影响食用香精的安全性能。

食用香精的安全性要通过加强立法和业内人员自律两方面保证。用允许使用的质量合格的原料，在允许的用量范围内，在生产环境和工艺都符合安全要求的情况下生产的食用香精，对人体才是安全的。

（一）影响食用香料香精安全性的因素

食用香料香精的原材料是影响其安全性的最主要因素之一。香料的生产绝不能使用未经许可的品种，更不能使用化工原料的香料单体来替代食品级香料。然而，一些不法生产者为了牟取暴利，采用伪劣原料或非食品级的原料进行生产，致使食用香料香精的安全性问题日益凸显，成为制约食用香料香精发展和推广的首要问题。

1. 加工工艺的安全性问题

加工工艺是影响食用香料香精安全性的又一因素。自从2002年瑞典国家食物管理局（Swedish National Food Administration）和斯德哥尔摩大学（Stockholm University）的科学家报道油炸马铃薯和焙烤食品中含有丙烯酰胺以及丙烯酰胺的潜在危害以来，德国、比利时、中国、日本等国科学家相继发现热反应体系会产生丙烯酰胺这一安全性问题。自20世纪60年代以来，丙烯酰胺一直作为聚丙烯酰胺的原料应用于饮用水的净化和其他工业用途，在食品中的存在一直未被人所重视。丙烯酰胺对人体具有神经毒性、生殖毒性以及潜在的致癌性，会对大脑以及中枢神经造成损害，已被国际癌症研究机构（IARC）列为“可能对人致癌物质”。目前，对食品中丙烯酰胺的形成机制并没有确切结论，然而由氨基酸和还原糖在高温加热条件下通过美拉德反应生成丙烯酰胺这一反应机制已经得到了确认。对于肉味香精来说，热反应是制备香精的重要加工工艺，但是对于绝大部分热反应型香精的安全性评价以及各种成分的毒性分析数据却很少，还需要学者进行进一步的研究。

对于一些以肉类为原料制备得到的热加工型肉类香精来说，其可能产生的毒害物质不仅包括丙烯酰胺，还有杂环胺类物质。杂环胺主要是肉类在热加工过程中产生的一类致癌致突变物质，可导致多种器官肿瘤的生成。因而如何通过改善加工工艺避免生成杂环胺类物质或者降低杂环胺类在热加工肉类香精中的含量也是香料香精生产面临的安全性问题。

不仅如此，随着植物水解蛋白（HVP）作为天然调味香料在食品中的大量使用，其自身带来的安全性问题也逐渐引起人们的重视。传统的水解植物蛋白的生产工艺，是将植物蛋白质用浓盐酸在109℃回流酸解，在这个过程中，为了提高氨基酸的得率，需要加入过量的盐酸。此时如果原料中还留存脂肪和油脂，则其中的三酰甘油就同时水解成丙三醇，并进一步与盐酸反应生成氯丙醇。氯丙醇具有生殖毒性、致癌性和致突变性，是继二噁英之后食品污染领域又一热点问题，被列为食品添加剂联合专家委员会（JECFA）的优先评价项目。因此如何优化工艺而降低植物水解蛋白中氯丙醇的生成也是食用香料香精安全甚至食品添加剂安全领域亟须解决的问题。

2. 贮藏过程中的安全性问题

食品在贮藏过程中会遇到不同的安全性问题，如受微生物污染而引起的变质等，食用香料香精同样面临着相同的安全隐患。食用香料香精贮藏时受到的微生物污染主要受环境、包装以及形态等因素影响。食用香料香精的形态主要包括精油、酊剂、浸膏、粉末等，不同的物质形态在贮藏过程中受微生物污染程度的差别很大。有实验证明，在相同条件下粉末状香精的大肠菌群生成量要低于浸膏，因而粉末状香料香精的保质期应当更长，安全隐患也更小。这主要是因为液态及膏状香精的含水量大幅高于粉末状香精，其中的水分活度更高，更适于微生物的生长。因此，在香料香精的贮藏过程中不可忽视微生物污染问题，应根据产品的种类采用适宜的贮藏方式和贮藏条件，以最大限度地减少微生物污染的影响，防止食品安全事故的发生。

虽然食用香料香精被认为是可“自我限量”的添加物质，但是随着食品工业的日益发展，香料香精使用逐渐普遍，消费者的味蕾对于香味的识别阈值也在逐年提高，从而可能造成食用香料香精在使用过程中逐渐增加。

不仅如此，某些特殊的香料香精，例如苯甲酸的使用安全性问题也日益突出。苯甲酸又名安息香酸，具有微弱香脂气味，属于芳香族酸。它既是食品工业中普遍使用的防腐剂，也可以作为香料使用，尤其常在巧克力、柠檬等口味的食品中作为香精使用。防腐剂是食品安全监督非常受关注的一种食品添加剂，而苯甲酸既是防腐剂又是香料的特殊性使其使用受到多方的限制，也较容易出现安全性问题，并有可能因为将苯甲酸用作香精而不知情地扩大了苯甲酸适用范围或者超量使用，例如近年来出现的冰淇淋、面包以及乳制品中苯甲酸过量的问题就属于香精使用过程中的问题。尽管一般情况下苯甲酸被认为是安全的，但有研究显示苯甲酸类有叠加毒性作用，对于包括婴幼儿在内的一些特殊人群而言，长期过量摄入苯甲酸也可能引起哮喘、荨麻疹、代谢酸性中毒等不良反应，在一些国家已被禁止在儿童食品中使用。因而香料香精使用过程中的安全性问题同样不容忽视。

（二）食用香料的立法特点

食用香料品种繁多，目前世界范围使用的约3000种，大多天然存在于供人类使用的食品中。目前人们已从各类食品中发现的风味物质达1万余种，且随着食品工业的发展和分析技术的进步，新的食用香料还会大量涌现。由于使用量和经济性的原因，目前世界上允许使用的食用香料约3000种，其允许使用的数目每年还以相当快的速度增长。

食用香料同系物众多。所谓同系物是指结构上完全类似的系列产物。如果一种食品中含有乙醇、丙醇和丁醇，同时含有乙酸、丙酸和丁酸，那么它很可能同时含有9种酯类，这9种酯类在结构上只有微细差别，香味上也有微细差别，但是它们哪一种都不能缺少，缺少其中任何一种就构不成某一食品和谐的特征香味。由于它们是同系物，往往从一个或几个化合物的毒理学资料，可推断其他同系物的毒理学性质，没必要对每个同系物都进行实验。

食用香料用量极度低，除个别用量较大的外，绝大多数（>80%）用量在mg/kg级，甚至于pg/kg级。众所周知，评价一个化合物安全不安全，一个重要的因素是曝露量（exposure）。对于用量很小的化合物，即使其急性口服毒性（LD_{50}）很大，也不一定是不安全的。食用香料在食品中的添加量绝大多数小于其天然存在量。即使人们不吃含食品香精的食品，事实上也天天在吃天然存在的食用香料。因此多数食用香料是一种自我限量的食品添加剂。这一点很易理解，食品的风味要适度才能被消费者接受，过量使用食品香精的食品是不被消费者接受的，尽管它的营养价值可能很高。因此人们不必像关心防腐剂、色素等那样来担心食用香精的超量使用问题。但少数食用香料（如酰胺类）不是自我限量的。FEMA专家组会特别关注其用量水平。

热加工香味料的研究和评价不必特殊化。FEMA与FDA合作，在20世纪90年代对热反应香精进行了广泛分析实验，以便发现其中多环杂芳胺的含量，结论是从热加工香精中摄入的多环杂芳胺与从烹调食品中摄入的多环杂芳胺相比微不足道，在当前使用条件下，不存在安全问题。FEMA将资料提交FDA后，FDA认为对热加工香味料除原有规定外，不必制定更多的法规。

食用香料上述的特殊性引出了食用香料立法管理的特殊性。

（三）国外食用香料香精的立法和管理概况

1. 欧美国家的立法概况

最早建立香料法规的是德国和美国。关于世界食用香料立法情况，这里只简单地介绍与我国食用香料立法密切相关的工业发展国家或国际组织的法规。在工业发达国家的食用香料法规中，值得重视的是美国及欧洲理事会法规。美国的食用香料立法的基础工作由 FEMA 承担的，其结果得到 FDA 认可，他们对经过适当安全评价的食用香料以肯定的形式发表，并冠以 GRAS 的 FEMA 号码。冠以 GRAS 称号的食用香料在美国可以良好操作规范（GMP）形式安全使用。对于列入 GRAS 目录的食用香料也不是一成不变的，随着科技进步和毒理学资料的积累，每隔若干年重新评价一次，重新确定 GRAS 的名录。

对于欧洲地区而言，尽管在欧盟范围内并没有一个真正意义上的食用香料法规，但是欧盟一向重视食品安全，特别是食用香料香精的安全，欧盟各成员国也都执行各国自己的法规来规范和指导食用香料香精的生产和使用。欧洲对食用香料的第一个管理规章是在 1988 年发布的欧洲委员会指令 88/388。随后，又相继发布了指令 89/107、2232/96、178/2002 等，以声明对于食用香料香精的使用以及安全性评价的规则。这些指令和条例为食用香料香精的生产、食用以及安全性评价提供了有效的管理框架，填补了欧盟层面上食品法规的空白，也为欧盟乃至世界的食品质量与安全问题研究提供了参考与指导。

欧洲理事会的食用香料法规与 IOFI 类同，它们采用“混合体系”来为食用香料立法。对于已知毒性的天然香料规定它所在食品香精或最终食品中的最高限量；对于人造食用香料以肯定表的形式加以管理，即规定哪些人造食用香料可以安全食用；对于天然等同的食用香料不必列出。

2. 日本的立法概况

日本于 1947 年由厚生省公布《日本食品卫生法》，并制定了食品中所用化学品的认定制度。但是日本的添加剂法规到 1957 年才真正公布与实施。1957 年同时出版《日本食品添加剂公定书》。这是日本食品添加剂的标准文件，文中规定了各种实验方法并规定了约 400 种食品添加剂的质量标准。随着科技进步和食品工业的发展，此公定书已进行过数次修订，如 1991 年对天然添加剂做了新的规定等，事实上，此公定书涉及的食用香料并不多。日本对天然香料也是采用否定表的形式加以管理，对合成香料才列出名单，并规定质量规格，但有标准可查的食用香料不足 100 种（氨基酸、酸味剂除外）。

由于世界各国食用香料的法规并不完全一致，FAO/WHO 的食品法典委员会（CAC）下有一个食品添加剂联合专家委员会（JECFA）对食品添加剂的安全性进行客观的评价，这一机构评价的结果具有权威性。但是，由于食用香料品种太多，不可能对每种食用香料都加以评价，只能根据用量，和从分子结构上可能预见的毒性等来确定优先评价的次序。

目前日本倾向于接受 IOFI 和 JECFA 的规定，食用香料法规已逐步国际化。日本香料协会对日本香料行业的自律，对法规执行情况的监督检查起至关重要的作用。

（四）国际食品法典委员会的相关法规

1. 国际食品法典委员会相关法规建立情况

世界各国的食用香料法规并不完全一致，为了保护各国消费者的健康安全和维护国际间公平的食品贸易和消除贸易壁垒，FAO/WHO 的食品法典委员会（CAC）于 2008 年发布《食品用香料香精应用指南》（CAC/GL66—2008）。该文件规定了食品用香料香精的有关定义、使用的一般原则等。FAO/WHO 的食品法典委员会下设的国际食品添加剂法典委员会（CCFA），其作用是制定或认可各食品添加剂的最大允许使用量，审议并批准 CAC 的 JECFA 通过的各种食品添加剂的标准、实验方法、安全性评价等，并提供需要 JECFA 进行安全性评价的优先食品添加剂清单。JECFA 负责对包括食品用香料在内的食品添加剂的安全性进行风险评估。这一机构评价的结果具有世界最高权威，但是由于食用香料品种太多，从人力物力上来说，不可能对每个食用香料一一加以评价。JECFA 对食用香料的安全性评价采用与其他大宗食品添加剂不同的评价方法，根据用量和从分子结构上可能预见的毒性等来确定优先评价的次序。

截至 2020 年，JECFA 已经完成 2200 多种化学结构明确的食品用香料的安全性评估工作，同时公布食品用香料的质量规格，主要包括完整化学名、化学结构、相对分子质量、含量、颜色、香味、溶解度、熔沸点、相对密度、折射率等指标。

CAC 针对已由 JECFA 评估过，认为在估计的摄入量水平不存在安全问题的香料以及 JECFA 已制定了 ADI 值和相应的质量规格标准的香料，制定了安全使用的原则。准则中明确规定食用香精的使用不应导致安全问题；香精的纯度应适合在食品中使用；应用的目的仅是为了使食品产生香味或改变食品香味；应在良好的生产规范下使用，加入量应为满足香味作用的最低用量；食用香精可含有对其生产、贮藏、处理和使用必需的食品用香精辅料（包括食品添加剂和食品），但食品用香精辅料应限制为最低水平，如果其在终产品中具有一定的技术作用，则应符合 GSFA 的规定。同时，准则中涉及对香料物质和天然香料复合物成分进行风险管理措施的原则以及卫生、标签和质量规格标准的要求。

2. JECFA 对食用香料的安全性评价

香料物质按照化学结构可分为三级：Ⅰ级为具有简单的化学结构和典型代谢模式，显示为低毒的香料；Ⅱ级为具有结构特征（可能含有功能集团），毒性大于Ⅰ级，但不具有明显毒性的香料；Ⅲ级为具有结构特征，不清楚其安全性或显示出明显毒性的香料。在对香料进行评价时，首先要根据香料的化学结构进行分级，预测这些物质在体内是否能代谢为无毒物质。对于可在体内代谢为无毒物质的香料，如果通过曝露评估后认为香料的曝露量没有超过其所属级别的阈值，则认为此香料没有安全问题；对于其曝露量超过了其所属级别阈值的物质，如果此物质或其代谢物为人体内源性物质也不存在安全问题；但对于不能代谢为内源性物质的香料，则需要通过其最大观察到作用剂量（NOEL）值来判定是否存在安全问题。另一种情况，对于不能在体内代谢为无毒物质的香料，如果曝露评估显示其曝露量大于所属级别的阈值，则需要进一步搜集数据或对其结构相似的物质进行安全性评估；如果曝露评估显示其曝露量小于所属级别的阈值，则需要通过其 NOEL 值判定是否存在安全问题。如果经评估判定此香料物质的摄入量低于 1.5μg/d，则不存在安全问题，否则需要进一步补充数据，重新评估其安全性。目前，

JECFA 应用的曝露评估方法主要包括最大来源调查摄入量（MSDI）和单份曝露技术（SPET）两种。

（1）MSDI 评估方法　MSDI 是依据某一特定地区报告的一年内在食物供应链中使用的香料的量，并假设人口的 10%将消费这些含有香料的食物计算的消费者对某种香料曝露均值的估计值，并根据程序将估计值与决策树上的每一个结构等级相应的毒理学阈值进行比较。MSDI 包含了所报告的年产量比例的矫正系数。MSDI 的计算公式如式（9-1）所示：

$$\text{MSDI}\ (\mu g/d) = \frac{\text{产品的年销售量 (kg)} \times 10^9\ (\mu g/kg)}{\text{消费者人数} \times \text{校正系数} \times 365d} \tag{9-1}$$

MSDI 法假设 10%的人口消费 100%的香料，根据年产量数据对香料进行曝露评估，对于消费者来说是一个切实可行的方法。但由于一些香料在某些特定的食品中的使用量较大，在这种情况下需要进一步考虑某些香料的高消费人群的潜在风险。

（2）SPET 评估方法　SPET 是 JECFA 于 2007 年提出的一种新的曝露评估方法。该法是基于工业界推荐的香料使用水平的一种膳食曝露的估计方法，其目的是能代表每天都消费含有香料的某种特定食品的常规消费者的长期膳食曝露。SPET 确定的含有香料的单一食品类别是根据“标准份”对膳食曝露贡献最大的食品类别。假设消费者在一段较长的时间里每天都消费某类食物，标准份就用来表示消费者对某一食物类别的平均消费水平。

一般来说，用 SPET 法进行的膳食曝露评估会比用 MSDI 计算的高几个数量级。对于低产量香料（香料年产量少于 10kg 或香料产量可导致 MSDI 值大于毒理学关注阈值（TTC）的 1/3），SPET 法和 MSDI 法测得的香料膳食曝露差异更大。但经 JECFA 的对比研究显示，MSDI 和 SPET 膳食曝露估计提供了互补的信息。SPET 考虑了食物消费模式和香料的使用量，是对每日常规消费者对含有香料的某一特定食品膳食曝露的估计。MSDI 考虑的是所报道的香料的年产量，未考虑使用模式，是对平均消费者每日膳食曝露的估计。但无论使用哪种方法，对最后的安全性评估结果影响不大，因此，没有必要对已经评估过的香料进行重新评估。FEMA 只负责对香料进行评价，而不公布质量规格和安全标准，因此，FDA 要求美国国家科学院药品研究院下属的食品与营养品委员会（Food and Nutrition Board）进行有关食品添加剂、食品用香料、食品成分等的标准制定工作。《食品化学法典》（FCC）是由该委员会制定的标准汇编，FCC 规定了食品用香料的质量规格和安全标准；对于没有规格的但是在“肯定表”中批准使用的原料，由生产商负责它们的安全使用。从 2006 年起，美国药典委员会（USP）收购了 FCC，并由 USP 的食品专家委员会负责对 FCC 进行更新修订。由 USP 修订的 FCC 共收录 1100 多种食品成分的鉴定、特性、纯度、检测和分析方法，同时包括食品配料纯度检测指南和食品掺假情况数据库信息等。

3. 美国食品用香料香精相关法规

1958 年，美国根据新的食品法将食用香料列入食品添加剂范围并进行立法管理时，

FDA 直接参与法规的制定和管理，他们根据人们长期的使用经验和部分毒理学资料，将允许使用的食用香料列入联邦法规的有关章节，这些章节把香料分为天然和合成香料两大类，这两部分共列入约 1200 种允许使用的食用香料，但对使用范围和使用量未做规定。这确定了用“肯定表”的形式为食用香料立法，即只允许使用列于表中的食用香料，而不得使用表以外的其他香料。但是随后 FDA 发现新的食用香料层出不穷，用量又是那么小，仅靠国家机构来从事食用香料立法简直是不可能的，随之将这一任务交给了 FEMA。

FEMA 是一个行业自律性组织，组织内有一个专家组，它由行业内外的化学家、生物学家、毒理学家等权威人士组成。自 1960 年以来，连续对食用香料的安全性进行评价。评价的依据是物质的自然存在状况、曝露量（使用量）、部分化合物（或相关化合物）的毒理学资料、结构与毒性的关系等。

美国 FDA 及 FEMA 公布的食用香料名单不仅适用于美国，它在世界上有广泛的影响。目前全部采用的国家有阿根廷、巴西、捷克、埃及、巴拉圭、波多黎各、乌拉圭等；原则上采用的有 40 多个国家和地区。

4. 欧盟食品用香料香精相关法规状况

(1) IOFI《实践法规》　目前欧洲大多数国家实际上采用 IOFI 的规定。该组织成立于 1969 年，1979 年在瑞士日内瓦重建，现有成员国 20 余个（澳大利亚、奥地利、比利时、巴西、加拿大、丹麦、法国、德国、意大利、日本、墨西哥、荷兰、新加坡、南非、西班牙、瑞典、瑞士、土耳其、英国、美国等），绝大多数为发达国家。1978 年 IOFI 制定了《实践法规》来约束其成员国。1985 年版的《实践法规》涵盖了几乎关于香料香精行业的所有方面，包括定义、香料香精在食品中的必要性和技术功能、基本的生产规范、标签、质量控制、天然的概念、热加工和烟熏香味料的工艺要求、香料名单等内容。法规对已知毒性的天然香料在食品用香精或最终食品中的最大量做了限定；对天然和天然等同香料采用“否定表”形式加以限制，而对人造香料则用“肯定表”来规定。2020 年 4 月《实践法规》进行了修订，除 1985 年版以上介绍内容外，还包括知识产权保护、保质期、职业安全与健康等方面的内容。

(2) 欧盟食品用香精的安全监管法规　欧盟对食品用香精的安全监管法规主要体现在三个方面：一是对食品用香料进行安全评估，尚未评估的采用登记制度；二是食品用香料的许可清单；三是食品用香精生产和使用规范的总体规定。

实质上，欧盟并没有真正意义上的法规来公布食用香料名单，但它有欧洲委员会出版的蓝皮书，对每种食用香料都有一个 CoE 号，共有 1700 余种。如前所述，食用香料的 CoE 号并不是真正意义上的法规，欧洲各国执行的依然是本国的法规。经过多年的发展，欧盟已初步形成了比较严谨的食品安全法律体系。

2002 年欧盟公布了《通用食品法》（*Food Law Regulation* 178/2002），并于 2002 年 1 月 28 日正式生效。178/2002 是欧盟总的食品法规，填补了在欧盟层面上没有总的食品法规的空白，是对以往欧盟食品质量与安全法规的提升和创新，具有很强的时代特征。其目的是通过统一的手段为欧盟创造一个有效的食品安全管理框架。在这个框架下与食用香料香精有关的有两个指令（Directive），即 Additives Directive 89/107 和 Flavouring Directive 88/388。指令 89/107 是有关食品添加剂的框架性指令。指令 88/388 是有关食用香料香精的框架性指令，该指令给出了食用香精定义、安全性条款、食用香料肯定表（未给出名单，仅指明将以肯定表的形式规范食用香料）、食用香精用添加剂肯定表和食用香精标签标示条款。根据 178/2002，欧盟同时建立了欧盟食品安全权威机构（EFSA）及 EFSA 下的科学委员会和 8 个科学专家组。8 个专家组中有一个称为“Panelon Food Additives Flavoring Sprocessing Aidsand Materials Incontact with Food”（食品添加剂、食用香精、加工助剂和与食品接触物质的专家组，后文简称 FLAVIS）。由于欧盟各国都有各自不同的食用香料香精法规，又鉴于食用香料的品种繁多及其他特点，要建立欧盟范围内的食用香料法规并不是一件容易的事情。为此关于食用香料的立法是分若干阶段进行的。Regulation 2232/96 规定了如何制定食用香料肯定表的步骤。第一阶段为登记阶段，即各成员国将本国批准使用的食用香料进行统一登记，该登记产生一个待评价的食用香料目录。第二阶段是按 Regulation 1565/2000 进行，建立政府层面上的专家组，称为 FLAVIS。其职能是收集各种食用香料的毒理学、代谢情况和质量规格方面的资料。根据欧盟委员会（EC）的规定，凡被 JECFA 批准的香料不必进行再评价，因而 FLAVIS 不再收集这些香料的有关资料。第三阶段是对于 FLAVIS 无法得到上述要求的资料时，则要求工业界［主要是 IOFI 和 EFFA（欧洲食用香料香精协会）］收集汇总这些资料。目前 IOFI 和 EFFA 已将食用香料按 34 个不同化学结构类型，整理成专论提交给 FLAVIS，再由 FLAVIS 来审查所提供资料的完整性。第四阶段是 FLAVIS 将审查过的资料提交给 EFSA 进行评价。

2008 年发布的《关于香精香料和具有香料性质的食品配料的有关指令》（1334/2008EC），提出了多项食用香料香精安全评价原则。在对香料进行安全评价的基础上，将原来注册登记名单进行更新，形成了“欧盟许可使用食用香料清单”，并针对食用香料香精中可能引起食品安全风险的天然香料物质、热反应香料的生产条件，提出了限量使用范围。同时还提出了食用香料香精生产中的禁用物质清单。此外，严格了食用香料香精的标签标示等重要内容。No. 1334/2008 内容丰富，除允许使用的香料名单尚未出台外，几乎涵盖了食品用香料香精法规的全部内容。除了食用香料名单外，欧盟对食用香料香精的全面立法已基本接近完成。该法规除包含批准使用的食用香料名单外，还有食用香料香精使用条件、食用香料香精标签法则等内容。

2012 年，欧盟正式公布了《欧盟食品用香料和资源材料清单》［Regulation（EC）No. 872/2012］，将其作为《关于食品用香料香精和某些具有香味特性的食品配料在食品中应用的法规》附录Ⅰ的内容。该清单共收录 2100 多个已完成评估和 400 多种长期被使用但未做出最终评估结论的食品用香料。附录Ⅰ中未标明含量要求的食品用香料，其含量不得少于 95%。而对含量少于 95% 的香料，则明确规定应标明次要成分或成分组成。除含量外，欧盟未对食品用香料的质量规格做出全面规定。

2016 年，欧盟委员会修订了《关于食品用香料香精和某些具有香味特性的食品配料在食品中应用的法规》，修订内容涉附件中所述的20种食用香料的使用条件。

（五）我国食品香料香精相关法规

1. 我国食用香料香精的立法和管理概况

我国食用香料的立法工作自1980年开展以来已有41余年的历史。我国有关食用香料、食用香精的立法和管理隶属国家市场监督管理总局。对于食用香料的安全评价由全国食品添加剂标准化技术委员会[1]进行，报国家卫生健康委批准，制定成国家标准后由国家卫生健康委和国家市场监督管理总局发布。自1985年以来，在该标准化技术委员会下又成立了食用香料分技术委员会，委员由食用香料香精的科研、生产、使用和卫生管理等方面的专家组成，专门研究食用香料的立法和管理，主要依据以下四部法规进行食用香料的立法管理：《中华人民共和国食品安全法》《食品添加剂新品种管理办法》《食品添加剂生产管理办法》《食品安全性毒理学评价》。

我国与食用香料香精的有关的管理机构有：国务院食品安全委员会、国家市场监督管理总局、国家药品监督管理局、国家卫生健康委、中国国家标准化管理委员会、各省质量技术监督局、中国香料香精化妆品工业协会、中国添加剂生产应用工业协会、全国香料香精化妆品标准化技术委员会香料香精分技术委员会（SAC/TC257/SC1）、全国食品添加剂标准化技术委员会食品香料分委员会（SAC/TC11/SC1）[2]。

因此，我国研制、生产、应用新食品香料的审批程序如下：凡未列入《食品安全国家标准　食品添加剂使用标准》中的食品香料新品种，应由应用单位及其主管部门提出生产工艺、理化性质、质量标准、毒理学实验结果、应用效果（应用范围、最大应用量）等有关资料，由当地省、自治区、直辖市的主管和卫生部门提出初审意见，由全国食品工业标准化技术委员会预审，通过后再提交国家食品安全风险评估中心审查，通过后的品种报国家卫生健康委和国家市场监督管理总局审核批准发布。

根据上述规定，报送时提供下列三方面资料：

①生产单位提出生产工艺、理化性质、质量标准，同时列出国外同类产品标准用于比较，并列出近期的参考文献。

②使用部门提出使用效果报告：使用在什么食品上、最大使用量。

③毒理学实验报告：急性毒性试验、致突变试验、致畸试验、亚慢性试验，必要时进行慢性试验（包括致癌试验）。如该产品为JECFA已制订ADI值或ADI值不需制订的品种，质量又能达到国家标准，要求做急性试验即可，要列出近期的ADI值及参考文献。如JECFA未建立ADI值，要根据毒性试验结果提出ADI值。

对于食品香料，凡属WHO已批准使用或制订ADI值以及FEMA、CoE和IOFI中的两个或两个以上组织允许使用的香料，应提出申请，一般只要求进行急性毒性试验，然

---

[1] 全国食品添加剂标准化技术委员会已于2009年撤销，其工作内容由全国食品工业标准化技术委员会进行。——编者注

[2] 该分委会已于2004年撤销。——编者注

后参照国外资料或规定进行评价。

关于外国香料公司的产品，需进入我国市场也必须按照我国的法规及审批程序办理，可持以上具备材料直接向全国食品工业标准化技术委员会办理申请批准手续。

2. 我国食品香料相关法规和标准

我国正式批准允许使用的食品用香料品种已达1870种，但是我国制定的单独食用香料国家标准或行业标准并不多，这是由多方面原因造成的。主要是因为我国生产的食用香料只占了很小部分，大部分食用香料需要通过进口。

1977年卫生部根据我国食用香料工业的实际情况，参照国际上的有关规定，由卫生部起草、国家标准计量局发布了《食品添加剂使用卫生标准》（GBn 50—77），公布了第一批允许使用的食品用香料名单共149种（包括允许使用名单和暂时允许使用名单），将我国传统使用的食用香料进行分类管理。

1981年卫生部将GBn 50—77修改为《食品添加剂使用卫生标准》（GB 2760—1981），从1981年至今GB 2760经过了多次修订。2010年，按照国务院食品安全整顿计划开展的食品安全基础标准清理修订工作的要求，我国对GB 2760进行了第五次修订。此次修订对于食用香料管理的一个重要变化是参照CAC标准增加了食品用香料、香精的使用原则，对如何在法规柜架内安全使用食用香料做出了原则性的规定，基本囊括了CAC准则中的所有重点内容，还结合我国实际情况列出了不允许添加食用香料香精的例外名单。《食品安全国家标准　食品添加剂使用标准》（GB 2760—2011）以“肯定表”的形式，规定了1853种食品香精中允许使用的香料名单，其中食品用天然香料400种，约占21.6%，其余为食品用合成香料。食用香料和香精产品质量规格以国家标准发布，这为食品安全提供了必要的保障。同时，还需要提及的是，按照我国的法律规定，食品香料新品种需要由企业自行申报，由卫生行政部门组织专家进行评审。

到2024年2月，我国正式批准允许使用的食用香料由2014年12月的1870种（其中天然香料393种、合成香料1477种）增长到1892种（其中天然香料388种、合成香料1504种），此次修改规定了食品添加剂的使用原则、食品用香料使用规定、食品工业用加工助剂使用规定、食品添加剂功能类别、允许使用的食品添加剂品种、使用范围及最大使用量或残留量等，我国将食用香料纳入食品添加剂范畴进行管理，允许使用的食品用香料以“肯定表”的形式列入国家标准GB 2760—2024中。同时，为了保障广大消费者的健康，了解人类长期接触这些化学物质可能引起的毒性以及其致畸、致癌作用，原国家卫生和计划生育委员会颁发了《食品安全国家标准　食品安全性毒理学评价程序》（GB 15193.1—2014），对食品添加剂的毒理学评价做了明确规定。

从2009年6月1日起，我国废除了《中华人民共和国食品卫生法》，取而代之的是《中华人民共和国食品安全法》。按照新的食品安全法的要求，食品香料新品种的申请已由原来的标准制修订程序改为行政许可制度，2015年10月1日起施行。现行《中华人民共和国食品安全法》于2018年12月29日修正，其对食品添加剂的标签标识、生产经营、使用、违法处罚等都做了明确的规定。2019年3月26日国务院第42

次常务会议修订通过《中华人民共和国食品安全法实施条例》，并于 2019 年 12 月 1 日起施行。这些法规的制定实施有力地保证了食品安全，保障了人民群众的身体健康和生命安全。

2020 年 9 月，国家卫生健康委员会和国家市场监督管理总局发布，从 2021 年 3 月起实施的《食品安全国家标准　食品用香料通则》（GB 29938—2020）规定了食用香料的术语和定义、基本要求、天然香料允许使用的提取溶剂、海产品来源的天然香料、天然单体香料及合成香料的含量要求。同时发布实施的《食品安全国家标准　食品用香精》（GB 30616—2020），规定食用香精的术语和定义、技术要求、标签、食品用热加工香味料的原料和工艺要求、允许使用的辅料名单、检验方法以及食品用香精辅料乙酸异丁酸蔗糖酯的质量规格等。

（六）食用香料的呼吸毒性评价争议

食用香料的安全性评价主要是依赖于口服各毒理学数据，一般不考虑其吸入毒性。然而，丁二酮事件之后，人们对食用香料通过呼吸引起的毒性十分关心，但 2007 年美国 FDA 的红皮书（*Toxicological Principles for the Safety Assessment of Food Ingredients Redbook*）中，不要求对任何食品配料做潜在呼吸曝露评价。

FEMA 和 JECFA 也不评价食用香料、香精和食品生产场所的呼吸安全性问题。工作场所曝露量的立法由其他立法部门负责（如职业病防护部门、环保部门）。

食品用香料香精的安全评价是一个动态的过程，因此今后的研究要根据科学技术的发展和食用香料业的变化进行调整，采用更简便迅速的评估方法。今后的研究重点，应放在各种香料的曝露量和使用范围上。在进行研究的同时，还应注意搜集国内外食用香料香精安全信息，加快标准的制定和相关法律的推行。

三、烟用香料香精的安全性与法规标准

卷烟是一种特殊食品，卷烟的风味对于消费者选择以及消费卷烟起着非常重要的作用。在卷烟的生产过程中，为了提高卷烟的香气以及特有的风味，往往会加入天然或人工合成的食用香精来达到目的。烟用香料香精的安全性便成为卷烟生产者和消费者密切关注的问题。

我国烟草行业中有关烟用香料香精的标准主要参考国内外食品添加剂标准及国外烟草添加剂法规，相继制修订了《烟用香精》等行业标准。

1998 年中华人民共和国烟草行业标准《烟用香精》（YC/T 145. 1～9—1998）发布，标准侧重点主要是烟用香料香精的感官特性及理化指标的稳定性；2003 年中华人民共和国烟草行业标准重新修订发布《烟用香精》（YC/T 164—2003），明确对烟用香料香精的重金属砷、铅的检测和限量。

烟用香料香精作为卷烟的加香产品被纳入轻工标准管理范畴《烟用香精》（QB/T 1506—2004），几乎在所有卷烟生产中都有重要或特殊的地位。QB/T 1506—2004 标准已

被《烟用香精》(QB/T 1506—2012) 代替，且 QB/T 1506—2012 在 2013 年 6 月 1 日已经开始实施，在新标准中规定了烟用香精的术语和定义、要求、实验方法、检验规则和标志、包装、运输、贮藏标准，适用于对烟用香精的质量进行分析评价。

随着化学分析技术的发展和人们对健康的不断关注，烟用添加剂质量安全得到了高度重视。为了保证烟用添加剂的质量安全，行业内不断在研究、探索影响质量安全的指标及检测方法、控制措施。质量安全指标的检测项目越来越多，有的已形成标准。在烟用添加剂质量安全控制研究越来越深入的同时，烟用添加剂还必须执行国家卫生健康委(原卫生部) 颁布的《151 种非法食品添加剂》的规定。

为了保证添加剂在使用和消费过程中的安全性，许多国家都建立了相应的烟用添加剂法规，通过研究分析，我国基本上可将烟用添加剂的法规体系分为三类，即否定名单体系、肯定名单体系、混合体系。否定名单体系是一种限制体系，它规定了所有禁止在烟草中使用的或者只能很有限量和很有限范围使用的烟用添加剂；所有其他没有列出的添加剂，并没有规定限制使用；肯定名单体系规定了所有允许使用于烟草的各个物质，任何没被列出的物质属于自动禁用的范围；混合体系是否定体系和肯定体系的结合。也就是说，对于化学合成品的使用采用肯定体系，对于天然及天然等同品则采用否定体系。

虽然我国烟用香料香精的研究起步较晚，但是烟用香料香精发展速度较快。随着近些年的研究发展，已逐步建立起了烟用香料香精标准体系。经过科技工作者的研究，该体系已经相对成熟完善，对于推动中式卷烟高质量发展和自主调香体系构建将发挥重要作用。

重点与难点

(1) 日用、食用和烟用香料香精的种类、特性、用途以及相关监管措施。

(2) 香料香精及加香产品的制备工艺和质量控制方法。

(3) 日用、食用和烟用香料香精在加香产品的质量管控中的法律法规。

思考题

1. 加强香料香精目录管控有什么意义?
2. 我国日用香料香精的现行标准有哪些?
3. 简述我国食品香料香精法规的演变历程与现行标准。
4. 我国烟用香料香精的现行标准有哪些?
5. 如何进行香料香精产品的入库和贮藏管理?

参考文献

[1] Almasi H, Oskouie M J, Saleh A. A Review on techniques utilized for design of controlled release food active packaging [J]. Critical Reviews in Food Science and Nutrition, 2021, 61 (15): 2601-2621.

[2] Bollhorst T, Rezwan K, Maas M. Colloidal capsules: Nano and microcapsules with colloidal particle shells [J]. Chemical Society Reviews, 2017, 46 (8): 2091-2126.

[3] Cid-Samamed A, Rakmai J, Mejuto J C, et al. Cyclodextrins inclusion complex: Preparation methods, analytical techniques and food industry applications [J]. Food Chemistry, 2022, 384: 132467-132480.

[4] Didenko Y T, Suslick K S. Chemical aerosol flow synthesis of semiconductor nanparticles [J]. Journal of the American Chemical Society, 2005, 127 (35): 12196-12197.

[5] Elham, Assadpour, Mahdi S, et al. Advances in spray-drying encapsulation of food bioactive ingredients: From microcapsules to nanocapsules [J]. Annual Review of Food Science and Technology, 2019, 10: 103-131.

[6] Ferreira L, Mascarenhas-Melo F, Rabaa S, et al. Cyclodextrin-based dermatological formulations: Dermopharmaceutical and cosmetic applications [J]. Colloids and Surfaces B: Biointerfaces, 2023, 221: 113012-113033.

[7] Floyd B M. QA/QC: Sensory evaluation in quality control [J]. Food Product Design, 1999 (8): 99-107.

[8] Giddings J C. Unified separation science [M]. New York: Wiley, 1991.

[9] Gong F, Liang Y Z, Xie P S, et al. Information theory applied to chromatographic fingerprint of herbal medicine for quality control [J]. Journal of Chromatography A, 2003, 1002: 25-40.

[10] He L, Hu J, Deng W. Preparation and application of flavor and fragrance capsules [J]. Polymer Chemistry, 2018, 9: 4926-4946.

[11] Huber J F K, Kenndler E, Reich G, et al. Optimal selection of gas chromatographic columns for the analytical control of chemical warfare agents by application of information theory to retention data [J]. Analytical Chemistry, 1993, 65: 2903-2906.

[12] Jennifer S K, David J M. Formation of food-grade nanoemulsions using low-energy preparation methods: A review of available methods [J]. Comprehensive Reviews in Food Science and Food Safety, 2016, 15 (2): 331-352.

[13] Ju J, Xie Y, Guo Y, et al. Application of starch microcapsules containing essential

oil in food preservation [J]. Critical Reviews in Food Science and Nutrition, 2020, 60 (17): 2825-2836.

[14]Liang Y Z, Kvalheim O M, Keller H R, et al. Heuristic evolving latent projections: Resolving two-way multicomponent data, Part 2. Detection and resolution of minor constituents [J]. Analytical Chemistry, 1992, 64: 946-953.

[15]Maeder M. Evolving factor analysis, a new multivariate techniques in chromatography [J]. Chemometrics & Intelligent Laboratory Systems, 1988, 3: 205-213.

[16]Malinowski E R. Window factor analysis, theoretic derivation and application to flow injection analysis data [J]. Journal of Chemometrics, 1992, 6: 29-40.

[17]Petrulis D P S. Potential use of microcapsules in manufacture of fibrous products: A review [J]. Journal of Applied Polymer Science, 2019, 136 (7): 47066-47077.

[18]Prieto A, Basauri O, Rodil R, et al. Stir-bar sorptive extraction: A view on method optimisation, novel applications, limitations and potential solutions [J]. Journal of Chromatography A, 2010, 1217: 2642-2666.

[19]Sandeep S, Bandana K S, Cao L D, et al. Porous nanomaterials: Main vein of agricultural nanotechnology [J]. Progress in Materials Science, 2021, 121: 100812-100815.

[20]Shen H L, Manne R, Xu Q S, et al. Local resolution of hyphenated chromatographic data [J]. Chemometrics & Intelligent Laboratory Systems, 1999, 45: 323-328.

[21]蔡宝昌. 中药指纹图谱的研究 [J]. 科学中国人, 2005 (3): 21-22.

[22]蔡培钿, 白卫东, 钱敏. 我国食用香精香料工业的发展现状及对策 [J]. 中国调味品, 2010, 35 (2): 35-38, 41.

[23]陈娟, 尹学琼. 香料香精的安全性及防范措施与评价标准 [J]. 日用化学工业, 2014, 44 (2): 100-104.

[24]陈丽华, 吕新, 韦航, 等. 顶空固相微萃取-气相色谱-质谱联用法分析茶树花茶香气成分 [J]. 食品安全质量检测学报, 2021, 12 (1): 115-121.

[25]陈永. 多孔材料制备与表征 [M]. 合肥: 中国科技大学出版社, 2010.

[26]陈芝飞, 杨靖, 孙志涛, 等. 一种基于活性阈值的浓香型烤烟鉴定方法: 中国, CN 106290611 B [P]. 2019.

[27]程雷, 孙宝国, 宋焕禄, 等. 食用香精香料的安全性评价现状及发展趋势 [J]. 食品科学, 2010, 31 (21): 409-412.

[28]程文强, 龚榜初, 吴开云, 等. 基于质构仪与电子舌的甜柿口感品质综合评价 [J]. 果树学报, 2022, 39 (7): 1281-1294.

[29]戴迎雪, 朱立军, 黎洪利, 等. 烟用香精香料质量控制标准体系研究 [J]. 安徽农业科学, 2010, 38 (31): 17862-17864, 17867.

[30]邓鹏飞, 杨辉荣. 香精香料工业现状和发展趋势 [J]. 现代化工, 1999 (11): 6-8.

[31]邓书鸿，郭传恩，姜红，等．核磁共振指纹图谱用于阿胶的鉴别［J］．山东大学学报（理学版），2021，56（7）：103-110.

[32]高海有，刘秀明，高莉，等．烟用香精香料研究现状与发展趋势［J］．香料香精化妆品，2019（2）：70-73，69.

[33]高夏红，郭灵虹，李晖．X 衍射指纹图谱及相似度分析用于鉴别野生和栽培天麻［J］．化学研究与应用，2005（1）：58-60.

[34]葛琦，万晶琼，朱益灵，等．金蝉花核苷类成分的 LC-MS 定性分析与 HPLC 含量测定［J］．天然产物研究与开发，2019，31（11）：1857-1863，1927.

[35]耿洁．中药指纹图谱的相似度评价方法［D］．太原：山西大学，2012.

[36]关洪月，李林，刘晓，等．中药指纹图谱相似度计算方法探析［J］．中国实验方剂学杂志，2011，17（18）：282-287.

[37]郭玲玲，樊冬丽．缓控释技术在香料香精领域的研究进展［J］．香料香精化妆品，2013（5）：55-57，54.

[38]韩北忠，童华荣，杜双奎．食品感官评价［M］．北京：中国林业出版社，2016.

[39]韩富根．烟草化学［M］．北京：中国农业出版社，2010.

[40]何勇，彭继宇，刘飞，等．基于光谱和成像技术的作物养分生理信息快速检测研究进展［J］．农业工程学报，2015，31（3）：174-189.

[41]何余勤，胡荣锁，张海德，等．基于电子鼻技术检测不同焙烤程度咖啡的特征性香气［J］．农业工程学报，2015，31（18）：247-255.

[42]侯文菁．环糊精缓释香精的制备及缓控释机制研究［D］．上海：上海应用技术大学，2020.

[43]胡婧文，赵颖．不同产地虎杖的薄层色谱和 HPLC 指纹图谱研究［J］．中医药导报，2020，26（16）：56-60.

[44]黄璜，王凤玲，孙超仁，等．基于电子鼻和电子舌技术的辣木籽风味分析［J］．食品研究与开发，2022，43（7）：183-190.

[45]黄莉莎，曹恒春，王毅，等．烟草主栽品种的 SSR 指纹图谱的构建及其应用［J］．山东农业大学学报（自然科学版），2013，44（4）：509-515，524.

[46]黄世杰，陈志燕，蒋宏霖，等．主成分分析法在烟用香精质量控制中的应用［J］．烟草科技，2009（8）：31-34.

[47]黄天雄，于洁，贾楠，等．基于拉曼光谱法所建的多元校正模型预测烟草中绿原酸和芸香苷的含量［J］．理化检验（化学分册），2022，58（2）：210-215.

[48]黄晓萍，徐福缘，肖作兵．基于层次分析法（AHP）的香精配方选择［J］．香料香精化妆品，2005（2）：41-43.

[49]黄晓萍，徐福缘，肖作兵．基于 DHGF 的香精配方评价方法［J］．上海理工大学学报，2006，28（6）：588-590.

[50]黄翼飞，蔡赞，吴君章，等．定量结构-保留相关关系辅助气相色谱-质谱法和气相色谱-红外光谱法定性分析香精中的醛酮酯类化合物［J］．分析化学，2015，43（10）：1558-1564.

[51]蒋虎，胡耀斌，施云灯，等．食品香料对食品的影响和发展趋势研究［J］．食品界，2018（6）：79.

[52]蒋健，杨君，黄芳芳，等．电子鼻在烟用香精质量控制中的应用［J］．烟草科技，2012（9）：47-50.

[53]金其璋．IFRA 实践法规中禁用和限用的日用香料［J］．香料香精化妆品，2002（3）：44-49.

[54]金琦．香料生产工艺学［M］．哈尔滨：东北林业大学出版社，1996.

[55]康彦翔．淀粉基缓释香精的制备及缓控释机制研究［D］．上海：上海应用技术大学，2020.

[56]孔波，蔡佳校，邹有，等．基于 NSGA-Ⅱ遗传算法的烟用香精数字化调香研究及应用［J］．烟草化学，2020，53（2）：72-79.

[57]黎浩明，唐嘉雯，李雪竹．浅析我国化妆品香精安全评价现状［J］．日用化学品科学，2018，41（3）：6-10.

[58]黎洪利，赵朋贤，杨俊，等．紫外指纹图谱在烟用香精质量控制中的应用［J］．中国烟草学报，2009，15（4）：19-21.

[59]李凤丽，李进，吴娇．指纹图谱技术在中药领域研究中应用现状［J］．天津药学，2014，26（3）：52-57.

[60]李干佐，郭荣．微乳液理论及其应用［M］．北京：石油工业出版社，1995.

[61]李光辉．环糊精包合物的制备方法及其在食品工业中的应用［J］．食品安全导刊，2023（7）：151.

[62]李宏．全球香料香精工业现状与展望［J］．中国化妆品，2003（3）：28-34.

[63]李娟，任芳，甄大卫，等．气相色谱-离子迁移谱分析乳制品挥发性风味化合物［J］．食品科学，2021，42（10）：235-240.

[64]李明，王培义，田怀香．香料香精应用基础［M］．北京：中国纺织出版社，2010.

[65]李维莉，张亚平．近红外光谱的主成分分析—— 马氏距离分类法应用于品牌卷烟烟丝的快速鉴别［J］．云南农业大学学报（自然科学版），2010，25（2）：268-271.

[66]李希强，陆舍铭，王笛，等．烟用香精 UPLC 指纹图谱的夹角余弦、相关系数与欧氏距离评价［J］．烟草科技，2008（12）：37-41.

[67]李源，韩亚伟，张东鹏，等．烟用添加剂生物学评价技术进展［J］．农产品加工，2018（2）：59-61.

[68]李赟，李超，薛金梅，等．嗅觉与味觉功能障碍的相关性［J］．中国中西医结合耳鼻咽喉科杂志，2020，28（3）：220-223.

[69]梁彦会，穆旻，张家浩，等．日用香料香精安全管理研究［J］．香料香精化妆品，2021（6）：74-76，88.

[70]梁彦会，穆旻，张家浩，等．日用香料国际标准最新修订情况介绍［J］．日用化学品科学，2021，44（11）：15-18.

[71]梁柱业，肖树雄，李杨杰，等．化妆品中香精香料安全问题与检测分析［J］．中国卫生检验杂志，2021，31（17）：2156-2159.

[72]廖堃，胡纲，肖竞．烟用香精的高效液相色谱指纹图谱分析［J］．烟草科技，2006（2）：37-39，45.

[73]林翔云．日用品加香［M］．北京：化学工业出版社，2003.

[74]林翔云．香精香料词典［M］．北京：化学工业出版社，2007.

[75]林翔云．调香术［M］.2 版．北京：化学工业出版社，2008.

[76]林翔云．三值理论在日化调香实践中的应用［J］．日用化学品科学，2015，38（3）：4-8.

[77]刘百战，徐玉田，孙哲建，等．加料前后烟草中游离及糖苷结合态香味成分的分析研究［J］．中国烟草学报，1998，4（1）：1-8.

[78]刘静，亓超凡，绪扩，等．指纹图谱技术在食品质量与安全中的应用研究进展［J］．食品安全质量检测学报，2022，13（10）：3189-3197.

[79] 刘俊亭．新一代萃取分离技术——固相微萃取［J］．色谱，1997（2）：118-119.

[80]刘树荃．试述中国香料工业五十年的发展［J］．香料香精化妆品，2000（1）：29-35.

[81]刘卫平．日用香精公司项目招标中的决策管理研究［D］．上海：上海外国语大学，2013.

[82]刘秀明，王艳芳，李超，等．GC-ms 指纹图谱结合多元统计方法用于香精质量差异分析［J］．中国测试，2018，44（6）：42-47.

[83]刘育坚，刘智敏，许志刚，等．搅拌棒吸附萃取技术［J］．化学进展，2020，32（9）：1334-1343.

[84]鲁惠玲，孙青霞，徐锦忠．核磁共振指纹图谱法快速分析鱼油的品质［J］．分析试验室，2018，37（12）：1436-1440.

[85]陆顺瑶，谢培山，梁育珍，等．金银花和山银花的薄层色谱指纹图谱分析［J］．中药新药与临床药理，2021，32（1）：103-108.

[86]陆湘婷．高效液相色谱法使用多孔石墨碳柱和正辛烷-异丙醇流动相分析食用油中的甘油三酯［D］．上海：上海应用技术大学，2020.

[87]毛海舫，李琼．天然香料加工工艺学［M］．北京：中国轻工业出版社，2006.

[88]牟心泰，杜险峰．电子鼻与电子舌在食品行业的应用［J］．现代食品，2020（5）：118-119，126.

[89]南山．食品香精发展趋势［J］．上海轻工业杂志，2006（1）：28-29.

[90]倪道凤．嗅觉基础与临床［M］．北京：人民卫生出版社，2010.

[91]聂琼，刘仁祥，梁微．用 ISSR 标记构建烟草核心种质的指纹图谱［J］．西南农业学报，2010，23（2）：335-339.

[92]欧阳钢峰．固相微萃取原理与应用［M］．北京：化学工业出版社，2012.

[93]潘利君．我国香精香料行业的发展与对策［D］．杭州：浙江工业大学，2007.

[94]彭艳，张丽颖，金阳，等．山药及麸炒山药拉曼指纹图谱分析［J］．中成药，2021，43（12）：3403-3408.

[95]钱东尔．烟用香料前体的合成及其卷烟加香研究［D］．南京：东南大学，2018.

[96]秦玉青，康俊生．我国现有食品用香精安全监管的标准化思考［J］．中国食品工业，2010（12）：54-57.

[97]曲国福，孟昭宇，陆舍铭，等．香料指纹图谱及其在烟用香精质量控制中的应用概述［J］．烟草科技，2006（5）：47-50.

[98]沈明浩，易有金，王雅玲．食品毒理学［M］．北京：科学出版社，2014.

[99]沈兴海．纳米液滴里的世界：奇妙的微乳液［M］．长沙：湖南教育出版社，2012.

[100]舒宏福．新合成食用香料手册［M］．北京：化学工业出版社，2005.

[101]斯文，王雨凝，许高燕，等．烟用香精质量稳定性的评价及统计过程控制［J］．香料香精化妆品，2015（1）：28-32.

[102]宋志峰，牛红红，何智勇，等．静态顶空萃取-气相色谱-质谱法分析大豆花中挥发性成分［J］．大豆科学，2014，33（4）：574-577.

[103]孙宝国．香料与香精［M］．北京：中国石化出版社，2000.

[104]孙宝国．食用调香术［M］.3 版．北京：化学工业出版社，2015.

[105]孙宝国，何坚．香料化学与工艺学［M］．北京：化学工业出版社，1995.

[106]孙宝国，何坚．香料化学与工艺学［M］.2 版．北京：化学工业出版社，2004.

[107]孙宝国，何坚．香精概论——生产配方与应用［M］．北京：化学工业出版社，2008.

[108]孙宝国，田红玉，刘玉平，等．食品香料香精对食品安全的影响［J］．现代科学仪器，2006（1）：49-51.

[109]孙宝国，郑福平，谢剑春，等．香精配方手册［M］．北京：化学工业出版社，2005.

[110]孙国祥，杨宏涛，邓湘昱，等．金银花的毛细管电泳指纹图谱研究［J］．色谱，2007（1）：96-100.

[111]孙敬国，矣跃平，唐徐红，等．烟草指纹图谱技术的研究进展和展望［J］．

湖北农业科学，2012，51（11）：2164-2168.

[112]孙平，吕晓玲，张民，等．食品添加剂［M］．北京：中国轻工业出版社，2020.

[113]孙伟．香料香精配方计算机化的开发研究［J］．香料香精化妆品，1995（4）：13-17.

[114]谭志光，黄伟科，张玉萍，等．食用香精香料的制备及其安全控制［J］．中国食品添加剂，2009（S1）：34-37.

[115]汤晨，张蕾，仇智宁．试论食用香精香料安全性［J］．粮食与油脂，2012，25（7）：50-51.

[116]汤存晓．烟用香精香料指纹图谱及质控技术分析研究［D］．杭州：浙江工业大学，2012.

[117]汤晓东，蒋佳磊，陈晓水，等．烟丝裂解产物指纹图谱及在卷烟品质评价中的应用［J］．烟草科技，2020，53（1）：44-52.

[118]田红玉，陈海涛，孙宝国．食品香料香精发展趋势［J］．食品科学技术学报，2018，36（2）：1-11.

[119]田静，张俭波．我国与 CAC 食用香料安全性评价和管理的比较研究［J］．中国食品添加剂，2011（2）：57-61.

[120]王家俊，邱启杨，刘巍．FTIR-atr 指纹图谱的主成分分析-马氏距离法应用于烟用香精质量控制［J］．光谱学与光谱分析，2007（5）：895-898.

[121]王军．微乳液的制备及其应用［M］．北京：中国纺织出版社，2011.

[122]王钧，赵曰利．色谱指纹图谱在香精香料质量控制中的应用［J］．分析测试技术与仪器，2005（3）：192-196.

[123]王琳琳．高效液相色谱法测定水环境中的氟喹诺酮类药物［D］．沈阳：东北大学，2018.

[124]王明锋，朱保昆，廖头根．烟用香料控制释放技术及其应用［M］．成都：西南交通大学出版社，2016.

[125]王帅斌，谢建春，孙宝国．顶空单液滴微萃取在挥发性成分分析中的应用进展［J］．食品科技，2007（10）：25-29.

[126]王一凡，廖鲜艳，姚敏，等．基于感官评定和电子鼻技术对天然咖啡挥发性风味特征的研究［J］．食品工业科技，2014，35（14）：166-169.

[127]魏连会，董艳，石杰，等．蔓越莓中挥发性物质的 GC-MS 分析［J］．农产品加工，2021（19）：63-65.

[128]吴泳锡，张美玉，王一竹，等．基于 GC-MS 和 LC-MS 的人参冰酒成分分析［J］．质谱学报，2022，43（2）：189-200.

[129]吴志英．烟用香精香料的质量安全性控制及控制措施研究［J］．科技创新导报，2012（13）：12-13.

[130]武怡，曾晓鹰，胡巍耀，等．一种准确鉴定烤烟香型的方法：中国，CN 102435709 A [P]. 2012.

[131]肖作兵，牛云蔚．香精制备技术 [M]. 北京：中国轻工业出版社，2019.

[132]谢慧琳，萧月玲，刘山，等．日用香精香料的分析研究 [J]. 广东化工，2020，47 (12)：114-115.

[133]谢剑平，朱茂祥，刘兴余，等．卷烟烟气遗传毒性的体外细胞微核检测方法：中国，CN 101709329 B [P]. 2012-02-01.

[134]谢剑平，朱茂祥，杨陟华，等．卷烟烟气致突变性的毒理学测定评价方法：中国，CN 101255456 [P]. 2008-09-03.

[135]谢培山．色谱指纹图谱分析是中草药质量控制的可行策略 [J]. 中药新药与临床药理，2001，12 (3)：141-151.

[136]熊远钦，洪亮．香精配方的计算机辅助设计 [J]. 香料香精化妆品，1998 (2)：27-29.

[137]徐敏．基于电子鼻、电子舌和电子眼的多源信息融合技术对龙井茶品质的检测 [D]. 杭州：浙江大学，2020.

[138]徐易，曹怡，金其璋，等．日用香料香精的安全性与法规标准 [J]. 日用化学品科学，2009，32 (5)：36-39.

[139]徐易，曹怡，金其璋．食用香料香精安全性与国内外法规标准 [J]. 中国食品添加剂，2009 (2)：49-54.

[140]许洪庆，吕大树，张亚恒，等．二氯甲烷提取物致香成分 GC/MS 指纹图谱在烤烟香型鉴别中的应用 [J]. 烟草科技，2017，50 (1)：30-40.

[141]许式强，张丽娜，储国海，等．基于香气贡献值的卷烟辅助调香模型 [J]. 烟草化学，2015，48 (8)：31-36.

[142]薛芳，施丰成，李耀光，等．基于电子鼻的星座图聚类分析法在烟叶分类中的应用 [J]. 烟草科技，2015，48 (7)：25-28.

[143]闫克玉，王光耀，许志杰，等．指纹图谱技术在烟草行业中的应用研究进展 [J]. 郑州轻工业学院学报（自然科学版），2008 (1)：6-10.

[144]杨华武，谭新良，黎艳玲，等. 2,3,4，6-葡萄糖四异戊酸酯的合成及其在卷烟中的应用 [J]. 烟草科技，2006 (11)：32-34.

[145]杨叶昆．天然香料内源性风险物质识别研究及其在烟草中的应用 [D]. 昆明：云南大学，2017.

[146]易封萍，毛海舫．合成香料工艺学 [M]. 北京：中国轻工业出版社，2007.

[147]于宏晓，徐海涛，马强，等．电子鼻气味指纹数据对烟丝加香质量的评价 [J]. 中国烟草科学，2010，31 (2)：63-66.

[148]于建军．卷烟工艺学 [M]. 北京：中国农业出版社，2009.

[149]张承曾，汪清如．日用调香术 [M]. 北京：中国轻工业出版社，1989.

[150]张丽，陶冶，徐丽霞，等．利用香味成分指纹图谱监控卷烟质量稳定性的研究［J］．河南农业大学学报，2017，51（6）：767-774.

[151]张帅，寇霄腾，张相辉，等．烟用香精香料安全性影响因素及控制措施研究［J］．农产品加工，2017（17）：61-63.

[152]张婷，柳均，黎妍妍，等．湖北烤烟香型、香韵及香气物质关系分析［J］．南方农业学报，2021，52（2）：385-392.

[153]张翼鹏，段焰青，者为，等．Multi-bounce atr-ftir 结合 gram-schmidt 正交化法计算烟用香精相似度［J］．湖北农业科学，2015，54（8）：1903-1905，1944.

[154]张玉．芳香墙纸的制备及其缓释性能的研究［D］．上海：上海应用技术大学，2017.

[155]赵娟，谢世静，赵兴华，等．中药指纹图谱质控方法研究进展［J］．云南中医中药杂志，2020，41（1）：82-86.

[156]赵临襄．化学制药工艺学［M］．北京：中国医药科技出版社，2003.

[157]赵铭钦．卷烟调香学［M］．北京：科学出版社，2008.

[158]赵铭钦．卷烟调香学［M］．北京：中国农业出版社，2013.

[159]赵曰利，于宏晓，岳勇，等．香精香料指纹图谱分析研究进展［J］．计算机与应用化学，2011，28（4）：509-512.

[160]郑振佳，朱文卿，梁浩，等．指纹图谱在食品分析中的应用研究进展［J］．食品工业科技，2021，42（12）：413-421.

[161]中华人民共和国国家卫生和计划生育委员会．GB 15193. 3-2014　食品安全国家标准　急性经口毒性试验［S］．北京：中国标准出版社，2014.

[162]中华人民共和国国家卫生和计划生育委员会．GB 15193. 16—2014　食品安全国家标准　毒物动力学试验［S］．北京：中国标准出版社，2014.

[163]中华人民共和国国家卫生和计划生育委员会．GB 15193. 22—2014　食品安全国家标准　28 天经口毒性试验［S］．北京：中国标准出版社，2014.

[164]中华人民共和国国家卫生和计划生育委员会．GB 15193. 25—2014　食品安全国家标准　生殖发育毒性试验［S］．北京：中国标准出版社，2014.

[165]中华人民共和国国家卫生和计划生育委员会．GB 15193. 13—2015　食品安全国家标准　90 天经口毒性试验［S］．北京：中国标准出版社，2015.

[166]中华人民共和国国家卫生和计划生育委员会．GB 15193. 14—2015　食品安全国家标准　致畸试验［S］．北京：中国标准出版社，2015.

[167]中华人民共和国卫生部．GBZ/T 240. 2—2011　化学品毒理学评价程序和试验方法　第 2 部分：急性经口毒性试验［S］．北京：中国标准出版社，2011.

[168]中华人民共和国卫生部．GBZ/T 240. 3—2011　化学品毒理学评价程序和试验方法　第 3 部分：急性经皮毒性试验［S］．北京：中国标准出版社，2011.

[169]中华人民共和国卫生部．GBZ/T 240. 4—2011　化学品毒理学评价程序和试验

方法 第 4 部分：急性吸入毒性试验［S］. 北京：中国标准出版社，2011.

［170］中华人民共和国卫生部. GBZ/T 240. 5—2011 化学品毒理学评价程序和试验方法 第 5 部分：急性眼刺激性/腐蚀性试验［S］. 北京：中国标准出版社，2011.

［171］中华人民共和国卫生部. GBZ/T 240. 6—2011 化学品毒理学评价程序和试验方法 第 6 部分：急性皮肤刺激性/腐蚀性试验［S］. 北京：中国标准出版社，2011.

［172］中华人民共和国卫生部. GBZ/T 240. 7—2011 化学品毒理学评价程序和试验方法 第 7 部分：急性皮肤致敏试验［S］. 北京：中国标准出版社，2011.

［173］中华人民共和国卫生部. GBZ/T 240. 10—2011 化学品毒理学评价程序和试验方法 第 10 部分：体外哺乳动物细胞基因突变试验［S］. 北京：中国标准出版社，2011.

［174］中华人民共和国卫生部. GBZ/T 240. 18—2011 化学品毒理学评价程序和试验方法 第 18 部分：亚慢性经口试验［S］. 北京：中国标准出版社，2011.

［175］中华人民共和国卫生部. GBZ/T 240. 19—2011 化学品毒理学评价程序和试验方法 第 19 部分：亚慢性经皮试验［S］. 北京：中国标准出版社，2011.

［176］中华人民共和国卫生部. GBZ/T 240. 21—2011 化学品毒理学评价程序和试验方法 第 21 部分：致畸试验［S］. 北京：中国标准出版社，2011.

［177］中华人民共和国卫生部. GBZ/T 240. 28—2011 化学品毒理学评价程序和试验方法 第 28 部分：慢性毒性/致癌性联合试验［S］. 北京：中国标准出版社，2011.

［178］中华人民共和国卫生部. GBZ/T 240. 29—2011 化学品毒理学评价程序和试验方法 第 29 部分：毒物代谢动力学试验［S］. 北京：中国标准出版社，2011.

［179］钟科军，梁逸曾，卢红兵，等. 计算机辅助调香：研究与应用［M］. 北京：化学工业出版社，2015.

［180］周立娜. 哥伦比亚咖啡香精的研究及应用［D］. 上海：华东理工大学，2021.

［181］邹志飞，席静，奚星林，等. 国外食品添加剂法规标准介绍［J］. 中国食品卫生杂志，2012，24（3）：283-288.